Fricke / Günzel / Schaeffer

Bewegungstechnik

AF723495

Ihr Plus – digitale Zusatzinhalte!

Auf unserem Download-Portal finden Sie zu diesem Titel kostenloses Zusatzmaterial. Geben Sie dazu einfach diesen Code ein:

plus-gh93k-2h6fd

plus.hanser-fachbuch.de

Andreas Fricke

Detlef Günzel

Thomas Schaeffer

Bewegungstechnik

Konzipieren und Auslegen von mechanischen Getrieben

3., aktualisierte Auflage

HANSER

Prof. Dr.-Ing. habil. Andreas Fricke, Hochschule für Technik und Wirtschaft des Saarlandes, Professur Mechatronische Konstruktionen

Prof. Dr.-Ing. Detlef Günzel, Hochschule Albstadt-Sigmaringen, Lehrgebiete: Konstruktion, CAE und Simulation

Prof. Dr.-Ing. Thomas Schaeffer, Ostbayerische Technische Hochschule Regensburg, Labor für Mehrkörpersimulation

Die drei Autoren sind aktive Mitglieder des VDI und wirken in verschiedenen Gremien des VDI mit.

MIX
Papier aus verantwortungsvollen Quellen
FSC
www.fsc.org
FSC® C083411

Bibliografische Information der Deutschen Nationalbibliothek:
Die Deutsche Nationalbibliothek verzeichnet diese Publikation in der Deutschen Nationalbibliografie; detaillierte bibliografische Daten sind im Internet über http//dnb.d-nb.de abrufbar.

Lektorat: Dipl.-Ing. Natalia Silakova-Herzberg
Covergestaltung: Max Kostopoulos
Coverkonzept: Marc Müller-Bremer, www.rebranding.de, München
Titelbild: © Heidelberger Druckmaschinen AG (Foto: A. Fricke)
Satz: Eberl & Kœsel Studio GmbH, Altusried-Krugzell
Druck und Bindung: CPI books GmbH, Leck
Printed in Germany

Print-ISBN 978-3-446-46858-0

E-Book-ISBN 978-3-446-46859-7

Vorwort

Bewegungsaufgaben für Arbeitsorgane, Werkzeuge, Werkstücke und Verarbeitungsgut in Anlagen, Maschinen und Geräten zu realisieren, gehört zu einer der alltäglichen Problemstellungen eines Produktentwicklers. Das zur Lösung einer Bewegungsaufgabe gewählte *Bewegungssystem* prägt entscheidend das Gesamtverhalten der Maschine und bestimmt damit maßgeblich deren verkaufsrelevante Leistungsgrenzen.

Das Finden optimaler Bewegungssysteme ist aufgrund der Vielfalt der Bewegungsaufgaben und der Lösungsmöglichkeiten oftmals nicht leicht zu bewerkstelligen. Ziel des Lehrbuches ist es deshalb, das Lösen von technischen Bewegungsaufgaben systematisch, modern und praxisorientiert darzustellen. Es vermittelt einen umfassenden Überblick über die Arbeitsschritte, die zum Lösen von technischen Bewegungsaufgaben auszuführen sind, und stellt das dazu notwendige Wissen bereit. Hierbei werden ausgehend vom *Bewegungsdesign* über die Auswahl eines Gesamt-*Lösungskonzeptes* und der *Typsynthese* bis hin zur *Maßsynthese* und Auslegung von Getrieben alle wesentlichen Arbeitsschritte vorgestellt. Das vermittelte Grundwissen über den Aufbau und die Eigenschaften häufig eingesetzter Getriebe (*Getriebesystematik*) sowie die Methoden zur *Getriebeanalyse* unterstützen diesen Prozess.

Das vorliegende Buch richtet sich zum einen an Studierende technischer Studiengänge wie Maschinenbau, Mechatronik, Fahrzeugtechnik und Biomedizintechnik an Universitäten und (Fach)Hochschulen. Zum anderen liefert es einen kompakten, lösungsorientierten Überblick für Praktiker, Techniker und Ingenieure aus der Industrie. Der Leser des Buches soll in die Lage versetzt werden, die für die jeweilige Phase des Produktentwicklungsprozesses geeigneten Methoden und Verfahren auswählen und anwenden zu können. Das systematische Vorgehen beim Lösen von Bewegungsaufgaben bildet dabei das ordnende Grundgerüst. Ausführlich wird auf die möglichen prinzipiellen Lösungskonzepte zur Realisierung von Bewegungsaufgaben eingegangen. Dazu werden die Lösungskonzepte hinsichtlich ihrer Antriebs- und Getriebeart systematisch geordnet und anhand ihrer Merkmale vorgestellt, sodass eine gezielte und sichere Vorauswahl aufgrund der jeweiligen Anforderungen an die zu realisierende Bewegung möglich ist. Bewusst wird an vielen Stellen auf aufwendige Herleitungen verzichtet, und lediglich auf weiterführende Quellen verwiesen. Bevorzugt werden *analytische Methoden* aufgezeigt, die heute mithilfe des Computers und geeigneter Software einfach, schnell und sicher umzusetzen sind. Auf klassische *grafische Verfahren* der Getriebeanalyse und -synthese wird dann zurückgegriffen, wenn das Vorstellungsvermögen über Bewegungsabläufe geschult werden soll und mit Unterstützung der Computergrafik (z.B. CAD-Systeme) Lösungs- und Optimierungsschritte anschaulich dargestellt werden können. Integrierte Beispiele sollen die einzelnen Arbeitsschritte anhand praktischer Aufgabenstellungen verdeutlichen und einen Eindruck über den Aufwand und die Problematik bei der Umsetzung der Verfahren und Methoden vermitteln. Am Ende der Abschnitte werden *Übungsaufgaben* zum Selbststudium bereitgestellt.

Umfassende Vorkenntnisse für die Arbeit mit diesem Lehrbuch sind nicht erforderlich, da sowohl die notwendigen Grundlagen ausreichend fundiert dargestellt als auch die verwendete Terminologie eingängig erläutert werden.

Unser Dank gilt allen, die an der Entstehung dieses Buches beteiligt waren. Besonderer Dank gilt Herrn Sebastian Fricke (Walldürn), der die Bilder und Zeichnungen zu unserer vollsten Zufriedenheit gestaltete. Für das sorgfältige und sachverständige Begutachten des Manuskripts und den wertvollen Anregungen gilt ein herzlicher Dank Herrn Prof. Dr. rer. nat. habil. Dr. h. c. Karl-Heinz Modler (TU Dresden). Bei den Damen und Herren des Carl Hanser Verlages, insbesondere Frau Eckardt, Frau Wulst und Herrn Horn, bedanken wir uns für die äußerst kooperative und vertrauensvolle Zusammenarbeit, die Unterstützung beim Layout sowie die redaktionellen Hinweise. Nicht zuletzt danken wir insbesondere unseren Frauen und unseren Familien für das Verständnis und die Geduld, die sie während der vielen Wochen unserer Tätigkeit am Manuskript aufgebracht haben.

Saarbrücken, Albstadt, Regensburg im April 2015

Andreas Fricke
Detlef Günzel
Thomas Schaeffer

Vorwort zur 3. Auflage

Die vorliegende 3. Auflage aktualisiert und erweitert das bewährte Konzept. Durch die wertvollen Kommentare und Hinweise unserer Leser angeregt, wurden kleine Ergänzungen vorgenommen sowie Fehler korrigiert. Inhaltlich ergänzt wurde der Abschnitt „Energieeffiziente Bewegungssysteme“, der Methoden zur Reduzierung der Antriebsleistung von Bewegungssystemen behandelt.

Das Spektrum der bereits in der 2. Auflage über QR-Codes abrufbaren Animationen für typische Analyse- und Syntheseverfahren wurde erweitert, wobei der QR-Code zur Homepage des Verlages (plus.hanser-fachbuch.de) führt. Von dieser Homepage können ebenfalls die ausführlichen Lösungen aller Übungsaufgaben sowie Animationen von im Buch besprochenen Getrieben abgerufen werden. Die dazugehörigen Modell-Dateien der Getriebe, die mit dem kommerziellen Getriebeanalyse-Programm SAM 8.0 erstellt wurden, lassen sich mit der unter www.artas.nl kostenlos erhältlichen Demo-Version des Programms aufrufen oder als Animation abspielen.

Wir hoffen, den Leserinnen und Lesern mit diesem Buch Wissen vermitteln und Impulse liefern zu können. Anregungen und Vorschläge zur Weiterentwicklung des Lehrbuchs nehmen wir auch weiterhin dankend an.

Saarbrücken, Albstadt, Regensburg im Oktober 2021

Andreas Fricke
Detlef Günzel
Thomas Schaeffer

Inhalt

Wichtige Kurzzeichen und Indizes

Lateinische Buchstaben

Kurz-zeichen	Beschreibung	Einheit
a_{Aij}	Beschleunigung des Punkts A des Glieds i gegenüber Glied j	mm/s^2
a_{ij}	Abstand zwischen den Drehachsen der Glieder i und j	mm
a_k, b_k	Polynom- bzw. Fourierkoeffizienten der Soll-Bewegung	mm bzw. ° oder rad
$\langle a \rangle$	dargestellte Beschleunigung	mm
A_k, B_k, C_k	Fourierkoeffizienten der Ist-Bewegung	mm bzw. ° oder rad
A	Gelenkpunkt	
A_0	gestellfester Gelenkpunkt	
$\mathrm{A}^*_{0,i}$	transformierter Gelenkpunkt A_0 in der Lage i	
A_∞	im Unendlichen liegender Gelenkpunkt	
b	Bewegungsgrad eines Körpers oder einer Ebene	-
b	Bogenlänge einer Bahnkurve	mm
b	Kontaktbreite	mm
c	Federsteifigkeit	N/mm
C	dynamische Tragzahl eines Wälzlagers	kN
C_a	Beschleunigungskennwert	-
C_j	Ruckkennwert	-
C_M	Momentenkennwert	-
C_v	Geschwindigkeitskennwert	-
C_0	statische Tragzahl eines Wälzlagers	kN
d	statische Versetzung oder Abstand	mm
e	kinematische Versetzung	mm
$\vec{e}_\mathrm{n}$	Normaleneinheitsvektor	-
E	Elastizitätsmodul	N/mm^2
E_0	gestellfeste Gliedebene	
E_i	Ebene des Glieds i	
f	Gelenkfreiheitsgrad	-
$f(z)$	normierte Übertragungsfunktion	-
f_1	erste Eigenfrequenz	Hz

Kurzzeichen	Beschreibung	Einheit
F	Laufgrad (Freiheitsgrad eines Getriebes)	-
F_A	äußere Kraft	N
F_F	Federkraft	N
F_{ij}	Kraft am Glied i vom Glied j ausgehend	N
F_N	Nutz- oder Arbeitskraft	N
F_R	Rollenkraft	N
F_P	Kontaktkraft im Kontaktpunkt P	N
g	Anzahl der Gelenke	-
g_1	Anzahl der Gelenke mit $f = 1$	-
g_2	Anzahl der Gelenke mit $f = 2$	-
g	Gravitationskonstante	$\mathrm{m/s^2}$
g	Hilfsgerade	
H, K	Ordnung des Polynom- oder trigonometrischen Bewegungsgesetzes	-
i_{ij-kl}	Übersetzung (Verhältnis $\omega_{ij} / \omega_{kl}$)	-
$J(q)$	generalisiertes Massenträgheitsmoment	kg bzw. $\mathrm{kgmm^2}$
J_i	Massenträgheitsmoment des Glieds i	$\mathrm{kgmm^2}$
$\overline{J}$	Jacobi-Matrix	
k	Bahn	
k_{ij-kl}	Kollineationsachse	
$\mathrm{k}_{\mathrm{P}ij}$	Bahnkurve des Punktes P von Glied i bezüglich Glied j	
l_i	Gliedlänge des Glieds i	mm
l_j	Länge der gespannten Feder j	mm
l_{0j}	Länge der ungespannten Feder j	mm
$\langle l \rangle$	dargestellte Länge	mm
$L_{10\mathrm{h}}$	nominelle Wälzlagerlebensdauer	h
m	Anzahl der in einem Punkt gleichachsig drehbar miteinander verbunden Getriebeglieder	-
m_i	Masse des Glieds i	kg
$\mathrm{m}_{\mathrm{A}ij}$	Mittelsenkrechte auf die Strecke $\overline{\mathrm{A}_i\mathrm{A}_j}$	
M	Zeichnungsmaßstab	-
M_a	Beschleunigungsmaßstab	$\mathrm{s^2}$
$\tilde{M}_\mathrm{an}$	Antriebsmoment bei Abstimmwinkelgeschwindigkeit	Nm
M_A	äußeres Moment	Nm
M_F	Federmoment	Nm
M_{ij}	Moment am Glied i vom Glied j ausgehend	Nm
M_kin	Anteil des Antriebsmoments infolge der Massenträgheiten	Nm

Kurz-zeichen	Beschreibung	Einheit
M_{n}	Anteil des Antriebsmoments infolge der Nutzkräfte	Nm
M_{N}	Arbeits- oder Nutzmoment	Nm
M_{pot}	Anteil des Antriebsmoments infolge der Feder- und Gewichtskräfte	Nm
M_{r}	Anteil des Antriebsmoments infolge der Reibung	Nm
$M_{\mathrm{T}i}$	Moment infolge der Massenträgheit des Glieds i	Nm
M_{v}	Geschwindigkeitsmaßstab	s
M_{Z}	Zwanglaufmoment	Nm
n	Anzahl der Getriebeglieder	-
n_{ij}	Drehzahl des Glieds i relativ zu Glied j	min^{-1}
$\tilde{n}_{ij}$	mittlere Drehzahl des Glieds i relativ zu Glied j	min^{-1}
n_{M}	Anzahl der erforderlichen Maschengleichungen	-
n_{A}	Bahnnormale des Punkts A	
p	Lebensdauerexponent	-
p_{H}	Hertzsche Pressung	$\mathrm{N/mm}^2$
p	Rastpolbahn	
P	Leistung	Nm/s
P	äquivalente Rollenbelastung	kN
P	Kurvenkontaktpunkt	
P_0	Krümmungsmittelpunkt der Gleitwälzkurve bezüglich des momentanen Kontaktpunkts	
$\hat{q}$	Schwingungsamplitude	mm bzw. ° oder rad
q	Schwingungskoordinate oder generalisierte Koordinate	mm bzw. ° oder rad
q	Gangpolbahn	
r	Radius	mm
r_{G}	Grundkreisradius	mm
r_{ij-kl}	Drehschubstrecke (Verhältnis v_{ij} / ω_{kl})	mm
$\vec{r}_{\mathrm{P}}$	Ortsvektor des Punkts P	
r_{R}	Rollenradius	mm
R	Grad der Überbestimmung eines Gelenks (Gelenk-Redundanz)	-
RMB	Rollenmittelpunktbahn	
s	Abtriebsweg	mm
s_{G}	Grundhub	mm
s_{H}	Hub	mm
s_{ij}	Weg des Glieds i gegenüber Glied j oder Differenzweg zwischen den Lagen i und j	mm
s_0	Hub zwischen den Totlagen	mm

Kurzzeichen	Beschreibung	Einheit
t	Zeit	s
t_i	Zeit bei Randpunkt i	s
t_{ij}	Zeitintervall für Bewegungsabschnitt ij	s
$\mathrm{t_A}$	Bahntangente des Punkts A	
T	Periodendauer	s
u	Unfreiheit einer Gelenkverbindung	-
u'	Unfreiheit eines Teilgelenks	-
$v_{\mathrm{A}ij}$	Geschwindigkeit des Punkts A des Glieds i gegenüber Glied j	mm/s
v_{BA}	Geschwindigkeit des Punkts B um den Punkt A	mm/s
$\vec{v}_{\mathrm{A}}$	Vektor der Geschwindigkeit des Punkts A	
$\tilde{v}_{\mathrm{A}}$	Vektor der gedrehten Geschwindigkeit des Punkts A	
v	dargestellte Geschwindigkeit	mm
W, $\overline{\mathrm{W}}$	Wendepunkt im Hubanstieg bzw. Hubabstieg	
W	Energie	Nm
W^*	Antriebsenergie infolge der Nutz- und Reibungskräfte	Nm
x	Antriebsgröße	mm bzw. ° oder rad
x_i	Antriebsgröße bei Randpunkt i	mm bzw. ° oder rad
x_{ij}	Antriebsgrößenintervall des Abschnitts ij	mm bzw. ° oder rad
y	Abtriebsgröße	mm bzw. ° oder rad
y_{H}	Gesamthub der Abtriebsgröße	mm bzw. ° oder rad
y_i	Abtriebsgröße bei Randpunkt i	mm bzw. ° oder rad
y_{ij}	Teilhub der Abtriebsgröße des Abschnitts ij	mm bzw. ° oder rad
$y_{\mathrm{S}i}$	raumfeste Koordinate des Schwerpunkts von Getriebeglied i	mm
z	normierte Antriebsgröße	-
z_{G}	Anzahl der Polgeraden eines Getriebes	-
z_{P}	Anzahl der Momentanpole eines Getriebes	-

Griechische Buchstaben

Kurzzeichen	Beschreibung	Einheit
α	Kraftangriffswinkel	° oder rad
α_{ij}	Winkelbeschleunigung des Glieds i relativ zu Glied j	rad/s2
δ	Ungleichförmigkeitsgrad	-
δ_a	Beschleunigungsgrad	-
δ_{ij}	Kreuzungswinkel (Achswinkel) zwischen den Dreh- oder Schubachsen der Glieder i und j	° oder rad

Kurzzeichen	Beschreibung	Einheit
ΔH	Hubverlust	mm
Δl_j	Federweg der Feder j	mm
ε	Ebenenwinkel	° oder rad
η	Abstimmungsverhältnis	–
κ	Bahnkrümmung	1/mm
ρ	Krümmungsradius	mm
μ	Übertragungswinkel	° oder rad
ν	Querkontraktionszahl	–
τ	Tangentenwinkel	° oder rad
φ	Antriebswinkel	° oder rad
φ_{ij}	Differenzwinkel am Antrieb zwischen den Lagen i und j oder Winkel des Glieds i bezügl. Glied j	° oder rad
φ_0	Totlagenkurbelwinkel	° oder rad
ψ	Abtriebswinkel	° oder rad
ψ_G	Grundwinkel	° oder rad
ψ_H	Gesamtabtriebswinkel	° oder rad
ψ_{ij}	Differenzwinkel am Abtrieb zwischen den Lagen i und j	° oder rad
ψ_0	Schwingwinkel zwischen den Totlagen	° oder rad
ω	Winkelgeschwindigkeit	rad/s
ω_1	erste Eigenkreisfrequenz	rad/s
ω_{ij}	Winkelgeschwindigkeit des Glieds i relativ zu Glied j	rad/s
Ω	konstante Antriebswinkelgeschwindigkeit	rad/s
$\tilde{\Omega}$	Antriebswinkelgeschwindigkeit für abgestimmten Zustand	rad/s

Indizes

Index	Beschreibung
a	absolut oder axial
a	Größe in der äußeren Totlage
c	Coriolis-
e	Größe bei Eigenbewegung
f	Führungs-
H	Hilfs-
i	Größe in der inneren Totlage

Index	Beschreibung
kom	Größe für Kompensationsgetriebe
n	normal
m	mittlere(r)
r	radial
rel	Relativ-
t	tangential
w	wirksam

1 Lösen von Bewegungsaufgaben

Das Realisieren von Bewegungsaufgaben gehört zu einer der Grundaufgaben eines Produktentwicklers von Geräten, Vorrichtungen, Maschinen und Anlagen, in denen Arbeitsorgane, Werkzeuge, Werkstücke und Verarbeitungsgut bestimmte Bewegungen auszuführen haben. Das zur Lösung einer Bewegungsaufgabe gewählte Bewegungssystem prägt entscheidend das Gesamtverhalten der Maschine (z. B. Baugröße, max. Arbeitsgeschwindigkeit, Kraft- und Energiebedarf, Schwingungsempfindlichkeit) und bestimmt damit maßgeblich die verkaufsrelevanten Leistungsgrenzen der Maschine oder des Gerätes. Werden in frühen Phasen des Entwicklungsprozesses suboptimale Konzepte gewählt (bedingt geeignete Konfigurationen des Bewegungssystems oder der kinematischen Struktur), lassen nachfolgende Optimierungsschritte kaum noch relevante Leistungssteigerungen zu.

Das optimale Lösen von Bewegungsaufgaben ist aufgrund derer scheinbar unendlich großen Vielfalt und der Lösungsmöglichkeiten oftmals nicht leicht zu bewerkstelligen. Die Kombination von Grundlagenwissen zur Getriebesystematik mit der Kenntnis um grafische und analytische Methoden und Verfahren der Getriebeanalyse und -synthese erlaubt, unter Berücksichtigung der Möglichkeiten moderner Antriebstechnik leistungsfähige Bewegungssysteme effizient zu entwickeln.

1.1 Bewegungstechnik

Bei der Entwicklung von Maschinen wurde es bis zum flächendeckenden, industriellen Einsatz der Digitalrechner in den 90er Jahren oftmals als ausreichend angesehen, die mechanischen Komponenten, also die Getriebe, und die Antriebe weitestgehend unabhängig voneinander zu konzipieren. Steigende Anforderungen bezüglich der zu realisierenden technologischen Prozesse, der Arbeitsgeschwindigkeit, Lebensdauer und Betriebsfestigkeit sowie der Kostenminimierung etc. lassen heute ein getrenntes Entwickeln der Teilsysteme nicht mehr zu. Ein zeitgemäßes Lösen von Bewegungsaufgaben ist heute nur durch ein interdisziplinäres Zusammenspiel mehrerer Fachgebiete möglich. Die Mechatronik führt deshalb die Fachgebiete Bewegungstechnik, Antriebstechnik und Steuerungstechnik zusammen.

Der Begriff **Bewegungstechnik** kennzeichnet eine Neuorientierung der mittlerweile „klassischen" Getriebetechnik, die sich inhaltlich aufgrund neuer, rechnergestützter Analyse- und Syntheseverfahren auf modernisierte Auslegungsmethoden für Bewegungssysteme unter Einbeziehung der Möglichkeiten der modernen Antriebs- und Steuerungstechnik stützt.

Der Antrieb in einem Bewegungssystem erfolgt heute immer häufiger durch dezentrale, gesteuerte Einzelantriebe anstelle von mechanischen Zentralwellen. Dadurch sind vielfach mechanisch einfach aufgebaute Getriebestrukturen zur Lösung von Bewegungsaufgaben möglich. Sichtbar wird dies u. a. in der stärkeren Betonung des Bewegungsdesigns, bei dem zunächst die optimale Bewegung des Arbeitsorgans gesucht wird, um nachfolgend das zur Umsetzung dieser Bewegung geeignete Bewegungssystem zu konzipieren.

Durch den Einsatz von computerunterstützen Berechnungsprogrammen und CAD-Systemen haben sich viele Arbeitsschritte vereinfacht, oder es haben sich ganz andere, neue Lösungsmöglichkeiten ergeben. So hat sich das Teilgebiet „Getriebeanalyse" dahingehend verändert, dass hier bis auf wenige Ausnahmen grafische Lösungsansätze an Stellenwert verloren haben bzw. genauere Vorhersagen (z. B. hinsichtlich Gelenkbelastungen, Bauteilbeanspruchungen, Verformungen) möglich werden. Im Rahmen der Getriebesynthese sind aufgrund der gestiegenen Rechnerleistungen umfangreiche Optimierungen meist kein Problem mehr, sodass zum einen bestimmte Synthese-Verfahren bedeutungslos wurden und zum anderen – viel wichtiger – Bauteilbelastungen und -beanspruchungen sowie An- und Abtriebsgrößen optimiert werden können. So muss nicht ein mittelbares Gütekriterium zur Beurteilung der Laufgüte eines Bewegungssystems, wie der Übertragungswinkel, herangezogen werden. Jener berücksichtigt u. a. nicht den Einfluss von stellungsabhängigen Trägheitskräften, womit eine Umkehr des Leistungs-/Kraftflusses nicht erkannt werden kann. Auch Reibungseinflüsse, Verformungen und Spiel bleiben gänzlich unberücksichtigt. Werden dahingegen die Bauteilbewegungen eines Bewegungssystems für realitätsnahe Belastungs- und Betriebsszenarien mithilfe eines MKS-Programmes simuliert, können die Belastungsgrößen (Gelenk- und Kontaktkräfte) sowie die Beanspruchungsgrößen (z. B. Hertzsche Pressung, Bauteilspannungen) zur Optimierung eines Bewegungssystems herangezogen werden.

Genau genommen müsste das Fachgebiet als Mechanische Bewegungstechnik bezeichnet werden, da es in erster Linie um das Auslegen von Bewegungssystemen mit mechanischen Komponenten (sog. kinematischen Strukturen) geht. Ein wesentliches Ziel der Bewegungstechnik ist es deshalb, für jede Bewegungsaufgabe die optimale kinematische Struktur zu finden.

Die Bewegungstechnik umfasst somit:

- Vorgehensweisen zur optimalen Beschreibung von Bewegungsaufgaben (Bewegungsdesign)
- Kenntnisse über den Aufbau und die Merkmale von Mechanismen und Getrieben (Getriebesystematik)
- Methoden, um kinematische Strukturen zu analysieren (Getriebeanalyse)
- Hilfen bei der Auswahl geeigneter Getriebetypen (Struktursynthese) in Verbindung mit der zur Verfügung stehenden Antriebstechnik
- Verfahren zum Finden und Optimieren der kinematischen Abmessungen von Getrieben (Maßsynthese)
- Verfahren zur Optimierung von Getrieben unter Berücksichtigung wesentlicher Kraftgrößen und der modernen Antriebstechnik

1.2 Bewegungsaufgaben

1.2.1 Bewegungsaufgaben im Entwicklungsprozess

Neben den grundsätzlichen Anforderungen bei der Entwicklung technischer Produkte, wie niedrige Kosten, geringer Energieverbrauch bei Herstellung und Betrieb, Funktions- und Betriebssicherheit oder Umweltverträglichkeit, ist speziell für Bewegungssysteme das Realisieren einer Bewegungsaufgabe bei großer Leistungsfähigkeit (hoher Wirkungsgrad, ausreichende Arbeitsgenauigkeit, hohe Dynamik) und genügender Variabilität in den Vordergrund zu stellen. In Bild 1.1 ist detailliert dargestellt, wie eine Bewegungsaufgabe im Rahmen eines Entwicklungsprojektes festgelegt werden kann.

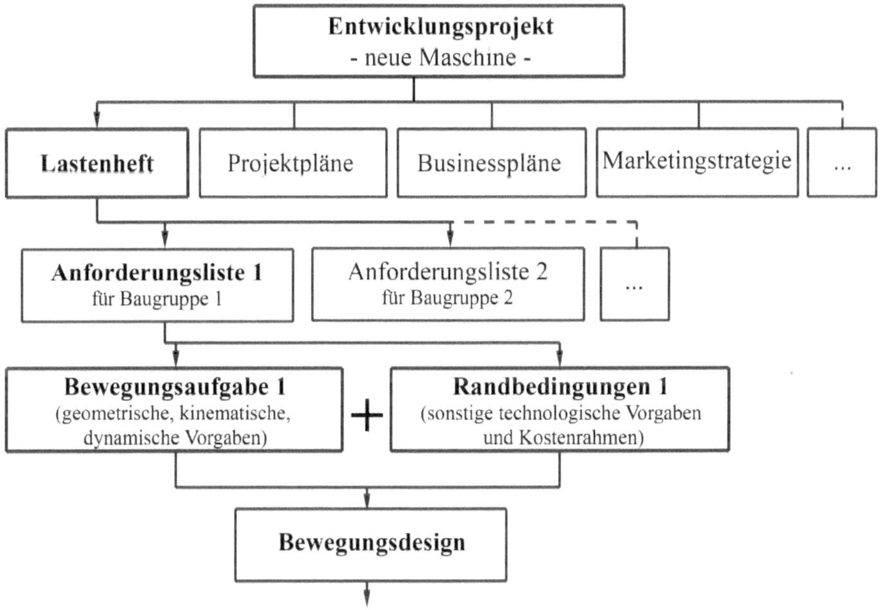

Bild 1.1 Umfeld von Bewegungsaufgaben

Zu Beginn des Entwicklungsprojekts eines technischen Produkts – beispielsweise für die Entwicklung einer neuen Maschine – sollten neben ökonomischen und ökologischen Betrachtungen (z. B. Businessplan, Marketingstrategie, …) sowie terminlichen Arbeitsplänen (Projektplan) vor allem die technologischen Vorgaben, d. h. alle funktionalen Forderungen und Wünsche für das zu entwickelnde Produkt, in Form eines **Lastenheftes** vorliegen. Bei umfangreicheren Projekten empfiehlt es sich, die Aufgaben in Teilprojekte zu untergliedern, die sich z. B. an einer Funktionenstruktur oder einer Baugruppenstruktur orientieren. Häufig werden deshalb zur Beschreibung der zu realisierenden Funktionen einer Baugruppe **Anforderungslisten für Baugruppen** spezifiziert. Handelt es sich bei der zu entwickelnden Baugruppe im weitesten Sinne um ein Bewegungssystem, d. h., mindestens ein Bauteil soll in bestimmter Weise bewegt werden, dann lassen sich die Anforderungen grundsätzlich in zwei Gruppen einteilen:

- Die Gruppe „**Bewegungsaufgabe**“ enthält alle geometrischen, kinematischen und dynamischen Vorgaben (z. B. Positionen und Geschwindigkeiten von bewegten Objekten), die für eine eindeutige Definition der geforderten **Bewegungen** der Bewegungsobjekte notwendig sind.
- Die Gruppe „**Randbedingungen**“ enthält alle Anforderungen, die beim Bewegungsdesign allenfalls nur indirekt zu berücksichtigen sind (z. B. Bauraumvorgaben), und technologische Vorgaben, wie geräuscharmer Betrieb oder schmiermittelfreier Arbeitsraum, die bei der Auswahl eines geeigneten Lösungskonzepts und eines passenden Antriebsprinzips sowie daran anschließend bei der Auswahl eines konkreten Getriebetyps (Typsynthese) eine Rolle spielen. So ist z. B. bei hohen Sicherheitsanforderungen hinsichtlich des Zwanglaufs ein einziger Maschinenantrieb mit mechanisch gekoppelten Arbeitsorganen einer Lösung mit mehreren Direktantrieben vorzuziehen.

1.2.2 Klassifizierung von Bewegungsaufgaben

In der einschlägigen Literatur zum Bereich Getriebe- bzw. Bewegungstechnik wird der Begriff „Bewegungsaufgabe“ vielfältig belegt und definiert [1] bis [6]. Andererseits gibt es einige Literaturstellen zur Getriebetechnik [7] bis [10], in denen der Begriff „Bewegungsaufgabe“ nicht explizit verwendet wird. Dies liegt zum einen an anderen Umschreibungen, wie z. B. „Syntheseaufgabe“, „Sollbewegung“ oder „Getriebeaufgabe“, und zum anderen an einer klassischen Ordnung des Fachwissens, die sich eher an Getriebebauformen orientiert und/oder die Getriebeanalyse in den Vordergrund stellt. Aufgrund der lösungsorientierten Vorgehensweise, bei der die zu erfüllende Bewegungsaufgabe den Startpunkt einer Getriebeentwicklung bildet, wird in diesem Buch auf folgender Definition aufgebaut:

> Unter einer **Bewegungsaufgabe** werden die Vorgaben für die Bewegung eines Arbeitsorgans verstanden, die es in Abhängigkeit von der Zeit oder einem Bewegungsparameter – beispielsweise dem Drehwinkel der Antriebswelle – auszuführen hat. Hierbei wird zwischen Übertragungsaufgaben und Führungsaufgaben unterschieden. ■

Die Führungsaufgaben können **antriebsbezogen** oder **nicht-antriebsbezogen** sein (s. Bild 1.2).

Bei **Übertragungsaufgaben** (genau genommen Übertragungs-Bewegungsaufgaben) wird die Antriebsbewegung (beschrieben durch Lagen eines Antriebsglieds, z. B. durch die Folge diskreter Antriebswinkel φ_i) in eine Abtriebsbewegung (beschrieben durch Lagen eines Abtriebsglieds, z. B. durch die Folge diskreter Abtriebswinkel ψ_i) umgeformt bzw. gewandelt. Bei Übertragungsaufgaben wird nur **eine** Abtriebsbewegungsgröße betrachtet, d. h., das Abtriebsglied führt nur eine eindimensionale Bewegung (Translation oder Rotation) aus.

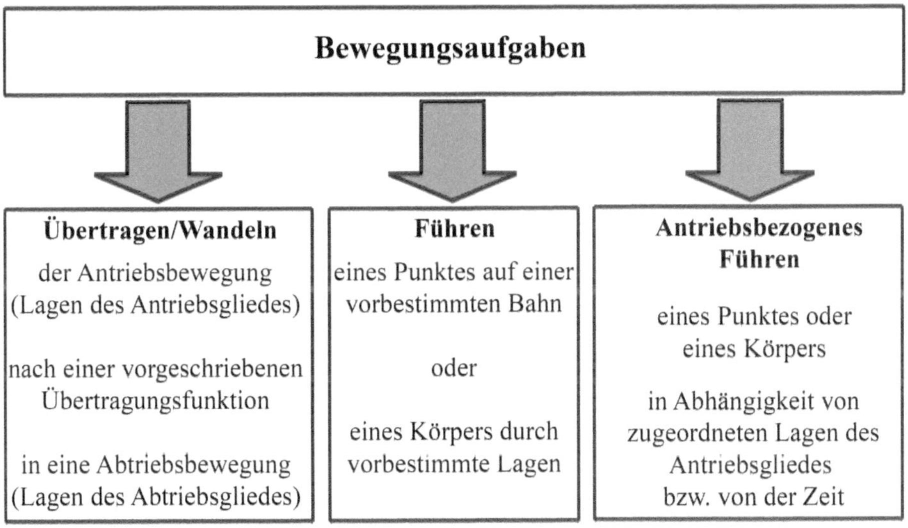

Bild 1.2 Bewegungsaufgaben

In Bild 1.3 sind einige mögliche Charakteristiken einer Schubbewegung dargestellt. Bei einer Schubbewegung wird ein Objekt zwischen zwei Umkehrpunkten auf einer Geraden hin und her bewegt. Der Abstand zwischen den Umkehrpunkten entspricht dem Hub. Von Bedeutung ist hier der zeitliche Verlauf der geradlinigen Bewegung.

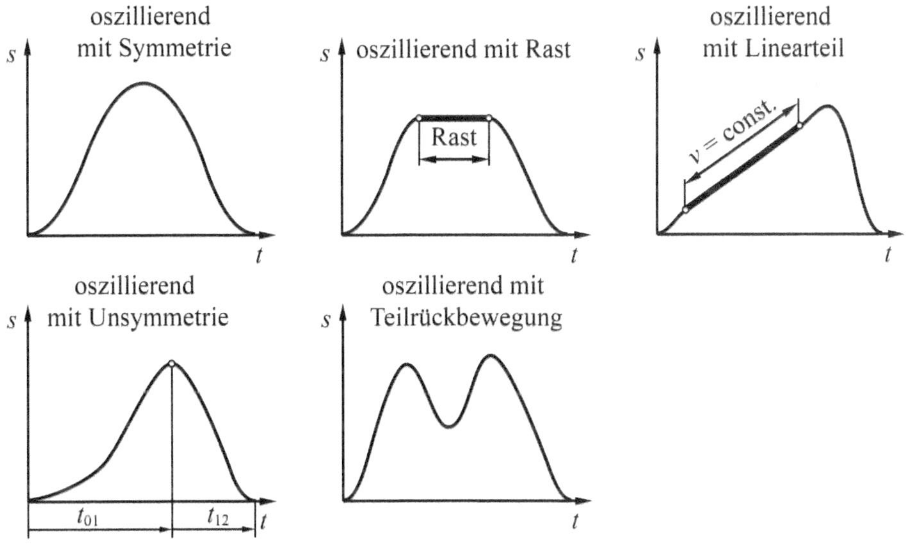

Bild 1.3 Charakteristische periodische Bewegungsverläufe

Bei **Führungsaufgaben** (genau genommen Führungs-Bewegungsaufgaben) wird ein Punkt eines Arbeitsorgans auf einer vorbestimmten Bahnkurve oder ein Körper durch vorbestimmte Lagen bewegt. Bei Führungsaufgaben werden immer mindestens **zwei** Abtriebsbewegungsgrößen (z. B. x- und y-Koordinaten bei ebener Punkt-Bewegung) betrachtet, d. h., das Abtriebsglied führt eine zwei- oder dreidimensionale Bewegung aus. Hier seien folgende Beispiele für Führungsaufgaben genannt:

- Zum Öffnen und Schließen eines Cabrioverdecks (siehe Bild 1.5 a) müssen die Dachteile durch definierte Lagen von der geschlossenen Stellung des Verdecks in die geöffnete Stellung des Verdecks bewegt werden.
- Der Bohrturm einer Großbohrmaschine (siehe Bild 1.5 f) muss aus der waagerechten Transportstellung mit minimalem Kraftaufwand und ohne gefährliche Kippsituationen in die senkrechte Arbeitsposition gebracht werden.

Dauer und Toleranz von kinematischen Vorgaben

Bewegungsvorgaben können sich entweder auf einen diskreten Zeitpunkt oder auf eine Zeitdauer beziehen. Meist ist es nachteilig, langandauernde Bewegungsvorgaben zu machen, da damit für die übrigen Bewegungsabschnitte das Gestaltungspotential stark eingeschränkt wird. Kinematische Anforderungen an die Bewegungsaufgabe eines Arbeitsorgans können je nach Anwendungsfall mit oder ohne zulässigem Toleranzbereich vorgegeben werden. Anzustreben sind möglichst große Toleranzbereiche, damit beim nachfolgenden Bewegungsdesign keine unnötig harten Einschränkungen vorliegen. Tabelle 1.1 zeigt unterschiedlich andauernde und tolerierte Bewegungsvorgaben am Beispiel einer Übertragungs- und einer Punkt-Führungsaufgabe. Um den Lösungsbereich nicht von vornherein zu stark einzuschränken, sollten nur die unbedingt notwendigen technologischen Anforderungen und diese mit möglichst großem Toleranzbereich in die Bewegungsaufgabe einfließen.

Einfache oder komplexe Bewegungsaufgaben

Die Anzahl und die Art der Bewegungsvorgaben bestimmen entscheidend die Menge prinzipieller Lösungsmöglichkeiten und auch die Komplexität der Lösungsfindung. Grundsätzlich gilt, dass mit zunehmender Anzahl von Vorgaben das Finden eines geeigneten (einfachen) Lösungskonzepts schwieriger wird. Für bestimmte Kombinationen von Anzahl und Art der Bewegungsvorgaben gibt es bekannte und bewährte Lösungsmethoden, die eine effiziente und zielorientierte Lösungsfindung erlauben.

Die nachfolgende grobe Unterscheidung in einfache und komplexe Bewegungsaufgaben soll helfen, bereits bei der Beschreibung der gewünschten Bewegung Hinweise zu erhalten, wie schwierig die Lösungssuche und wie breit das mögliche Lösungsspektrum sein werden. Kennzeichen von einfachen Bewegungsaufgaben sind:

1. geringe Anzahl $\left(i \leq 3\right)$ von vorgegebenen Lagen bzw. Lagenzuordnungen, die oftmals nur genähert zu erfüllen sind
2. keine exakt einzuhaltenden länger andauernde Bewegungsabschnitte, sondern nur Randpunkt-Bewegungsaufgaben (vgl. Abschnitt 2.1)
3. keine konkreten Geschwindigkeits- und Beschleunigungsvorgaben

Alle anderen Bewegungsaufgaben sind als komplexe Bewegungsaufgaben zu betrachten.

Tabelle 1.1 Unterschiedlich andauernde und tolerierte kinematische Vorgaben

Übertragungsaufgabe	Punkt-Führungsaufgabe	Bemerkung
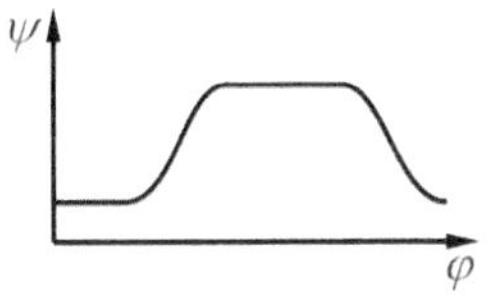	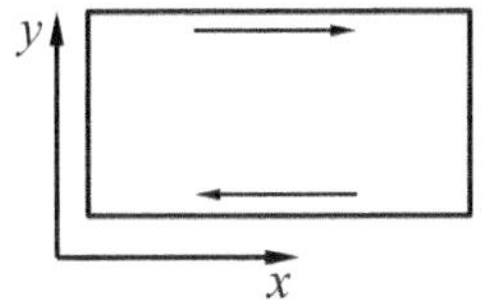	Exakte Erfüllung der vorgegebenen Bewegung während der kompletten Bewegungsperiode
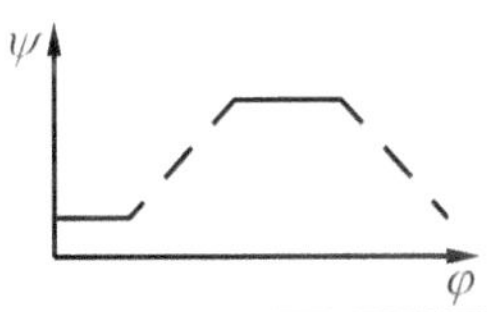	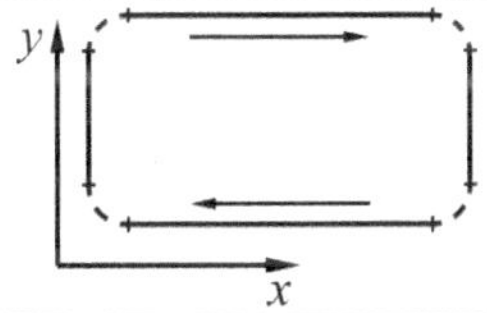	Exakte Erfüllung der vorgegebenen Bewegung während einzelner, technologisch relevanter Bewegungsabschnitte. Die übrigen Bereiche der Bewegungsaufgabe sind in Grenzen frei gestaltbar.
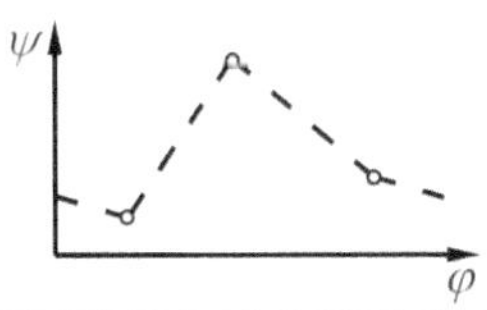	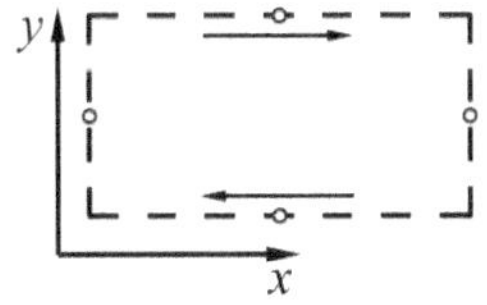	Exakte Erfüllung der vorgegebenen Bewegung nur in einzelnen, technologisch relevanten Punkten. Die übrigen Bereiche der Bewegungsaufgabe sind in Grenzen frei gestaltbar.
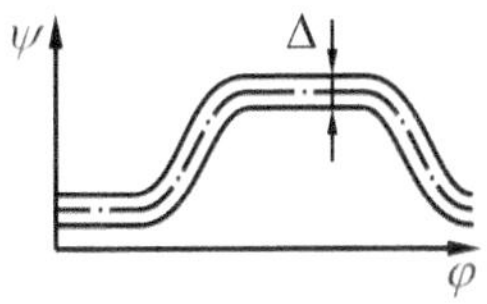	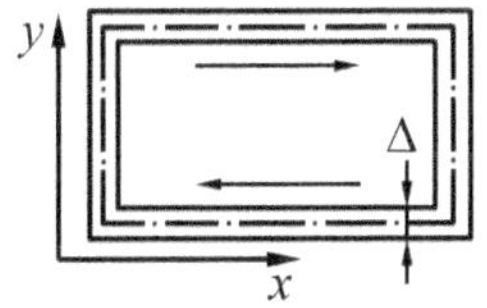	Genäherte Erfüllung (Toleranzbereich Δ) der vorgegebenen Bewegung während der kompletten Bewegungsperiode
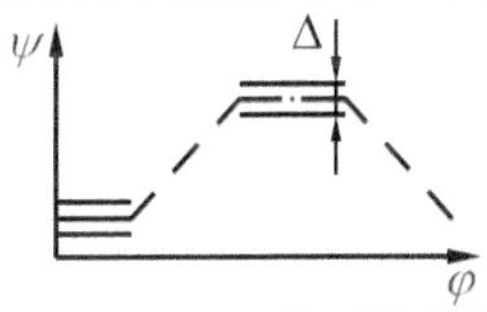	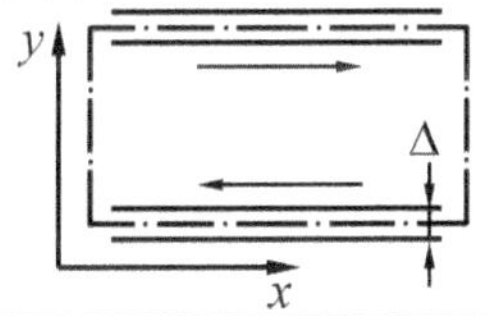	Genäherte Erfüllung (Toleranzbereich Δ) der vorgegebenen Bewegung während einzelner, technologisch relevanter Bewegungsabschnitte. Die übrigen Bereiche der Bewegungsaufgabe sind in Grenzen frei gestaltbar.
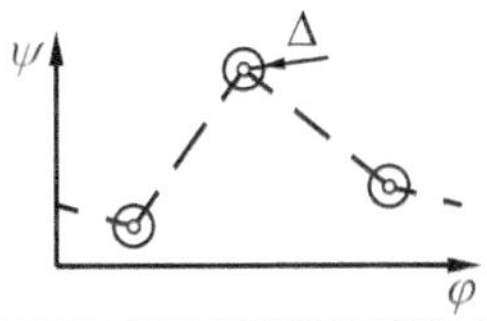	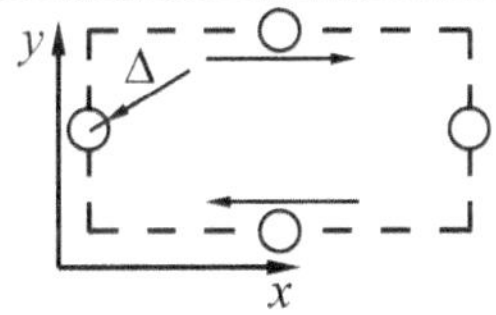	Genäherte Erfüllung (Toleranzbereich Δ) der vorgegebenen Bewegung nur in einzelnen, technologisch relevanten Punkten

Allerdings ist die Grenze zwischen einer einfachen und einer komplexen Bewegungsaufgabe fließend, so dass im Einzelfall erst die Summe aller Vorgaben und deren Art sowie die spezifischen Werte der Bewegungsaufgabe letztlich eine Zuordnung erlauben. So kann z. B. eine Punkt-Führungsaufgabe mit fünf einzuhaltenden Punktlagen (Kennzeichen 1 ist verletzt), die günstig (z. B. auf einem Kreisbogen) liegen, durchaus als einfache Führungsaufgabe eingestuft werden.

Als Beispiel für eine **einfache** Bewegungsaufgabe kann das Schwenken eines Bauteils von einer Ausgangslage in eine Endlage angesehen werden. Für das Lösen dieser Bewegungsaufgabe gibt es mehrere einfache Lösungsverfahren (z. B. Zwei-Lagen-Synthese s. Abschnitt 6.1.1), die zudem eine Auswahl aus vielen Lösungsvarianten erlauben.

Ein Beispiel für eine **komplexe** Bewegungsaufgabe ist das Öffnen und Schließen eines Cabrioverdecks (Bild 1.5 a). Dies ergibt sich u. a. aus den zahlreichen Randbedingungen bezüglich des Bauraums, da während des gesamten Bewegungsablaufs keine Insassen durch bewegte Bauteile beeinträchtigt werden dürfen und gleichzeitig ein Öffnen und Schließen während langsamer Fahrt durch geringe Luftangriffsflächen möglich sein soll. Damit sind zwar konkret nur die beiden Endlagen im geschlossenen und geöffneten Zustand des Verdecks als Lagen exakt vorgegeben, aber alle Zwischenlagen müssen in einem eng begrenzten Bauraum liegen. Zudem wird die Lösungssuche durch die Forderung erschwert, dass im zusammengeklappten Zustand möglichst wenig Stauraum im Kofferraum verlorengehen darf.

Gleichbleibende oder veränderliche Bewegungsaufgaben

Bei gleichbleibenden Vorgaben ist über einen längeren Zeitraum immer wieder die gleiche Bewegung am Arbeitsorgan auszuführen. Dadurch sind spezielle, hierfür optimierte, aufwandsminimierte Bewegungssysteme möglich, die meist kostengünstiger und leistungsfähiger als universelle Lösungen sind, die prinzipiell unterschiedliche Bewegungsaufgaben erfüllen können.

Bei veränderlichen Bedingungen muss die Bewegungsaufgabe an den Arbeitsprozess angepasst werden. So kann zum Beispiel eine permanente Lagekorrektur am Arbeitsorgan aufgrund von schwankenden Nutzkräften und von Nachgiebigkeiten notwendig sein. Die Bewegungsaufgabe kann sich auch gewünscht nach einer bestimmten Anzahl von Arbeitsspielen ändern, wenn z. B. der Arbeitshub bei einer Produktumstellung angepasst werden muss. Bei veränderlichen Bewegungsaufgaben sind meist geregelte Antriebe unumgänglich, die deshalb gerade in Fertigungs- und Montageeinrichtungen vielfach eingesetzt werden. Das Umsetzen aller denkbaren Bewegungsmöglichkeiten für den Arbeitsprozess widerspricht jedoch häufig wirtschaftlichen Gesichtspunkten. Der erforderliche Grad der Anpassbarkeit (Flexibilität) eines Bewegungssystems ist deshalb in Abhängigkeit von der Häufigkeit zu erwartender Umstellungen des Bewegungsablaufs und dem Aufwand einer ggf. länger dauernden Umrüstzeit festzulegen. Da in einer Maschine oder Anlage ausschließlich ähnliche Produkte bearbeitet und produziert werden (z. B. beim Etikettieren von Flaschen), sind spezielle Maschinen gegenüber universell einsetzbaren Industrierobotern oder Handhabeeinrichtungen im Vorteil, z. B. wenn lediglich die jeweilige Greifeinrichtung und/oder Hub- und Verfahrstrecken modifiziert werden müssen. Hierbei ist zu entscheiden, ob die Umstellung automatisch, manuell, während des Betriebs oder nur im Stillstand erfolgen kann bzw. muss.

1.3 Bewegungssysteme

1.3.1 Definition eines Bewegungssystems

Ein **technisches System** dient dazu, einen technischen Prozess zu realisieren und ist gekennzeichnet durch

- seine Bauteile als Systemelemente und deren Verknüpfungen (Systemstruktur),
- die zu realisierenden technischen Funktionen bzw. Prozesse und deren Zusammenwirken (Funktionenstruktur),

- die zur Umsetzung der Funktionen bzw. Prozesse genutzten Wirkprinzipien und deren Verknüpfungen (Wirkstruktur),
- die räumliche Anordnung der Bauteile einer Komponente, einer Baugruppe, einer Maschine, eines Gerätes oder einer Anlage (Baustruktur) und
- physikalische Größen, die den Prozesszustand vollständig beschreiben.

Steht die Funktion der Bewegungsgenerierung im Vordergrund, kann das technische System als Bewegungssystem aufgefasst werden, das sich wie folgt definieren lässt (s. Bild 1.4):

Ein **Bewegungssystem** ist ein technisches System mit der Hauptfunktion, Objekte zu bewegen. Ein Bewegungssystem erzeugt mindestens eine bestimmte Bewegung. Es umfasst im Allgemeinen einen Antrieb (Antriebsglied, Aktor), der die notwendigen Kraft- und Bewegungsgrößen liefert, ein Getriebe zum Umformen der Bewegungsgrößen und mindestens ein zu bewegendes Objekt (Abtriebsglied, Arbeitsorgan, Werkzeug, Werkstück, Verarbeitungsgut), das die gewünschte Bewegung ausführt.

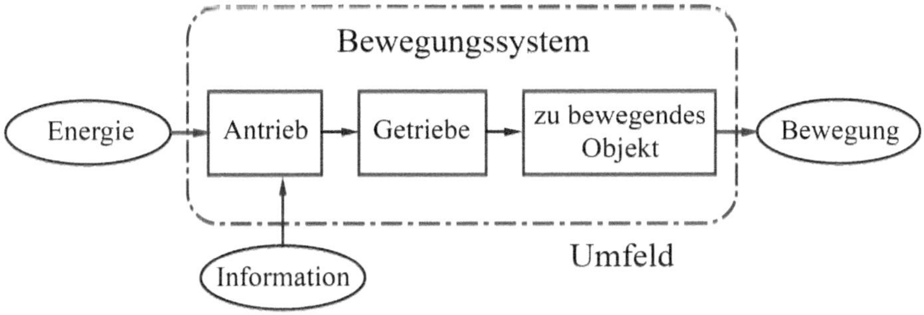

Bild 1.4 Bewegungssystem im Sinne der Systemtheorie

Die Funktion des Antriebs besteht darin, die Antriebsbewegung zu erzeugen sowie die zur Bewegung erforderliche Kraftgröße bereitzustellen, wobei beide zeitlich konstant oder veränderlich sein können. Der **Antrieb** stellt somit einen Energiewandler (z. B. Elektromotor, Hydraulikzylinder, Piezoelement) dar, der die zur Verfügung stehende Energie in eine Bewegung umformt. Bei vielen Maschinen lässt sich ein bewegtes Bauteil (z. B. eine drehende Hauptwelle) im übertragenen Sinne als Antrieb eines Bewegungssystems verstehen, von dem die Antriebsbewegung abgegriffen wird.

Die Funktion des **Getriebes** besteht darin, die vom Antrieb gelieferte Bewegungsgrößen an die Erfordernisse des Abtriebs anzupassen. Wobei nicht nur Drehzahlen und Momente linear skaliert, sondern auch gewünschte Ungleichmäßigkeiten eingebracht oder Wandlungen der Bewegungsart (z. B. Rotation in Translation) vorgenommen werden können.

Im einfachsten Fall handelt es sich bei einem Bewegungssystem um einen Antrieb (Aktor), der direkt mit dem Arbeitsorgan gekoppelt ist.

1.3.2 Beispiele zu Bewegungssystemen

Die in der Praxis zu realisierenden Bewegungsaufgaben sowie die damit verbundenen Anforderungen sind äußerst vielschichtig und damit auch die dafür entwickelten Bewegungssysteme. In Bild 1.5 sind Beispiele für Bewegungssysteme dargestellt, die im Wesentlichen die Vielfalt der Anwendungsbereiche belegen sollen.

Bild 1.5 a zeigt die Unterkonstruktion eines Cabrioverdecks in der geschlossenen und der geöffneten Position sowie in einer Zwischenstellung.

Bild 1.5 b zeigt ein Scharnier für eine Möbeltür. Der mehrgliedrige Aufbau erlaubt ein Öffnen des Türblattes ohne Kollisionen mit dem Korpus und schränkt zudem den Öffnungswinkel stabil ein.

Bild 1.5 c zeigt eine Knie-Prothese, die durch ein Koppelgetriebe sowohl die Beweglichkeit als auch die Stabilität eines menschlichen Kniegelenks möglichst realistisch nachbildet. Damit sind zum einen die Beweglichkeit beim Gehen und zum anderen die Standsicherheit beim Stehen gegenüber einer Prothese mit einem Drehgelenk erheblich verbessert.

Bild 1.5 d zeigt einen variablen Ventiltrieb eines Viertakt-Verbrennungsmotors. Durch das Anpassen der Ventilbewegung und -steuerzeiten (Ventilerhebungskurve) an den Lastzustand und die Drehzahl kann die Effizienz des Motors gesteigert und so ein Leistungs- und Drehmomentzuwachs generiert sowie eine Kraftstoffeinsparung erzielt werden.

Bild 1.5 e zeigt einen Teil des Antriebsstrangs einer Bogenoffsetdruckmaschine. Im Bild zu sehen ist das Getriebe des Vorgreifers, der die zunächst ruhenden Druckbögen aus einer definierten Lage kontrolliert in die Druckmaschine einzieht.

Bild 1.5 f zeigt ein Großbohrgerät, das u. a. für das Erstellen von tragfähigen Baugrundbefestigungen eingesetzt wird. Der Bohrturm muss im Betrieb erhebliche Momente und Kräfte aufnehmen und ausrichtbar sein, damit auch bei schrägem und schlecht positioniertem Stand des Raupenfahrzeugs die Bohrungen in gewünschter Position und Neigung eingebracht werden können. Weiterhin muss der Bohrturm für den Transport des Bohrgeräts von Baustelle zu Baustelle in eine waagrechte Position geschwenkt werden können. Um dies zu ermöglichen, wird der Bohrturm von einer speziellen Kinematik geführt und gehalten.

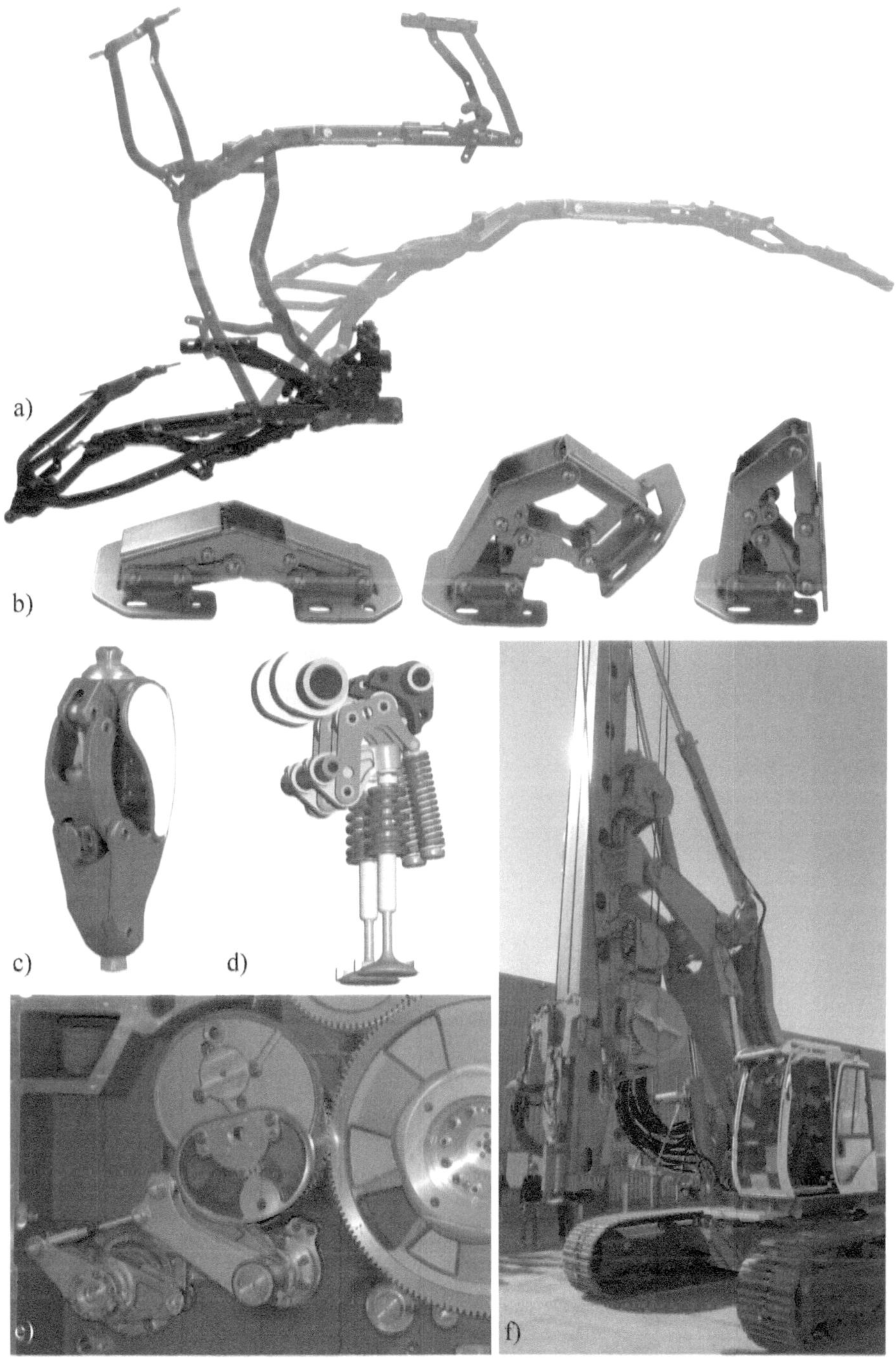

Bild 1.5 Beispiele zu Bewegungssystemen. a) Cabrioverdeck-Unterkonstruktion, b) Schrankscharnier, c) Knieprothese [11], d) variabler Ventiltrieb [12], e) Vorgreiferantrieb einer Bogenoffsetdruckmaschine [Abbildung: Heidelberger Druckmaschinen AG], f) Turmkinematik eines Großbohrgeräts

1.3.3 Entwicklungsprozess eines Bewegungssystems

Im Folgenden wird in knapper Form die grundsätzliche Vorgehensweise beim Entwickeln eines Bewegungssystems anhand des Ablaufplans (Bild 1.6) dargestellt.

Das Auslegen eines Bewegungssystems ist ein Prozess, der nicht auf direktem Weg von der Formulierung der Aufgabenstellung bis zur Erstellung der Werkstattzeichnungen der Bauelemente einer Maschine oder eines Gerätes führt. Es erfordert vielmehr ein mehrfaches Durchlaufen (Iterieren) einzelner Konstruktionsphasen, um eine möglichst gute Lösung zu erhalten. Dabei lässt sich der Entwicklungsprozess schematisch wie folgt beschreiben:

Aus einer zu realisierenden **Bewegungsaufgabe** lassen sich zur genaueren Spezifizierung quantifizierbare Anforderungen herausarbeiten. Das **Bewegungsdesign** (s. Abschnitt 2) liefert ausgehend von den Vorgaben zu einzelnen geforderten oder gewünschten Bewegungszuständen die vollständige Beschreibung des kompletten Arbeitstaktes in Form eines Bewegungsdiagramms oder einer Bahnkurve (Bewegungsbahn). Beim Bewegungsdesign spielt es zunächst keine Rolle, ob für die Lösung z. B. ein mechanisches oder ein elektrisches oder ein hydraulisches Wirkprinzip verwendet wird. Dies wird bewusst so gehandhabt, denn bei einer gleichzeitigen Vorgabe des zu nutzenden Lösungskonzepts und des Antriebsprinzips wäre die mögliche Lösungsvielfalt bereits zu Beginn des Entwicklungsprozesses in unnötiger Weise eingeschränkt.

Das **Lösungskonzept** (s. Abschnitt 1.3.4) legt fest, welche grundsätzliche Antriebs- und Getriebecharakteristik zur Realisierung der Bewegungsaufgabe verwendet wird. Hierbei wird jeweils unterschieden, ob es sich um eine gleichmäßige oder ungleichmäßige Antriebsfunktion bzw. Getriebeübersetzung handelt. Das **Antriebsprinzip** (s. Abschnitt 1.3.5) gibt an, wie aus der zugeführten Antriebsenergie die für die Antriebsbewegung notwendige Kraftgröße erzeugt wird.

Da mit dem Bewegungsdesign ausgehend von der diskreten Beschreibung der Bewegungsaufgabe ein kontinuierlicher und vollständiger Verlauf der gewünschten Bewegung generiert wird, lassen sich kennzeichnende Kriterien wie max. Geschwindigkeiten oder Beschleunigungen ableiten, die bei der Entscheidung für ein bestimmtes Lösungskonzept und ein geeignetes Antriebsprinzip herangezogen werden können. Weitere Kriterien für die Auswahl liefern die sonstigen technologischen Vorgaben, die zusammen mit den Eigenschaften einzelner Antriebsprinzipe (s. Tabelle 1.3) eine detailliertere Entscheidung ermöglichen.

Die Auswahl des Lösungskonzepts und des Antriebsprinzips, das den Grundaufbau des späteren Bewegungssystems bestimmt, muss in einer frühen Phase des Entwicklungsprozesses erfolgen, wohl wissend, dass jenes maßgeblich die späteren Eigenschaften und Leistungsgrenzen des Bewegungssystems bestimmt. Deshalb sind bei der Auswahl des Lösungskonzepts häufig Entscheidungen zu treffen, bei denen aufgrund der großen Lösungsvielfalt eher die „Qual der Wahl" besteht und sich der Entwickler häufig von seinem „Bauchgefühl" und seinen Erfahrungen leiten lassen muss. Denn oftmals sind zu Entwicklungsbeginn Eigenschaften wie konkrete Leistungsgrenzen der Antriebe, Bauraumgrenzen, zulässige Toleranzen der Bewegungsgrößen und Schwingungsamplituden nicht hinreichend genau definiert.

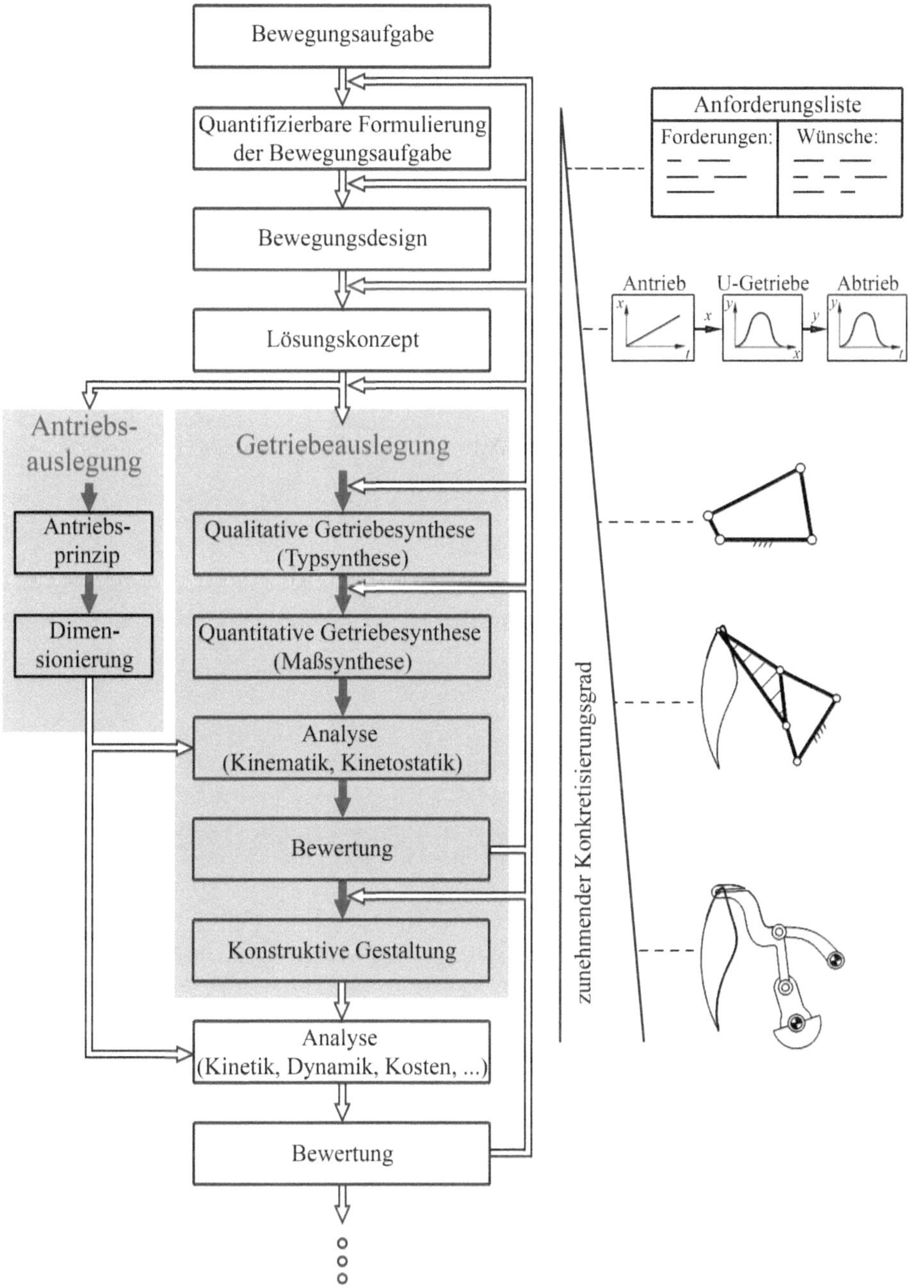

Bild 1.6 Entwicklungsprozess eines Bewegungssystems nach [13]

Das Festlegen auf ein Lösungskonzept bedingt dann das weitere Vorgehen beim Auslegen des Bewegungssystems. In jedem Fall ist eine Antriebsauslegung vorzunehmen, bei der im ersten Schritt ein passendes Antriebsprinzip festzulegen ist.

Muss eine Antriebsbewegung modifiziert werden, ist eine Getriebeauslegung durchzuführen, die mit der **qualitativen Getriebesynthese (Typsynthese)** startet. Das Ergebnis dieses Arbeitsschritts sind infrage kommende Getriebetypen. Die Anzahl der Lösungen hängt sowohl von der vorliegenden Bewegungsaufgabe und denkbaren Einschränkungen im Lastenheft als auch von der Erfahrung des Bearbeiters, der Verfügbarkeit von Lösungssammlungen und Konstruktionskatalogen (z.B. VDI-Richtlinien [14] bis [21]) oder von internetbasierten Datenbanken (z.B. Patentdatenbanken oder die Digitale Mechanismen- und Getriebebibliothek [22]) ab. Die Ergebnisse des Bewegungsdesigns und der Typsynthese fließen in den darauf folgenden Arbeitsschritt der **quantitativen Getriebesynthese (Maßsynthese)** ein. Hier führt das Anwenden von Berechnungsvorschriften, bestimmter grafischer und analytischer Verfahren oder Optimierungsrechnungen zu den konkreten kinematischen Abmessungen des gesuchten Bewegungssystems.

Kinematische Abmessungen sind die geometrischen Größen (Abstände und Winkel) an Getriebegliedern, die das Bewegungsverhalten des Getriebes bestimmen.

Nach dem Ermitteln der kinematischen Abmessungen wird das Getriebe analysiert und entsprechend der Randbedingungen der Aufgabenstellung bewertet. Erste überschlägige Kräftebetrachtungen (z.B. mithilfe des Leistungssatzes) lassen bereits auf Bauteilabmessungen schließen oder helfen bei der Bewertung von Lösungsvarianten. Erst nach erfolgreicher Auslegung der Kinematik kann i.d.R. mit der konstruktiven Gestaltung begonnen werden, der sich eine weitere, umfassendere Analyse und Bewertung des Getriebes anschließen.

Unbefriedigende Zwischenergebnisse einzelner Entwicklungsschritte machen es u.U. notwendig, in vorhergehende Schritte zurückzuspringen und getroffene Entscheidungen zu revidieren. Der Grund für diese Iterationen ist meist, dass in den frühen Phasen des Entwicklungsprozesses Entscheidungen getroffen werden, deren Auswirkungen auf die Güte einer Lösung aufgrund komplexer Zusammenhänge erst später erkannt werden können. Dabei kann sich herausstellen, dass die Anforderungen mit der vorgesehenen Lösung nicht erfüllbar sind. Entweder werden daraufhin bestimmte Anforderungen modifiziert, oder es muss die Realisierbarkeit der Bewegungsaufgabe durch andere Lösungskonzepte geprüft werden.

1.3.4 Lösungskonzepte für Bewegungssysteme

Um eine zeitabhängige, ungleichmäßige, periodische Bewegung eines Arbeitsorgans (Werkzeug, Werkstück, Verarbeitungsgut, ...) zu erzeugen, werden unterschiedliche konzeptionelle Ansätze (Lösungskonzepte) aufgezeigt, die beim Aufbau von Bewegungssystemen verfolgt werden können.

Ein **Lösungskonzept** legt im Allgemeinen die Charakteristiken von Antrieb und Getriebe fest. Die Charakteristik des Antriebs ist entweder gleichmäßig oder ungleichmäßig (G- bzw. U-Antrieb). Die Charakteristik des Getriebes wird durch die Getriebeübersetzung (Übertragungsfunktion) bestimmt, die gleichmäßig oder ungleichmäßig sein kann (G- bzw. U-Getriebe). ■

Unter der **Antriebsfunktion** wird der Verlauf der Antriebsgröße (z. B. der Antriebswinkel der Antriebswelle) über der Zeit verstanden. Die **Übertragungsfunktion** eines Getriebes beschreibt die Abhängigkeit der Abtriebsgröße eines Getriebes von der Antriebsgröße. (s. Abschnitt 2.1).

Lösungskonzept 1: Direktantrieb

Der bezüglich des mechanischen Aufbaus einfachste konzeptionelle Ansatz ist das Lösen der Bewegungsaufgabe mit einem Direktantrieb. Dies ist dann möglich, wenn eine direkte Kopplung von Antrieb und Abtrieb (Arbeitsorgan) realisierbar ist und die Bewegungs- und Kraftgrößen des Antriebs geeignet sind, die geforderte Bewegung am Arbeitsorgan zu erzeugen. Anwendung finden u. a. Servoantriebe, Hydraulikzylinder, Voice-Coil-Aktoren oder Piezoelemente. Die Antriebsfunktion $x(t)$ wird direkt auf das Arbeitsorgan übertragen, welches damit die identische Abtriebsfunktion $y(t)$ ausführt (Bild 1.7)

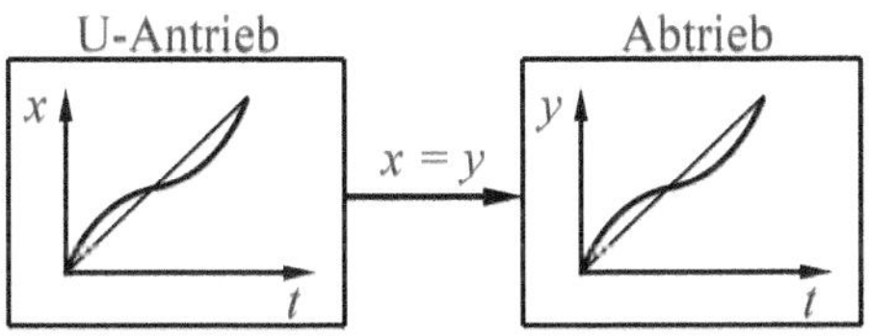

Bild 1.7 Lösungskonzept mit U-Antrieb (Direktantrieb)

Die Auswahl eines Direktantriebs richtet sich hauptsächlich nach den geforderten Bewegungsparametern am Abtrieb. Hierbei sind insbesondere die Größe des gewünschten Hubs, die Taktzeit für eine Bewegungsperiode und die damit erforderliche maximale Verfahrgeschwindigkeit und -beschleunigung zu berücksichtigen. Mit der zu bewegenden trägen Masse am Abtrieb und am Aktor selbst sowie den zu überwindenden Prozesskräften lässt sich dann die erforderliche Mindest-Antriebskraft bestimmen. Sie ist maßgeblich für den notwendigen Bauraum des Direktantriebs verantwortlich. So wird bei pneumatischen und hydraulischen Kolbenantrieben über den jeweils zur Verfügung stehenden Druck die notwendige Kolbenfläche ermittelt, die zusammen mit dem zu verwirklichenden Hub einen Mindestbauraum vorgibt. Bei elektrischen Antrieben ist für bestimmte Antriebs- oder Haltekräfte durch die begrenzten magnetischen Feldstärken ein bestimmtes Mindest-Bauvolumen notwendig.

Lösungskonzept 2: ungleichmäßiger Antrieb und gleichmäßig übersetzendes Getriebe

Ist ein direktes Anbinden des Antriebs an das Arbeitsorgan nicht möglich, weil z. B.

- die Achslagen von Antrieb zu Abtrieb gepasst werden müssen,
- größere Entfernungen zu überbrücken sind oder
- eine Bewegungs- bzw. Kraftwandlung zur Anpassung des Antriebs an die Bewegungsaufgabe des Arbeitsorgans notwendig ist,

dann bietet sich ein dazwischen geschaltetes gleichmäßig übersetzendes Getriebe, z. B. ein Zahnrädergetriebe oder ein Zugmittelgetriebe, an (Bild 1.8).

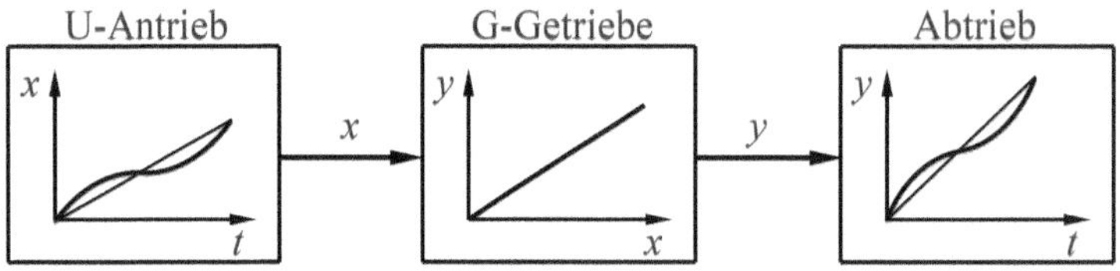

Bild 1.8 Lösungskonzept mit U-Antrieb und G-Getriebe

Die periodische, ungleichmäßig fortschreitende Bewegung des Antriebs (z. B. Servoantrieb, Hydraulikzylinder) wird in Abhängigkeit von der Übertragungsfunktion bzw. der Übersetzung somit lediglich linear skaliert.

Lösungskonzept 3: gleichmäßiger Antrieb und ungleichmäßig übersetzendes Getriebe

Wird ein Antrieb mit gleichmäßig fortschreitender Antriebsbewegung (z. B. eine mit konstanter Drehzahl drehende Welle) für eine ungleichmäßige Abtriebsbewegung genutzt, dann muss ein ungleichmäßig übersetzendes Getriebe zwischengeschaltet werden (Bild 1.9).

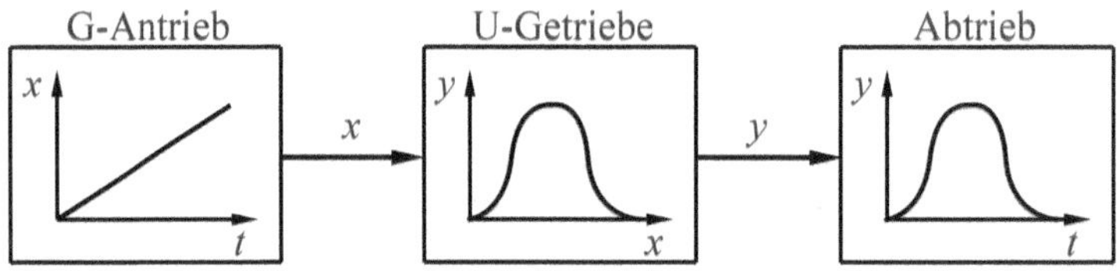

Bild 1.9 Lösungskonzept mit G-Antrieb und U-Getriebe

Dafür eignen sich insbesondere Koppelgetriebe (Abschnitt 5.1) und Kurvengetriebe (Abschnitt 5.2). Dieses Lösungskonzept findet vorzugsweise seinen Einsatz bei:

- Bewegungsaufgaben mit hoher Dynamik (sehr kurze Taktzeiten bzw. große Massenkräfte) und hohen Anforderungen hinsichtlich Reproduzierbarkeit und Präzision
- gleichbleibenden, d. h. nicht veränderlichen Bewegungsaufgaben
- Bewegungsaufgaben mit wenigen Bewegungsvorgaben
- mechanisch zwangläufiger Führung eines Arbeitsorgans durch gewünschte Lagen (Kollisionsvermeidung)
- vorrangig statischer Nutzlast am Abtrieb zur Entlastung des Antriebs durch Ausnutzen der nichtlinearen Übertragungseigenschaften des ungleichmäßig übersetzenden Getriebes

Lösungskonzept 4: ungleichmäßiger Antrieb und ungleichmäßig übersetzendes Getriebe

Werden ein Antrieb mit ungleichmäßiger Antriebsfunktion und ein ungleichmäßig übersetzendes Getriebe kombiniert, dann wird die Grundcharakteristik der Abtriebsbewegung vom Getriebe erzeugt, die durch den Antrieb skaliert und zeitlich verzerrt werden kann (Bild 1.10). Damit bietet sich dieses Lösungskonzept auch für die unter Konzept 3 genannten Einsatzfälle an, zusätzlich aber

- bei Bewegungsaufgaben mit hoher Flexibilität und/oder definierten Forderungen an den zeitlichen Verlauf der Bewegungsgrößen,
- zur Vermeidung von mechanischen Aufwand (z. B. für Verstelleinrichtungen) und
- zur Entlastung des Antriebs bei überwiegend dynamischer Belastung (Trägheitskräfte), insbesondere bei schnelllaufenden Maschinen durch Nutzung der Eigenbewegung.

Die **Eigenbewegung** eines Bewegungssystems stellt sich ein, wenn das System sich selbst überlassen wird, d. h. keine eingeprägten Kraftgrößen vorhanden sind und sich deshalb der Mechanismus mit konstanter Gesamtenergie aus kinetischer und potentieller Energie bewegt. Bei dieser so genannten Eigenbewegung ist kein Antriebsmoment erforderlich und die mittleren Gelenkkräfte werden minimal. [23, 24]

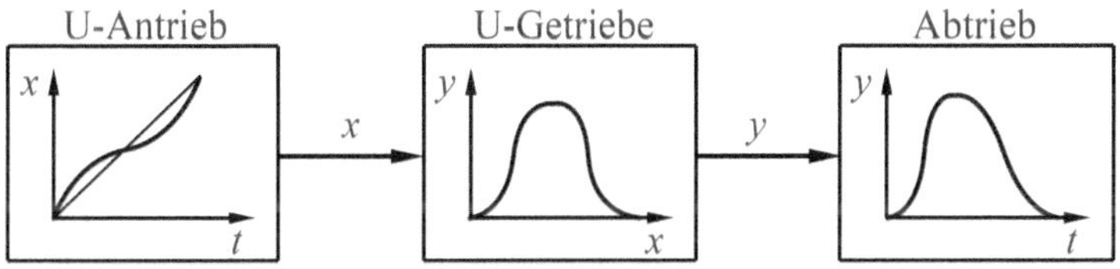

Bild 1.10 Lösungskonzept mit U-Antrieb und U-Getriebe

In [25] wird für dieses Lösungskonzept eine strukturierte Liste von Nutzeffekten vorgestellt, die insbesondere auf die dynamischen Belastungen von schnelllaufenden Verarbeitungsmaschinen eingehen. Darauf aufbauend werden in [26] die Besonderheiten des Bewegungsdesigns und der sinnvollen Auslegung solcher Bewegungssysteme erläutert.

Lösungskonzept 5: ein Antrieb und ungleichmäßig übersetzendes Getriebe mit zwei Abtrieben

Bei Führungsaufgaben werden zum Teil die für das Führen eines Objektes zugeordneten elementaren Bewegungen eines Abtriebsglieds, z. B. die x- und die y-Koordinate einer ebenen Punktführung, durch ein Getriebe generiert (Bild 1.11). Dies hat den Vorteil, dass durch das Getriebe eine zwangläufige Zuordnung der beiden Bewegungsgrößen vorliegt, die durch den Antrieb nicht verändert werden kann. Der Antrieb kann die Form der Bahnkurve nicht beeinflussen.

Damit bietet sich dieses Lösungskonzept an, wenn

- nicht veränderliche Führungsaufgaben zu bewältigen sind,
- Bewegungsaufgaben mit hoher Präzision umzusetzen sind,

- Zwanglauf gefordert ist oder
- nur ein Antrieb gewünscht oder möglich ist.

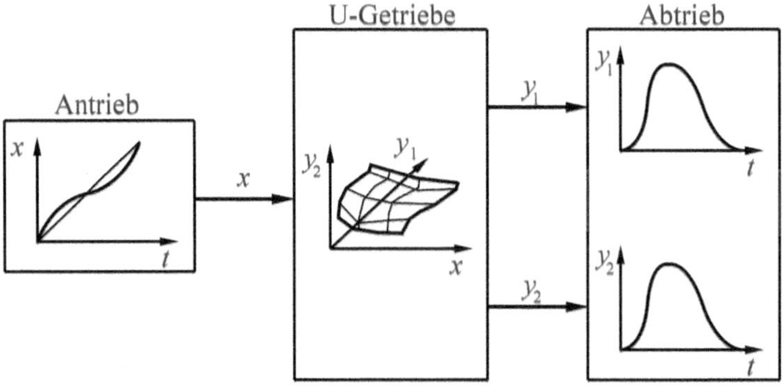

Bild 1.11 Lösungskonzept mit einem Antrieb und U-Getriebe mit zwei Abtriebsgrößen

Lösungskonzept 6: zwei Antriebe und (un)gleichmäßig übersetzendes Getriebe

Bei Führungsaufgaben werden mehrere Antriebe mit veränderlicher Antriebsfunktion zur Lösung der Bewegungsaufgabe eingesetzt (Bild 1.12), wenn nahezu beliebige Bahnkurven generiert oder veränderliche Lagen des Arbeitsorgans im Arbeitsraum des Führungsgetriebes durchlaufen werden sollen.

Damit bietet sich dieses Lösungskonzept an, wenn

- komplexe Führungsaufgaben zu bewältigen sind,
- Bewegungsaufgaben mit hoher Flexibilität umzusetzen sind oder
- aufwendige mechanische Lösungen (vielgliedrige Führungsgetriebe, Verstelleinrichtungen) vermieden werden sollen.

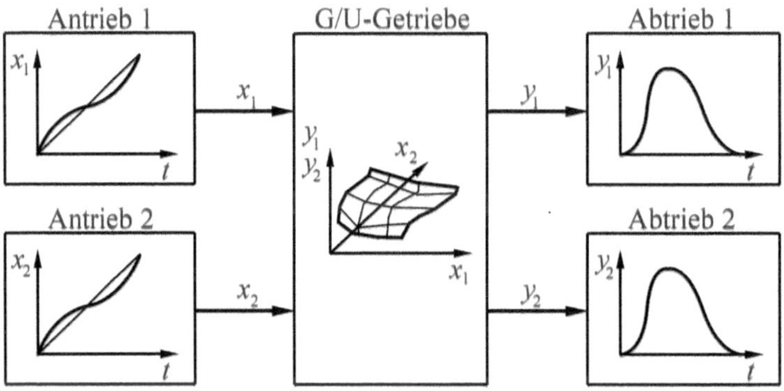

Bild 1.12 Lösungskonzept mit zwei U-Antrieben und U/G-Getriebe

Es sind weitere Ausprägungen möglich. So könnte das Lösungskonzept 6 nur einen Abtrieb besitzen. Damit ergibt sich ein **Summiergetriebe**, das aus zwei Antriebsbewegungen eine Abtriebsbewegung erzeugt. Eine weitere Variante entsteht, wenn bei Lösungskonzept 6 statt zwei ungleichmäßiger Antriebe ein ungleichmäßiger und ein gleichmäßiger Antrieb kombiniert werden.

Auswahl des Lösungskonzepts

Die bei den vorgestellten Lösungskonzepten angegebenen Beispiele sollen helfen, in Abhängigkeit von der zu realisierenden Bewegungsaufgabe das am besten geeignete Lösungskonzept zu finden. Grundsätzlich kann bemerkt werden, dass immer dann Lösungen mit geregelten Antrieben nach Konzept 1, 2, 4, 5 bzw. 6 (z.B. für Handhabungsroboter, Montageautomaten) zweckmäßig sind, wenn

- der Bewegungsverlauf häufig geändert wird bzw. an sich ändernde Parameter des technologischen Prozesses anzupassen ist und
- die Änderung bzw. Anpassung des Bewegungsverlaufs während des Betriebs notwendig ist.

Lösungen mit gleichmäßigem Antrieb und ungleichmäßig übersetzendem Getriebe nach Konzept 3 sind vorteilhaft, wenn relativ große Massen bei großen Betriebskräften sehr schnell oder sehr langsam exakt positioniert und mit größter Sicherheit bewegt werden müssen (z.B. für Ventilsteuerungen, Greifer in Druckmaschinen, Kniehebelpressen).

Ausgehend von den in Abschnitt 1.2.2 genannten Merkmalen, mit denen sich Bewegungsaufgaben klassifizieren lassen, und bei Berücksichtigung, ob hohe statische oder dynamische Kräfte zu bewältigen sind, können anhand der spezifischen Eigenschaften ausgewählter Bewegungssysteme Aussagen über deren grundsätzliche Eignung für bestimmte Arten von Bewegungsaufgaben getroffen werden (s. Tabelle 1.2). Zu beachten ist hierbei, dass aufgrund der Vielfalt der Bewegungsaufgaben und Bewegungssysteme sowie der nicht konkret quantifizierbaren Merkmale in manchen Fällen keine eindeutige Zuordnung möglich ist.

Tabelle 1.2 Eignung ausgewählter Bewegungssysteme

Lösungskonzept		Bewegungssystem	Bewegungsaufgabe			hohe Kräfte	
Antrieb	Getriebe		einfach	komplex	veränderlich	statisch	dynamisch
U	-	Direktantrieb	++	++	++	–	+
U	U/G	Getriebe mit geregeltem Antrieb	++	++	+	+	++
G	U	Koppelgetriebe mit gleichmäßigem Antrieb	+++	–	–	++	+++
		Kurvengetriebe mit gleichmäßigem Antrieb	++	+	–	+	++

1.3.5 Antriebsprinzipe

Das Erzeugen einer Antriebsbewegung kann mit unterschiedlichen Wirkprinzipen erfolgen. Eine Auswahl zeigt Tabelle 1.3.

Tabelle 1.3 Antriebsprinzipe

Prinzip	Beispiel	Eigenschaften und Merkmale
mechanisch	Zentralwelle	▪ gleichbleibende Bewegungsabläufe ▪ starre Kopplung von An- und Abtrieb ▪ für schnelle Bewegungen und/oder große Kräfte geeignet ▪ Synchronisation mehrerer Bewegungen in einer Maschine gesichert möglich
elektrisch/ magnetisch	Schrittmotor	▪ veränderliche Bewegungsabläufe ▪ geringe Haltekräfte
	Servomotor	▪ veränderliche Bewegungsabläufe ▪ Regelung notwendig
hydraulisch	Schrittmotor	▪ veränderliche Bewegungsabläufe ▪ große Kräfte ▪ sehr aufwendige Steuerung ▪ hydraulisches Medium notwendig ▪ Synchronisation mehrerer Bewegungen sehr aufwendig und nicht sicher
	Zylinder	▪ große Kräfte ▪ Regelung erforderlich ▪ hydraulisches Medium notwendig
pneumatisch	Schrittmotor	▪ flexibel in der Anwendung ▪ relativ schnelle Bewegungen ▪ geringe Haltekräfte ▪ relativ aufwendige Regelung ▪ Synchronisation mehrerer Bewegungen sehr aufwendig und nicht sicher ▪ Druckluft notwendig
	Zylinder	▪ geringe Kräfte ▪ bevorzugt diskrete Endlagen ▪ Druckluft notwendig
piezo-elektrisch	Piezo-Stapelaktor	▪ geringer Hub ▪ hohe Dynamik ▪ hohe Genauigkeit

Bei der Entscheidung für ein vorteilhaftes Antriebsprinzip zur Realisierung einer technischen Bewegungsaufgabe spielen vielfältige Kriterien eine Rolle. Die Auswahlkriterien lassen sich gruppieren in:

- **kinematische Kriterien:** Extremwerte für Geschwindigkeit und Beschleunigung, max. Hub, Positioniergenauigkeit (Präzision), Wiederholgenauigkeit (Reproduzierbarkeit), minimale Zykluszeit, ...

- **dynamische Kriterien:** Antriebskräfte und -momente, Verhältnis von Nutz- und Massenkräften, Schwingungsneigung, ...
- **technologische Kriterien:** Flexibilität des Bewegungsverlaufs, Zwanglauf, Energieverbrauch und Wirkungsgrad, Erwärmung, Laufruhe, Betriebssicherheit (Not-Stopp, Stromausfall, Überlast), Energiezufuhr, Umgebungseinflüsse, ...
- **technisch-wirtschaftliche Kriterien:** Entwicklungskosten, Herstellkosten, Inbetriebnahmekosten, Betriebskosten, Wartungskosten, ...
- **Marketing-Kriterien:** innovative Lösung als Verkaufsargument, Trendsetter, Zielgruppe, ...

Diese Aufstellung ist bei Weitem nicht vollständig, soll aber zeigen, wie breit gefächert eine ganzheitliche Bewertung vorzunehmen ist. Die große Anzahl der Auswahlkriterien im Zusammenspiel mit der Fülle der möglichen Bewegungsaufgaben lässt deshalb nicht zu, dass detaillierte oder gar gewichtete Auswahlkriterien angegeben werden können.

2 Bewegungsdesign

2.1 Grundlagen

Der erste Arbeitsschritt bei der Entwicklung eines Getriebes ist die Formulierung der **Bewegungsaufgabe**. Sie legt fest, wie sich ein Werkzeug oder Werkstück, ein Arbeitsorgan oder ein Verarbeitungsgut in Abhängigkeit von einer Bewegungsgröße (z.B. die Antriebsgröße) oder von der Zeit bewegen soll. Dieser Arbeitsschritt wird als **Bewegungsdesign** bezeichnet. Darunter soll im Folgenden die Suche nach einem möglichst günstigen Bewegungsablauf verstanden werden, der alle interessierenden Gesichtspunkte (kinematische Randwerte, dynamische Anforderungen, Einhaltung von Kollisionsbedingungen und dgl.) einschließt. Optimale Bewegungen von Arbeitsorganen lassen sich nur dann finden, wenn u.a. folgende Vorgaben kritisch hinterfragt und fundiert geklärt werden:

- Welcher Hub muss vom Arbeitsorgan notwendigerweise ausgeführt werden?
- In welchem Zeitintervall muss der Hub erfolgen? Wann kann die Bewegung beginnen; wann muss sie beendet sein?
- Können bzw. müssen sich Bewegungen von mehreren Arbeitsorganen in gewissen Zeitintervallen überlagern?
- Muss sich ein Arbeitsorgan über ein bestimmtes Zeitintervall in Ruhe befinden?
- Wie genau sind vorgegebene Positionen und Geschwindigkeiten des Arbeitsorgans einzuhalten?
- Welche Bewegungs- und Kraftgrößen sind später für die Auslegung des die Bewegung umsetzenden Getriebes relevant?

Da das zu Beginn oftmals nicht vollständig geklärt werden kann, ist das Generieren einer Bewegung ein iterativer Prozess, der das wiederholte Korrigieren von Vorgaben einschließt. Folgende Empfehlungen sollten stets berücksichtigt werden:

- Nur so viele exakt umzusetzende Forderungen wie unbedingt notwendig vorsehen, denn viele oder zu strenge Vorgaben beeinträchtigen das Finden brauchbarer Bewegungen.
- Kleine Veränderungen der Vorgaben haben oftmals großen Einfluss auf die generierte Lösung.
- Möglichst kleine Bewegungsänderungen in möglichst großen Zeitintervallen anstreben.

Bei praktischen Aufgabenstellungen liegt i.d.R. ein dem technologischen Prozess der Maschine entsprechendes **Maschinendiagramm** (Bild 2.1) vor, das die Bewegungen der einzelnen Arbeitsorgane für einen Arbeitszyklus der Maschine koordiniert. Diese Bewegungen können entweder auf eine generalisierte Zeitachse oder einen generalisierten Bewegungsparameter, wie der Drehwinkel einer Hauptwelle oder einer virtuellen Masterwelle, bezogen sein.

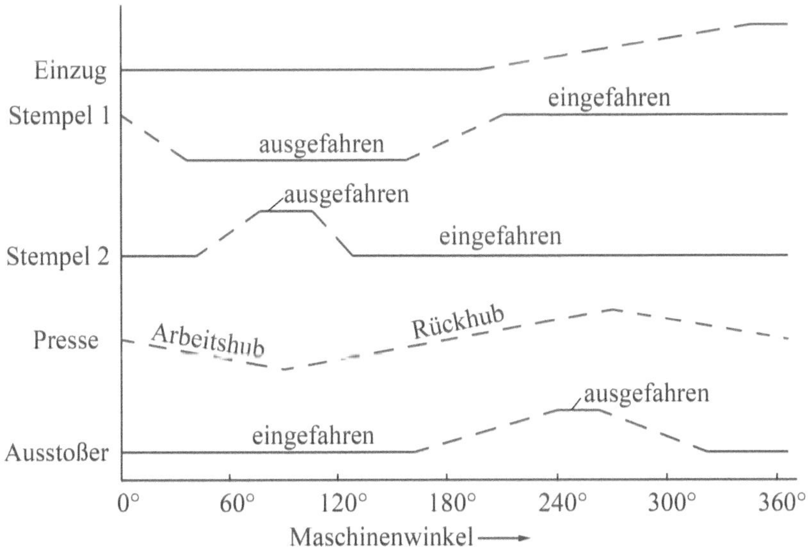

Bild 2.1 Maschinendiagramm eines Biegeautomaten

Zur Beschreibung der Bewegung eines Arbeitsorgans wird zunächst ein **Bewegungsplan** entwickelt, der alle notwendigen Forderungen an die Bewegung des Arbeitsorgans schematisch darstellt. Dabei wird die zyklische Bewegung zweckmäßig in mehrere Abschnitte mit ihren charakteristischen Anschlusspunkten unterteilt (Bild 2.2).

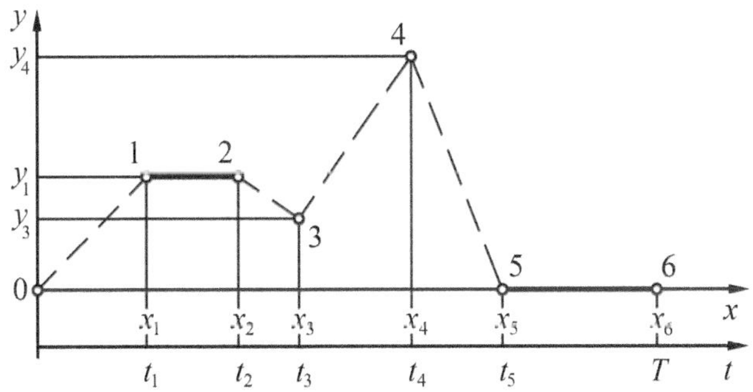

Bild 2.2 Bewegungsplan für ein Arbeitsorgan

In den Bewegungsabschnitten werden die Bewegungsgrößen mit x_i und y_i bezeichnet. Die Randpunkte i der Abschnitte werden beginnend mit Null fortlaufend nummeriert. Festgelegt sind somit Anstiegs- und Abstiegsphasen, zeitweise Stillstände (Rasten) und Umkehrlagen. Jedem Bewegungsabschnitt wird somit eine Dauer

$$x_{ij} = x_j - x_i \tag{2.1}$$

sowie ein vorzeichenbehafteter Teilhub

$$y_{ij} = y_j - y_i \tag{2.2}$$

zugewiesen.

Entsprechend den vorliegenden Geschwindigkeiten und Beschleunigungen eines Randpunkts sind spezielle Bewegungsaufgaben nach Tabelle 2.1 zu unterscheiden:

Tabelle 2.1 Randpunkte und ihre Bedingungen

Bewegungsaufgabe mit	Abkürzung	Bedingungen in den Randpunkten	
		Geschwindigkeit v	Beschleunigung a
Rast	R	= 0	= 0
konstanter Geschwindigkeit	G	≠ 0	= 0
Bewegungsumkehr	U	= 0	≠ 0
allgemeiner Bewegung	B	≠ 0	≠ 0

Durch Kombination zweier Randpunkte für einen Bewegungsabschnitt lassen sich typische Teilbewegungsaufgaben für Übergänge definieren, wie der Übergang aus einer konstanten Geschwindigkeit in eine Umkehr (G-U), der Übergang Rast-in-Rast (R-R) oder der Übergang Rast-in-Umkehr (R-U). Eine systematische Aufstellung ist [6] zu entnehmen.

Einzeln oder in Kombination ergeben diese Abschnitte die zu realisierende vollständige Bewegungsaufgabe für ein Arbeitsorgan. In Bild 2.3 sind beispielhaft einige typische Bewegungspläne dargestellt.

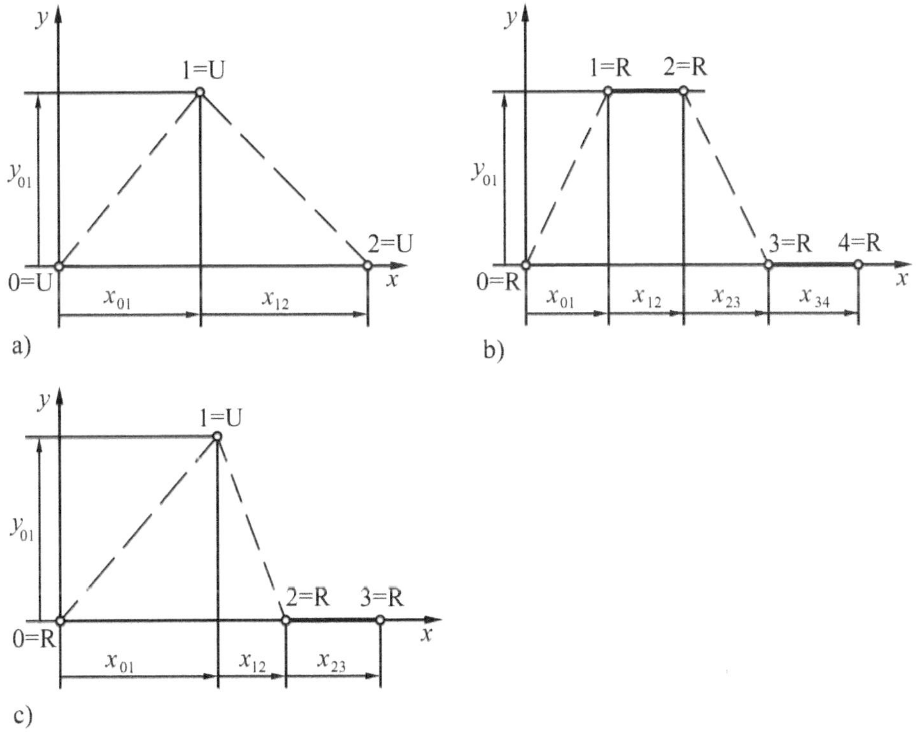

Bild 2.3 Typische Bewegungspläne. a) Umkehr-in-Umkehr-Bewegung, b) Rast-in-Rast-Bewegung, c) Umkehr-in-Rast-Bewegung

Aus dem Bewegungsplan ist anschließend das **Bewegungsdiagramm** zu entwickeln, in dem alle Bewegungsabschnitte durch Bewegungsgesetze analytisch beschrieben sind (Bild 2.4).

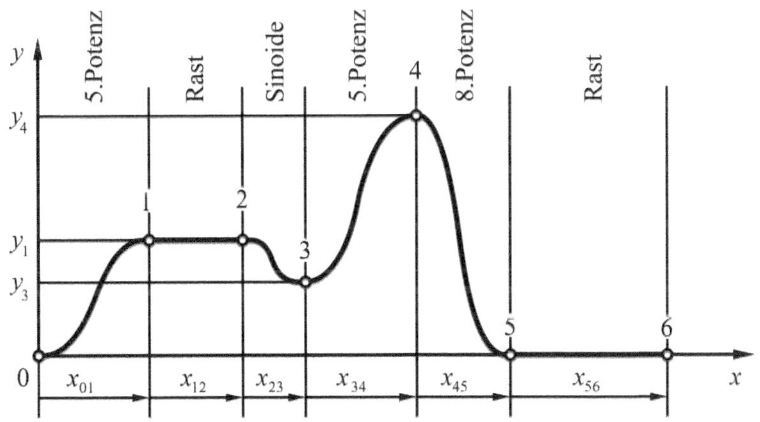

Bild 2.4 Bewegungsdiagramm

Sie ergeben die für Übertragungsaufgaben maßgebliche **Übertragungsfunktion 0. Ordnung** (0. ÜF) mit

$$y = y(x) \tag{2.3}$$

die dem funktionalen Zusammenhang zwischen einer Antriebsgröße x und einer Abtriebsgröße y entspricht.

Durch Ableiten der Abtriebsgröße y nach der Antriebsgröße x ergeben sich als Übertragungsfunktion 1. Ordnung (1. ÜF)

$$y' = y'(x) = \frac{\mathrm{d}y}{\mathrm{d}x} \tag{2.4}$$

und als Übertragungsfunktion 2. Ordnung (2. ÜF)

$$y'' = y''(x) = \frac{\mathrm{d}^2 y}{\mathrm{d}x^2} \tag{2.5}$$

usw.

Da die Antriebsgröße x im Allgemeinen zeitabhängig beschrieben werden kann, lässt sich die 0. ÜF in die **Abtriebsfunktion** (Bewegungsgleichung)

$$y = y(t) = y(x(t)) \tag{2.6}$$

überführen. Ihr Verlauf ist mit der 0. ÜF identisch, wenn die **Antriebsfunktion** $x(t)$ linear und die Antriebsgeschwindigkeit $\dot{x}$ zwangsläufig konstant sind. Die Ableitung nach der Zeit führt zu den Bewegungsgleichungen für die Abtriebsgeschwindigkeit und -beschleunigung:

$$\dot{y} = \frac{\mathrm{d}y}{\mathrm{d}t} = \frac{\mathrm{d}y}{\mathrm{d}x} \cdot \frac{\mathrm{d}x}{\mathrm{d}t} = y' \cdot \dot{x} \tag{2.7}$$

$$\ddot{y} = \frac{\mathrm{d}^2 y}{\mathrm{d}t^2} = y'' \cdot \dot{x}^2 + y' \cdot \ddot{x} \tag{2.8}$$

Aus diesen Gleichungen lassen sich folgende praktisch relevante Sonderfälle herleiten:

a) Ist die Geschwindigkeit $\dot{x}$ des Antriebsglieds konstant und somit die Beschleunigung $\ddot{x} = 0$, dann ergibt sich mit

$$\ddot{y} = y'' \cdot \dot{x}^2 \tag{2.9}$$

ein zur 2. ÜF proportionaler Verlauf der Abtriebsbeschleunigung.

b) Für ein gleichmäßig übersetzendes Getriebe mit $y' = \text{const.}$ und $y'' = 0$ erhält man mit

$$\dot{y} = y' \cdot \dot{x} \tag{2.10}$$

und

$$\ddot{y} = y' \cdot \ddot{x} \tag{2.11}$$

einen Geschwindigkeits- und einen Beschleunigungsverlauf am Abtriebsglied, welche denen des Antriebsglieds proportional sind.

Da die Übertragungsfunktion bei der Lösung praktischer Aufgabenstellungen üblicherweise in mathematisch vorteilhaft zu beschreibende Teil-Übertragungsfunktionen zerlegt wird, müssen an den Randpunkten bestimmte Anforderungen eingehalten werden. Im Sinne dynamisch günstiger Bewegungsabläufe sind zumindest Stoß- und Ruckfreiheit anzustreben.

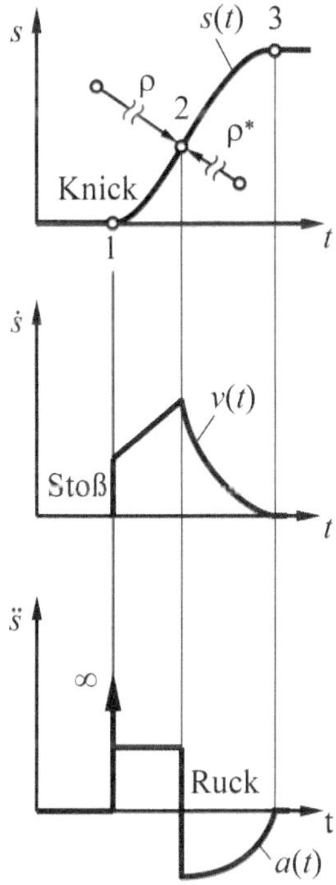

Bild 2.5 Stoß- und ruckbehafteter Bewegungsablauf

Besitzt der zeitliche Verlauf der Abtriebsgröße nach Bild 2.5 einen Knick, d. h., es liegt im Punkt 1 kein tangentenstetiger Übergang vor, dann folgt daraus ein Geschwindigkeitssprung **(Stoß)**. Die Beschleunigung nimmt an dieser Stelle einen unendlich großen Wert an.

Ist der Verlauf der Abtriebsgröße in einem Punkt 2 zwar tangenten- aber nicht krümmungsstetig, dann ergibt sich an dieser Stelle im Geschwindigkeitsverlauf ein Knick, der wiederum zu einem Beschleunigungssprung **(Ruck)** führt.

Beide Effekte, die auch anhand der Übertragungsfunktion deutlich werden, rufen im Betrieb der Maschine Eigenschwingungen hervor. Die dadurch entstehenden Zusatzbeschleunigungen, die häufig die kinematisch bedingten Beschleunigungen übertreffen, führen zu erhöhten Bauteilbeanspruchungen und können die Arbeitsgenauigkeit der Maschine herabsetzen. So werden z. B. Sprünge in der 1. ÜF zwangsläufig hervorgerufen, wenn die Endlagen bewegter Bauteile durch Anschläge begrenzt bzw. fixiert oder Arbeitsorgane abgestützt werden [48].

2.2 Bewegungsdesign für Übertragungsaufgaben

2.2.1 Polynom-Bewegungsgesetze

In der Entwurfsphase eines Getriebes ist es häufig zweckmäßig, die zu realisierende Bewegungsaufgabe nicht als geschlossene mathematische Funktion, sondern durch Teilfunktionen zu beschreiben. Prinzipiell lässt sich der betreffende Bewegungsablauf entweder als Teil-Übertragungsfunktion - auch als Bewegungsgesetz bezeichnet - oder als Teil-Bewegungsgleichung darstellen.

Eine Möglichkeit der mathematischen Beschreibung bieten Potenzgesetze K-gliedriger Polynome in der Form

$$y = y(x) = \sum_{k=0}^{K} a_k x^k \tag{2.12}$$

Wird auf die zeitabhängige Beschreibung der Bewegungsgröße y Wert gelegt, lautet der allgemeine Ansatz

$$y = y(t) = \sum_{k=0}^{K} a_k t^k \tag{2.13}$$

Unter der Vorgabe von $K+1$ Randbedingungen für

die Abtriebsgröße $y(x = x_i) = y_i$ (2.14)

die 1. ÜF $y'(x = x_i) = y_i'$

die 2. ÜF $y''(x = x_i) = y_i''$

die 3. ÜF $y'''(x = x_i) = y_i'''$

und höherer Ordnungen können die $K+1$ Koeffizienten des jeweiligen Polynoms bestimmt und somit an nahezu beliebige Randpunktvorgaben eines Bewegungsabschnitts angepasst werden. Analog ist bei der Definition einer Bewegungsgleichung vorzugehen, wobei hier Randbedingungen für die Lage, die Geschwindigkeit, die Beschleunigung und den Ruck des Abtriebsglieds relevant sind.

Polynome mit einem ungeraden Grad $(K = 3, 5, 7, \ldots)$ erlauben die Darstellung zentralsymmetrischer Übertragungsfunktionen. Bei einer Rast-in-Rast-Bewegung liefern die Randbedingungen für den Anfangspunkt A (Rastpunkt) und den Endpunkt E (Rastpunkt)

$$\begin{aligned} y(x = x_\mathrm{A}) &= y_\mathrm{A} \qquad & y(x = x_\mathrm{E}) &= y_\mathrm{E} \\ y'(x = x_\mathrm{A}) &= 0 \qquad & y'(x = x_\mathrm{E}) &= 0 \\ y''(x = x_\mathrm{A}) &= 0 \qquad & y''(x = x_\mathrm{E}) &= 0 \end{aligned} \tag{2.15}$$

zunächst folgende Gleichungen für ein Polynom 5. Grades:

$$y_A = a_0 + a_1 x_A + a_2 x_A^2 + a_3 x_A^3 + a_4 x_A^4 + a_5 x_A^5 \qquad (2.16)$$
$$y_E = a_0 + a_1 x_E + a_2 x_E^2 + a_3 x_E^3 + a_4 x_E^4 + a_5 x_E^5$$
$$0 = a_1 + 2a_2 x_A + 3a_3 x_A^2 + 4a_4 x_A^3 + 5a_5 x_A^4$$
$$0 = a_1 + 2a_2 x_E + 3a_3 x_E^2 + 4a_4 x_E^3 + 5a_5 x_E^4$$
$$0 = 2a_2 + 6a_3 x_A + 12a_4 x_A^2 + 20a_5 x_A^3$$
$$0 = 2a_2 + 6a_3 x_E + 12a_4 x_E^2 + 20a_5 x_E^3$$

Durch Lösen des daraus folgenden linearen Gleichungssystems

$$\overline{y} = \overline{K} \cdot \overline{a} \qquad (2.17)$$

ergibt sich das **Polynom 5. Grades**

$$y = y(x) = y_A + (y_E - y_A)\left\{10\left(\frac{x - x_A}{x_E - x_A}\right)^3 - 15\left(\frac{x - x_A}{x_E - x_A}\right)^4 + 6\left(\frac{x - x_A}{x_E - x_A}\right)^5\right\} \qquad (2.18)$$

das im Punkt W einen Wendepunkt besitzt und symmetrische Verläufe der 1. ÜF und 2. ÜF aufweist (Bild 2.6).

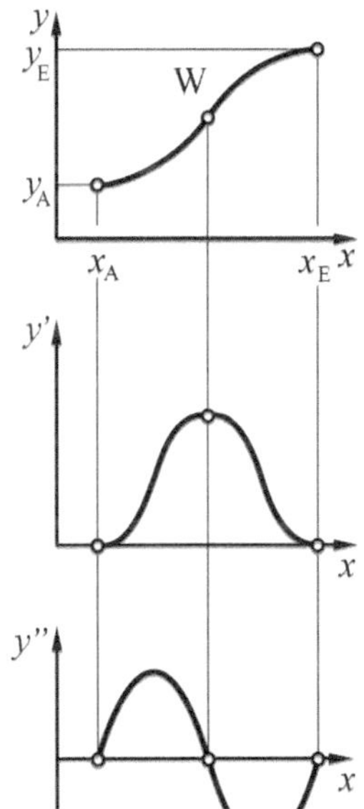

Bild 2.6 Polynom 5. Grades für Rast-in-Rast-Bewegung

Ist die Anzahl der zur Verfügung stehenden Polynomkoeffizienten größer als die Anzahl der geforderten Randbedingungen, lässt sich der darzustellende Bewegungsabschnitt hinsichtlich bestimmter Forderungen optimieren. Häufig interessieren solche Forderungen wie minimale extreme Geschwindigkeiten, Beschleunigungen oder Antriebsmomente, die durch geeignete Optimalitätsbedingungen umgesetzt werden können. Auf entsprechende Vorgehensweisen wird im Abschnitt 2.2.4 näher eingegangen.

2.2.2 Trigonometrische Bewegungsgesetze

Als trigonometrische Bewegungsgesetze werden Übertragungsfunktionen bezeichnet, die trigonometrische Ausdrücke enthalten. In allgemeiner Form lassen sie sich zwischen einem Anfangspunkt A und einem Endpunkt E durch die Gleichung

$$y(z) = a_0 \cdot z + b_0 + \sum_{h=1}^{H} \left(\frac{a_h}{h\pi} \cos(h\pi z) \right) + \sum_{k=1}^{K} \left(\frac{b_k}{k\pi} \sin(k\pi z) \right) \tag{2.19}$$

mit

$$z(x) = \frac{x - x_\mathrm{A}}{x_\mathrm{E} - x_\mathrm{A}} \tag{2.20}$$

als normierte Antriebsgröße beschreiben.

Häufig genutzt werden z. B. für Rast-in-Rast-Übergänge die **einfache Sinoide**

$$y(z) = a\left(1 - \cos(\pi z)\right) + b \tag{2.21}$$

und die **Sinoide nach Bestehorn**

$$y(z) = a\left(z - \frac{1}{2\pi} \sin(2\pi z) \right) + b \tag{2.22}$$

Ein spezielles trigonometrisches Bewegungsgesetz, mit dem der gesamte Bewegungsablauf beschrieben werden kann, ist die endliche Fourierreihe

$$y(\varphi) = a_0 + \sum_{k=1}^{K} a_k \cos(k\varphi) + \sum_{k=1}^{K} b_k \sin(k\varphi) \tag{2.23}$$

die auch als harmonisches Bewegungsgesetz bezeichnet wird. Als Antriebsgröße fungiert dann der Antriebswinkel φ einer Maschinenwelle. Die entsprechende zeitabhängige Bewegungsgleichung ergibt sich für eine mit der Winkelgeschwindigkeit Ω gleichmäßig drehende Antriebswelle (bzw. eine virtuelle Masterwelle) aus $\varphi = \Omega \cdot t$ zu

$$y(t) = a_0 + \sum_{k=1}^{K} a_k \cos(k\Omega t) + \sum_{k=1}^{K} b_k \sin(k\Omega t) \tag{2.24}$$

bzw. unter Verwendung der Periodendauer des Bewegungsablaufs mit $T = 2\pi / \Omega$ zu

$$y(t) = a_0 + \sum_{k=1}^{K} a_k \cos\left(2\pi k \frac{t}{T} \right) + \sum_{k=1}^{K} b_k \sin\left(2\pi k \frac{t}{T} \right) \tag{2.25}$$

Die Koeffizienten a_k und b_k werden durch eine Approximation bzw. eine harmonische Analyse des z. B. punktweise vorgegebenen Bewegungsablaufs bestimmt.

Eine besondere Bedeutung haben endliche Fourierreihen für die Entwicklung schwingungsarmer Bewegungssysteme erlangt [48]. Dieser Aspekt wird im Abschnitt 2.2.5 näher betrachtet.

2.2.3 Normierte Übertragungsfunktionen

Zur Vereinfachung des Bewegungsdesigns wurde in der Vergangenheit für typische Bewegungsabschnitte eine Vielzahl angepasster Funktionen bereitgestellt und systematisiert [6]. Sie erfüllen in ihren Randpunkten notwendige Forderungen für die 1. ÜF bzw. 2. ÜF, die an den Anschlussstellen zu den benachbarten Bewegungsabschnitten Stoß- bzw. Ruckfreiheit anstreben. Normiert man das Bewegungsgesetz auf die Dauer x_{ij} des Bewegungsabschnitts und auf den dabei zurückgelegten Hub y_{ij} am Abtrieb, so lässt sich das Bewegungsgesetz in der folgenden Form schreiben:

$$y = y_i + y_{ij} \cdot f\left(\frac{x - x_i}{x_{ij}}\right) \quad (2.26)$$

Mit der Einführung der normierten Antriebsgröße

$$z = \frac{x - x_i}{x_{ij}} \quad (2.27)$$

ergibt sich für den Bewegungsabschnitt ij

$$y = y_i + y_{ij} \cdot f(z) \quad (2.28)$$

Die Funktion $f(z)$ wird als **normierte Übertragungsfunktion** (NÜF) bezeichnet, die dann die Randwerte $f(z=0)=0$ und $f(z=1)=1$ besitzt und nur im Bereich $0 \le z \le 1$ definiert ist.

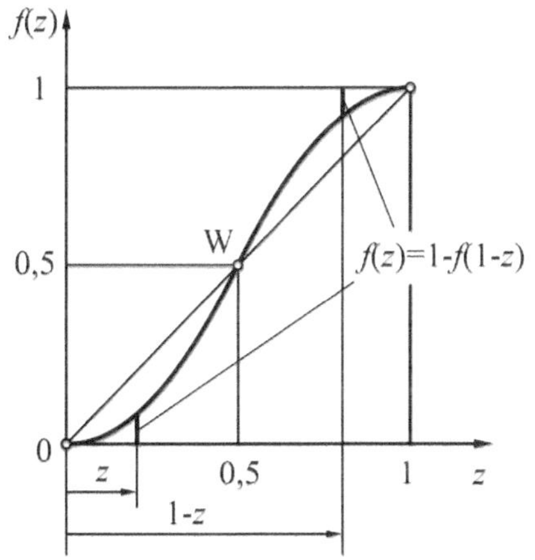

Bild 2.7 Normierte symmetrische Übertragungsfunktion

Für eine normierte symmetrische Übertragungsfunktion (Bild 2.7) gilt außerdem:

$$f(z) = 1 - f(1 - z) \quad (2.29)$$

Die Ableitung der 0. ÜF Gl. (2.28) nach der Antriebsgröße x führt zu den Übertragungsfunktionen höherer Ordnung:

$$1.\,\text{ÜF}\quad y' = \frac{y_{ij}}{x_{ij}} f'(z) \tag{2.30}$$

$$2.\,\text{ÜF}\quad y'' = \frac{y_{ij}}{x_{ij}^2} f''(z)$$

Beachtet werden muss, dass ein für die Antriebsgröße x bzw. für die Abtriebsgröße y verwendeter Winkel in Bogenmaß einzusetzen ist.

Die Auswahl des für den Anwendungsfall am besten geeigneten Bewegungsgesetzes unterstützen folgende Kennwerte:

- Geschwindigkeitskennwert $C_v = \max\left|f'(z)\right|$ (2.31)
- Beschleunigungskennwert $C_a = \max\left|f''(z)\right|$ (2.32)
- Ruckkennwert $C_j = \max\left|f'''(z)\right|$ (2.33)
- statischer Momentenkennwert $C_{M\,\mathrm{stat}} = \max\left|f'(z)\right| = C_v$ (2.34)
- dynamischer Momentenkennwert $C_{M\,\mathrm{dyn}} = \max\left|f'(z)\cdot f''(z)\right|$ (2.35)

Dabei beziehen sich die ersten drei Kennwerte auf die Bewegung des Abtriebsglieds, d. h. auf die Extremwerte von Geschwindigkeit, Beschleunigung und Ruck (als Maß für die Beschleunigungsänderung), denn es gelten für $\dot{x} = \mathrm{const.}$ folgende Gleichungen:

$$\dot{y}_{\max} = \left|\frac{y_{ij}}{x_{ij}} \cdot C_v \cdot \dot{x}\right| \tag{2.36}$$

$$\ddot{y}_{\max} = \left|\frac{y_{ij}}{x_{ij}^2} \cdot C_a \cdot \dot{x}^2\right| \tag{2.37}$$

$$\dddot{y}_{\max} = \left|\frac{y_{ij}}{x_{ij}^3} \cdot C_j \cdot \dot{x}^3\right| \tag{2.38}$$

Die Momentenkennwerte hingegen gestatten eine Bewertung des Bewegungsgesetzes hinsichtlich der Rückwirkung von äußeren Kräften (z. B. Nutz- oder Arbeitskraftgrößen F_{N} bzw. M_{N}) bzw. der Trägheit infolge der Masseparameter (m_{ab} bzw. J_{ab}) des Abtriebs auf den Antrieb. Der Extremwert der verallgemeinerten Antriebskraftgröße Q ergibt sich für diese Betrachtungen gemäß Abschnitt 4.8.3 zu:

$$Q_{\max} = \left|F_{\mathrm{N}} \cdot y'_{\max}\right| = \left|F_{\mathrm{N}} \frac{y_{ij}}{x_{ij}} C_{M\,\mathrm{stat}}\right| \tag{2.39}$$

bzw.

$$Q_{\max} = m_{\mathrm{ab}} \cdot \max\left|\ddot{y} \cdot y'\right| = m_{\mathrm{ab}} \left|\frac{y_{ij}^2}{x_{ij}^3} C_{M\,\mathrm{dyn}} \cdot \dot{x}^2\right| \tag{2.40}$$

Die Größe Q ist eine Kraft, wenn eine translatorische Antriebsbewegung vorliegt bzw. ein Moment bei einer rotatorischen Antriebsbewegung. Die Nutzkraft F_{N} steht hier stellvertretend für eine am translatorisch bewegten Abtriebsglied angreifende, in Bewegungsrichtung wirkende äußere Kraft bzw. ein am rotatorisch bewegten Abtriebsglied angreifendes äußeres Moment.

Ideal wäre ein Bewegungsgesetz, das generell niedrige Kennwerte besitzt. Da das im realen Fall nicht umsetzbar ist, muss sich der Entwickler auf die für seinen Anwendungsfall maßgebliche(n) Größe(n) beschränken. Eine Auswahl gebräuchlicher Bewegungsgesetze für Rast-in-Rast-Bewegungen und ihre Kennwerte zeigt Tabelle 2.2.

Tabelle 2.2 Normierte symmetrische Übertragungsfunktionen für Rast-in-Rast-Bewegungen [7]

Bewegungsgesetz	normierte Übertragungsfunktion	$f'(z)$	$f''(z)$	$f'''(z)$	$f'(z)\cdot f''(z)$
1. Potenz (Gerade)	$f(z) = z$	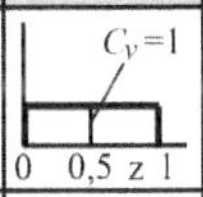	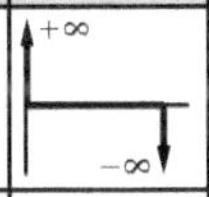	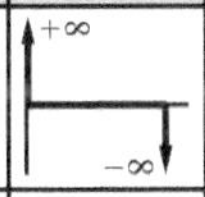	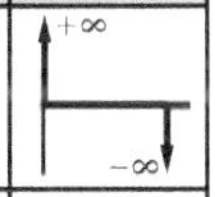
2. Potenz (quadratische Parabel)	$z = 0...0{,}5: f_1(z) = 2z^2$ $z = 0{,}5...1: f_2(z) = 1 - 2(1-z)^2$	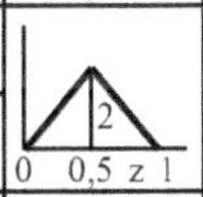	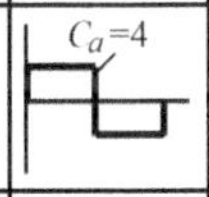	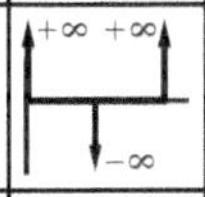	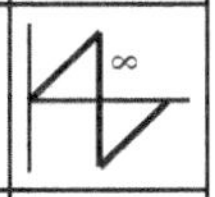
3. Potenz (kubische Parabel)	$f(z) = 3z^2 - 2z^3$	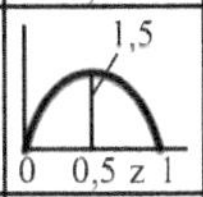	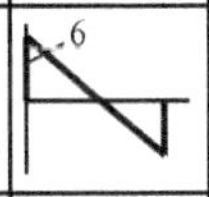	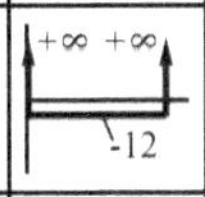	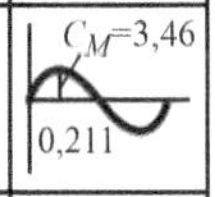
4. Potenz (3-4-Polynom)	$z = 0...0{,}5: f_1(z) = 8\,(z^3 - z^4)$ $z = 0{,}5...1: f_2(z) = 1 - 8\left[(1-z)^3 - (1-z)^4\right]$	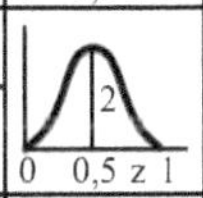	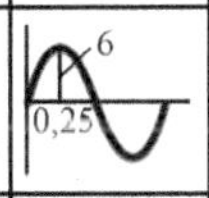	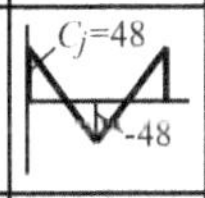	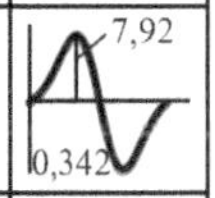
5. Potenz (3-4-5-Polynom)	$f(z) = 10z^3 - 15z^4 + 6z^5$	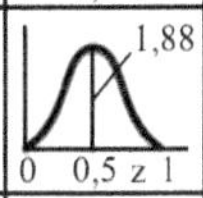	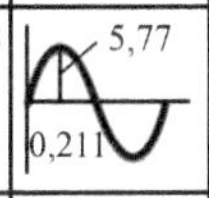	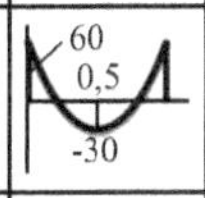	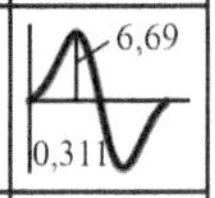
8. Potenz (3-4-5-6-7-8-Polynom)	$z = 0...0{,}5: f_1(z) =$ $\frac{8}{3}\left[7z^3 - 35z^4 + 112z^5 - 224z^6 + 256z^7 - 128z^8\right]$ $z = 0{,}5...1: f_2(z) = 1 - \frac{8}{3}\left[7(1-z)^3 - 35(1-z)^4 + \right.$ $\left. 112(1-z)^5 - 224(1-z)^6 + 256(1-z)^7 - 128(1-z)^8\right]$	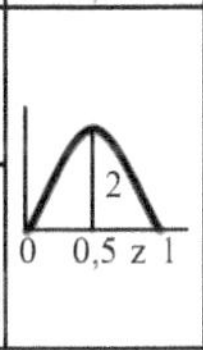	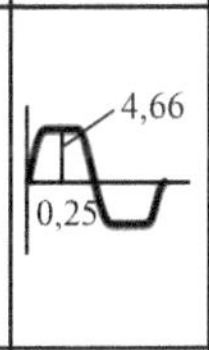	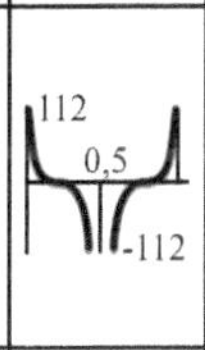	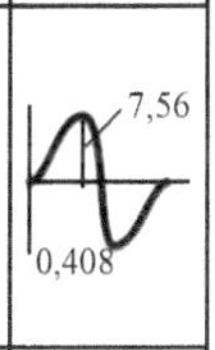
einfache Sinoide (Sinuslinie)	$f(z) = \frac{1}{2}[1 - \cos(\pi z)]$	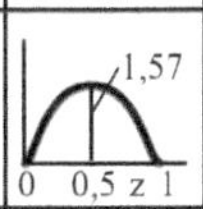	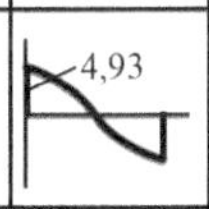	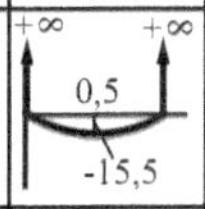	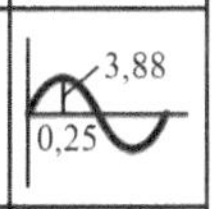
Sinoide von Bestehorn (geneigte Sinuslinie)	$f(z) = z - \frac{1}{2\pi}\sin(2\pi z)$	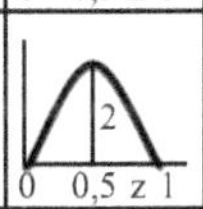	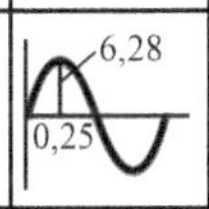	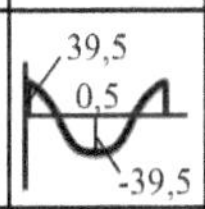	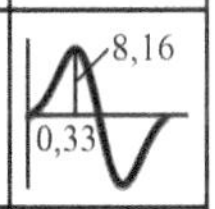
modifizierte Sinoide	$z = 0...\frac{1}{8}: \; f_1(z) = \frac{1}{4+\pi}\left[\pi z - \frac{1}{4}\sin(4\pi z)\right]$ $z = \frac{1}{8}...\frac{7}{8}: \; f_2(z) = \frac{1}{4+\pi}\left[2 + \pi z - \frac{9}{4}\sin\left(\frac{4\pi}{3}z + \frac{\pi}{3}\right)\right]$ $z = \frac{7}{8}...1: \; f_3(z) = \frac{1}{4+\pi}\left[4 + \pi z - \frac{1}{4}\sin(4\pi z)\right]$	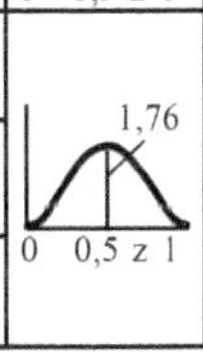	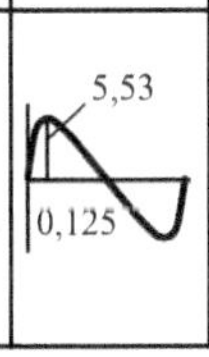	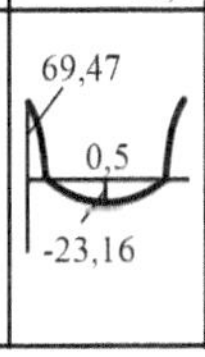	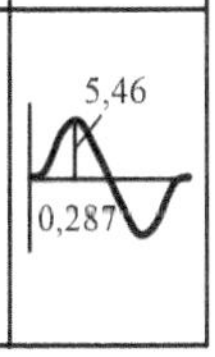

Normierte Übertragungsfunktionen lassen sich auch zur abschnittsweisen Beschreibung der Bewegungsgleichungen nutzen. In dem Falle ist an Stelle der Antriebsgröße x die Zeit t auf die Dauer t_{ij} des Bewegungsabschnitts nach

$$z = \frac{t - t_i}{t_{ij}} \tag{2.41}$$

zu normieren, womit folgende Gleichungen gelten:

Abtriebsweg $y = y_i + y_{ij} \cdot f(z)$ (2.42)

Abtriebsgeschwindigkeit $\dot{y} = \frac{y_{ij}}{t_{ij}} f'(z)$

Abtriebsbeschleunigung $\ddot{y} = \frac{y_{ij}}{t_{ij}^2} f''(z)$

2.2.4 Bewegungsdesign als Optimierungsaufgabe

Normierte Übertragungsfunktionen sind weniger geeignet, wenn innerhalb des Bewegungsabschnitts spezielle Restriktionen einzuhalten sind, wie die Vermeidung von Kollisionen zwischen Arbeitsorganen. Eine mögliche Anpassung der NÜF an den Anwendungsfall durch Modifikation der Randpunkte des Abschnitts geht häufig auf Kosten maßgeblicher Kennwerte des Bewegungsgesetzes, z. B. der maximalen Beschleunigung am Abtriebsglied. In derartigen Fällen erweist es sich als zweckmäßig, das Bewegungsdesign als Optimierungsaufgabe aufzufassen:

Wird zur Beschreibung des Bewegungsabschnitts der Polynomansatz gewählt, gilt für den Zusammenhang zwischen einer Antriebsgröße x und einer Abtriebsgröße y zunächst

$$y(x) = a_0 + a_1 x + a_2 x^2 + \ldots + a_i x^i + \ldots + a_K x^K = \sum_{k=0}^{K} a_k x^k \tag{2.43}$$

Das Polynom vom Grad K muss entsprechend der vorliegenden Bewegungsaufgabe zunächst M **feste Randbedingungen** mit

$$y_m^{(p)} = y^{(p)}(x_m) \text{ mit } K = M - 1,\ m = 1, 2, \ldots, M \tag{2.44}$$

erfüllen, wobei (p) die Ordnung der Übertragungsfunktion bezeichnet. Gewöhnlich sind das Lagen, Geschwindigkeiten und Beschleunigungen des Abtriebsglieds an den Randpunkten des Abschnitts, seltener aber auch fest einzuhaltende Zwischenlagen.

Wird ein Polynom mit dem Grad

$$K = M - 1 + N \tag{2.45}$$

gewählt, lassen sich die zusätzlich eingeführten N **freien Randbedingungen** dazu nutzen, das Bewegungsgesetz für vorgegebene Forderungen zu optimieren. Das können z. B. Bedingungen zur Minimierung der extremen Geschwindigkeit oder Beschleunigung mit dem Optimalitätskriterium

$$\max\left|y^{(p)}\right| \Rightarrow \text{Min für } p = 1, 2 \tag{2.46}$$

oder Bedingungen zur Minimierung der Bogenlänge des Geschwindigkeits- bzw. Beschleunigungsverlaufs durch

$$\int_{x_A}^{x_E} \sqrt{1 + \left[y^{(p+1)}(x)\right]^2}\, \mathrm{d}x \Rightarrow \text{Min} \quad \text{für } p = 1, 2 \tag{2.47}$$

mit dem Ziel einer minimalen Welligkeit im entsprechenden Funktionsverlauf und der gleichzeitigen Begrenzung der Extremwerte sein. Erfahrungsgemäß eignen sich diskrete Lagen nur bedingt als freie Randbedingungen, da sie bei der Polynomgenerierung stark restriktiv wirken. Überschwinger und schwer kontrollierbare tendenzielle Einflüsse auf den Polynomverlauf sind häufig auftretende Probleme. Als vorteilhaft erweisen sich diskrete Werte der 2. ÜF

$$y_n'' = y''(x_n) \quad \text{mit} \quad n = 1, 2, \ldots, N \tag{2.48}$$

die als „weiche" Bedingungen wirken.

Schließlich besteht nun die Aufgabe darin, die Polynomkoeffizienten a_k so zu bestimmen, dass unter Einhaltung der M festen Randbedingungen und unter Variation der N freien Randbedingungen das gewählte Optimalitätskriterium bestmöglich erfüllt wird. Außerdem lassen sich L **Nebenbedingungen** z. B. als Ungleichungen in der Form

$$d_l(x) \geq d_{l\,\mathrm{min}} \quad \text{mit } l = 1, 2, \ldots, L \tag{2.49}$$

für ein spezielles Intervall

$$x_{l\mathrm{A}} \leq x \leq x_{l\mathrm{E}} \tag{2.50}$$

der Antriebsgröße x formulieren, die zusätzlich einzuhaltende Anforderungen beschreiben, so u. a. Mindestabstände zwischen Bauteilkonturen. In diesem Falle wären die jeweiligen Abstände d_l aus der von der Antriebsgröße x abhängigen Relativbewegung der interessierenden Bauteilkonturen zu ermitteln.

Für die rechentechnische Umsetzung derartiger Optimierungsprobleme stehen robuste Algorithmen zur Suche lokaler Extrema einer Funktion mit mehreren Variablen zur Verfügung, die durch eine implizite Schrittweitensteuerung sowohl für „harte", d. h. unbedingt einzuhaltende Beschränkungen, aber auch für „weiche", d. h. nur ungefähre Beschränkungen, geeignet sind.

Ist die Bewegungsaufgabe bzw. die Übertragungsfunktion entsprechend den technologischen Forderungen punktweise durch Wertepaare x_i, y_i vorgegeben, und müssen die vorgegebenen Wertepaare u. U. nicht exakt eingehalten werden, lässt sie sich durch eine **Spline-Approximation** fassen. Dabei wird die Punktfolge abschnittsweise jeweils zwischen den Argumenten x_i und x_j durch ein Polynom approximiert. Bei Verwendung eines Polynoms 5. Grades ergibt sich für den Abschnitt ij

$$y(x) = a_{0ij} + a_{1ij}x + a_{2ij}x^2 + \ldots + a_{5ij}x^5 \tag{2.51}$$

Der stoß- und ruckfreie Bewegungsverlauf wird durch stetige Übergänge an den Abschnittsgrenzen gewährleistet, wobei folgende Bedingungen an den Grenzen zwischen zwei benachbarten Abschnitten ij und jk einzuhalten sind:

$$\begin{aligned} y_{\mathrm{A},jk}(x_{\mathrm{A},jk}) &= y_{\mathrm{E},ij}(x_{\mathrm{E},ij}) \\ y'_{\mathrm{A},jk}(x_{\mathrm{A},jk}) &= y'_{\mathrm{E},ij}(x_{\mathrm{E},ij}) \\ y''_{\mathrm{A},jk}(x_{\mathrm{A},jk}) &= y''_{\mathrm{E},ij}(x_{\mathrm{E},ij}) \end{aligned} \tag{2.52}$$

Durch den gewählten niedrigen Polynomgrad entsteht ein geglätteter Verlauf der Übertragungsfunktion mit einem vergleichsweise niedrigen C_a-Wert.

Beispiel 2.1: Übergabebewegung für den Vorgreifer einer Bogendruckmaschine [27]

In Bogendruckmaschinen werden Bedruckstoffe verarbeitet, die i. d. R. in Stapeln am Anleger bereitgestellt werden (Bild 2.8). Nach der Vereinzelung durch den Saugkopf wird der Bogen auf dem Anlagetisch zur den Vorder- bzw. Seitenmarken transportiert, an denen die Ausrichtung des ankommenden Bogens entlang der Vorder- und Seitenkante erfolgt.

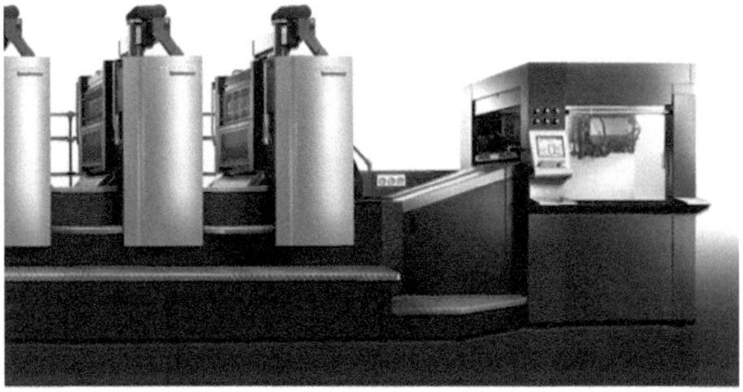

Bild 2.8 Anleger einer Bogendruckmaschine [Heidelberger Druckmaschinen AG]

Eine spezielle Bewegungsaufgabe besteht darin, den auf dem Anlagetisch ausgerichteten Bogen auf die gleichmäßige Umfangsgeschwindigkeit des ersten bogenführenden Zylinders (Zuführzylinder 2) zu beschleunigen (Bild 2.9). Das erfolgt durch den Vorgreifer 3 einer sogenannten Schwinganlage, der im Maschinengestell 1 im Punkt B_0 drehbar gelagert ist.

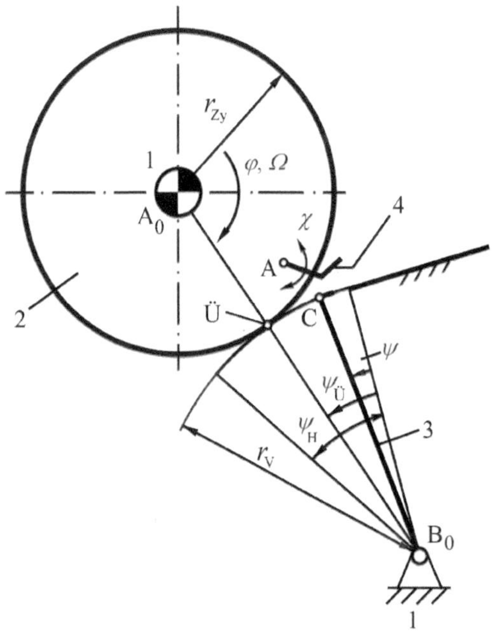

Bild 2.9 Bewegungsgrößen des Vorgreifers

Seine Greifer erfassen die Vorderkante des ruhenden Bogens und transportieren ihn zum Übergabepunkt Ü, in dem die Greifer 4 des Zuführzylinders den Bogen übernehmen. Anschließend bremst der Vorgreifer ab und kehrt in seine Ausgangslage am Anlagetisch zurück. Die beiden letztgenannten Bewegungsabschnitte werden jedoch im Folgenden nicht weiter beachtet (Bild 2.10).

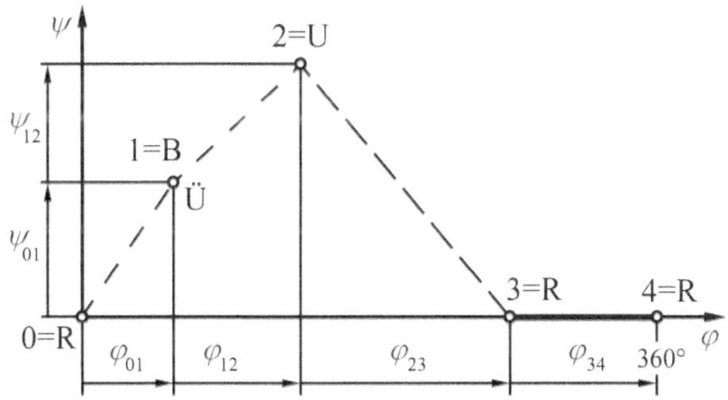

Bild 2.10 Bewegungsplan des Vorgreifers

Gegeben: Radius des Zuführzylinders $r_{Zy} = 150$ mm

Vorgreiferlänge $r_V = 260$ mm

Antriebswinkel bei Übergabe $\varphi_{Ü} = \varphi_{01} = 77°$

Vorgreiferwinkel bei Übergabe $\psi_{Ü} = \psi_{01} = 23°$

Gesucht: Polynom-Bewegungsgesetz für die Bogenübergabe

Lösung:

Zunächst sind die Randwerte des zu ermittelnden Bewegungsgesetzes zu definieren. Da der Bogen aus der Ruhelage heraus beschleunigt werden muss, ergibt sich für den Anfangspunkt mit $\varphi = \varphi_A = 0°$ zwingend

$$\psi(\varphi_A) = \psi'(\varphi_A) = \psi''(\varphi_A) = 0$$

Um einen Sprung in der Ruckfunktion zu vermeiden, müsste zusätzlich

$$\psi'''(\varphi_A) = 0$$

gesetzt werden. Im Endpunkt des Abschnitts bei $\varphi = \varphi_{Ü}$ soll die Geschwindigkeit der Bogenvorderkante C mit der Umfangsgeschwindigkeit des Zuführzylinders 2 übereinstimmen. Unter der Voraussetzung

$$r_{Zy} \cdot \Omega = r_V \cdot \dot{\psi}_{Ü}$$

bedeutet das für die Vorgreiferbewegung

$$\dot{\psi}_{Ü} = \psi'(\varphi_{Ü}) \cdot \Omega = \frac{r_{Zy}}{r_V} \cdot \Omega = 0{,}577 \cdot \Omega$$

woraus sich der Wert für die 1. ÜF im Übergabepunkt ergibt.

Somit liegen folgende Randwerte für den Endpunkt des Abschnitts bei $\varphi = \varphi_{Ü} = 77°$ fest:

$$\psi(\varphi_{Ü}) = \psi_{Ü} = 23°$$

$$\psi'(\varphi_{Ü}) = \psi'_{Ü} = 0{,}577$$

Da im Bereich des Übergabepunkts die Greifer des Vorgreifers 5 und die Greifer 4 des Zuführzylinders 2 gleichzeitig geschlossen sind, ist es im Sinne einer bedruckstoffschonenden Bogenübergabe zweckmäßig, die Winkelgeschwindigkeit des Vorgreifers konstant zu halten. Das bedingt die Forderung

$$\psi''(\varphi_{Ü}) = 0$$

Analog zum Anfangspunkt müsste auch an dieser Stelle genau genommen die Bedingung

$$\psi'''(\varphi_{Ü}) = 0$$

gesetzt werden.

Normierte Übertragungsfunktion

Nun ist es naheliegend, diesen Bewegungsabschnitt mit der in [6] bereitgestellten NÜF für Rast-in-konstante Geschwindigkeit (R-G) zu beschreiben. Allerdings kann bei dieser NÜF keine Randbedingung für ψ''' berücksichtigt werden. Damit ergibt sich folgendes Polynom:

$$\psi = \psi_{Ü} \cdot f\left(\frac{\varphi}{\varphi_{Ü}}\right) = \psi_{Ü}\left[\left(10 - 4f'(1)\right)z^3 + \left(7f'(1) - 15\right)z^4 + \left(6 - 3f'(1)\right)z^5\right]$$

das sich durch Einsetzen der konkreten Zahlenwerte auf

$$\psi = \psi_{Ü}\left[2{,}272z^3 - 1{,}476z^4 + 0{,}204z^5\right]$$

vereinfachen lässt, wobei nach Gl. (2.30) für $f'(1) = 1{,}932$ zu verwenden ist. Durch Ableiten nach dem Antriebswinkel φ erhält man für die 1. bzw. 2. ÜF:

$$\psi' = \frac{\psi_{Ü}}{\varphi_{Ü}}\left[6{,}816z^2 - 5{,}904z^3 + 1{,}02z^4\right]$$

$$\psi'' = \frac{\psi_{Ü}}{\varphi_{Ü}^2}\left[13{,}632z - 17{,}712z^2 + 4{,}08z^3\right]$$

Bei einem Beschleunigungskennwert $C_a = 2{,}916$ ergibt sich der Maximalwert der 2. ÜF

$$\psi''_{max} = 0{,}648$$

Die Graphen der 0. ÜF und der 2. ÜF zeigt Bild 2.13, Kurven b und e.

Beschleunigungsoptimales Polynom

Alternativ dazu ist es möglich, durch Lösung des vorab beschriebenen Optimierungsproblems ein beschleunigungsgünstiges Polynom nach Gl. (2.43) unter Einhaltung der $M = 6$ Randbedingungen für die 0., 1. und 2. ÜF im Anfangs- und Endpunkt zu generieren. Als Optimalitätsbedingung kann Gl. (2.47) genutzt werden. Bei gewählten $N = 4$ freien Randbedingungen für diskrete variierbare Werte der 2. ÜF ergibt sich zum Beispiel ein Polynom 9. Grades mit dem Maximalwert der 2. ÜF

$$\psi''_{max} = 0{,}519$$

was unter Verwendung von Gl. (2.30) normiert einem Beschleunigungskennwert

$$C_a = 2{,}33$$

entspricht. Die Graphen der 0. ÜF und der 2. ÜF des beschleunigungsoptimierten Polynoms 9. Grades zeigen die Kurven c und f in Bild 2.13.

Im Bild 2.11 ist die Unzulänglichkeit beider vorangehender Bewegungsgesetze veranschaulicht, dass es beim Bogentransport zu einer Kollision der Bogenvorderkante C mit den Greiferrücken der Greifer 4 des Zuführzylinders 2 kommt. Der Bogen würde einreißen. Deutlich wird das durch die Relativbahn k_{C34}, der Bahn der Bogenvorderkante C des auf dem Vorgreifer 3 befindlichen Bogens im Bezugssystem des Greifers 4, die den Greifer schneidet.

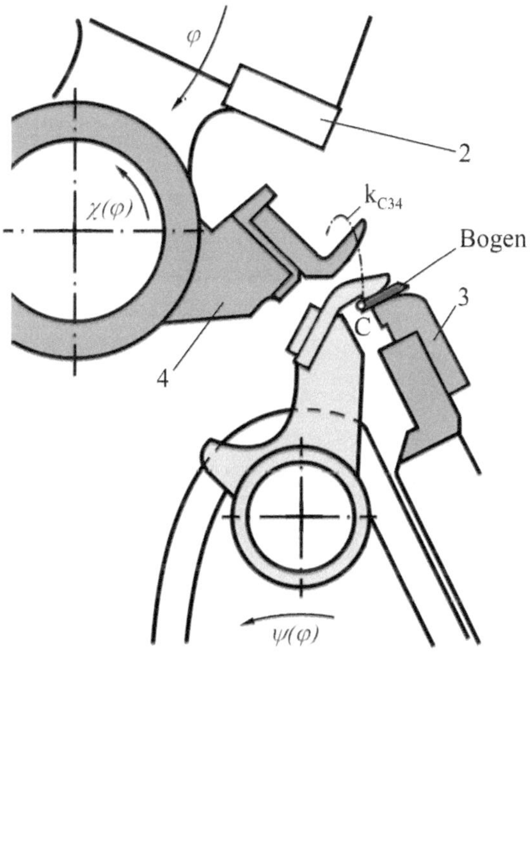

Bild 2.11 Relativbahn k_{C34} der Bogenvorderkante C für beschleunigungsoptimales Bewegungsgesetz

Kollisionsfreies Bewegungsgesetz

Erforderlich ist demnach eine Relativbahn, die mit einem vorgegebenen Sicherheitsabstand a um die Greiferkontur verläuft. Für das vorliegende Optimierungsproblem sind somit geometrische Nebenbedingungen (Kollisionsbedingungen) zu berücksichtigen. Dazu werden interessierende Konturbereiche des Greifers 4 durch geometrische Grundelemente nachgebildet (Bild 2.12) und die Relativlage der Bogenvorderkante C zu diesem Greifer beschrieben, die auch die Kenntnis der Greiferbewegung $\chi = \chi(\varphi)$ voraussetzt. Befindet sich die Bogenvorderkante z. B. im Bereich

$$\xi_1 \le \xi_C \le \xi_2 \quad \text{und} \quad \eta_C < 0$$

des greiferfesten ξ-η-Koordinatensystems, dann ist die Nebenbedingung

$$d_{CM}(\varphi) \ge r_M + a$$

zu erfüllen. Um eine durchgängige Kollisionsfreiheit zu gewährleisten, müssen im vorliegenden Fall weitere Nebenbedingungen eingehalten werden.

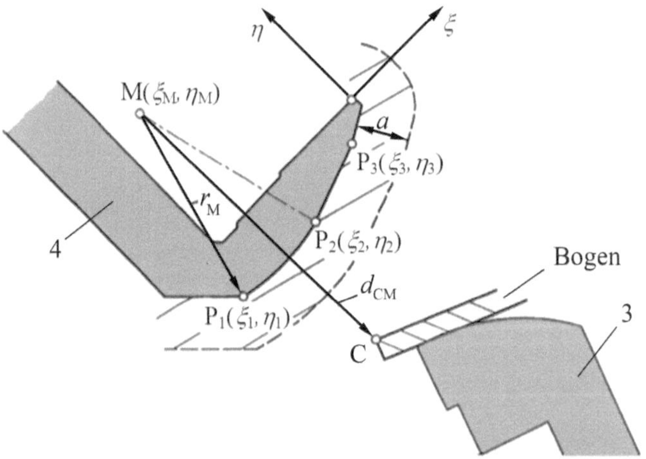

Bild 2.12 Größen für Kollisionsbedingungen (Ausschnitt aus Bild 2.11)

Unter Verwendung aller $M = 8$ festen Randbedingungen und weiterer $N = 3$ freien Randbedingungen

$$\psi''_n = \psi''(\varphi_n) \quad \text{mit} \quad n = 1, 2, 3$$

für diskrete Antriebswinkel φ_n wird ein Polynom 10. Grades generiert, das bei einem Beschleunigungskennwert $C_a = 3{,}17$ den Maximalwert der 2. ÜF

$$\psi''_{max} = 0{,}705$$

aufweist und Kollisionsfreiheit der Bogenvorderkante mit dem Zuführzylindergreifer garantiert. Einen visuellen Vergleich der drei generierten Bewegungsgesetze ermöglicht Bild 2.13. Erkennbar ist, dass der Vorgreifer zur Vermeidung der Kollision zunächst geringer beschleunigt wird. Zur Einhaltung des vorgegebenen Schwingwinkels $\psi_Ü$ bei vorgegebenem Antriebswinkel $\varphi_Ü$ bedarf es letztlich eines höheren Beschleunigungsextremwertes als bei den anderen Bewegungsgesetzen.

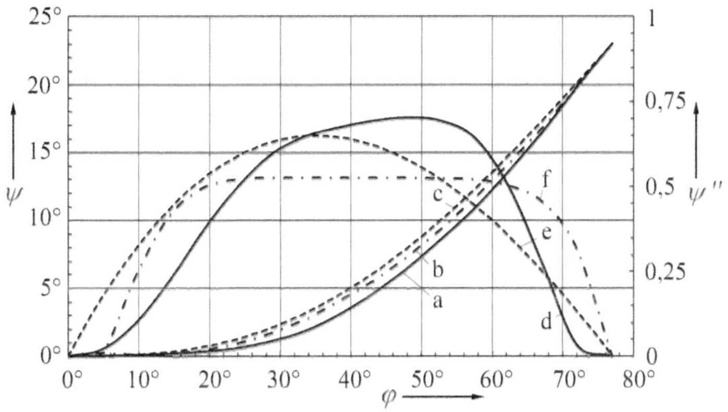

Bild 2.13 Übergabebewegung des Vorgreifers
a $\psi(\varphi)$ kollisionsfrei b $\psi(\varphi)$ NÜF nach [6] c $\psi(\varphi)$ beschleunigungsoptimiert
d $\psi''(\varphi)$ kollisionsfrei e $\psi''(\varphi)$ NÜF nach [6] f $\psi''(\varphi)$ beschleunigungsoptimiert ■

2.2.5 Bewegungsdesign unter schwingungstechnischen Gesichtspunkten

Reale Bewegungssysteme und somit auch Getriebe besitzen Bauelemente, die nicht ideal steif sind, und deren relativbewegliche Verbindungsstellen (Gelenke) meist ein funktionsbedingtes Spiel aufweisen. Die am Abtriebsglied festzustellende Ist-Bewegung stimmt somit i.d.R. nicht mit der als 0. ÜF vorgegebenen Soll-Bewegung überein. Bei manchen Maschinen konzentrieren sich die relevanten Massen am Abtrieb und die wesentlichen Elastizitäten am bzw. vor dem Arbeitsorgan am Abtrieb. Die Idealisierung führt zum **Minimalmodell** des Bewegungssystems nach Bild 2.14, das einem Schwingungssystem mit einem Freiheitsgrad entspricht.

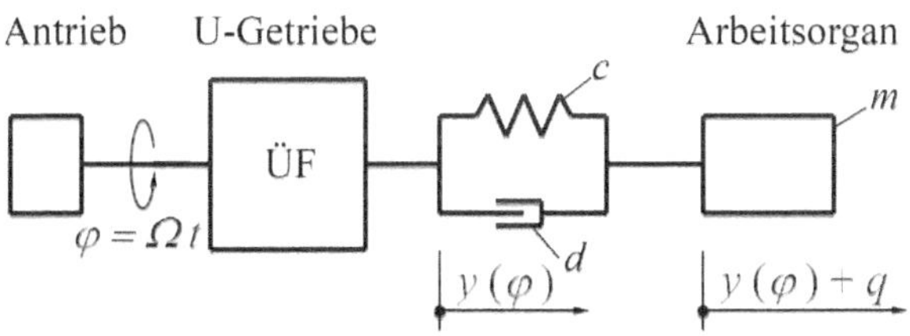

Bild 2.14 Bewegungssystem mit elastischem Abtrieb

Die Bewegung am Arbeitsorgan wird hier als Überlagerung der Starrkörperbewegung $y(\varphi(t))$ infolge der 0. ÜF mit der Zusatzbewegung $q(t)$ infolge kinetoelastischer Verformungen und Schwingungen aufgefasst, wobei die Antriebsgröße durch den gleichmäßig fortschreitenden Antriebswinkel φ der Maschine beschrieben wird. Die Bewegungsgleichung für das Schwingungsmodell lautet somit

$$m\ddot{q} + b\dot{q} + cq = -m\ddot{y} \tag{2.53}$$

die durch die konstanten Koeffizienten m, b und c und folglich einer konstanten Eigenkreisfrequenz gekennzeichnet ist. Bei der Bewertung des Schwingungsverhaltens beschränkt man sich i. d. R. auf die niedrigste, als die häufig wesentliche Eigenkreisfrequenz ω_1 des Systems [48].

Die periodische 0. ÜF lässt sich in allgemeiner Form durch die Fourierreihe

$$y(\varphi) = a_0 + \sum_{k=1}^{K} a_k \cos(k\varphi) + \sum_{k=1}^{K} b_k \sin(k\varphi) \tag{2.54}$$

abbilden. Sie führt zu erzwungenen Schwingungen, deren Amplituden vom Erregerspektrum abhängen. So besitzt eine Übertragungsfunktion, die abschnittsweise unter Verwendung verschiedener Bewegungsgesetze zusammengestellt wurde, ein Fourierspektrum mit unendlich vielen Gliedern, wenn die Übertragungsfunktion Geradenabschnitte oder Sprünge in höheren Ableitungen an den Übergängen enthält.

Durch Einsetzen von Gl. (2.54) in die Bewegungsgleichung des Minimalmodells Gl. (2.53) erhält man als Lösung für den Verlauf der Bewegung am Abtrieb

$$y + q = A_0 + \sum_{k=1}^{K} A_k \cos(k\varphi) + \sum_{k=1}^{K} B_k \sin(k\varphi) \tag{2.55}$$

wobei die Koeffizienten A_k und B_k mit den Koeffizienten a_k und b_k der Übertragungsfunktion bei Vernachlässigung der Dämpfung im Verhältnis

$$\frac{A_k}{a_k} = \frac{B_k}{b_k} = \frac{1}{1 - k^2\eta^2} \tag{2.56}$$

stehen und

$$\eta = \frac{\Omega}{\omega_1} \tag{2.57}$$

das Abstimmungsverhältnis des Schwingungssystems ist. Die Koeffizienten der Übertragungsfunktion werden um den Faktor $1/\left(1 - k^2\eta^2\right)$ vergrößert. Zustände mit extremen Vergrößerungen (Resonanzen) und somit unerwünschte Zusatzbewegungen am Arbeitsorgan treten dann auf, wenn für die Antriebswinkelgeschwindigkeit

$$\Omega = \frac{\omega_1}{k} \quad \text{mit} \quad k = 1, 2, 3, \ldots, K \tag{2.58}$$

gilt [48].

Im Interesse hoher Arbeitsgeschwindigkeiten und geringer Schwingungsneigung sollte die höchste Ordnung K der in Gl. (2.54) enthaltenen Harmonischen möglichst klein sein. Allerdings kann sie nicht beliebig klein gewählt werden, da die geforderte Bewegungsaufgabe dann nicht mehr hinreichend genau abgebildet wird. Besonderes Augenmerk ist diesbezüglich auf spezielle Bewegungsabschnitte wie Rasten oder Abschnitte konstanter Geschwindigkeit zu richten, deren Güte von der Anzahl der Harmonischen abhängt. Es ist zu prüfen, ob die Abweichungen zwischen der harmonischen Übertragungsfunktion und den Forderungen an die Bewegung des Arbeitsorgans zulässig sind. Genau genommen ist hierbei die von der Arbeitsgeschwindigkeit abhängige Zusatzbewegung q zu berücksichtigen, die mithilfe der Gln. (2.56) und (2.57) abgeschätzt werden kann.

Um Resonanzen mit allen in der Übertragungsfunktion enthaltenen Harmonischen zu vermeiden, muss die Bedingung

$$K < \frac{\omega_1}{\Omega_{max}} \tag{2.59}$$

eingehalten werden, wobei Ω_{max} die maximale Antriebswinkelgeschwindigkeit ist. Somit darf die resonanzfreie Übertragungsfunktion Sinus- bzw. Kosinusanteile bis zur höchsten Ordnung K besitzen. Bild 2.15 zeigt die Amplitude $\hat{q}$ der Zusatzbewegung in Abhängigkeit von der Arbeitsgeschwindigkeit der Maschine. Sie nimmt dann lokale Extremwerte $\hat{q}_{max}$ an, wenn Gl. (2.58) zutrifft. Reduziert man hier die harmonischen Anteile der Übertragungsfunktion auf die maximale Ordnung $K = 5$, verschwinden im genutzten Bereich der Arbeitsgeschwindigkeit die Resonanzstellen, und die Amplitude der Zusatzbewegung liegt unter dem zulässigen Wert $\hat{q}_{zul}$.

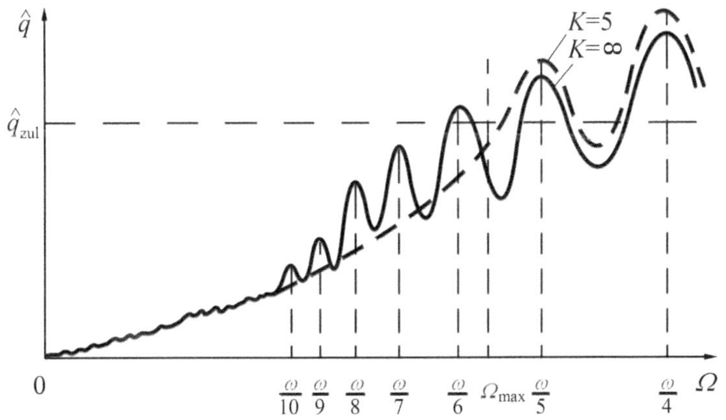

Bild 2.15 Resonanzkurve der Zusatzbewegung

Liegt das zu realsierende Bewegungsgesetz durch Wertepaare (x_i, y_i) vor, können die Fourierkoeffizienten a_k und b_k der Übertragungsfunktion $y(\varphi)$ nach Gl. (2.54) durch Approximation ermittelt werden. Unterliegen alle vorgegebenen Werte y_i einer gleichen Gewichtung, ist beispielsweise das Zielfunktional

$$\sum_i \left[y(\varphi_i) - y_i\right]^2 \Rightarrow \text{Min} \tag{2.60}$$

der Gauß-Approximation geeignet.

Bei der Umsetzung der Approximation können, wie im folgenden Beispiel dargestellt, verschiedene Vorgehensweisen Anwendung finden.

■ Beispiel 2.2: Harmonisches Bewegungsgesetz für eine Rast-in-Rast-Bewegung

Es ist eine translatorische Rast-in-Rast-Bewegung eines Arbeitsorgans nach Bild 2.16 zu realisieren, das elastisch an ein Kurvengetriebe mit Rollenstößel (s. Abschnitt 5.2) gekoppelt ist. Sie ist durch folgende Bewegungsgrößen gekennzeichnet:

Gegeben:		
	Antriebswinkel	$\varphi_0 = 20°$
	Abtriebsweg	$s_0 = 70$ mm
	Hub	$s_H = 70$ mm
	Antriebswinkel des Abschnitts 01	$\varphi_{01} = 120°$
	Rastwinkel des Abschnitts 12	$\varphi_{R1} = \varphi_{12} = 60°$
	Antriebswinkel des Abschnitts 23	$\varphi_{23} = 140°$
	Rastwinkel des Abschnitts 34	$\varphi_{R2} = \varphi_{34} = 40°$

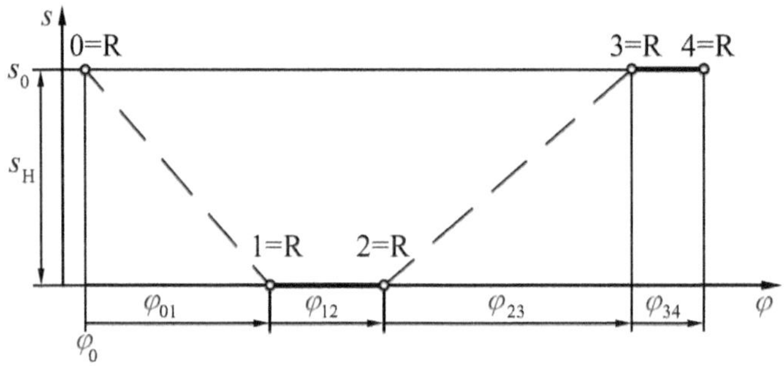

Bild 2.16 Bewegungsplan der Rast-in-Rast-Bewegung

Dabei sei vorausgesetzt, dass die Rasten nicht exakt eingehalten werden müssen.

Gesucht: harmonisches Bewegungsgesetz mit niedriger maximaler Ordnung der verwendeten harmonischen Anteile

Lösung:

Als Ausgangspunkt dient der Bewegungsplan nach Bild 2.16. Wird angenommen, dass an die Übergänge zwischen den Rasten keine Forderungen gestellt sind, genügt es, Stützpunkte $(\varphi_i,\ s_i)$ innerhalb beider Rastabschnitte zu definieren. Beispielhaft wurde hierfür ein Abstand $\Delta\varphi = 1°$ gewählt. Diese Stützpunktfolge stellt damit die Soll-Abtriebsbewegung für beide Rastabschnitte dar.

Unter Verwendung der Gauß-Approximation nach Gl. (2.60) lässt sich nun die Bewegung des Arbeitsorgans mathematisch geschlossen durch eine endliche Fourierreihe beschreiben, die hier entsprechend Gl. (2.55) als Abtriebsbewegung $s^* = s + q$ betrachtet werden soll. Damit ergeben sich für ausgewählte Werte der maximalen Ordnung K die Fourierkoeffizienten A_k und B_k lt. Tabelle 2.3 sowie die Abweichungen

$$\Delta s_{max} = \max\left|s^*(\varphi_i) - s_i\right|$$

zwischen den Lagen der Approximationsfunktion und den vorgegebenen Solllagen des Arbeitsorgans.

Tabelle 2.3 Approximierte Fourierkoeffizienten und maximale Lageabweichungen

K	A_0 in mm	A_k in mm mit $k = 1,\dots,K$	B_k in mm	Δs_{max} in mm
4	31,766	39,598 4,524 -4,601 -1,319	2,699 2,388 -0,971 -1,403	0,273
5	27,034	39,380 10,099 -4,198 -3,054 -0,2	2,902 -0,125 -1,404 -0,076 0,250	0,125
6	28,366	41,257 10,143 -7,209 -4,298 0,952 0,789	4,662 0,269 -2,463 -0,229 0,552 0,063	0,0086
7	30,914	41,082 6,262 -6,883 -2,673 0,759 0,498 0,042	-1,601 -0,021 1,036 0,020 -0,401 -0,007 0,072	0,0028
8	25,900	42,512 14,589 -9,578 -7,321 2,401 2,084 -0,336 -0,252	-0,066 -3,678 0,066 3,880 -0,043 -1,820 0,011 0,345	0,0024

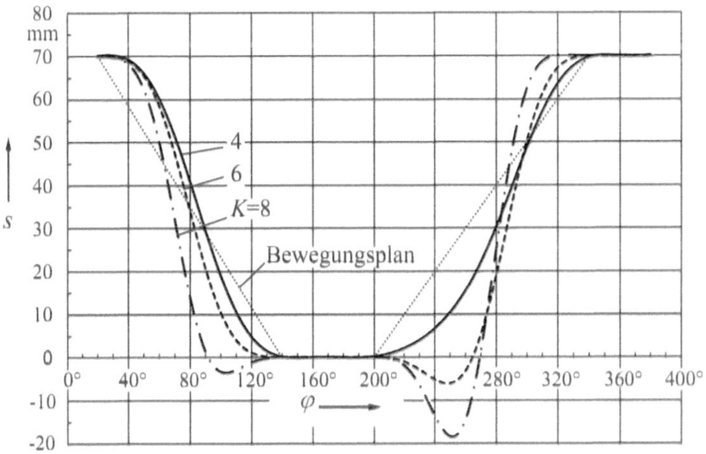

Bild 2.17 Harmonische Abtriebsbewegung für verschiedene Werte der maximalen Ordnung *K*

In Tabelle 2.3 erkennbar ist einerseits die Zunahme der Abweichung Δs_{max} in den Rastbereichen mit kleiner werdender höchster Ordnung der Harmonischen, was für den praktischen Fall eine wichtige Grenze darstellt. Andererseits ist in den Übergangsbereichen der Rasten ein Überschwingen festzustellen, dessen Akzeptanz technologisch und bauraumseitig für den konkreten Anwendungsfall zu prüfen ist (Bild 2.17). Sind jedoch derartige Überschwinger zu begrenzen oder gewisse Forderungen an die Gestaltung der Übergänge zwischen den Rasten einzuhalten (z. B. Zwischenlagen, Kollisionsbedingungen, Anforderungen an einen Synchronlauf von Arbeitsorganen), dann ist es zweckmäßig, die interessierenden Abschnitte durch Teil-Bewegungsgesetze zu beschreiben (s. Abschnitte 2.2.1 - 2.2.3) und daraus entsprechende weitere Stützpunkte zu generieren. Die anschließende Approximation liefert eine an den punktweise vorgegebenen Gesamt-Bewegungsverlauf angepasste harmonische Abtriebsfunktion.

Zu erwähnen sei, dass eine Verfahrensweise, bei der eine Fourier-Approximation mit vielen Harmonischen vorgenommen wird und anschließend dem Anwendungsfall entsprechend die störenden hohen Harmonischen abgeschnitten werden, i.d.R. größere Abweichungen Δs_{max} liefert.

Setzte man die generierte Abtriebsbewegung $s+q$ der Übertragungsfunktion des Kurvengetriebes $s(\varphi)$ gleich, ergäbe sich die beste Übereinstimmung zwischen generierter Soll- und real ausgeführter Ist-Bewegung des Arbeitsorgans im Kriechgang $(\Omega=0)$. Infolge der Zusatzbewegung q würde die Differenz mit steigender Arbeitsgeschwindigkeit wachsen. Deshalb ist es zweckmäßig, die Abtriebsbewegung $s+q$ unter Vorgabe der vorliegenden Arbeitsgeschwindigkeit und der Kenntnis der ersten Eigenkreisfrequenz auf die Fourierkoeffizienten a_k und b_k der 0. ÜF des Kurvengetriebes rückzurechnen. Unter Nutzung von Gl. (2.56) gelten dafür

$$a_k = A_k\left(1-k^2\eta^2\right)$$
$$b_k = B_k\left(1-k^2\eta^2\right)$$

Einen Vergleich beider Fourierreihen mit der höchsten Ordnung $K=6$ liefert Bild 2.18, wobei das Abstimmungsverhältnis beispielhaft mit $\eta=0{,}15$ angenommen wurde.

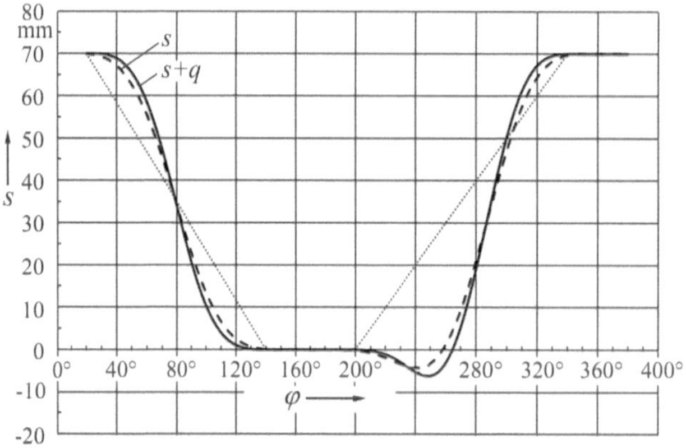

Bild 2.18 Übertragungsfunktion und Abtriebsbewegung für $K=6$ und $\eta=0{,}15$

Da eine Maschine gewöhnlich nicht mit einer festen Arbeitsgeschwindigkeit, sondern innerhalb eines bestimmten Geschwindigkeitsbereiches betrieben wird, ist die Abstimmung zweckmäßig mithilfe einer „mittleren“ Arbeitsgeschwindigkeit vorzunehmen. Das dafür benötigte optimale Abstimmungsverhältnis η_{opt} ist iterativ so zu bestimmen, dass die Genauigkeitsforderungen sowohl im Kriechgang $(\eta=0)$ als auch bei maximaler Arbeitsgeschwindigkeit (η_{max}) gerade noch eingehalten werden [28].

Der Literatur können weitere Verfahren zur Generierung schwingungsarmer harmonischer Bewegungsgesetze entnommen werden, die sich u.a. auf die Approximation der Fourierreihe mit dem Ziel der möglichst geringen Abweichung der Ist-Bewegung $s+q$ von der Sollbewegung für einen vorgegebenen Arbeitsgeschwindigkeitsbereich der Maschine bzw. der Einhaltung diskreter Arbeitspunkte oder vorgegebener Schranken beziehen [29]. ■

Beispiel 2.3: Bewegungsgesetze für einen Schleppsauger [30]

Die Schleppsauger 3 am Saugkopf 2 einer Bogenoffset-Druckmaschine (Bild 2.19) haben die Aufgabe, den vom Stapel 1 abgehobenen Druckbogen zu übernehmen, aus der Ruhelage translatorisch beschleunigt zum Anlegetisch (nicht dargestellt) zu bewegen und dort mit einer bestimmten Geschwindigkeit zu übergeben. Danach bremsen die Schleppsauger ab und bewegen sich in die Ausgangslage zurück. Der Bewegungsplan ist in Bild 2.20 dargestellt.

Bild 2.19 Saugkopf [Abbildung: Heidelberger Druckmaschinen AG]

Der Schleppsauger wird durch das im Bild 2.21 schematisch dargestellte Kurven-Koppelgetriebe bewegt. Für großformatige Bogen werden mehrere Schleppsauger auf einer Stange 5a quer zur Förderrichtung angeordnet. Die auskragende, schlanke Konstruktion der rohrförmig ausgebildeten Stange bedingt eine relevante Biegeweichheit, die infolge der Zwangserregung durch das verwendete Bewegungsgesetz zu Biegeschwingungen der Stange und u. U. zum Dauerbruch führt. Messungen liefern eine erste Biegeeigenfrequenz $f_1 = 37$ Hz; die maximale Druckgeschwindigkeit der Maschine liegt bei $\Omega_{max} = 31{,}4$ rad / s.

Es wird ein Bewegungsgesetz gesucht, um die Biegeschwingungen der Schleppsaugerstange zu minimieren.

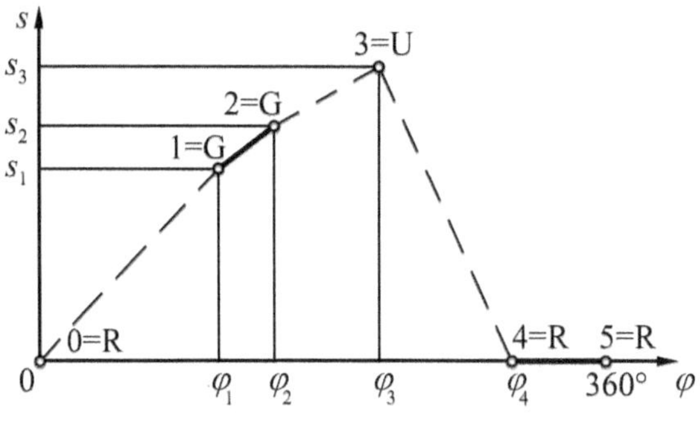

Bild 2.20 Bewegungsplan des Schleppsaugers

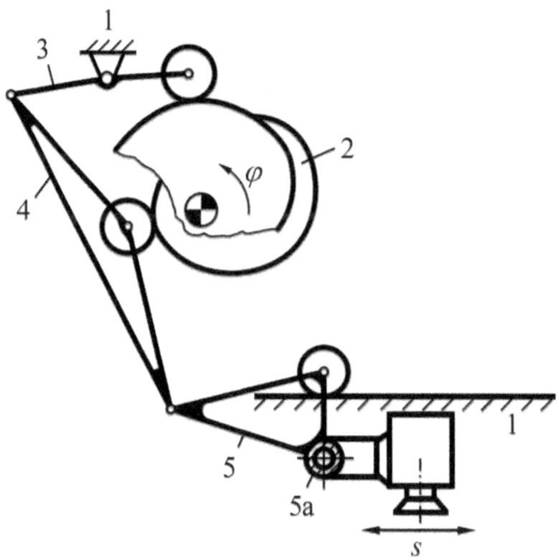

Bild 2.21 Schema des Schleppsaugergetriebes nach [31]

Gegeben: Bewegungsplan

max. Antriebswinkelgeschwindigkeit $\Omega_{max} = 31{,}4$ rad / s

1. Biegeeigenfrequenz $f_1 = 37$ Hz

Gesucht: schwingungsarmes Bewegungsgesetz, das Resonanzen der Biegeschwingung an der Schleppsaugerstange ausschließt

Lösung:

Da die Elastizität der Schleppsaugerstange die wesentliche „Weichheit" in der Baugruppe darstellt, kann das Bewegungssystem durch das Minimalmodel „elastischer Abtrieb" beschrieben werden. Somit liegt nahe, ein Bewegungsgesetz mit einer begrenzten Anzahl Harmonischer zu generieren, mit dem Resonanzen einzelner Harmonischer im vorgegebenen Arbeitsgeschwindigkeitsbereich vermieden werden können.

Zunächst wird das Bewegungsdiagramm des Schleppsaugers 5 auf konventionellem Weg erstellt, indem die Bewegung abschnittsweise durch Polynome zu beschreiben ist. Die 0. ÜF als Funktion des Schleppsaugerweges s in Abhängigkeit vom Antriebswinkel φ der Kurvenscheiben 2 zeigt Bild 2.22. Sie liefert durch diskrete Stützpunkte (φ_i, s_i), die im vorliegenden Fall den gleichen Abstand $\Delta\varphi$ aufweisen sollen, die Sollfunktion für die Fourier-Approximation.

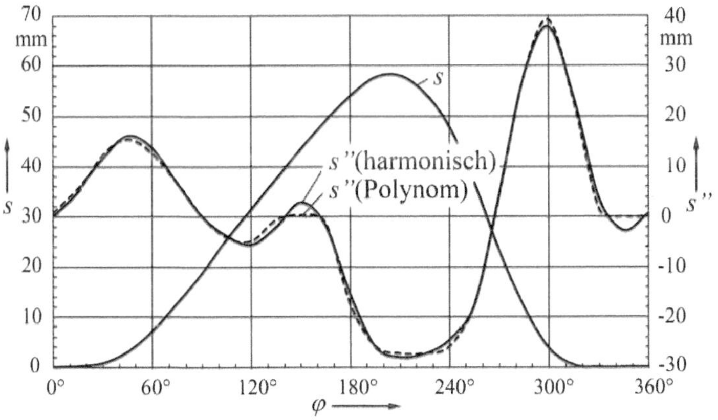

Bild 2.22 Bewegungsdiagramm des Schleppsaugers

Die zulässige maximale Ordnung K der zu verwendenden harmonischen Anteile, die Resonanzfreiheit gewährleistet, lässt sich aus Gl. (2.59) bestimmen:

$$K < \frac{\omega_1}{\Omega_{\max}} = \frac{2\pi f_1}{\Omega_{\max}} = 7{,}4$$

Somit kann die approximierte Funktion nur Harmonische bis zur 7. Ordnung enthalten. Die nachfolgend auszuführende Fourier-Approximation liefert eine Bewegungscharakteristik, die nur geringe Abweichungen zur Sollbewegung besitzt. Das verdeutlichen die in Bild 2.22 dargestellten Verläufe der 2. ÜF für das aus Polynomabschnitten zusammengesetzte und das harmonische Bewegungsgesetz. Letzteres ist durch geringfügig größere Extremwerte und durch Werte ungleich Null im Abschnitt konstanter Geschwindigkeit sowie in der Rast gekennzeichnet.

Den mithilfe eines Ersatzmodells für beide Fälle simulierten Schwingweg q am Schleppsauger zeigt Bild 2.23 für die maximale Antriebswinkelgeschwindigkeit. Er setzt sich aus den Anteilen der kinetoelastischen Verformung, die sich proportional zur Starrkörperbeschleunigung $\ddot{s}$ des Schleppsaugers verhält, und der überlagerten Schwingung zusammen. Hier wird deutlich, dass die Schwingungen 8. Ordnung beim konventionell generierten Bewegungsgesetz infolge der Resonanznähe stark ausgeprägt sind, während beim harmonischen Bewegungsgesetz diese Schwingungsanteile gänzlich fehlen.

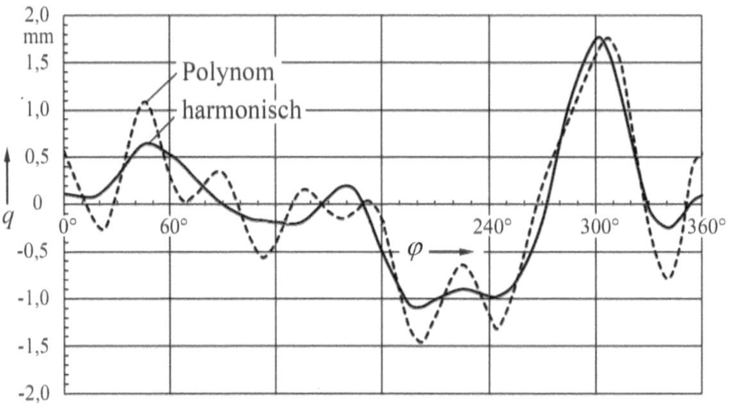

Bild 2.23 Vergleich der Schwingwege bei Maximalgeschwindigkeit

Werden die messtechnisch an der Saugerstange ermittelten Fourierspektren des Beschleunigungsverlaufs beider Bewegungsgesetze (Bild 2.24) verglichen, erkennt man beim Polynom-Bewegungsgesetz das Auftreten von maßgeblichen Ordnungen größer 7. Im Gegensatz dazu ist das harmonische Bewegungsgesetz auf die 7. Ordnung begrenzt. Die noch vorhandenen geringfügigen Anteile 13. und 16. Ordnung resultieren aus den vorgenommenen Modellvereinfachungen und den Fertigungsabweichungen beider Kurvenscheiben. Die Fourierkoeffizienten A_k^* und B_k^* des gemessenen Beschleunigungsverlaufs sind hierbei auf die geschwindigkeitsunabhängige Größe

$$C_{k\,\mathrm{red}} = \frac{\sqrt{A_k^{*2} + B_k^{*2}}}{\Omega^2}$$

reduziert.

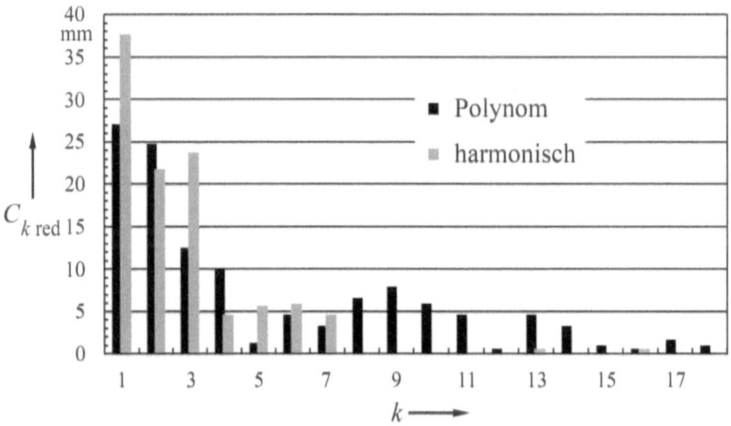

Bild 2.24 Fourierspektren der Saugerstangenbeschleunigung

2.3 Bewegungsdesign für Führungsaufgaben

Das Führen des Gliedpunkts P auf einer vorgegebenen räumlichen Bahn k_P, im Folgenden als **Punktführung** bezeichnet, verlangt die genaue Zuordnung der *x*-, *y*- und *z*-Koordinaten des Punkts durch die Abhängigkeit von einem gemeinsamen Parameter *u*, der sein kann

- die Bogenlänge *b* der Bahn k_P,
- die Zeit *t*
- oder eine Antriebsgröße (Antriebswinkel φ bzw. Antriebsweg *s*).

Bei einer Ebenen- bzw. Körperführung müssen zusätzlich die Winkel ε_z bzw. ε_x, ε_y, ε_z zur Beschreibung der Orientierung des geführten Getriebeglieds eingehalten werden, die ebenfalls dem Parameter *u* zuzuordnen sind (Bild 2.25).

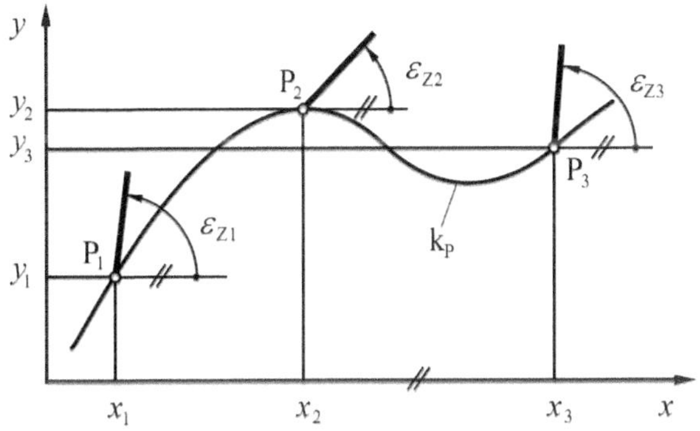

Bild 2.25 Parameter einer Ebenenführung in einer Bezugsebene

Bei der mathematischen Beschreibung der Bahn ist es zweckmäßig, im ersten Schritt die Bogenlänge *b* als gemeinsamen Parameter zu nutzen, da in diesem Fall nur geometrische Forderungen relevant sind. Für eine technologisch bedingte antriebs- bzw. zeitbezogene Führungsbewegung sind dagegen die Antriebsgrößen φ bzw. *s* oder die Zeit *t* relevant, mit denen in einem zweiten Schritt durch die Funktionen $b(\varphi)$, $b(s)$ bzw. $b(t)$ der Bezug zur Bogenlänge hergestellt werden kann. Die Wahl der Bogenlänge *b* als gemeinsamer Parameter *u* bietet dann den Vorteil, dass Vorgaben für Bahngeschwindigkeit und -beschleunigung exakt erfüllt werden können, denn *b* beschreibt den auf der Bahn zurückgelegten Weg.

Die folgenden Betrachtungen beschränken sich aus Gründen der Überschaubarkeit auf ebene Punktführungen, wobei sich die zu erläuternden Ansätze in erweiterter Form auf räumliche Punkt- und Körperführungen übertragen lassen.

2.3.1 Abschnittsweise Beschreibung einer Führungsbahn

Zur Beschreibung ebener Bahnabschnitte eignet sich die Parameterdarstellung des Ortsvektors

$$\vec{r}(u) = \begin{bmatrix} x(u) \\ y(u) \end{bmatrix} \tag{2.61}$$

in dem die kartesischen Koordinaten des Bahnpunkts P Funktionen des gemeinsamen Parameters u darstellen:

$$x = x(u) \qquad (2.62)$$
$$y = y(u)$$

Sind diese Funktionen bekannt, so kann die Bogenlänge b des Bahnabschnitts aus dem Integral

$$b(u) = \int_{u_0}^{u} \sqrt{\left(\frac{\mathrm{d}x(u)}{\mathrm{d}u}\right)^2 + \left(\frac{\mathrm{d}y(u)}{\mathrm{d}u}\right)^2}\,\mathrm{d}u \qquad (2.63)$$

berechnet werden.

Eine zu generierende Führungsbahn lässt sich in Anlehnung an die Vorgaben in diskrete Abschnitte unterteilen, die jeweils zwischen den Punkten $P_i(x_i, y_i)$ und $P_j(x_j, y_j)$ liegen, wobei $j = i+1$ gilt. Dazu sind diesen Punkten entsprechende Parameter u_i und u_j zuzuweisen. Soll der Parameter $u = b$ entsprechen, dann muss die Differenz der den beiden Punkten zugeordneten Parametern u_i und u_j exakt oder zumindest angenähert der Bogenlänge b_{ij} entsprechen. Unter der Voraussetzung $u_0 = 0$ kann der Parameter u rekursiv für einen beliebigen Punkt P_j aus

$$u_j = u_i + \sqrt{(x_j - x_i)^2 + (y_j - y_i)^2} \qquad (2.64)$$

hinreichend genau berechnet werden, wenn die Bahn k_P zwischen den Punkten P_i und P_j nur wenig von der Verbindungslinie abweicht. Bei starker Abweichung, die sich häufig im Falle allgemein gekrümmter Bahnabschnitte ergibt, ist ggf. eine sogenannte Umparametrisierung vorzunehmen, mit der über die Umparametrisierungsfunktion $b(u)$ und deren Ableitungen eine numerisch exakte Anpassung des Parameters u an die Bogenlänge b des Bahnabschnitts gewährleistet wird [32 - 34].

Für einen bogenlängenparametrisierten Bahnabschnitt mit $u = b$ gelten folgende Zusammenhänge zwischen den beschreibenden geometrischen Größen und deren Ableitungen:

$$x'(u) = \frac{\mathrm{d}x}{\mathrm{d}u} = \cos\tau \qquad y'(u) = \frac{\mathrm{d}y}{\mathrm{d}u} = \sin\tau \qquad (2.65)$$

$$x''(u) = \frac{\mathrm{d}^2x}{\mathrm{d}u^2} = -\kappa\sin\tau \qquad y''(u) = \frac{\mathrm{d}^2y}{\mathrm{d}u^2} = \kappa\cos\tau$$

Dabei entsprechen τ dem Tangentenwinkel der Bahn und κ der Bahnkrümmung.

Die zeitabhängigen Größen lassen sich durch Kopplung mit der Zeitfunktion des gemeinsamen Parameters $u(t)$ darstellen:

$$\dot{x} = x'(u)\cdot\dot{u}(t) \qquad \dot{y} = y'(u)\cdot\dot{u}(t) \qquad (2.66)$$
$$\ddot{x} = x''(u)\cdot\dot{u}^2(t) + x'(u)\cdot\ddot{u}(t)$$
$$\ddot{y} = y''(u)\cdot\dot{u}^2(t) + y'(u)\cdot\ddot{u}(t)$$

Für die Beträge der Bahngeschwindigkeit $\vec{v}$ und der Tangentialbeschleunigung $\vec{a}_t$ entlang der Bahn k_P ergeben sich durch Ableiten des Ortsvektors $\vec{r}(t)$ nach der Zeit

$$v(t) = \sqrt{\dot{x}^2 + \dot{y}^2} = \dot{u} \cdot \sqrt{x'^2 + y'^2} \tag{2.67}$$

und

$$a_t(t) = \frac{\dot{x}\ddot{x} + \dot{y}\ddot{y}}{v} = \ddot{u} \cdot \sqrt{x'^2 + y'^2} + \dot{u}^2 \cdot \frac{x'x'' + y'y''}{\sqrt{x'^2 + y'^2}} \tag{2.68}$$

Fest vorgegebene Bahnabschnitte sind meist durch Geraden und Kreisbogen abbildbar, die sich exakt nach der Bogenlänge parametrisieren lassen. Für einen **Geradenabschnitt** zwischen den Punkten P_i und P_j ergibt sich für den Ortsvektor

$$\vec{r}(u) = \begin{bmatrix} x_i \\ y_i \end{bmatrix} + \frac{(u - u_i)}{b_{ij}} \cdot \begin{bmatrix} x_j - x_i \\ y_j - y_i \end{bmatrix} \quad \text{für} \quad u_i \le u \le u_j \tag{2.69}$$

mit

$$u_j - u_i = b_{ij} = \sqrt{(x_j - x_i)^2 + (y_j - y_i)^2} \tag{2.70}$$

wenn nach der Bogenlänge b parametrisiert wird (Bild 2.26).

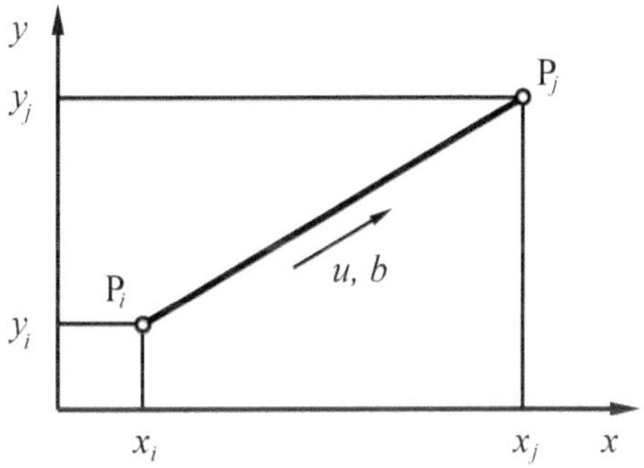

Bild 2.26 Geradenabschnitt einer Bahn

Als **Kreisbogenabschnitt** vorgegebene Bahnabschnitte können mithilfe des Anfangspunkts P_i, des Endpunkts P_j und der Krümmung κ_{ij} bzw. dem Radius r_{ij} beschrieben werden (Bild 2.27). Da diese Parameter prinzipiell vier Bahnen zulassen, sind außerdem folgende Angaben zu spezifizieren:

- Krümmung in Abhängigkeit vom Durchlaufsinn

$$\kappa_{ij} = \begin{cases} \dfrac{1}{r_{ij}} & \text{im Gegenuhrzeigersinn} \\ -\dfrac{1}{r_{ij}} & \text{im Uhrzeigersinn} \end{cases} \tag{2.71}$$

- Kennzahl für den Betrag des Zentriwinkels β_{ij}

$$W_{ij} = \begin{cases} 1, \text{ falls } |\beta_{ij}| \le \pi \\ -1, \text{ falls } |\beta_{ij}| > \pi \end{cases} \tag{2.72}$$

Mit dem Abstand von Anfangs- und Endpunkt

$$d_{ij} = \sqrt{\left(x_j - x_i\right)^2 + \left(y_j - y_i\right)^2} \tag{2.73}$$

ergeben sich die Koordinaten des Mittelpunkts M_{ij}

$$x_{\mathrm{M}ij} = \frac{x_i + x_j}{2} - W_{ij} \frac{\left(y_j - y_i\right)\sqrt{4 - \left(\kappa_{ij}\, d_{ij}\right)^2}}{2\kappa_{ij} d_{ij}} \tag{2.74}$$

$$y_{\mathrm{M}ij} = \frac{y_i + y_j}{2} + W_{ij} \frac{\left(x_j - x_i\right)\sqrt{4 - \left(\kappa_{ij}\, d_{ij}\right)^2}}{2\kappa_{ij} d_{ij}}$$

und der Zentriwinkel

$$\beta_{ij} = \frac{\kappa_{ij}}{\left|\kappa_{ij}\right|} \left[\left(1 - W_{ij}\right)\pi + W_{ij} \arccos\left(1 - \frac{\left(\kappa_{ij}\, d_{ij}\right)^2}{2}\right) \right]$$

Für die Koordinaten aller Punkte des Kreisbogenabschnitts gelten dann folgende Gleichungen:

$$x(u) = x_{\mathrm{M}ij} + \cos\left[\beta_{ij} \frac{u - u_i}{b_{ij}}\right]\left(x_i - x_{\mathrm{M}ij}\right) - \sin\left[\beta_{ij} \frac{u - u_i}{b_{ij}}\right]\left(y_i - y_{\mathrm{M}ij}\right) \tag{2.75}$$

$$y(u) = y_{\mathrm{M}ij} + \sin\left[\beta_{ij} \frac{u - u_i}{b_{ij}}\right]\left(x_i - x_{\mathrm{M}ij}\right) + \cos\left[\beta_{ij} \frac{u - u_i}{b_{ij}}\right]\left(y_i - y_{\mathrm{M}ij}\right)$$

wobei sich die Parameterdifferenz $u_j - u_i$, die der exakten Länge b_{ij} des Kreisbogenabschnitts entspricht, aus

$$b_{ij} = u_j - u_i = \frac{\beta_{ij}}{\kappa_{ij}} \tag{2.76}$$

ermitteln lässt [33].

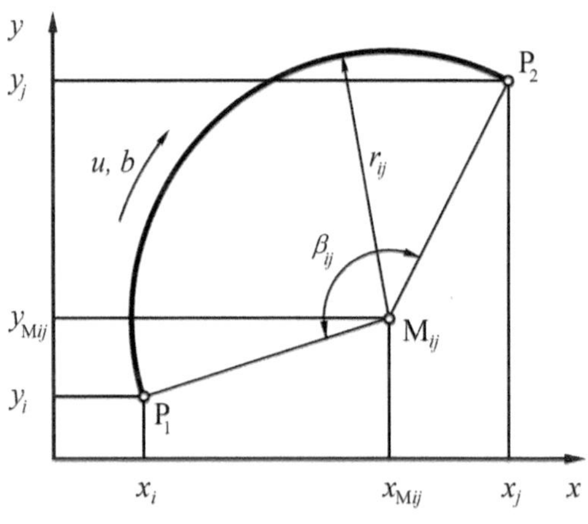

Bild 2.27 Kreisbogenabschnitt einer Bahn

Freie Bahnabschnitte hingegen lassen sich unter Berücksichtigung ihrer Randbedingungen durch Polynome beschreiben. Der Grad des zu verwendenden Polynoms richtet sich nach der Anzahl vorgegebener diskreter Bahnpunkte $P_i(x_i, y_i)$ und den 1. bzw. 2. Ableitungen x_i', y_i', x_i'', y_i'' der Punktkoordinaten zur Vorgabe des Tangentenwinkels und der Bahnkrümmung in diesen Punkten (Bild 2.28). Mit Polynomen 5. Grades lassen sich freie Bahnabschnitte zweckmäßig formulieren, zumal dieses Polynom vergleichsweise niedrige (kinematische) Kennwerte garantiert (s. auch Abschnitt 2.2.3). Polynome höheren Grades eignen sich dann, wenn im betreffenden Bahnabschnitt mehrere Punkte exakt einzuhalten sind oder freie Parameter zur Optimierung bestimmter Zielgrößen benötigt werden. Des Weiteren sei auf die Beschreibung freier bzw. Bahnabschnitte mit mehreren vorgegebenen Punkten durch Spline-Funktionen hingewiesen, auf die jedoch hier nicht näher eingegangen werden soll [33].

Sind Anfangs- und Endpunkt eines freien Bahnabschnitts vorgegeben, lassen sich die Koordinatenfunktionen wie folgt durch Polynome 5. Grades allgemein beschreiben:

$$x(u) = \sum_{k=0}^{5} a_k (u - u_i)^k \tag{2.77}$$

$$y(u) = \sum_{k=0}^{5} b_k (u - u_i)^k \quad \text{mit } u_i \le u \le u_j$$

Beispielhaft für die Koordinate x dargestellt, ergeben sich die Koeffizienten a_k mit den diskret vorgegebenen Werten $x_i(u_i)$ und $x_j(u_j)$ sowie deren 1. und 2. Ableitungen x_i', x_j', x_i'', x_j'' des Anfangs- und Endpunkts aus [34]:

$$\begin{aligned}
a_0 &= x_i \\
a_1 &= x_i' \\
a_2 &= x_i''/2 \\
a_3 &= \frac{10(x_j - x_i)}{(u_j - u_i)^3} - \frac{4x_j' + 6x_i'}{(u_j - u_i)^2} + \frac{x_j'' - 3x_i''}{2(u_j - u_i)} \\
a_4 &= \frac{-15(x_j - x_i)}{(u_j - u_i)^4} + \frac{7x_j' + 8x_i'}{(u_j - u_i)^3} - \frac{2x_j'' - 3x_i''}{2(u_j - u_i)^2} \\
a_5 &= \frac{6(x_j - x_i)}{(u_j - u_i)^5} - \frac{3(x_j' + x_i')}{(u_j - u_i)^4} + \frac{x_j'' - x_i''}{2(u_j - u_i)^3}
\end{aligned} \tag{2.78}$$

Auf analoge Weise lässt sich die Koordinatenfunktion $y(u)$ beschreiben.

Wenn die Bahn zwischen den Punkten P_i und P_j stark ihre Richtung wechselt, und die Bogenlänge b_{ij} folglich wesentlich vom Abstand beider Punkte abweicht, sollte der diskrete Wert u_j des gemeinsamen Parameters so gewählt werden, dass die Intervalllänge $u_j - u_i$ oberhalb des Abstandes beider Punkte liegt. In [33] wird hierfür

$$u_j = u_i + \left(\sqrt{(x_j - x_i)^2 + (y_j - y_i)^2} + |x_j - x_i| + |y_j - y_i| \right) / 2 \tag{2.79}$$

empfohlen. Sollen den Punkten später Zeitpunkte bzw. zeitliche Bewegungsgrößen zugewiesen werden, ist im Sinne der dann notwendigen guten numerischen Übereinstimmung zwischen dem Parameter u und der Bogenlänge b eine Umparametrisierung vorzunehmen.

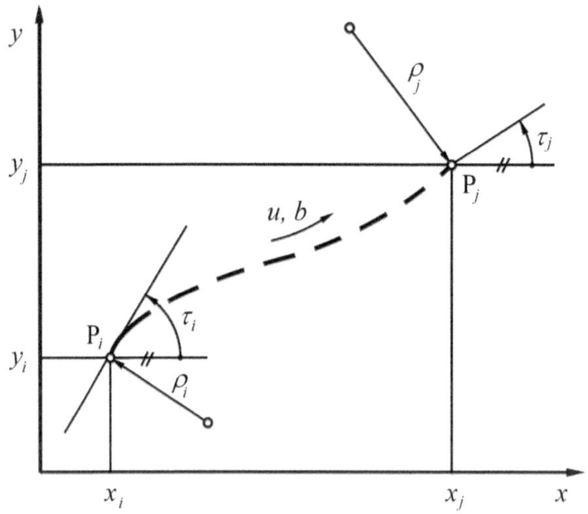

Bild 2.28 Freier Bahnabschnitt mit Randwerten

Beispiel 2.4: Bahnführung eines Punkts

Der Punkt P eines Arbeitsorgans soll auf der ebenen Bahnkurve $\mathbf{k}_P$ nach Bild 2.29 geführt werden. Dabei ist er nach dem Durchlaufen eines horizontalen Geradenabschnitts 0-1 auf einem Kreisbogensegment 1-2 zu bewegen, an das sich ein weiterer Geradenabschnitt 2-3 anschließt. Von dort aus erfolgt die Bewegung zum Punkt P_4, der mit dem Ausgangspunkt P_0 identisch ist. Dieser Abschnitt 3-4 kann unter Beachtung tangenten- und krümmungsstetiger Übergänge in P_3 und P_4 frei gestaltet werden.

An den zeitlichen Bewegungsablauf werden folgende Forderungen gestellt: der Punkt P wird aus der Ruhelage in P_0 heraus bis zur Geschwindigkeit v_1 im Punkt P_1 beschleunigt, die über den Kreisbogenabschnitt 1-2 und den Geradenabschnitt 2-3 hinweg konstant bleiben soll. Beim Durchlaufen des freien Abschnitts 3-4 ist der Punkt P bis zur Ruhelage im Punkt P_4 abzubremsen. Für die Bewegung ist eine Zykluszeit T von 2,3 s vorgegeben, wobei im Punkt P_4 eine Rast von 0,5 s vorgesehen ist.

Gegeben: Bewegungsskizze und Bewegungstabelle

Zykluszeit $T = 2{,}3$ s

Rastdauer 4-0 $t_R = 0{,}5$ s

Gesucht: Beschreibung der Bahnkurve $\mathbf{k}_P$

Design des Bewegungsablaufs

Lösung:

Zur Veranschaulichung der zu realisierenden Führungsbahn dient die **Bewegungsskizze** nach Bild 2.29. Mithilfe einer speziellen Symbolik (s. auch [32, 33]) werden vorgegebene geometrische und kinematische Daten des in der Bezugsebene zu bewegenden Punkts gekennzeichnet. So unterscheidet man u. a.:

- fest vorgegebene Bahnabschnitte (dicke Volllinie)
- freie Bewegungsabschnitte (dünne gestrichelte Linie zwischen Anfangs- und Endpunkt)
- punktweise vorgegebene Bahnabschnitte (dünne gestrichelte Linie, die mindestens drei Punkte verbindet)
- exakt zu durchlaufende Positionen mit kinematischen Randbedingungen (v, a), wie Punkte 0–3 in Bild 2.29.

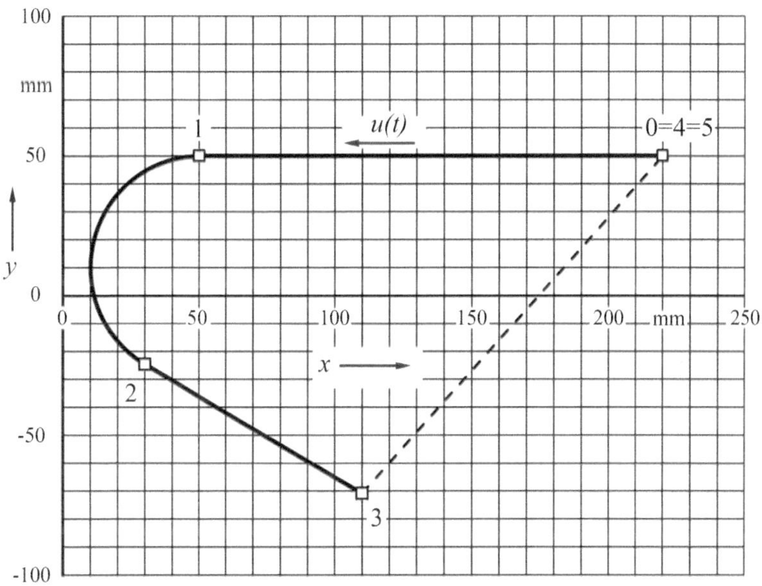

Bild 2.29 Bewegungsskizze

In Ergänzung zur Bewegungsskizze ist es zweckmäßig, eine **Bewegungstabelle** zu erstellen (Tabelle 2.4). Sie beinhaltet die vollständige quantitative Beschreibung der Führungsbewegung.

Tabelle 2.4 Bewegungstabelle

	Bahngeometrie						Punktbewegung				
Nr.	x in mm	y in mm	τ in grd	κ in 1/mm	Bahnabschnitt		t in s	v in m/s	a_t in mm/s²	Bewegungsaufgabe	
0	220	50	(180)	(0)	Gerade		0	0	0	R-G	
1	50	50	(180)	(0)		Kreis	0,6	0,5	0		G-G
2	30	-24,64	330	(1/40)	Gerade		0,8094	0,5	0	G-G	
3	110	-70,83	330	0		Poly	0,9942	0,5	0		G-R
4	220	50	0	0			1,8	0	0	R-R	
5	220	50	0	0			2,3	0	0		

Im nächsten Arbeitsschritt sind die Bahnabschnitte analytisch zu beschreiben.

Abschnitt 0-1:

Unter Verwendung der Gln. (2.69) und (2.70) lassen sich die Koordinatengleichungen

$$x(u)=(220-u)\text{ mm} \qquad y(u)=50\text{ mm}$$

formulieren, wobei der Parameter u der aktuellen Bogenlänge vom Anfangspunkt P_0 bei einer gesamten Abschnittslänge b_{01} von 170 mm entspricht und $u_0=0$ gilt. Die Ableitungen der Koordinatengleichungen lauten damit

$$x'(u)=-1 \qquad y'(u)=0$$

$$x''(u)=0 \qquad y''(u)=0$$

Zur Beschreibung des zeitabhängigen Bewegungsverlaufs entlang der Bahn k_P wird die in [6] vorgeschlagene normierte Übertragungsfunktion R-G

$$u(t)=u_{01}\left[\left(10-4\dot{f}(1)\right)z^3+\left(-15+7\dot{f}(1)\right)z^4+\left(6-3\dot{f}(1)\right)z^5\right]$$

verwendet. Mit $u_{01}=b_{01}$ und der erforderlichen 1. Ableitung der NÜF für den Bahnpunkt P_1 bei $z=t/t_{01}=1$ aus

$$\dot{u}_1=\dot{f}(1)\cdot\frac{u_{01}}{t_{01}}=500\text{ mm/s}$$

ergeben sich dann

$$u(t)=170\text{ mm}\left[2{,}9412z^3-2{,}6471z^4+0{,}7059z^5\right]$$

$$\dot{u}(t)=283{,}3\frac{\text{mm}}{\text{s}}\left[8{,}8236z^2-10{,}5884z^3+3{,}5295z^4\right]$$

$$\ddot{u}(t)=472{,}2\frac{\text{mm}}{\text{s}^2}\left[17{,}6472z-31{,}7652z^2+14{,}118z^3\right]$$

Abschnitt 1-2:

Zur Beschreibung des Kreisbogenabschnitts werden die Gln. (2.71) bis (2.76) herangezogen. Bei einem Radius $r_{12}=40$ mm und der Kennzahl $W_{12}=1$ ergeben sich folgende Werte:

$x_{M12} = 50 \text{ mm}; \; y_{M12} = 10 \text{ mm}; \; \beta_{12} = 150°; \; b_{12} = 104{,}71 \text{ mm}$

Damit können die Koordinatengleichungen formal nach Gl. (2.75) aufgestellt werden, wobei von $u_1 = 170$ mm auszugehen ist. Für die Ableitungen der Koordinaten erhält man dann

$$x'(u) = -\cos\left(\frac{0{,}025}{\text{mm}}\left[u - 170 \text{ mm}\right]\right)$$

$$y'(u) = -\sin\left(\frac{0{,}025}{\text{mm}}\left[u - 170 \text{ mm}\right]\right)$$

$$x''(u) = \frac{0{,}025}{\text{mm}}\sin\left(\frac{0{,}025}{\text{mm}}\left[u - 170 \text{ mm}\right]\right)$$

$$y''(u) = -\frac{0{,}025}{\text{mm}}\cos\left(\frac{0{,}025}{\text{mm}}\left[u - 170 \text{ mm}\right]\right)$$

Die zeitabhängige Bewegung entlang der Bahn wird unter Berücksichtigung der geforderten konstanten Geschwindigkeit mit den Gleichungen

$$u(t) = 170 \text{ mm} + v_1 (t - t_1) \qquad \dot{u}(t) = v_1 \qquad \ddot{u}(t) = 0$$

beschrieben, wobei der Parameter u exakt der Bogenlänge b entspricht.

Abschnitt 2-3:

Die Koordinatengleichungen dieses Geradenabschnitts mit $u_2 = 274{,}81$ mm und einer Bogenlänge $b_{23} = 92{,}4$ mm nach Gl. (2.70) lauten

$$x(u) = \left(30 + 80 \cdot \frac{u - 274{,}81}{92{,}4}\right) \text{mm}$$

$$y(u) = \left(-24{,}64 - 46{,}19 \cdot \frac{u - 274{,}81}{92{,}4}\right) \text{mm}$$

Damit ergeben sich folgende Ableitungen:

$$x'(u) = 0{,}866 \qquad y'(u) = -0{,}5$$

$$x''(u) = 0 \qquad y''(u) = 0$$

Für die zeitabhängige Bewegung entlang der Bahn gelten

$$u(t) = 274{,}81 \text{ mm} + v_1 (t - t_2) \qquad \dot{u}(t) = v_1 \qquad \ddot{u}(t) = 0$$

Abschnitt 3-4:

Zur Beschreibung des freien Abschnitts 3-4 wird ein Polynom 5. Grades generiert, dessen Randbedingungen für Anfangs- und Endpunkt aus Tabelle 2.4 zu entnehmen sind. Mit $u_3 = 367{,}11$ mm und der überschlägig unter Verwendung von Gl. (2.79) bestimmten Intervalllänge

$$u_4 - u_3 = u_{34} = b_{34} = 197{,}12 \text{ mm}$$

ergeben sich die in Tabelle 2.5 aufgelisteten Polynomkoeffizienten a_k und b_k der Koordinatengleichungen und deren Ableitungen, die nach Gl. (2.77) in allgemeiner Form für die x-Koordinaten lauten:

$$x(u) = \sum_{k=0}^{5} a_k \left(u - 367{,}11\ \text{mm}\right)^k$$

$$x'(u) = \sum_{k=1}^{5} a_k \cdot k\left(u - 367{,}11\ \text{mm}\right)^{k-1}$$

$$x''(u) = \sum_{k=2}^{5} a_k \cdot k(k-1)\left(u - 367{,}11\ \text{mm}\right)^{k-2}$$

Die y-Koordinate wird in analoger Form beschrieben. Die daraus resultierende Bahnkurve k_P zeigt Bild 2.30.

Tabelle 2.5 Polynomkoeffizienten für Bahnabschnitt 3-4

k	a_k in $mm^{(1-k)}$	b_k in $mm^{(1-k)}$
0	110	-70,83
1	0,86602	-0,5
2	0	0
3	-9,3057E-5	2,3498E-4
4	7,2563E-7	-1,7228E-6
5	-1,4902E-9	3,4298E-9

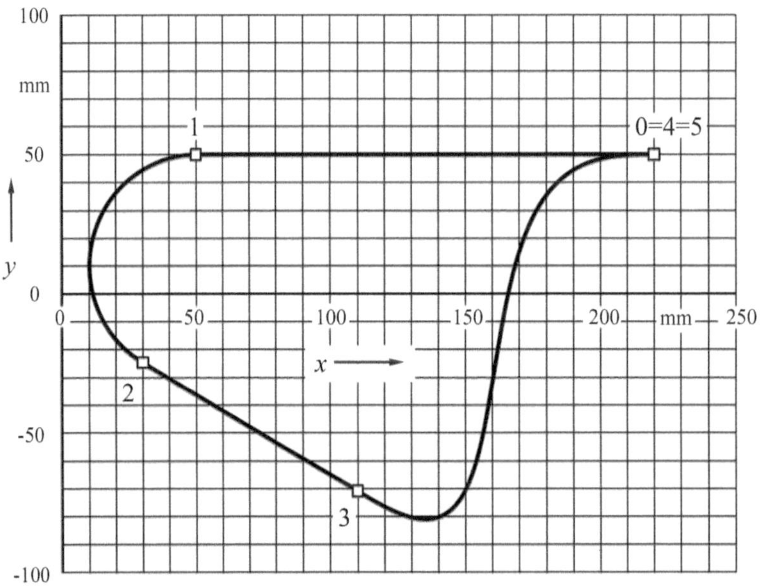

Bild 2.30 Bahnkurve k_P in der Bezugsebene

Die Bahnbewegung soll durch den zeitabhängigen Parameter $u(t)$ umgesetzt werden. Dazu wird wiederum die in [6] vorgeschlagene NÜF an die Bewegungsaufgabe G-R angepasst. Mit dem allgemeinen Ansatz

$$u(t)=u_{34}\begin{bmatrix}\dot{f}(1)z+\left(10\left(1-\dot{f}(0)\right)+4\dot{f}(0)\right)z^3+\left(-15\left(1-\dot{f}(0)\right)-7\dot{f}(0)\right)z^4+\\ \left(6\left(1-\dot{f}(0)\right)+3\dot{f}(0)\right)z^5\end{bmatrix}$$

ergeben sich unter Berücksichtigung der geforderten Randwerte

$$u(t)=\left(197{,}12\cdot\left[2{,}044z-2{,}264z^3+1{,}352z^4-0{,}132z^5\right]+367{,}11\right)\text{ mm}$$

$$\dot{u}(t)=244{,}62\,\frac{\text{mm}}{\text{s}}\left[2{,}044-6{,}792z^2+5{,}408z^3-0{,}66z^4\right]$$

$$\ddot{u}(t)=303{,}57\,\frac{\text{mm}}{\text{s}^2}\left[-13{,}584z+16{,}224z^2-2{,}648z^3\right]$$

In den Bildern 2.31 und 2.32 werden die zeitabhängigen Verläufe $\dot{u}(t)$ und $\ddot{u}(t)$ des gemeinsamen Parameters u sowie die daraus resultierende Bahngeschwindigkeit und Tangentialbeschleunigung für den gesamten Bewegungszyklus dargestellt. Hier ist erkennbar, dass in den Abschnitten 0-1, 1-2 und 2-3 wegen der Übereinstimmung des Parameters u mit der Bogenlänge b

$$v(t)=\dot{u}(t) \quad \text{und} \quad a_t(t)=\ddot{u}(t)$$

gelten. Im Abschnitt 3-4 dagegen tritt insbesondere im Anfangsbereich eine relevante Differenz $b(u)-u$ auf, die zu erheblichen Abweichungen von den vorgegebenen Verläufen der Bahngeschwindigkeit und der Tangentialbeschleunigung führen. Soll die vorgegebene zeitabhängige Bahnbewegung exakt ausgeführt werden, ist eine Umparametrisierung unter Verwendung der Funktion $u(b)$ und deren Ableitungen nach b vorzunehmen.

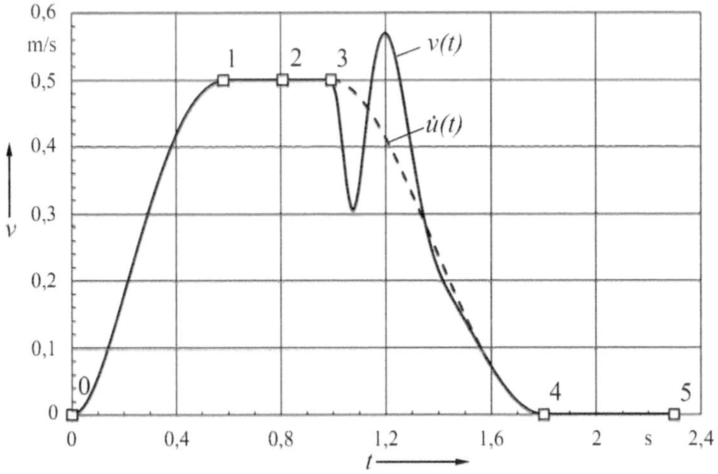

Bild 2.31 Betrag der Bahngeschwindigkeit $\vec{v}$

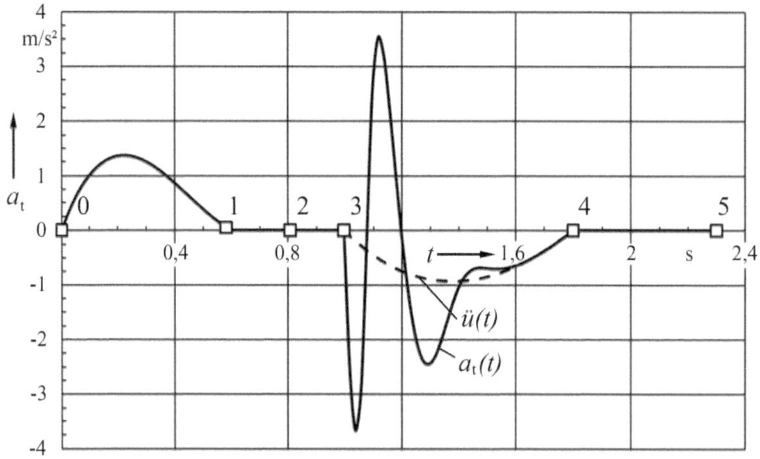

Bild 2.32 Betrag der Tangentialbeschleunigung $\vec{a}_t$

2.3.2 Beschreibung einer Führungsbahn durch eine endliche Fourierreihe

Eine Möglichkeit, ebene Bahnkurven geschlossen darzustellen, bietet die Beschreibung des parametrisierten Ortsvektors $\vec{r}(u)$ als Fourierreihe:

$$\vec{r}(u) = \vec{a}_0 + \sum_{k=1}^{K} \left(\vec{a}_k \cos k \frac{2\pi}{b} u + \vec{b}_k \sin k \frac{2\pi}{b} u \right) \tag{2.80}$$

Der Parameter u kann wiederum entweder eine zeit- bzw. antriebsbezogene Größe sein und sollte vorteilhafterweise der zu durchlaufenden Bogenlänge entsprechen.

Wird davon ausgegangen, dass die Kurve als Punktfolge von $n+1$ Punkten $P_i(x_i, y_i)$ mit $i = 0, 1, 2, \ldots, n$ vorliegt, kann die Bogenlängenparametrisierung aus

$$u_{i+1} = u_i + b_{i,\,i+1} \tag{2.81}$$

und

$$b = \sum_{i=0}^{n} b_{i,i+1} = \sum_{i=0}^{n} \sqrt{(x_{i+1} - x_i)^2 + (y_{i+1} - y_i)^2} \tag{2.82}$$

gewonnen werden. Die angenäherte Bogenlänge b der gesamten Bahn entspricht hierbei der Summe der Kantenlängen des durch die Punktfolge beschriebenen Polygons. Die Koeffizienten der Fourierreihe der Bahnkoordinate x mit

$$x(u) = a_{x0} + \sum_{k=1}^{K} \left(a_{xk} \cos k \frac{2\pi}{b} u + b_{xk} \sin k \frac{2\pi}{b} u \right) \tag{2.83}$$

sind dann

$$a_{x0} = \frac{1}{2b} \sum_{i=0}^{n} \left[(u_{i+1} - u_i)(x_{i+1} + x_i) \right] \tag{2.84}$$

$$a_{xk} = \frac{b}{2k^2\pi^2}\sum_{i=0}^{n}\left[\frac{\cos k\frac{2\pi}{b}u_{i+1} - \cos k\frac{2\pi}{b}u_i}{u_{i+1} - u_i}\left(x_{i+1} - x_i\right)\right]$$

$$b_{xk} = \frac{b}{2k^2\pi^2}\sum_{i=0}^{n}\left[\frac{\sin k\frac{2\pi}{b}u_{i+1} - \sin k\frac{2\pi}{b}u_i}{u_{i+1} - u_i}\left(x_{i+1} - x_i\right)\right]$$

mit $k = 1, 2, \ldots, K$

Analog dazu sind die Koeffizienten a_{y0}, a_{yk} und b_{yk} für die Koordinatenfunktion $y(u)$ zu bestimmen.

Die geschlossene Beschreibung gewährleistet eine beliebig genaue Abbildung der Sollbahn, eine einfache Handhabbarkeit sowie die Stetigkeit aller höheren Ableitungen. Erfahrungen zeigen, dass bereits Fourierreihen mit wenigen Gliedern den Verlauf der Bahnkurve hinreichend genau beschreiben [35].

Beispiel 2.5: Bahnführung eines Punkts

In diesem Beispiel soll die Bahnführung eines Punkts P aus Beispiel 2.4 aufgegriffen und davon ausgegangen werden, dass die Bahn k_P zwischen den Punkten P_0 bis P_4 durch 115 Wertepaare (x_i, y_i) nach Gln. (2.69) bis (2.79) festgelegt ist. Die Aufgabe besteht im Folgenden darin, die Bahn mithilfe des Fourierreihenansatzes in geschlossener Form so zu beschreiben, dass die vorgegebene Zeitabhängigkeit umgesetzt wird.

Im ersten Schritt sind die Fourierkoeffizienten der Bahnkoordinaten x und y unter Verwendung der Gl. (2.84) zu ermitteln. Die Zuordnung der Punkte P_i zum bogenlängenbezogenen Parameter u erfolgt nach Gl. (2.81) und der vorab nach Gl. (2.82) ermittelten Gesamtbogenlänge b der Bahn von 568,536 mm. Die Fourierkoeffizienten der ersten 10 Glieder sind in Tabelle 2.6 aufgelistet. Die maximale Abweichung von der punktweise vorgegebenen Bahn tritt, wie vermutet, in der Spitze P_4 auf, wobei sich für $K = 10$ die Koordinatenabweichungen $\Delta x_{max} = 5{,}45$ mm und $\Delta y_{max} = 0{,}09$ mm ergeben. Eine beispielhafte Erhöhung der maximalen Ordnung auf $K = 100$, was rechentechnisch problemlos umsetzbar ist, verbessert das Ergebnis auf $\Delta x_{max} = 0{,}57$ mm und $\Delta y_{max} = 0{,}0004$ mm.

Tabelle 2.6 Fourierkoeffizienten für die Bahn k_P

k	a_{xk} in mm	b_{xk} in mm	a_{yk} in mm	b_{yk} in mm
0	113,685	-	4,507	-
1	78,065	-37,502	38,041	50,961
2	2,786	16,619	7,431	-14,745
3	6,218	0,244	1,617	-5,773
4	6,493	1,503	-1,703	2,777
5	1,605	-0,482	1,164	-2,006
6	1,779	0,400	-0,017	-0,920

Tabelle 2.6 Fourierkoeffizienten für die Bahn k_p *(Fortsetzung)*

k	a_{xk} in mm	b_{xk} in mm	a_{yk} in mm	b_{yk} in mm
7	1,614	0,134	-0,891	0,169
8	1,106	-0,268	0,203	0,121
9	0,497	-0,081	-0,007	-0,442
10	0,698	0,100	-0,256	0,105

Die mit $K = 10$ erzeugte Bahn k_p ist im Bild 2.33 dargestellt.

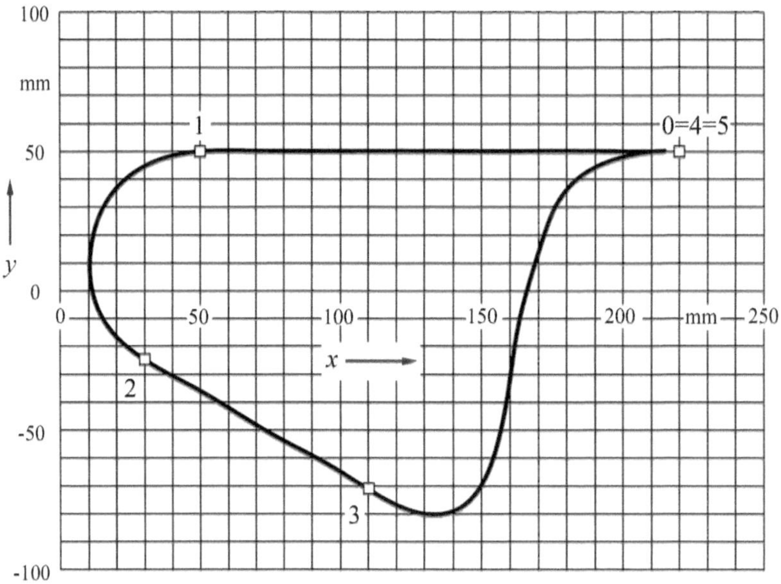

Bild 2.33 Bahn k_p für $K = 10$

Im nächsten Schritt sind die Ableitungen der Koordinatengleichungen nach dem Parameter u zu bestimmen, die sich beispielhaft für die x-Koordinate zu

$$x'(u) = \frac{2\pi}{b} \sum_{k=1}^{K} k \left(-a_{xk} \sin k \frac{2\pi}{b} u + b_{xk} \cos k \frac{2\pi}{b} u \right)$$

und

$$x''(u) = -\frac{4\pi^2}{b^2} \sum_{k=1}^{K} k^2 \left(a_{xk} \cos k \frac{2\pi}{b} u + b_{xk} \sin k \frac{2\pi}{b} u \right)$$

ergeben. Unter Verwendung der Gln. (2.67) und (2.68) und der in Beispiel 2.4 durch $u(t)$ und deren Ableitungen abschnittsweise vorgegebenen Bewegung entlang der Bahn lassen sich die Beträge der Bahngeschwindigkeit $\vec{v}$ und die Bahnbeschleunigung $\vec{a}_t$ berechnen. Die Verläufe dieser Größen zeigt Bild 2.34. Ein Vergleich mit den Verläufen der zeitabhängigen Größen $\dot{u}(t)$ und $\ddot{u}(t)$ (s. Bilder 2.31 und 2.32) weist die erwartete weitgehende Übereinstimmung der entsprechenden Größen nach, da bei der angestrebten Bogenlängenparametrisierung des Bahnverlaufs die Zusammenhänge

$$v(t) = \dot{u}(t)$$

und

$$a_t(t) = \ddot{u}(t)$$

gelten. Das setzt generell voraus, dass für jeden beliebigen Bahnpunkt P_i die Bedingungen

$$1 = \sqrt{x'^2 + y'^2}$$

und

$$0 = \frac{x'x'' + y'y''}{\sqrt{x'^2 + y'^2}}$$

erfüllt sind. Ausgenommen davon ist im vorliegenden Beispiel der Bereich der Spitze bei Punkt P_0 als Umkehrpunkt, in dem die 1. Ableitung der Koordinaten x und y nach dem Parameter u einen Nulldurchgang aufweisen.

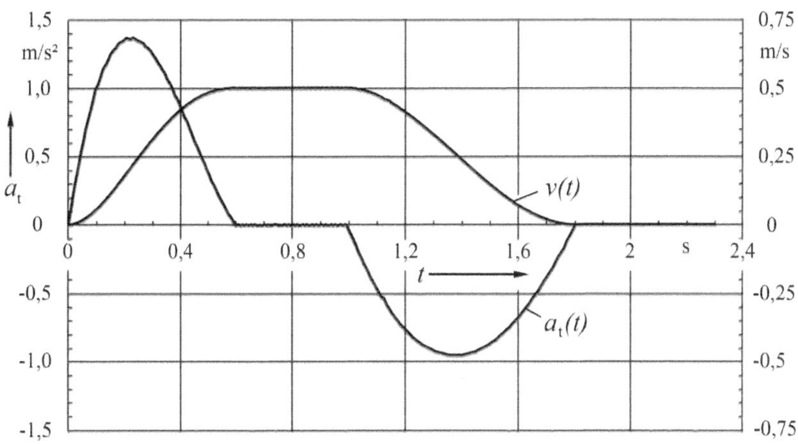

Bild 2.34 Beträge der Bahngeschwindigkeit $\vec{v}$ und Bahnbeschleunigung $\vec{a}_t$ ■

■ 2.4 Übungsaufgaben

Aufgabe 2.1

Zum Aufbringen von Kleber auf Verpackungen soll ein Schieber eine translatorische Bewegung mit einer Zykluszeit von 0,8 s ausführen. Dazu ist er zunächst aus der Ruhelage auf die Arbeitsgeschwindigkeit v_K zu beschleunigen, die über den Weg s_K beibehalten werden soll. Anschließend ist der Schieber abzubremsen und in seine Ausgangslage zurückzubewegen, in der er über die Dauer t_R bis zum Ende des Bewegungszyklus verweilt.

Gegeben:

- Periodendauer $T = 0{,}8$ s
- Arbeitsgeschwindigkeit $v_K = 0{,}25$ m/s
- Arbeitsweg $s_K = 60$ mm
- Rastdauer $t_R = 0{,}1$ s

Gesucht sind:

a) der Bewegungsplan mit allen Bewegungsabschnitten und -größen

b) alle festen und variablen Randwerte an den Abschnittsgrenzen

c) die zu nutzenden Bewegungsgesetze für jeden Bewegungsabschnitt unter Verwendung des Polynomansatzes

Aufgabe 2.2

Ein Kurvengetriebe soll eine gleichmäßige Drehung φ der Kurvenscheibe in eine periodische translatorische Bewegung s des Abtriebsglieds umwandeln. Es ist der Abschnitt der Abtriebsbewegung zu generieren, der den Übergang von einer Bewegungsphase konstanter Abtriebsgeschwindigkeit in eine Ruhelage beschreibt. Dabei dreht sich die Kurvenscheibe um den Winkel φ_{12}, und das Abtriebsglied wird um den Weg s_{12} verschoben. Im vorausgehenden Abschnitt konstanter Abtriebsgeschwindigkeit, der sich über den Antriebswinkel φ_{01} erstreckt, legt das Abtriebsglied den Weg s_{01} zurück.

Gegeben:

- Antriebswinkel $\varphi_{01} = 50°$
- Abtriebsweg $s_{01} = 10$ mm
- Antriebswinkel $\varphi_{12} = 100°$
- Abtriebsweg $s_{12} = 30$ mm

Gesucht sind:

a) alle Randwerte des Bewegungsabschnitts

b) ein Potenzgesetz unter Verwendung einer NÜF nach VDI 2143 [6]

c) das Potenzgesetz mit seinen Koeffizienten a_k durch Lösung des linearen Gleichungssystems für den Polynomansatz

Aufgabe 2.3

Für ein Kurvengetriebe ist eine rotatorische Rast-in-Rast-Bewegung unter Verwendung normierter Übertragungsfunktionen zu gestalten, die folgende Bedingungen erfüllt:

Gegeben:

- Antriebswinkel der Anstiegsphase $\varphi_{01} = 120°$
- Rastwinkel $\varphi_{R1} = \varphi_{12} = 50°$

- Antriebswinkel der Abstiegsphase $\varphi_{23} = 100°$
- Rastwinkel $\varphi_{R2} = \varphi_{34} = 90°$
- Schwingwinkel am Abtrieb $\psi_H = 35°$

Gesucht sind:

a) die Bewegungsgesetze für An- und Abstiegsphase, wenn die Trägheitswirkung am Abtrieb minimiert werden soll

b) die Bewegungsgesetze für An- und Abstiegsphase, wenn die Rückwirkung des Nutzmoments am Abtrieb auf den Antrieb möglichst klein sein soll

c) die bei einer konstanten Antriebswinkelgeschwindigkeit Ω des Kurvenglieds zu erwartenden Extremwerte für die Winkelgeschwindigkeit und die Winkelbeschleunigung am Rollenhebel

Aufgabe 2.4

Die Legeschiene einer Wirkmaschine besitzt über eine Arbeitsbreite von 4 m angeordnete mehrere tausend Nadeln in einem Abstand von ca. 1 mm. Sie wird bis zu 2000 Mal pro Minute durch ein Kurven-Koppelgetriebe translatorisch mit einem Hub s_H von 3 mm bewegt, wobei sie mit einer weiteren Nadelschiene kämmen muss. Das Bewegungsgesetz der Legeschiene enthält mehrere Rasten (Bild 2.35).

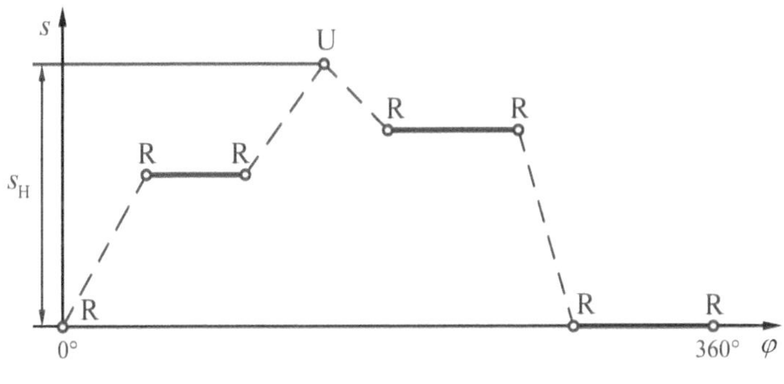

Bild 2.35 Bewegungsplan der Legeschiene

Das Getriebe ist durch eine erste Eigenfrequenz $f_1 = 280$ Hz gekennzeichnet, die im Wesentlichen auf Elastizitäten des Abtriebs zurückzuführen ist. Um die Schwingungen an der Legeschiene zu begrenzen, soll ein harmonisches Bewegungsgesetz angewendet werden [48].

Gesucht ist:

die Ordnung K der höchsten Harmonischen, um im vorgegebenen Drehzahlbereich Resonanzen mit der ersten Eigenfrequenz zu vermeiden.

3 Aufbau von mechanischen Getrieben

Die wohl eingängigste Definition des Begriffs **Getriebe** stammt von Franke[1] [36] und besagt:

> „Ein **Getriebe** ist eine Vorrichtung zur Kopplung und Umwandlung von Bewegungen und Energien beliebiger Art."

Danach gibt es zur Lösung von Bewegungsaufgaben in der Technik als Teil eines Bewegungssystems sowohl mechanische als auch hydraulische, pneumatische und elektrische Getriebe, siehe Bild 3.1.

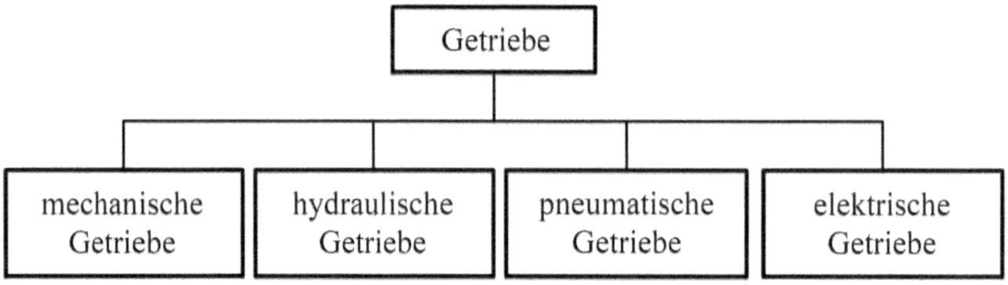

Bild 3.1 Einteilung der Getriebe hinsichtlich des Wirkprinzips

Getriebe im engeren Sinne sind u. a. die mechanischen Getriebe, die im Folgenden schwerpunktmäßig betrachtet werden.

> Ein **(mechanisches) Getriebe** – auch als **Mechanismus** bezeichnet – ist eine Einrichtung zum Übertragen, Wandeln und Umformen von Bewegungen und Kräften oder zum Führen von Punkten auf bestimmten Bahnen bzw. von Körpern durch bestimmte Lagen. Es besteht aus beweglich miteinander verbundenen Körpern (Gliedern), wobei deren gegenseitige Bewegungsmöglichkeiten durch die Art der Verbindungen (Gelenke) bestimmt sind. Eines der Glieder ist stets ortsfest (Gestell), die Mindestanzahl der Glieder und Gelenke beträgt jeweils drei. [37]

[1] Rudolf Franke (1870 – 1962), Professor für Fernmeldetechnik und Feinmechanik, TH Berlin

Mechanische Getriebe können nach unterschiedlichen Merkmalen geordnet werden, z. B. nach

- der Funktion,
- der Lage der Drehachsen oder
- den charakteristischen Getriebeelementen.

Auf diesen Merkmalen aufbauend werden nachfolgend die typischen Eigenschaften der mechanischen Getriebe einführend beschrieben.

3.1 Ordnung der Getriebe

3.1.1 Einteilung nach ihrer Funktion

Übertragungsgetriebe, siehe Bild 3.2, haben die Aufgabe, eine vorgegebene Antriebsgröße $x(t)$ in eine gewünschte Abtriebsgröße $y(t)$ umzuwandeln, wobei i. d. R. die Bewegungsgrößen (Lage, Geschwindigkeit, Beschleunigung), unter Umständen auch die Bewegungsform (z. B. Drehen in Schieben), geändert werden. Bei Getrieben mit mehr als drei Gliedern sind An- und Abtriebsglied durch ein Übertragungsglied oder mehrere Übertragungsglieder miteinander verbunden.

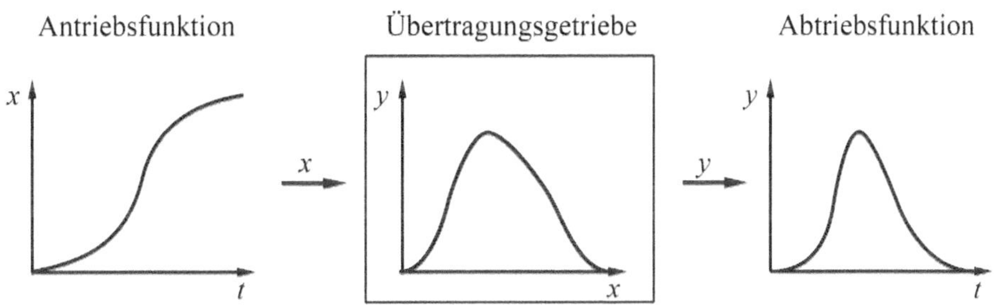

Bild 3.2 Übertragungsgetriebe zur Umwandlung der Antriebsgröße $x(t)$ in die Abtriebsgröße $y(t)$ des Arbeitsorgans

Der funktionale Zusammenhang zwischen der Antriebs- und der Abtriebsgröße wird durch die **Übertragungsfunktion** $y = f(x)$ beschrieben.

Die Übertragungsfunktion eines Getriebes ist nur von den kinematischen Abmessungen der Getriebeglieder abhängig, wobei diese als starr und die Gelenke als spielfrei angesehen werden. Diese Vereinfachung entspricht zwar nicht dem tatsächlichen Verhalten, erleichtert jedoch wesentlich die Auslegung eines Getriebes in frühen Entwicklungsphasen. Bei einer späteren Optimierung ist es jedoch oft unverzichtbar, die Auswirkungen von Elastizitäten und Spiel auf das Bewegungsverhalten zu berücksichtigen.

Übertragungsgetriebe lassen sich nach dem charakteristischen Verlauf ihrer Übertragungsfunktionen unterteilen:

Gleichmäßig übersetzende Getriebe (**G-Getriebe**) haben eine konstante Übersetzung, d. h., die Übertragungsfunktion $y = f(x)$ ist linear. Zu dieser Gruppe gehören u. a. Rädergetriebe oder Riemengetriebe mit zentrisch gelagerten, kreisrunden Rädern bzw. Scheiben. Bild 3.3 zeigt dies am Beispiel eines Stirnrädergetriebes mit der Antriebsgröße $x = \varphi$ (Antriebswinkel) und der Abtriebsgröße $y = \psi$ (Abtriebswinkel).

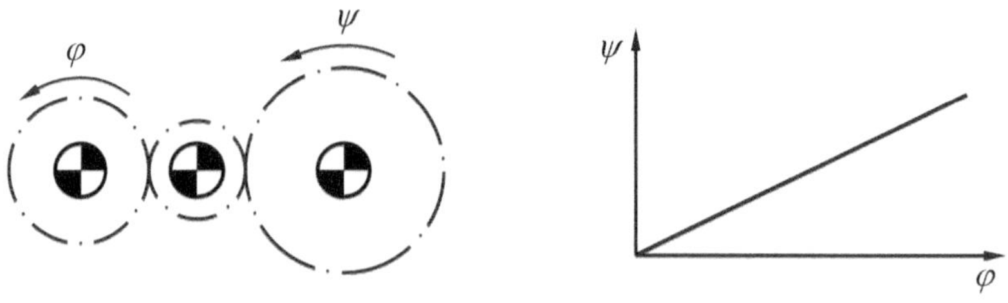

Bild 3.3 Stirnrädergetriebe mit seiner Übertragungsfunktion

Ungleichmäßig übersetzende Getriebe (**U-Getriebe**) haben eine nicht-lineare Übertragungsfunktion und damit eine stellungsabhängige Übersetzung (Bild 3.4). Bei Getrieben, bei denen das Antriebsglied umlaufen kann, ergeben sich periodische Übertragungsfunktionen.

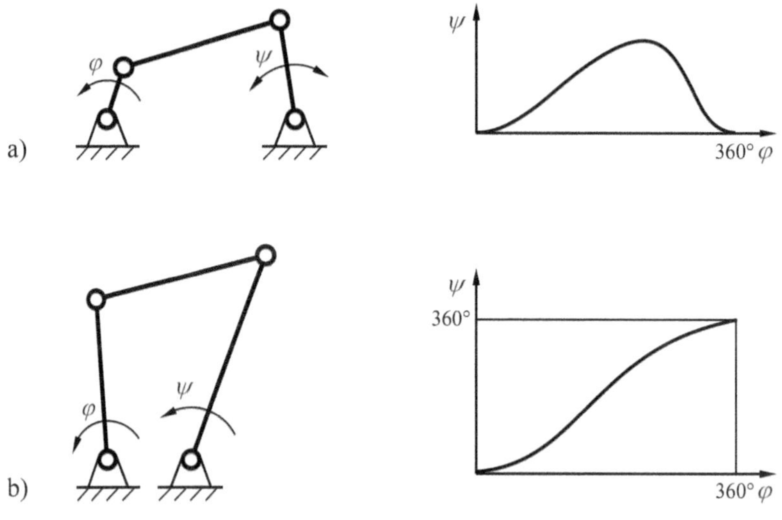

Bild 3.4 U-Getriebe mit umlaufendem Antriebsglied und zugehöriger Übertragungsfunktion. a) mit schwingendem Abtriebsglied, b) mit umlaufendem Abtriebsglied

Führungsgetriebe haben die Aufgabe, ein bestimmtes Glied (Arbeitsorgan) so zu führen, dass es bestimmte Lagen durchläuft (**Ebenenführung**) bzw. dass Punkte dieses Glieds bestimmte Bahnen beschreiben (**Punktführung**). Die Führungsbewegung kann eben oder räumlich sein. Die bewegten Glieder werden als führende bzw. geführte Glieder bezeichnet. Die Einleitung der Antriebsbewegung kann i. Allg. an jedem Getriebeglied erfolgen.

Bild 3.5 zeigt das Getriebe eines Teigkneters. Hier ist der Punkt C des Rührhakens auf einer Bahn k_C zu führen, die in einem bestimmten Bereich weitgehend äquidistant zur Wandung der Rührschüssel verläuft.

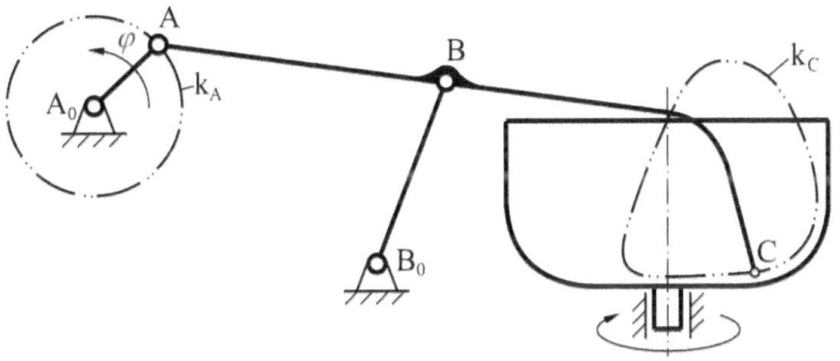

Bild 3.5 Führungsgetriebe eines Teigkneters

3.1.2 Einteilung nach der Lage der Drehachsen

Je nachdem, ob alle Drehachsen parallel zueinander liegen, sich in einem Punkt schneiden oder sich kreuzen, unterscheidet man zwischen **ebenen Getrieben**, **sphärischen Getrieben** und **räumlichen Getrieben**. Entsprechende Beispiele für U- und G-Getriebe zeigt Tabelle 3.1.

Tabelle 3.1 Einteilung der Getriebe nach der Lage der Drehachsen

Benennung		**ebene Getriebe**	**sphärische Getriebe**	**räumliche Getriebe**
Merkmal		alle Drehachsen liegen parallel	alle Drehachsen schneiden sich in einem Punkt	mindestens zwei Drehachsen kreuzen sich
Beispiele	**G-Getriebe**		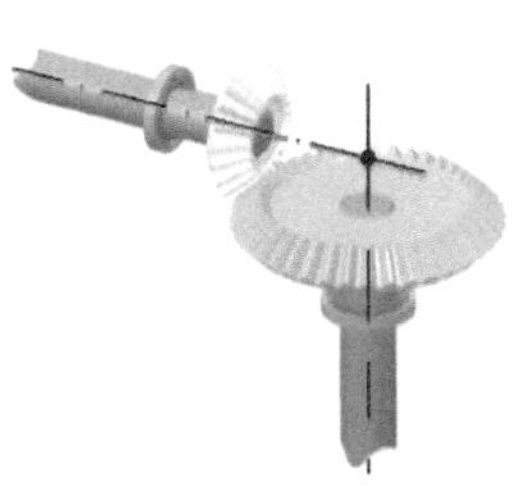	
	U-Getriebe	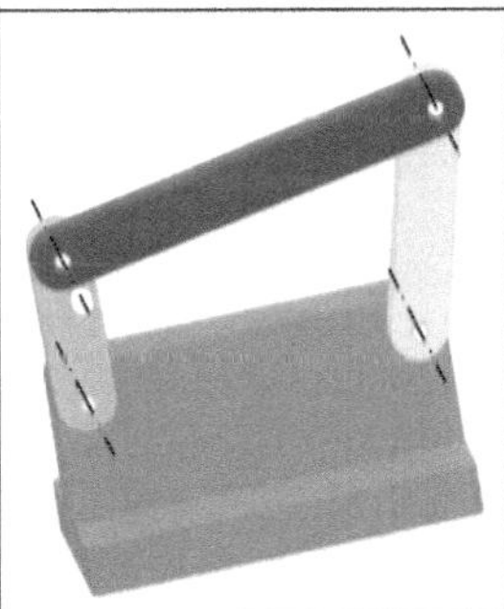	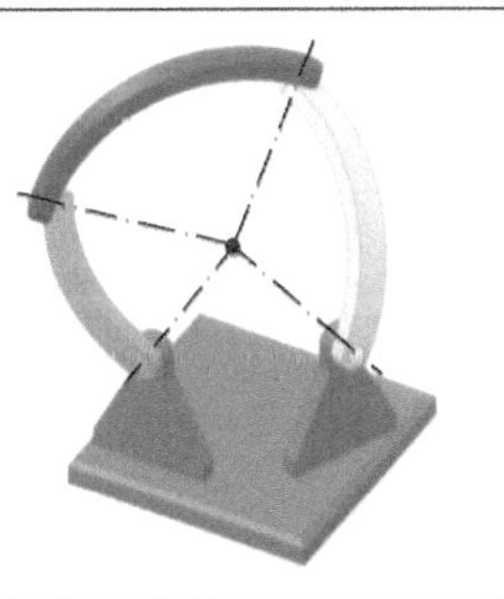	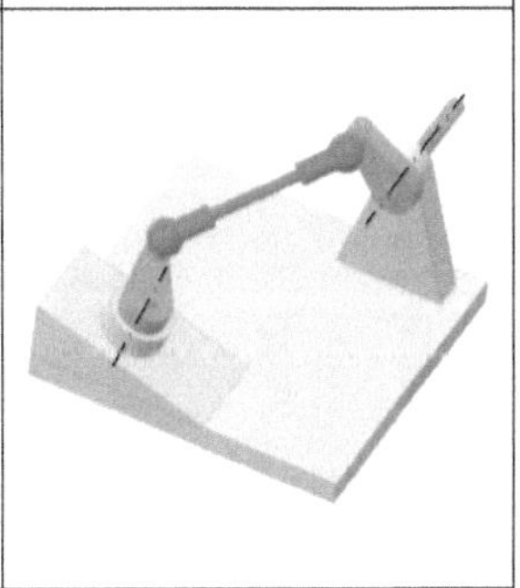

Ebene und sphärische Getriebe haben häufig ähnliche Eigenschaften, da sich bei ebenen Getrieben die Glieder zweidimensional in einer Ebene, bei sphärischen Getrieben zweidimensional auf einer Kugeloberfläche bewegen.

3.1.3 Einteilung nach charakteristischen Getriebeelementen

Nach Reuleaux[2] können die Getriebe hinsichtlich ihrer charakteristischen Getriebeelemente eingeteilt werden. So unterscheidet man u. a. zwischen folgenden Grundgetriebearten:

- Rädergetriebe
- Zugmittelgetriebe
- Koppelgetriebe
- Kurvengetriebe

Diese Bezeichnungen lassen anschaulich erkennen, welche Getriebebestandteile für die Einordnung kennzeichnend sind.

Oft treten Grundgetriebe in Kombinationen auf. Kombinierte Getriebe entstehen durch Hintereinander- oder Parallelschaltung von Getrieben verschiedener Bauart mit dem Ziel, wesentlich veränderte Übertragungsfunktionen bzw. neue Eigenschaften zu generieren. Beispiele hierzu zeigt Bild 3.6.

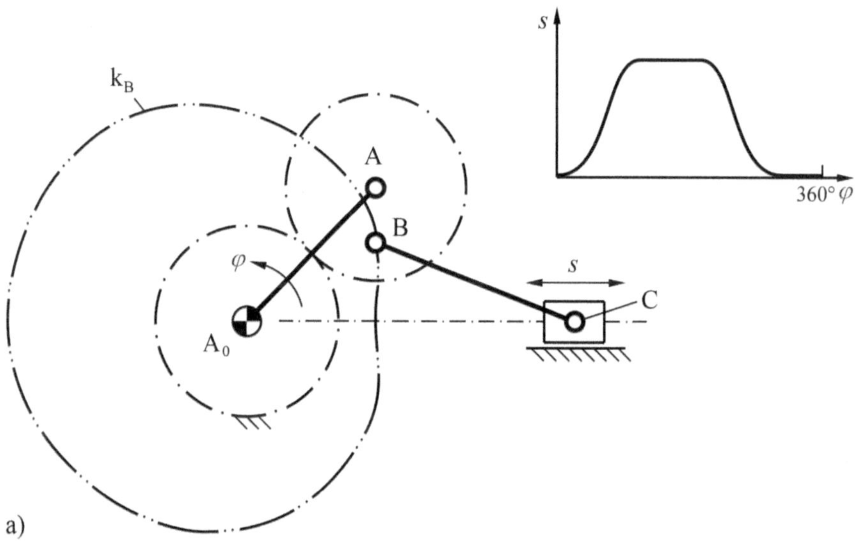

Bild 3.6 Kombinierte Getriebe. a) Räderkoppelgetriebe für zwei angenäherte Rasten am Abtriebsschieber

---

[2] Franz Reuleaux (1829 - 1905), deutscher Ingenieur, gilt als Begründer der wissenschaftlichen Getriebelehre

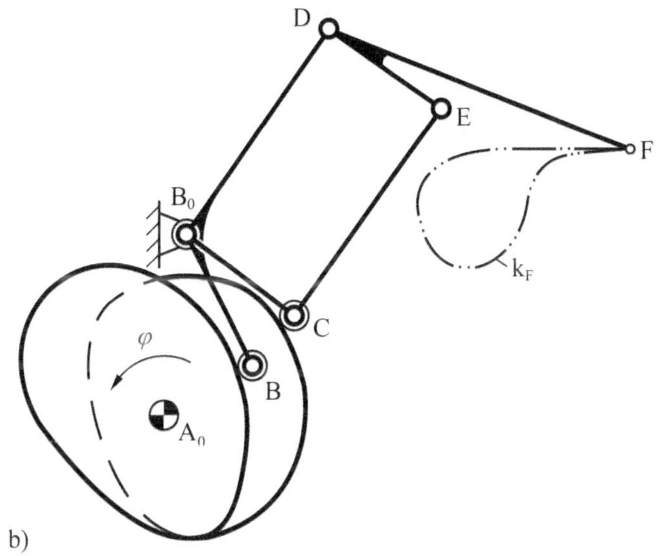

Bild 3.6 Kombinierte Getriebe. b) Kurvenkoppelgetriebe zum Erzeugen der Bahn k_F

3.2 Darstellungsarten der Getriebe

Getriebe werden sinnvollerweise in verschiedenen Abstraktionsgraden dargestellt, die sich an der jeweiligen Entwicklungsphase des Bewegungssystems orientieren. Bei der Analyse eines vorhandenen Getriebes wird man von der Getriebekonstruktion ausgehend die Darstellung zunehmend abstrahieren, während bei der Getriebesynthese mit der Darstellung der Grundstruktur begonnen wird und das Getriebe anschließend Schritt für Schritt verfeinert und damit auch konkreter dargestellt wird.

Es wird zwischen folgenden Darstellungsarten unterschieden (siehe Tabelle 3.2):

- Die **Strukturkette** dient hauptsächlich dazu, den prinzipiellen Aufbau eines Getriebes darzustellen. Sie zeigt die Anzahl und Anordnung der Glieder und Gelenke und spezifiziert deren Gelenkfreiheitsgrad. Häufig spricht man von einer **kinematischen Kette**, wenn die Gelenkarten symbolisch und die kinematischen Abmessungen maßstäblich dargestellt sind. Die Relativbewegungen der Glieder sind somit festgelegt.
- Im **kinematischen Schema** sind die Funktionen (Antrieb, Abtrieb, Gestell, ...) der einzelnen Glieder einer kinematischen Kette festgelegt. Mit der Wahl des Gestells und der kinematischen Abmessungen lassen sich die Absolutbewegungen der Glieder beschreiben und Aussagen über den erforderlichen Bauraum machen. Außerdem können erste kinetostatische Untersuchungen vorgenommen werden.
- Die **Getriebeskizze** (Getriebeentwurf) gibt einen ersten Eindruck über die Gestaltung des Getriebes wieder. Sie zeigt die konstruktive Ausführung der Glieder, Gelenke und eventueller Hilfsorgane.
- Die Getriebekonstruktion als **3D-CAD-Modell** mit allen konstruktiven Einzelheiten der Getriebeelemente ist Ausgangspunkt für die notwendigen technischen Zeichnungen (Fertigungs- und Baugruppen-Zeichnungen). Außerdem lassen sich von ihm verschie-

dene Simulationsmodelle ableiten. Das **Mehrkörper-Simulations-Modell** (MKS-Modell) dient der kinetostatischen und dynamischen Analyse der Getriebe. Mit ihm können die Bewegungsgrößen und die Belastungen im Getriebe unter Berücksichtigung der Masseneigenschaften, Bauteilelastizitäten und Gelenkspiele ermittelt werden. Mit einem **Finite-Elemente-Modell** (FE-Modell) lassen sich einerseits die Nachgiebigkeiten von Bauteilen ermitteln. Andererseits sind auf Basis der aus dem MKS-Modell gewonnenen Bauteilbelastungen die resultierenden Bauteilverformungen und -beanspruchungen berechenbar.

Tabelle 3.2 Darstellungsarten eines Getriebes

Darstellungsart	Beispiel
Strukturkette/ kinematische Kette	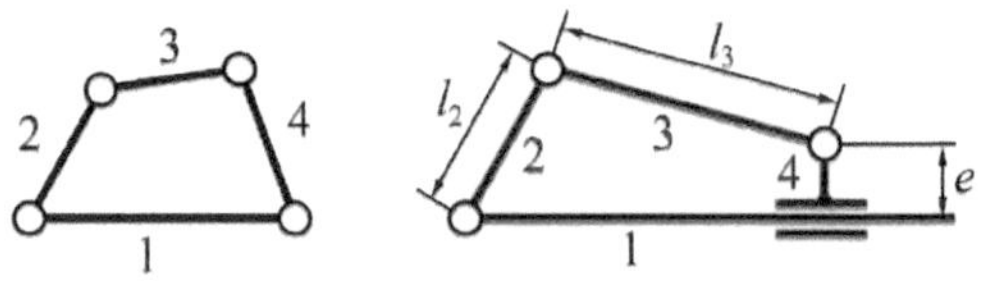
kinematisches Schema	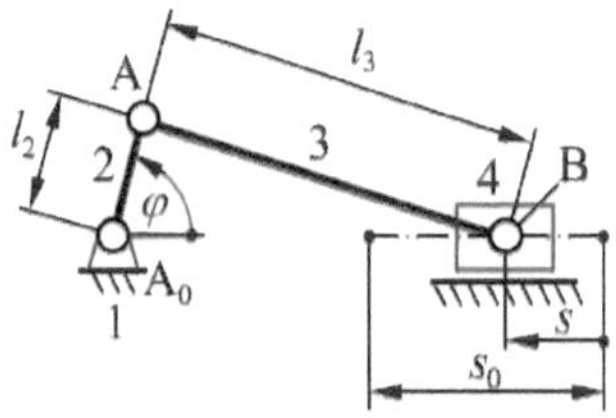
Getriebeskizze	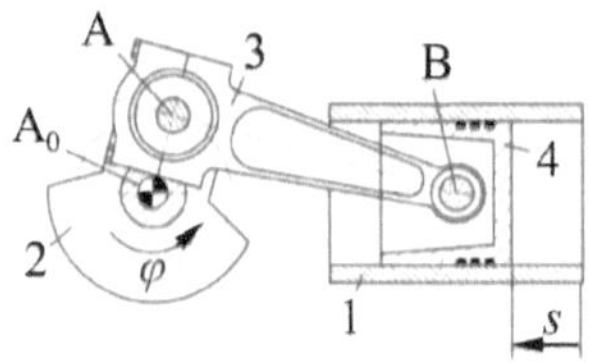
3D-CAD-Modell für ▪ techn. Zeichnungen ▪ MKS-Modelle ▪ FE-Modelle	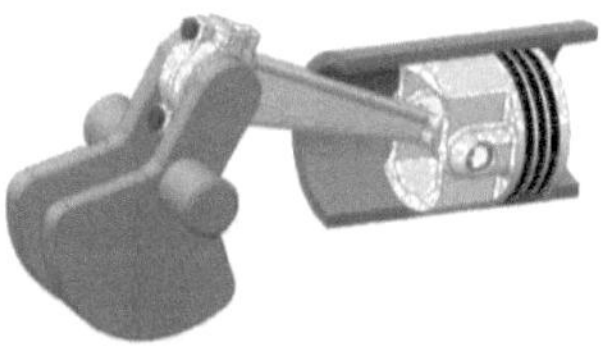 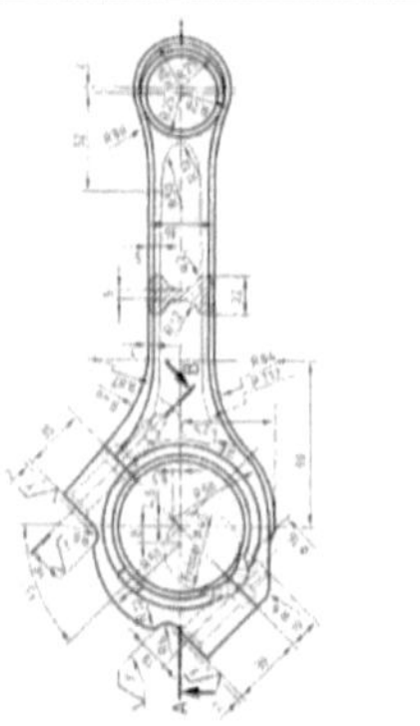 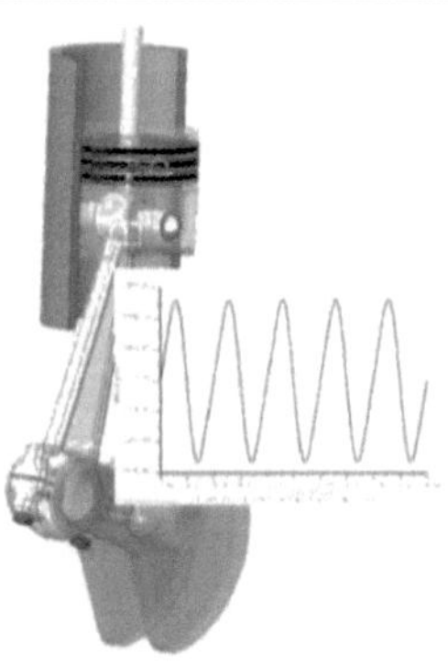 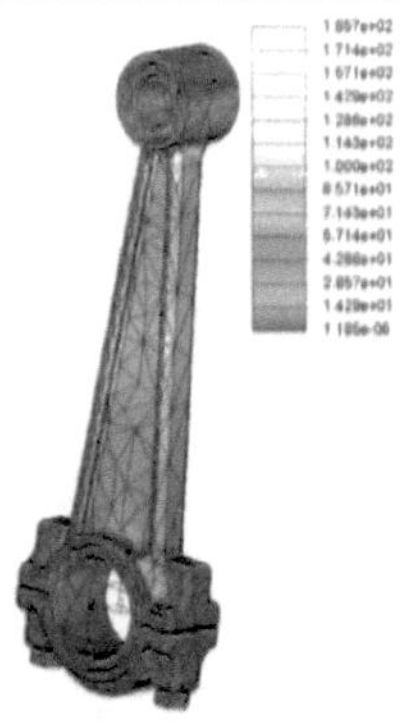

3.3 Elemente der Getriebe

Ein Getriebe besteht stets aus mehreren Getriebegliedern, die durch Gelenke miteinander verbunden sind. Die Kenntnisse der Eigenschaften der Getriebeglieder und der Gelenke sind eine wichtige Voraussetzung für das Verständnis getriebetechnischer Zusammenhänge. Bei der Getriebesynthese helfen diese Kenntnisse, gute Lösungen systematisch zu finden.

3.3.1 Gelenke

Als Gelenke werden die beweglichen Verbindungsstellen zwischen den Getriebegliedern bezeichnet. Ein Gelenk hat die Funktion, die dauernde gegenseitige Berührung zweier Getriebeglieder unter Gewährleistung ihrer relativen Beweglichkeit zu sichern. Es besteht aus zwei Gelenkelementen, die zueinander passende (zweckmäßige) geometrische Formen besitzen. Gelenke ermöglichen zwischen den Getriebegliedern die gewünschten Relativbewegungen und unterbinden damit alle unbeabsichtigten Bewegungen. Die relative Bewegung gelenkig verbundener Getriebeglieder ist in Form einer Drehung, Schiebung oder einer Kombination dieser Elementarbewegungen möglich.

Gelenke können konstruktiv in großer Vielfalt ausgeführt werden. Eine Einteilung ist nach den ordnenden Merkmalen in Tabelle 3.3 möglich. Einen Überblick über häufig eingesetzte Gelenkarten zeigt Tabelle 3.4. Die beim Schraubgelenk auftretende Schraubung ist eine aus einer Drehung und einer überlagerten Schiebung in Richtung der Drehachse zusammengesetzte Bewegung. Drehung und Schiebung sind dabei voneinander abhängig. Bei der in einem ebenen Wälzgelenk stattfindenden Relativbewegung durchläuft der Kontaktpunkt schlupffrei auf beiden Gelenkelementen gleich lange Streckenabschnitte.

Tabelle 3.3 Ordnung der Gelenke nach [1]

Ordnendes Merkmal	Beispiele
Form der Relativbewegung der Gelenkelemente	Drehgelenk, Schubgelenk, Schraubgelenk
Bewegungsverhalten an der Kontaktstelle der Gelenkelemente	Gleiten, Wälzen, Gleitwälzen
Berührungsart der Gelenkelemente	Punkt-, Linien-, Flächenberührung
gegenseitige Lage der Drehachsen am Gelenk	ebenes Gelenk, räumliches Gelenk
Art der Paarung der Gelenkelemente	Gelenk mit Kraft- oder Formpaarung der Gelenkelemente
Anzahl der möglichen relativen Einzelbewegungen (Gelenkfreiheitsgrad f)	Gelenk mit $f = 1$, Gelenk mit $f = 2$ usw.
statische Bestimmtheit, Grad der Überbestimmung	statisch bestimmtes oder statisch unbestimmtes (überbestimmtes) Gelenk

Tabelle 3.4 Häufig eingesetzte Gelenke nach [38]

Benennung	Ausführungs-beispiel	Beschreibung der Relativ-bewegung	Sinnbilder
Drehgelenk	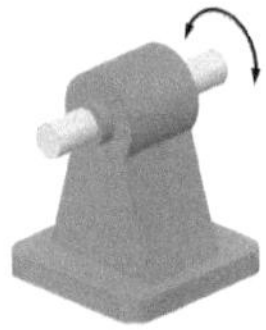	erlaubt eine Drehung der Glieder zueinander $f = 1$	
Schubgelenk	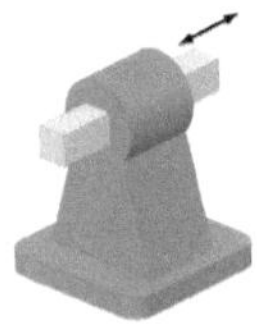	erlaubt eine Schiebung der Glieder zueinander $f = 1$	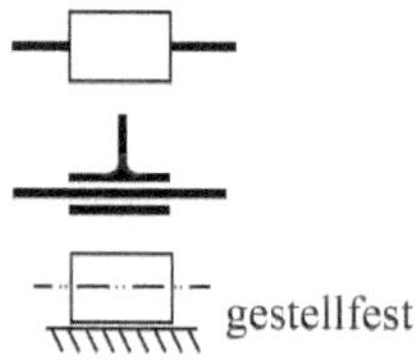
Schraubgelenk		erlaubt eine Schraubung der Glieder zueinander $f = 1$	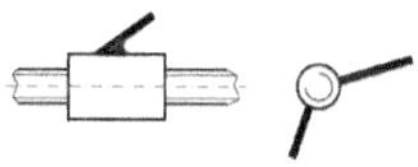
Drehschub-gelenk	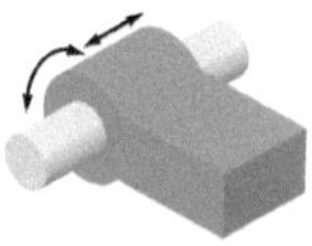	erlaubt sowohl eine Drehung als auch eine Schiebung der Glieder zueinander $f = 2$	
Kugelgelenk	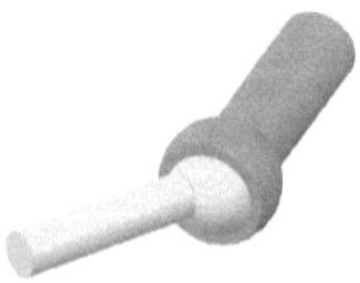	erlaubt eine beliebige sphärische Bewegung der Glieder zueinander $f = 3$	
ebenes Gleitwälzgelenk (ebenes Kurvengelenk)	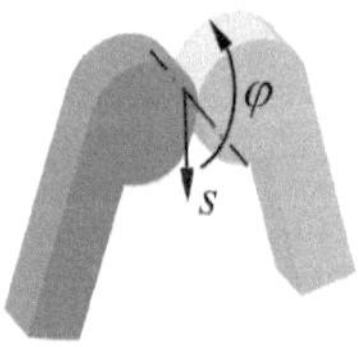	erlaubt eine Drehung φ um die Berührachse und eine Schiebung in Richtung der Berührtangente $f = 2$	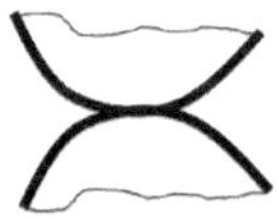
ebenes Wälz-gelenk	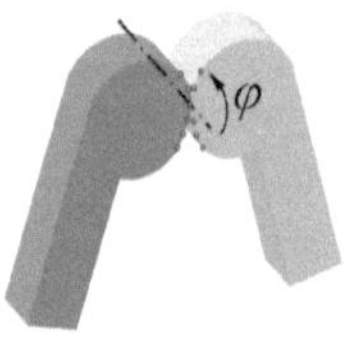	erlaubt nur ein Abrollen der beiden Wirkflächen aufeinander $f = 1$	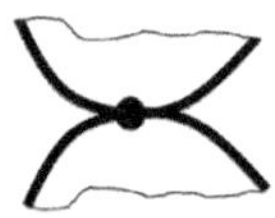
räumliches Gleitwälzgelenk (räumliches Kurvengelenk)		erlaubt allgemeine räumliche Bewegungen der Glieder zueinander unter Punktberührung $f = 5$	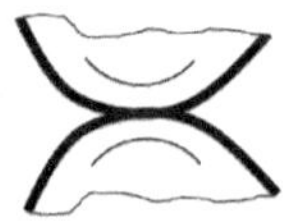

Gelenkfreiheitsgrad

Ein starrer Körper, der sich im Raum frei bewegen kann, besitzt sechs Freiheiten, d. h. den **Bewegungsgrad** $b = 6$. Somit kann er gegenüber einem x-y-z-Bezugssystem sechs Elementarbewegungen ausführen (Bild 3.7), nämlich drei Schiebungen s in x-, y- und z-Richtung und drei Drehungen φ um die x-, y- und z-Achse. Jede unterbundene Elementarbewegung reduziert die Anzahl der Freiheiten.

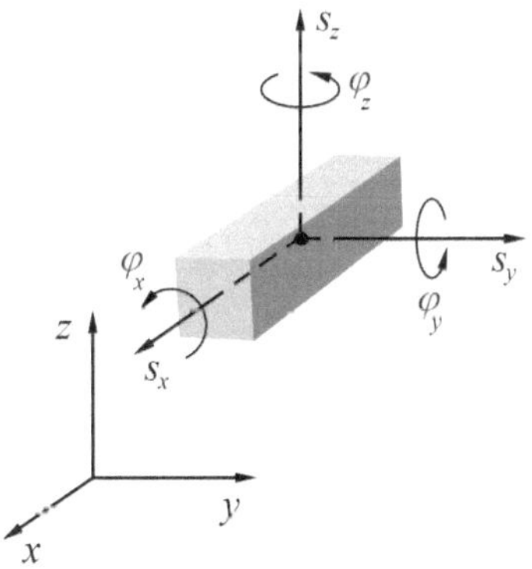

Bild 3.7 Bewegungsfreiheiten eines Körpers im Raum

Der **Gelenkfreiheitsgrad** f beschreibt die Anzahl der möglichen unabhängigen Elementarbewegungen (Drehung, Schiebung) zwischen den beiden durch das Gelenk verbundenen Gliedern.

Mit dem Bewegungsgrad b ergeben sich die Unfreiheiten u eines Gelenkes zu

$$u = b - f \tag{3.1}$$

Bei ebenen und sphärischen Getrieben sind der Bewegungsgrad $b = 3$ und der Gelenkfreiheitsgrad $1 \leq f \leq 2$, bei räumlichen Getrieben sind $b = 6$ und $1 \leq f \leq 5$.

Ein Gelenk mit dem Gelenkfreiheitsgrad $f > 1$ kann zweckmäßigerweise aus mehreren Einzelgelenken zusammengesetzt sein. Der Gelenkfreiheitsgrad der **Gelenkkombination**, die auch als Verbindung von drei oder mehr Gliedern aufgefasst werden kann, ergibt sich aus der Summe der Gelenkfreiheitsgrade f_k der verwendeten Einzelgelenke. Die notwendigen Zwischenglieder werden bei kinematischen Betrachtungen oft vernachlässigt.

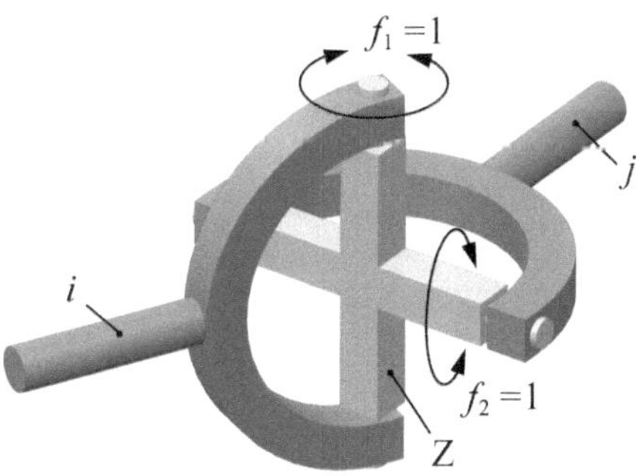

Bild 3.8 Kreuzgelenk als kombiniertes Gelenk

Bild 3.8 verdeutlicht dies am Beispiel des Kreuzgelenks (Kardangelenks), das in der realen Ausführung die Glieder i und j mit Hilfe des Zwischenglieds Z und zweier Drehgelenke mit $f_k = 1$ verbindet. Bei kinematischen Betrachtungen wird das Kreuzgelenk jedoch häufig als Ganzes betrachtet, das als Relativbewegungen zwischen den beiden Getriebegliedern Drehungen um zwei sich schneidende Achsen, d. h. beliebige Schwenkbewegungen um deren Schnittpunkt erlaubt und damit den Gelenkfreiheitsgrad $f = f_1 + f_2 = 2$ besitzt.

Grad der Überbestimmung

Aus konstruktiven Gründen bestehen Gelenke manchmal auch aus mehreren Teilgelenken, d. h., die beiden Gelenkelemente berühren sich an mehr als einer Stelle. Um die gewünschte Funktion des Gelenks zu erreichen, müssen diese Gelenke hinsichtlich Form und Lage ihrer Wirkflächen bestimmte Bedingungen erfüllen. Der Grad R der Überbestimmung (Gelenk-Redundanz) ergibt sich aus der Summe der einzelnen Unfreiheiten u'_k der K Teilgelenke und der Unfreiheit u des Gesamtgelenks zu

$$R = \sum_{k=1}^{K} u'_k - u \tag{3.2}$$

Er stimmt im Allgemeinen mit der Anzahl der möglichen Maßabweichungen überein, die durch Toleranzen begrenzt oder durch Einstellen der Berührelemente vermindert werden müssen. Gelenke mit $R > 0$ sind statisch überbestimmt.

Beispiel 3.1: Grad der Überbestimmung bei einem vierbeinigen Tisch

Ein vierbeiniger Tisch (Bild 3.9) soll auf einer Stellfläche an jeder Position der x-y-Ebene mit jeder beliebigen Orientierung um die z-Achse platziert werden können. Zwischen Tisch und Stellfläche ist somit ein Gelenk mit dem Freiheitsgrad $f = 3$ zu realisieren. Damit besitzt das Gesamtgelenk nach Gl. (3.1)

$$u = b - f = 6 - 3 = 3$$

Unfreiheiten.

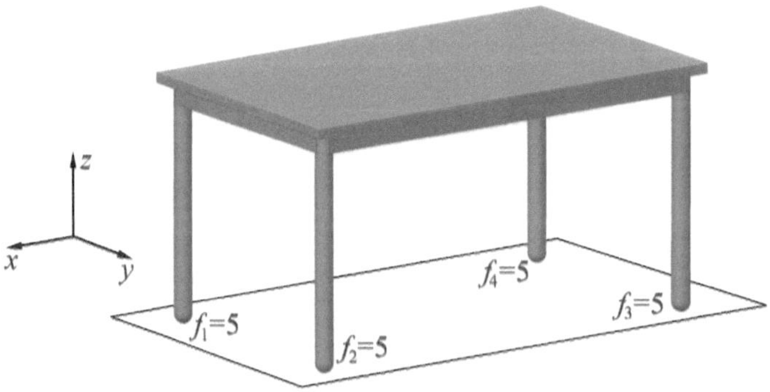

Bild 3.9 Vierbeiniger Tisch

Das Gesamtgelenk zwischen Tisch und Stellfläche besteht aus $K = 4$ Teilgelenken. Der Punkt-Kontakt jedes Tischbeins mit dem Fußboden kann hierbei durch je ein Kugel-Platten-Gelenk mit dem Gelenkfreiheitsgrad $f_k = 5$ bzw. der Unfreiheit $u'_k = 1$ beschrieben werden.

Der Grad der Überbestimmung R der gesamten Gelenkverbindung Tisch-Stellfläche ergibt sich dadurch zu

$$R = \sum_{k=1}^{4} u_k' - u = 4 \cdot 1 - 3 = 1$$

Nur wenn ein Tischbein in der Länge einstellbar ist, kann erreicht werden, dass alle Tischbeine tragen. Wird das Gesamtgelenk hingegen nur durch drei dieser Teilgelenke gebildet (dreibeiniger Tisch), ergibt sich der Grad der Überbestimmung $R = 3 \cdot 1 - 3 = 0$; das Gesamtgelenk ist statisch bestimmt. ■

■ Beispiel 3.2: Grad der Überbestimmung bei der Führung eines Portalkrans

Bild 3.10 a zeigt vereinfacht die Führung eines Portalkrans, wobei der Portalwagen 2 auf dem Portalbalken 1 in Richtung der x-Achse bewegt werden soll. Kinematisch entspricht die Verbindung Portalbalken-Portalwagen damit einem Schubgelenk mit dem Gelenkfreiheitsgrad $f = 1$ bzw. der Unfreiheit $u = b - f = 6 - 1 = 5$.

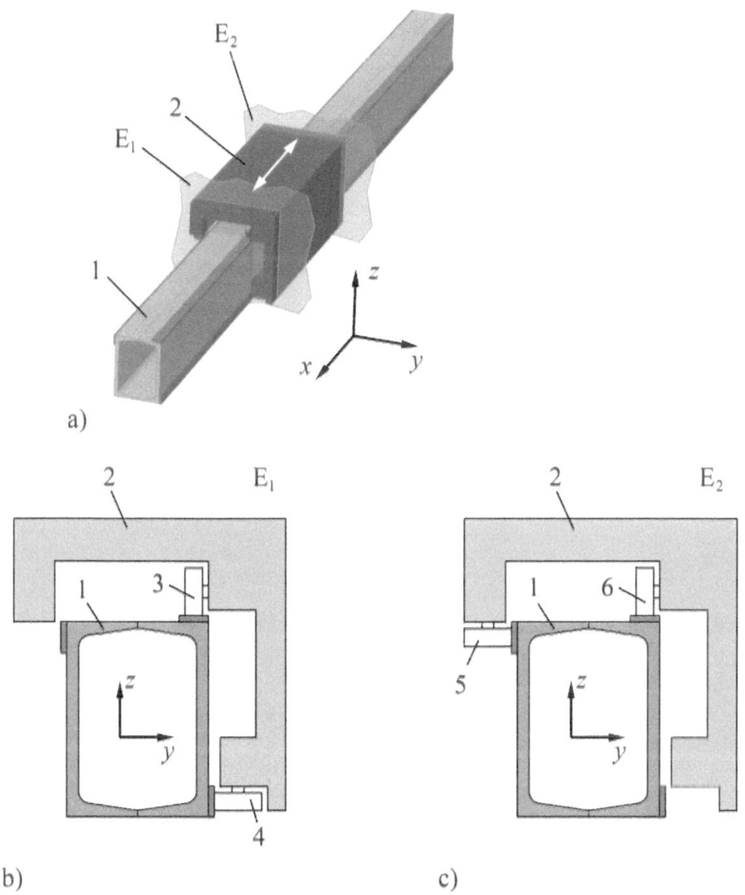

Bild 3.10 Führung eines Portalkrans. a) vereinfachte Darstellung mit Schnittebenen E_1 und E_2, b) Anordnung der Rollen in der Ebene E_1, c) Anordnung der Rollen in der Ebene E_2

Konstruktiv wird das Schubgelenk durch insgesamt vier zylindrische Laufrollen verwirklicht. In der eingezeichneten y-z-Ebene E_1 sind die zwei Rollen 3 und 4 angeordnet (Bild 3.10 b), die ein Gelenk mit dem Gelenkfreiheitsgrad $f = 3$ (Schiebung in x-Richtung, Drehung um die y- und die z-Achse) ergeben. Damit die komplette Führung wie ein Schubgelenk arbeitet, sind in der in x-Richtung versetzten y-z-Ebene E_2 zwei weitere Rollen 5 und 6 angebracht (Bild 3.10 c). Die Rolle 6 verhindert ein Schwenken um die y-Achse und die Rolle 5 um die z-Achse. Während bei den Rollen 3 und 6 die Schwerkraft ein Abheben verhindert, muss zur sicheren Anlage der Rollen 4 und 5 am Portalwagen 2 ein negatives Moment um die z-Achse aufgebracht werden.

Jede der Rollen kann dabei als ein Zylinder-Platten-Gelenk (Bild 3.11) angesehen werden. Dieses besitzt die Unfreiheit $u_k' = 2$, da die Verschiebung in z-Richtung und die Drehung um die x-Achse unterbunden sind.

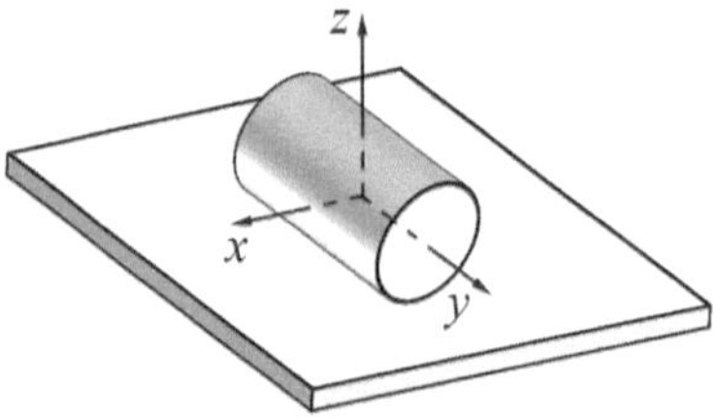

Bild 3.11 Zylinder-Platten-Gelenk

Wird ein geometrisch idealer Portalbalken vorausgesetzt, ergibt sich für die Führung des Portalwagens der Grad der Überbestimmung zu

$$R = \sum_{k=1}^{4} u_k' - u = 4 \cdot 2 - 5 = 3$$

Damit sind drei Maße eng zu tolerieren, um die Funktion unter Berücksichtigung des notwendigen Spiels (keine Kantenträger bei der Berührung Rolle-Balken) zu gewährleisten. Das heißt, die Achsen der Rollen 4, 5 und 6 müssen zur entsprechenden Balkenlauffläche parallel sein. Werden jene durch ballige Laufrollen ersetzt, die eine Punktberührung zwischen Rolle und Balken aufweisen und damit lediglich die Unfreiheit $u_k = 1$ besitzen, verringert sich die Überbestimmtheit der Portalwagen-Führung auf

$$R = \sum_{k=1}^{4} u_k' - u = 1 \cdot 2 + 3 \cdot 1 - 5 = 0$$

Somit ist das Schubgelenk kinematisch und statisch bestimmt; es ist funktionssicher und fehlerunempfindlich. ■

3.3.2 Getriebeglieder

Getriebeglieder erfüllen in realen Getrieben die unterschiedlichsten Funktionen. Ihre Hauptfunktion besteht darin, Bewegungen weiterzuleiten. Daher müssen sie so gestaltet sein, dass eine ausreichende Widerstandsfähigkeit gegenüber den auftretenden Kräften und Momenten vorhanden ist. Getriebeglieder, deren Verformungen infolge der auftretenden Beanspruchungen vernachlässigbar sind, werden als starre Getriebeglieder bezeichnet. Die Betrachtung der Getriebeglieder als starre Elemente vereinfacht die Untersuchungen. Es muss jedoch im Einzelfall geprüft werden, inwieweit diese Idealisierung zulässig ist. [1]

Entsprechend ihrer Funktion im Getriebe sind für Getriebeglieder folgende Benennungen üblich (Tabelle 3.5):

Als **Gestell** bezeichnet man das ruhende Glied eines Getriebes, das i.d.R. als ortsfestes Bezugsglied angesehen wird. Im Allgemeinen bildet der Maschinenrahmen, die Grundplatte oder dgl. das Gestell. Dabei ist es unerheblich, ob das Gestell tatsächlich ruht oder ob es selbst zu einem bewegten System gehört wie das Gehäuse des Schaltgetriebes zum Chassis eines Fahrzeugs.

Kurbel und **Schwinge** sind im Gestell drehbar gelagerte Getriebeglieder, die mit ihrem Nachbarglied durch ein Drehgelenk verbunden sind. Eine Kurbel läuft um, während eine Schwinge im Getriebeverbund nur rotatorisch schwingen kann.

Ein **Schieber** ist ein im Gestell durch ein Schubgelenk geradgeführtes Glied. Er ist i.d.R. über ein Drehgelenk mit seinem beweglichen Nachbarglied verbunden. Bei Kurvengetrieben wird der Schieber auch Stößel genannt.

Eine **Schleife** ist ein im Gestell drehbar gelagertes Getriebeglied, das über ein Schubgelenk mit seinem beweglichen Nachbarglied verbunden ist.

Ein **Kreuzschieber** ist ein im Gestell geradgeführtes Glied, das über ein Schubgelenk mit seinem beweglichen Nachbarglied verbunden ist. Zwischen den beiden Schubrichtungen besteht der kinematisch relevante Kreuzungswinkel δ.

Eine **Koppel** ist ein Getriebeglied, das nicht im Gestell gelagert ist und bewegte Getriebeglieder miteinander koppelt. Sie ist für Koppelgetriebe charakteristisch.

Riemen, Ketten und Bänder werden als **Zugmittel** bezeichnet. Sie können nur Zugkräfte übertragen.

Die Getriebeglieder werden auch in Abhängigkeit von der Anzahl der Gelenkpunkte in binäre Glieder (zwei Gelenkpunkte), ternäre Glieder (drei Gelenkpunkte) usw. eingeteilt.

Die häufig gebrauchten Bezeichnungen wie Zahnrad, Reibrad, Kettenrad, Kurvenscheibe sind von den charakteristischen Formen ihrer Gelenkelemente abgeleitet. [1]

Darüber hinaus besitzen einige der hier aufgeführten Getriebeglieder branchenspezifische Bezeichnungen. So wird das Antriebsglied in einem Hubkolbenmotor, das kinematisch einem Schieber entspricht, als Kolben, das Übertragungsglied statt Koppel als Pleuel bezeichnet.

Tabelle 3.5 Benennung der wichtigsten Getriebeglieder

Benennung	Sinnbilder
Gestell	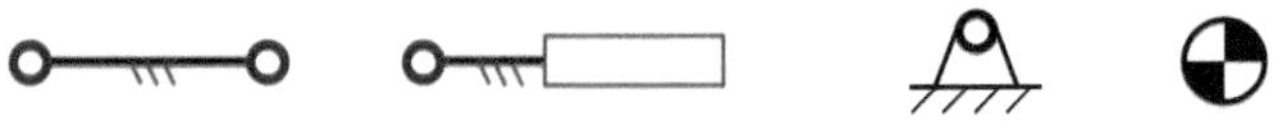
Kurbel	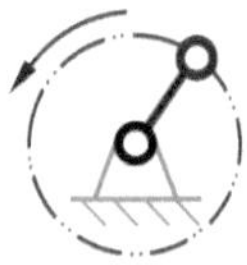
Schwinge	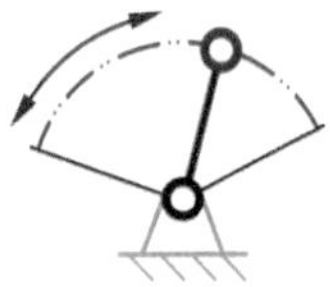
Schieber	
Schleife	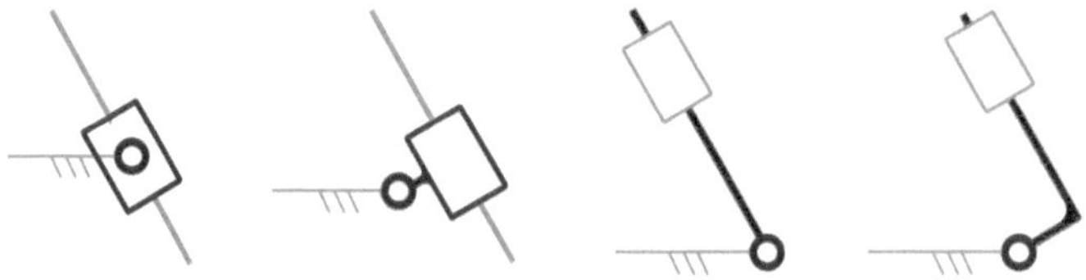
Kreuzschieber	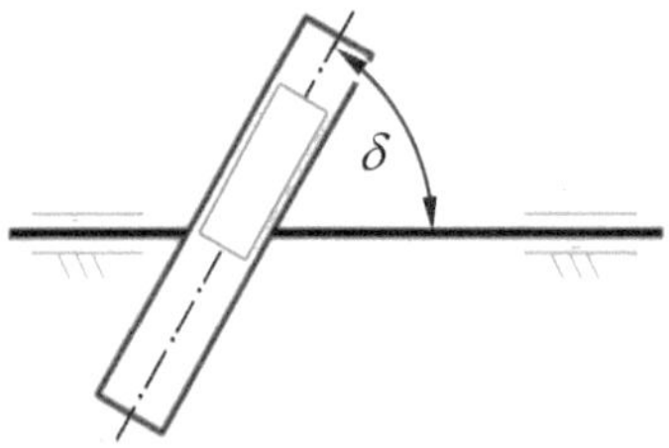
Koppel	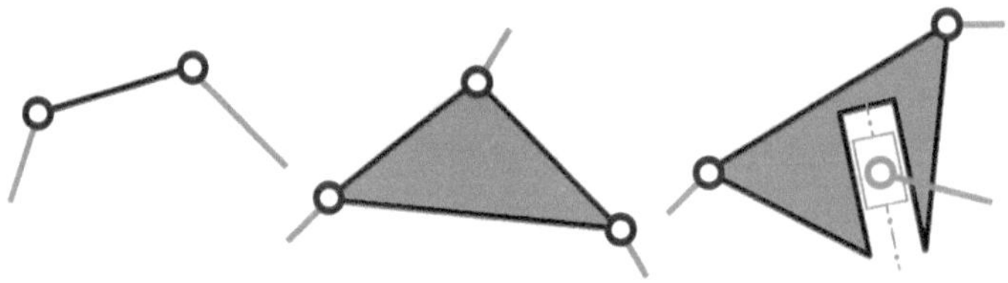
Zugmittel	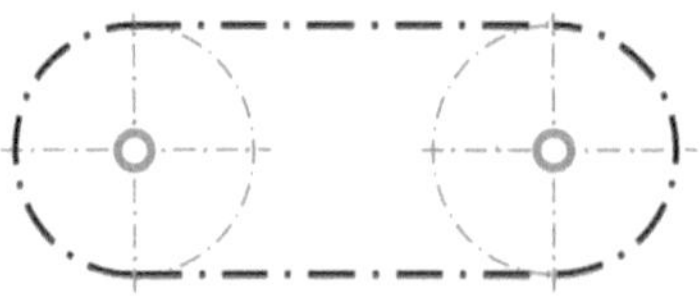

3.3.3 Hilfsorgane

Die kinematische Funktion eines Getriebes wird ausschließlich durch die Glieder und Gelenke bestimmt. Hilfsorgane wirken unterstützend und erfüllen unterschiedliche Nebenfunktionen.

Gesperre haben die Aufgabe, Bewegungen einseitig zu verhindern. Damit können Getriebeglieder zeitweilig arretiert oder nur in einer Richtung bewegt werden. Eines der bekanntesten Gesperre ist der Freilauf.

Gehemme verhindern Bewegungen in eine oder in beide Richtungen nur bis zu einem bestimmten Grenzwert einer Kraftgröße. Bei Überschreiten des Grenzwertes wird die Bewegungsbehinderung überwunden. Dies erfolgt z. B. in einer Sicherheitskupplung, um Schäden an nachfolgenden Bauteilen zu verhindern.

Anschläge werden eingesetzt, wenn der Bewegungsbereich von Getriebegliedern formschlüssig begrenzt werden soll.

Federn und **Ausgleichsmassen** können potentielle bzw. kinetische Energie im Getriebe speichern. Hiermit lassen sich z. B. die Schwankungen des erforderlichen Antriebsmomentes in einem Getriebe glätten. Federn sind außerdem bei Gelenken mit Kraftpaarung notwendig, um den ständigen Kontakt zwischen den Gelenkelementen aufrecht zu erhalten. Bild 3.12 zeigt als Beispiel ein Kurvengetriebe, bei dem die Feder dazu dient, den ständigen Kontakt zwischen der Abtastrolle und der Kurvenscheibe zu gewährleisten.

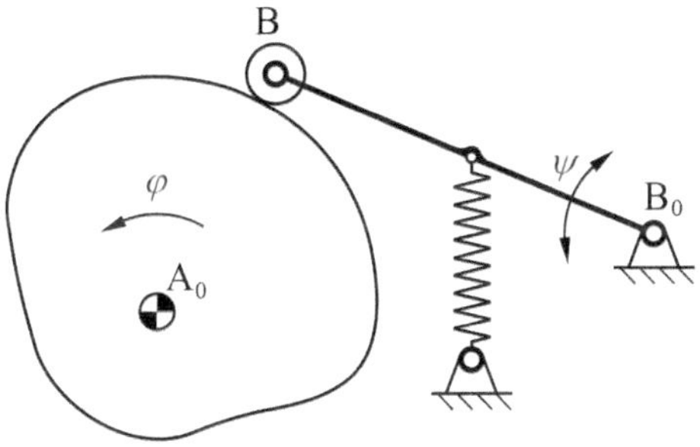

Bild 3.12 Kurvengetriebe mit Feder als Hilfsorgan zur Aufrechterhaltung des Kontakts im Kurvengelenk

3.4 Möglichkeiten zur Änderung der Gelenkbauform

Gelenke können bei gleicher kinematischer Funktion unterschiedlich konstruktiv ausgeführt werden. Der Konstrukteur erhält auf diese Weise die Möglichkeit, die konkrete Ausführung eines Getriebes besser an die technischen Randbedingungen anzupassen.

Die **Gelenkelement-Erweiterung** ist eine Methode, die hauptsächlich bei Drehgelenken Anwendung findet. Wird die Kurbel 2 in Bild 3.13a als Scheibenkurbel ausgeführt (Bild 3.13b), lässt sich die Unwucht der Kurbel weitgehend ausgleichen. Außerdem kann die Scheibenkurbel als Zahnrad oder Riemenscheibe ausgeführt werden, um das Glied 2 anzutreiben.

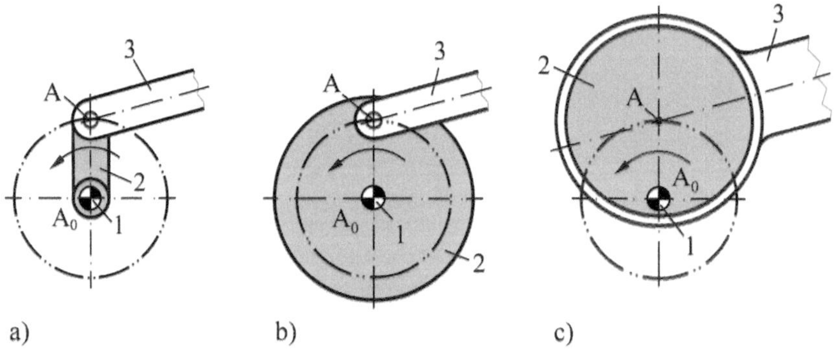

Bild 3.13 Gelenkelement-Erweiterung am Beispiel einer Kurbel (nach [1]).
a) Ausgangsform, b) Scheibenkurbel, c) Exzenter durch Zapfenerweiterung in A

Andererseits kann der Zapfen des Gelenks A an der Kurbel 2 so weit vergrößert werden, dass er das Gelenk A_0 umschließt (Bild 3.13 c). Es entsteht ein Exzenter, der hauptsächlich bei kleinen Kurbellängen $\overline{A_0A}$ Anwendung findet, um fertigungstechnisch aufwendige Kröpfungen der Kurbelwelle zu vermeiden.

Kommt Glied 2 nicht als Kurbel sondern als Schwinge zum Einsatz, wird nur ein Teil der Kreisbahn k_A benötigt. In diesem Fall kann der Punkt A (Bild 3.14 a) durch den Gleitstein 2 auf dem Kreisbogen um A_0 geführt werden. Diese Ausführung ist insbesondere bei großen Abständen $\overline{A_0A}$ von Vorteil. Wird der ideelle Drehpunkt A_0 gar ins Unendliche verlegt, so entsteht aus dem ursprünglichen Drehgelenk ein Schubgelenk (Bild 3.14 b). Kinematisch gesehen kann demnach ein Schubgelenk wie ein Drehgelenk behandelt werden, dessen Drehpunkt im Unendlichen liegt. Diese Betrachtungsweise erleichtert in vielen Fällen die Übertragung der Eigenschaften von Getrieben mit ausschließlich Drehgelenken auf strukturgleiche Getriebe mit Dreh- und Schubgelenken.

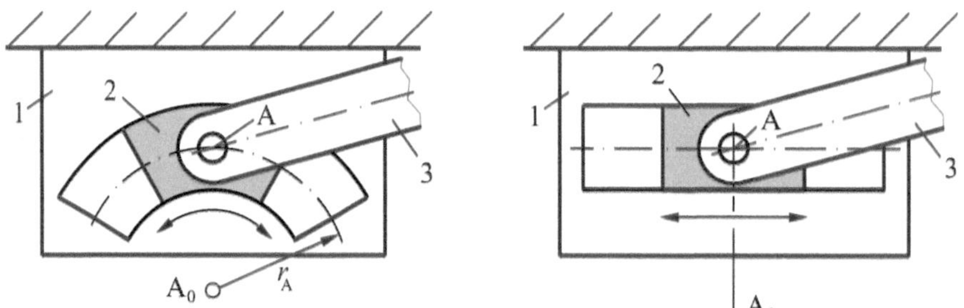

Bild 3.14 Übergang Drehgelenk-Schubgelenk (nach [1]). a) Gleitstein mit Bogenkulisse und ideellem Drehpunkt A_0, b) Schubgelenk mit ideellem Drehpunkt A_0 im Unendlichen

Bei Schubgelenken kann ein sogenannter **Formenwechsel** vorgenommen werden, unter dem konstruktive Veränderungen in Länge, Breite und Position der Schubgelenkelemente ohne Einfluss auf die kinematischen Eigenschaften des Getriebes verstanden werden.

Dafür lassen sich die Schubgelenkelemente sowohl in Schubrichtung als auch rechtwinklig dazu verlagern, wobei zwischen einer statischen Versetzung d und einer kinematischen Versetzung (Exzentrizität) e unterschieden wird.

Die **statische Versetzung** d eines Getriebeglieds mit einem Dreh- und einem Schubgelenk ist der lotrechte Abstand des Drehgelenkpunkts von der Schubgeraden. Sie ist damit eine Bauteilabmessung bezogen auf ein **einziges** Glied. Die statische Versetzung beeinflusst die Kräfte und Momente im Schubgelenk.

Die **kinematische Versetzung (Exzentrizität)** e zweier translatorisch zueinander bewegter Glieder ist der Abstand zwischen einem Drehgelenkpunkt auf dem einen Glied und einem zweiten Drehgelenkpunkt auf dem anderen Glied lotrecht zur gemeinsamen Schubgeraden. Sie ist damit eine von **zwei** Gliedern abhängige, kinematische Abmessung, die sich aus der Differenz der jeweiligen statischen Versetzungen ergibt. ■

Bild 3.15 verdeutlicht dies an den Getriebegliedern 1 und 2, welche durch ein Schubgelenk C_∞ miteinander verbunden sind und jeweils ein Drehgelenk A bzw. B besitzen.

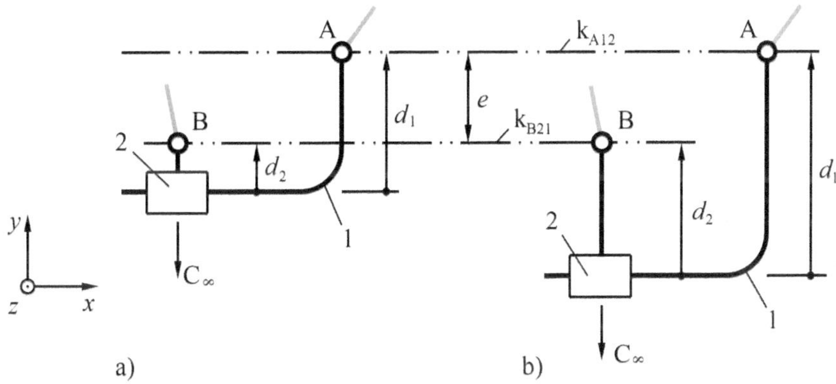

Bild 3.15 Gelenkanordnung mit gleicher Exzentrizität e bei unterschiedlichen statischen Versetzungen

Obwohl die statischen Versetzungen d_1 und d_2 in den beiden Fällen a) und b) unterschiedlich sind, ergibt sich durch den gleichen Differenzbetrag $|d_1 - d_2|$ die identische Exzentrizität e. Die Größen der statischen Versetzungen d_1 und d_2 haben jedoch maßgeblichen Einfluss auf das vom Schubgelenk zu übertragende Gelenkmoment um die z-Achse.

Als weiteres Beispiel zeigt Bild 3.16 a eine zentrische Schubkurbel $A_0ABB_{0\infty}$, für die $e = 0$ gilt. Der Schieber 4 hat die statische Versetzung d_4 zwischen der Schubgelenkachse und dem Gelenkpunkt B. Kinematisch betrachtet wird die statische Versetzung d_4 jedoch vollständig durch die statische Versetzung d_1 zwischen dem Gestellgelenkpunkt A_0 und der Schubgelenkachse ausgeglichen. Die Schubkurbel hat somit die Exzentrizität $e = |d_4 - d_1| = 0$ und entspricht kinematisch der in Bild 3.16 b dargestellten zentrischen Schubkurbel, bei der keine statischen Versetzungen vorliegen.

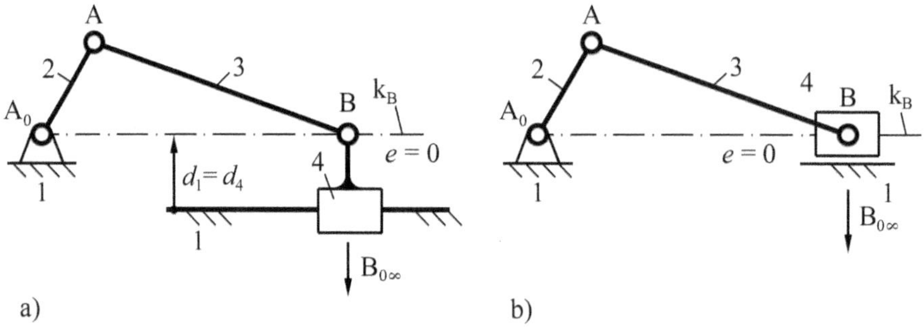

Bild 3.16 Zentrische Schubkurbel. a) mit statischen Versetzungen, b) ohne statische Versetzungen

In Bild 3.17 sind vier mögliche Ausführungen einer umlaufenden Kurbelschleife dargestellt, die sich lediglich in der Anordnung des Schubgelenks zwischen den Gliedern 3 und 4 unterscheiden. Eine Verlagerung des Schubgelenks parallel zur Schubrichtung (Bild 3.17 c und d) führt zu den statischen Versetzungen d_3 und d_4. Da diese gleich groß sind, ergibt sich die Exzentrizität $e = |d_3 - d_4| = 0$. Die Verlagerung des Schubgelenks hat daher keine Auswirkungen auf die kinematischen Eigenschaften dieser Getriebe. Sie sind den Ausführungen des Getriebes in Bild 3.17 a und b kinematisch gleichwertig und besitzen demnach dieselbe Übertragungsfunktion. Zu beachten ist jedoch das im Schubgelenk vorliegende zusätzliche Gelenkmoment. Wegen der daraus resultierenden zusätzlichen Gelenkbelastungen sind daher möglichst kleine statische Versetzungen anzustreben.

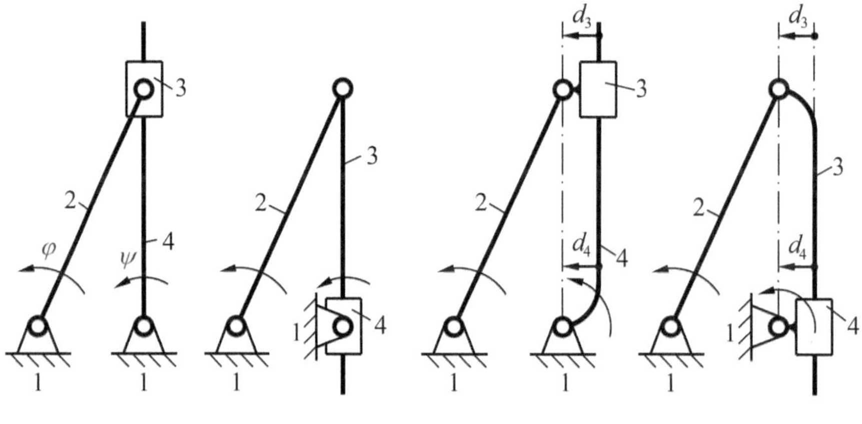

Bild 3.17 Formenwechsel an einer umlaufenden Kurbelschleife

3.5 Gestellwechsel

Das Bewegungsverhalten eines Getriebes wird durch die Art und Anordnung der Gelenke im Getriebe bestimmt. Die sich ergebenden **Relativbewegungen** zwischen den Getriebegliedern sind unabhängig davon, welches der Glieder als Gestell dient. Werden die Bewegungen der Glieder im ruhenden Bezugssystem (Gestell) beschrieben, spricht man von den **Absolutbewegungen** der Glieder.

Prinzipiell kann jedes Glied eines Getriebes das Gestell bilden. Das Festlegen eines vorher bewegten Glieds als Gestell wird als **Gestellwechsel (kinematische Umkehr)** bezeichnet. Diese Vorgehensweise ist bei der Analyse und Synthese von Getrieben sowie für deren systematische Entwicklung häufig sehr hilfreich.

Bild 3.18 verdeutlicht dies am Beispiel eines ebenen Rädergetriebes. Ausgangspunkt ist die Strukturkette (Bild 3.18 a) mit zwei Drehgelenken und einem ebenen Gleitwälzgelenk zur Modellierung des Zahneingriffs. Werden die Glieder 2 und 3 als Zahnräder und der Steg 1 als ruhendes Getriebeglied (Gestell) ausgeführt, entsteht ein Standrädergetriebe (Bild 3.18 b). Zu einem Umlaufrädergetriebe (Bild 3.18 c) gelangt man durch Gestellwechsel, indem eines der beiden Zahnräder 2 oder 3 festlegt und Steg 1 beweglich gemacht wird. Die Relativbewegungen der drei Getriebeglieder haben sich dabei nicht verändert. Jedoch sind die Absolutbewegungen andere, so dass sich bei Umlaufrädergetrieben weitere Anwendungsfälle ergeben als für Standrädergetriebe.

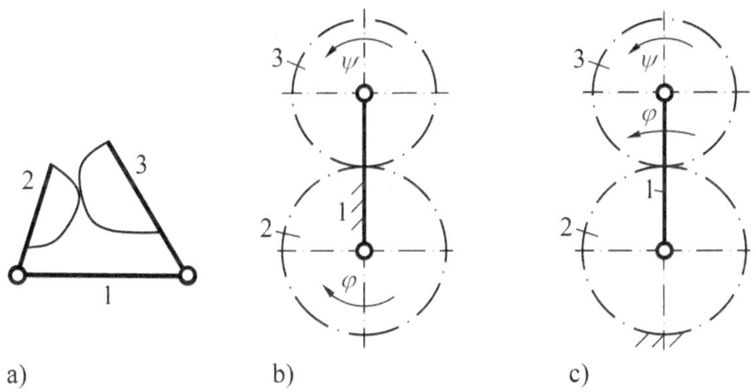

Bild 3.18 Gestellwechsel (Kinematische Umkehr) bei einem ebenen Zahnrädergetriebe.
a) Strukturkette, b) Standrädergetriebe, c) Umlaufrädergetriebe

3.6 Laufgrad und Zwanglauf von Getrieben

Ausgehend von der Anzahl n der Getriebeglieder und der Anzahl g der vorhandenen Gelenke mit ihrem jeweiligen Gelenkfreiheitsgrad f_i lässt sich der Laufgrad F des Getriebes bestimmen.

Der **Laufgrad** F (Getriebefreiheitsgrad) bezeichnet die Anzahl voneinander unabhängiger Einzelbewegungen, die nötig sind, um den gesamten Bewegungsablauf aller Glieder eines Getriebes relativ zueinander festzulegen.

Jeder im Raum frei bewegliche Körper besitzt $b = 6$ Freiheiten. Hat ein Getriebe n Glieder, wobei ein Glied immer als Gestell (ortsfestes Bezugsglied) festgelegt ist, so liegen für die übrigen Glieder zunächst $6(n-1)$ freie Bewegungsmöglichkeiten vor. Diese werden durch die Gelenke eingeschränkt. Durch jedes Gelenk i mit dem Gelenkfreiheitsgrad f_i ergeben sich nach Gl. (3.1) die $u_i = b - f_i$ Unfreiheiten. Bei insgesamt g Gelenken beträgt die Gesamtzahl der Unfreiheiten

$$\sum_{i=1}^{g} u_i = \sum_{i=1}^{g} (b - f_i) \tag{3.3}$$

Der Laufgrad F eines Getriebes ist dann gleich der Anzahl der verbleibenden Bewegungsfreiheiten, wobei

$$F = b(n-1) - \sum_{i=1}^{g} (b - f_i) \tag{3.4}$$

gilt. Für räumliche Getriebe mit dem Bewegungsgrad $b = 6$ lässt sich Gl. (3.4) zu

$$F = 6(n-1) - 6g + \sum_{i=1}^{g} f_i = 6(n-1-g) + \sum_{i=1}^{g} f_i \tag{3.5}$$

vereinfachen.

Für ebene und sphärische Getriebe mit $b = 3$ ergibt sich mit g_1 für die Anzahl der Gelenke mit $f = 1$ und g_2 für die Anzahl der Gelenke mit $f = 2$

$$F = 3(n-1) - 2g_1 - g_2 \tag{3.6}$$

Ebene Getriebe, deren Drehachsen parallel zueinander sind, bestehen genau genommen aus räumlich gestalteten Bauelementen, die fehlerbehaftet gefertigt und montiert sind. Auf Grund dieser Fehler ist mit Bewegungsbehinderungen zu rechnen. Soll ein derartiges Getriebe unabhängig von Fertigungs- und Montageungenauigkeiten funktionsfähig sein, muss es kinematisch wie ein räumliches Getriebe betrachtet werden. Die Gelenke müssen dem räumlichen Getriebe entsprechende Freiheitsgrade besitzen oder zumindest Gelenkspiele aufweisen, die die möglichen Ungenauigkeiten tolerieren können.

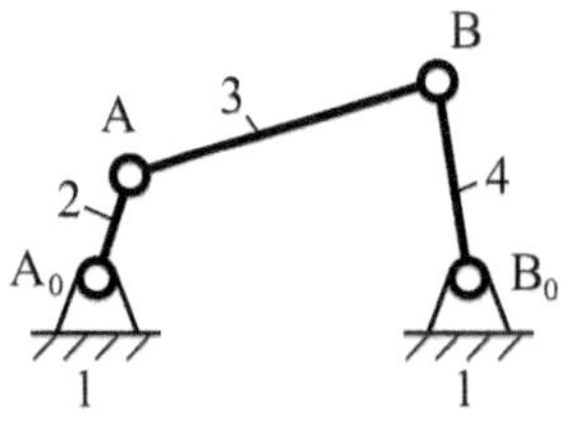

Bild 3.19 Kurbelschwinge

Bild 3.19 verdeutlicht dies am Beispiel einer Kurbelschwinge, bestehend aus vier Getriebegliedern und vier Drehgelenken mit dem Gelenkfreiheitsgrad $f = 1$.

Bei der Betrachtung als ebenes Getriebe ergibt sich mit Gl. (3.6) der Laufgrad

$$F = 3(n-1) - 2g_1 - g_2 = 3(4-1) - 2 \cdot 4 = 1$$

Wird die ebene Kurbelschwinge hingegen räumlich betrachtet, so führt Gl. (3.5) auf den Laufgrad

$$F = 6(n-1) - 6g + \sum_{i=1}^{g} f_i = 6(4-1) - 6 \cdot 4 + 4 \cdot 1 = -2$$

Das Getriebe ist somit zweifach statisch überbestimmt. Eine Nichtparallelität von drei Drehgelenkachsen gegenüber der vierten bzw. ein Verlagern eines Gelenkpunkts aus der Gestellebene heraus führt zu Störungen im Lauf.

Beispiel 3.3: Laufgrad eines ebenen Kurvenkoppelgetriebes

Für das in Bild 3.20 dargestellte ebene Kurvenkoppelgetriebe ist der Laufgrad F zu bestimmen.

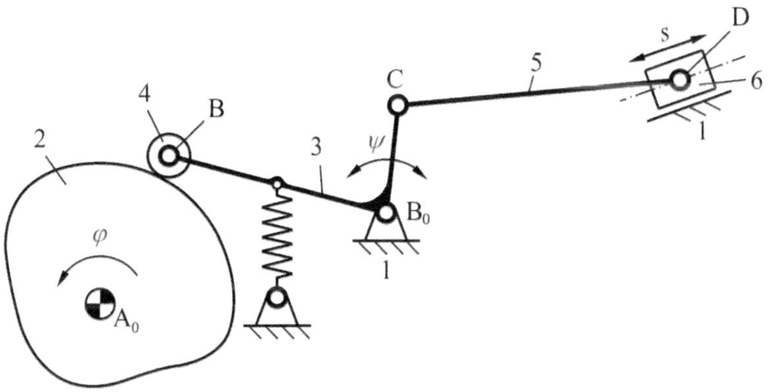

Bild 3.20 Ebenes Kurvenkoppelgetriebe

Das Getriebe besteht aus $n = 6$ Gliedern, dem Gestell 1, der Kurvenscheibe 2, der Schwinge 3, der Abtastrolle 4, der Koppel 5 sowie dem Schieber 6. Die Feder zwischen der Schwinge 3 und dem Gestell 1 wird als Hilfsorgan bei der Laufgradbestimmung nicht berücksichtigt, da es sich um ein kinematisch nicht relevantes Element handelt und somit den Laufgrad nicht beeinflusst. Zwischen Kurvenscheibe 2 und Abtastrolle 4 liegt ein ebenes Wälzgelenk vor, wobei ein schlupffreies Abrollen angenommen wird. Zwischen Schieber 6 und Gestell 1 ist ein Schubgelenk. Alle anderen Verbindungen sind Drehgelenke. Daher ergeben sich für die Anzahl der Gelenke mit den Gelenkfreiheitsgraden $f = 1$ und $f = 2$ die Werte $g_1 = 7$ bzw. $g_2 = 0$. Der Laufgrad F ermittelt sich nach Gl. (3.6) zu

$$F = 3(n-1) - 2g_1 - g_2 = 3(6-1) - 2 \cdot 7 - 0 = 1$$

■ Beispiel 3.4: Laufgrad eines einstufigen Stirnrädergetriebes

Für das in Bild 3.21 dargestellte einstufige Stirnrädergetriebe ist der Laufgrad F zu bestimmen.

Das Getriebe besteht aus $n = 3$ Gliedern: dem Gestell 1 und den beiden Zahnrädern 2 und 3. Beide Zahnräder sind mit jeweils einem Drehgelenk im Gestell gelagert, sodass $g_1 = 2$ Gelenke mit dem Gelenkfreiheitsgrad $f = 1$ vorliegen.

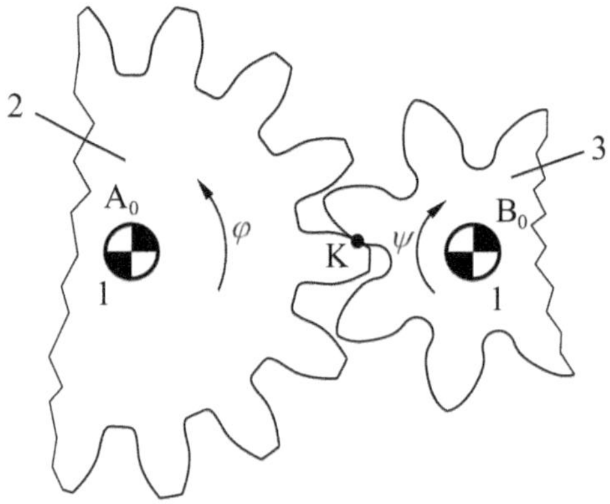

Bild 3.21 Einstufiges Stirnrädergetriebe

Die im Eingriff befindlichen Zähne beider Räder berühren sich im Kontaktpunkt K. Da zwischen den Zahnflanken ein Gleitwälzen auftritt, wird der Kontakt als ebenes Kurvengelenk $(f = 2)$ betrachtet. Somit gilt für $g_2 = 1$.

Für den Laufgrad F erhält man dann

$$F = 3(n-1) - 2g_1 - g_2 = 3(3-1) - 2\cdot 2 - 1 = 1$$ ■

Mehrfachdrehgelenke

Bei der Bestimmung der Anzahl g der vorhandenen Gelenke in einem Getriebe ist zu beachten, dass laut Definition ein Gelenk immer nur zwei Getriebeglieder miteinander verbindet. Ist es erforderlich oder zweckmäßig, mehr als zwei Getriebeglieder drehbar so zu verbinden, dass die Drehachsen zusammenfallen, so wird ein **Mehrfachdrehgelenk** verwendet. Sind m Getriebeglieder gleichachsig drehbar miteinander verbunden, ist die Anzahl g der an dieser Stelle anzusetzenden Drehgelenke

$$g = m - 1 \qquad (3.7)$$

Bild 3.22 verdeutlicht das am Beispiel eines Doppeldrehgelenkes. An der konstruktiven Ausführung ist zu erkennen, dass die beiden Einzeldrehgelenke zwischen den Gliedern 1 und 2 bzw. 1 und 3 axial versetzt sitzen.

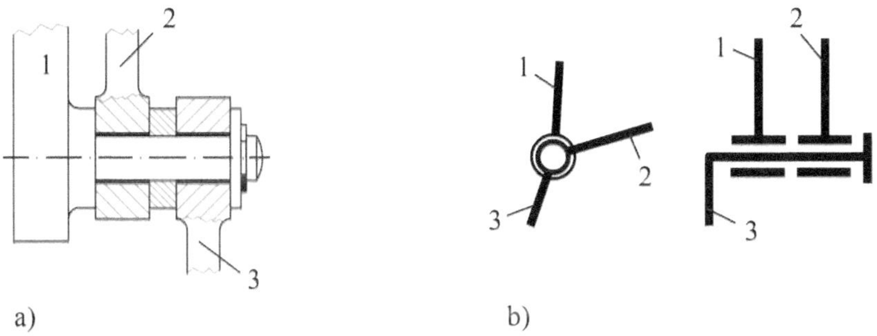

Bild 3.22 Doppeldrehgelenk mit $m = 3$ und $g = 2$. a) konstruktive Ausführung, b) Sinnbilder

Beispiel 3.5: Laufgrad eines ebenen Räderkoppelgetriebes

Für ein Räderkoppelgetriebe (Bild 3.23) ist der Laufgrad F zu bestimmen, wobei auf etwaige Doppeldrehgelenke zu achten ist.

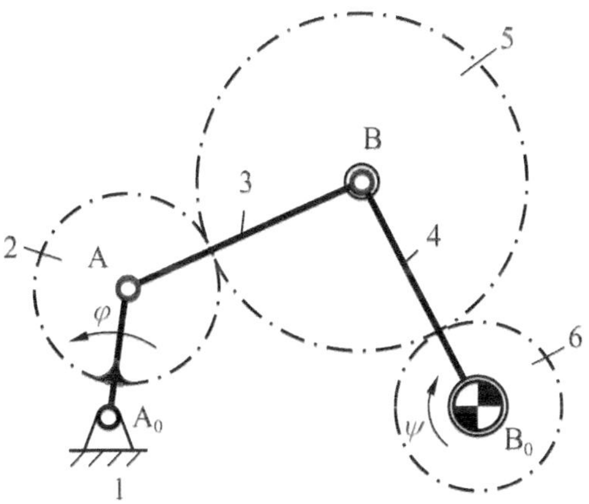

Bild 3.23 Räderkoppelgetriebe

Das Räderkoppelgetriebe besitzt $n = 6$ Getriebeglieder. Die Antriebskurbel A_0A ist mit dem in A zentrierten Zahnrad fest verbunden. Beide bilden das Getriebeglied 2. Im Gelenkpunkt B sind die Koppel 3, die Schwinge 4 und das Zahnrad 5 miteinander drehbar verbunden. Es liegt also ein Doppeldrehgelenk vor. Das Gleiche gilt für den Punkt B_0. Hier sind die Schwinge 4 und das Zahnrad 6 durch ein Doppeldrehgelenk im Gestell 1 gelagert. Somit liegen $g_1 = 6$ Gelenke mit $f = 1$ vor. Der Zahneingriff zwischen Glied 2 und Zahnrad 5 sowie zwischen Zahnrad 5 und Zahnrad 6 ist wie schon in Beispiel 3.4 als ebenes Kurvengelenk mit $f = 2$ zu zählen, was zu $g_2 = 2$ führt. Damit ergibt sich für den Laufgrad

$$F = 3(n-1) - 2g_1 - g_2 = 3(6-1) - 2 \cdot 6 - 2 = 1$$

Zwanglauf

Praktisch brauchbare Getriebe liegen vor, wenn deren Glieder vorbestimmte, zueinander koordinierte Bewegungen ausführen.

In einem Getriebe herrscht **Zwanglauf**, wenn jeder Stellung eines beliebigen Getriebeglieds die Stellungen der anderen Getriebeglieder eindeutig zugeordnet sind. [1]

Ein Getriebe mit dem Laufgrad $F = 1$ ist generell zwangläufig (kinematisch bestimmt). Ein Getriebe mit dem Laufgrad $F > 1$ ist dann zwangläufig, wenn der Laufgrad F der Anzahl der definierten Antriebsgrößen entspricht.

Hat ein Getriebe einen Laufgrad $F < 1$, ist es ohne Zusatzmaßnahmen, wie Sonderabmessungen und enge Toleranzen unbeweglich ($F = 0$) oder sogar statisch überbestimmt ($F < 0$).

Bild 3.24 verdeutlicht dies anhand dreier Strukturen. Das System in Bild 3.24 a besteht aus drei Gliedern, die durch drei Drehgelenke miteinander verbunden sind. Damit ergibt sich der Laufgrad $F = 0$, d. h. das System ist unbeweglich, ein Stabwerk. Das Koppelgetriebe in Bild 3.24 b besitzt vier Glieder und vier Drehgelenke und hat einen Laufgrad $F = 1$. Es ist zwangläufig. Um einen zeitlich definierten Bewegungsablauf zu realisieren, ist eine Antriebsgröße erforderlich. Das fünfgliedrige Koppelgetriebe in Bild 3.24 c hat einen Laufgrad $F = 2$. Es ist nur dann zwangläufig, wenn zwei Antriebsgrößen vorgegeben sind.

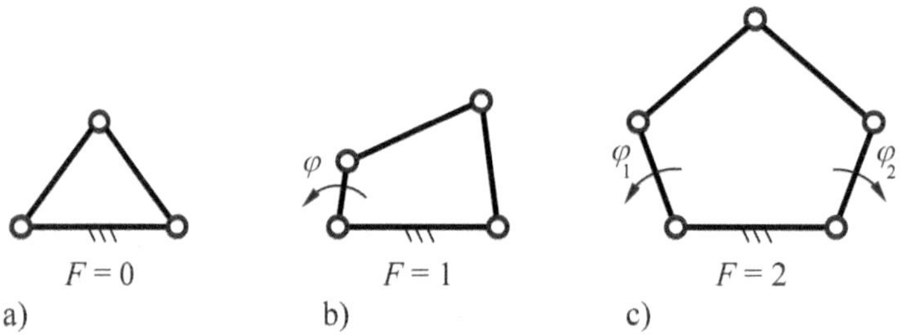

Bild 3.24 Strukturen mit unterschiedlichen Laufgraden

In der Praxis werden auch Getriebe eingesetzt, die trotz eines Laufgrades $F \leq 0$ beweglich sind. Das ist jedoch nur mit **Sonderabmessungen** möglich. Entsprechende Getriebe werden als **übergeschlossen** bezeichnet.

Das in Bild 3.25 dargestellte Mehrfach-Parallelkurbelgetriebe besteht aus den drei parallel geschalteten Teilgetrieben A_0ABB_0, A_0CDB_0 und A_0EFB_0, die dasselbe Antriebsglied und dasselbe Abtriebsglied besitzen. Mit insgesamt $n = 6$ Getriebegliedern und $g_1 = 8$ Drehgelenken ergibt sich bei der Betrachtung als ebenes Getriebe für das Parallelkurbelgetriebe der Laufgrad

$$F = 3(n-1) - 2g_1 - g_2 = 3(6-1) - 2 \cdot 8 - 0 = -1$$

Es ist einfach statisch überbestimmt. Nur wenn die Koppeln 3, 4 und 5 exakt gleich lang sind, und die Lagen der Gelenkpunkte B, D und F auf dem Glied 6 genau den Lagen der Gelenkpunkte A, C und E auf dem Glied 2 entsprechen, ist das ebene Getriebe beweglich.

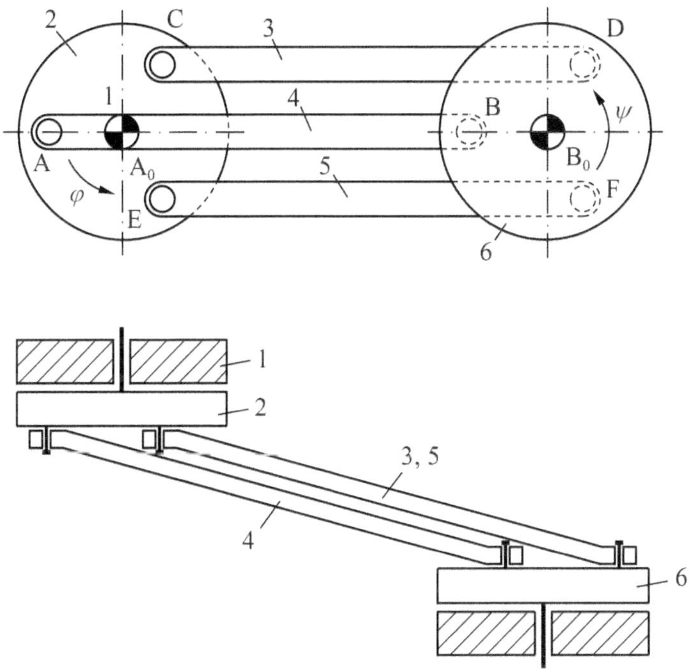

Bild 3.25 Mehrfach-Parallelkurbelgetriebe

Getriebe, die nur durch Einhaltung von Sonderabmessungen beweglich sind, stellen hohe Anforderungen an die Fertigungsgenauigkeit. Oft ist ein Justieren der Getriebeglieder zur Einhaltung der Sonderabmessungen notwendig.

Beispiel 3.6: Laufgrad einer räumlichen Kurbelschwinge

Sind z. B. An- und Abtriebswelle einer Kurbelschwinge nicht parallel, wie in Bild 3.26 dargestellt, sondern kreuzen sich, liegt ein räumliches Getriebe vor. Um Zwanglauf zu ermöglichen, müssen die Gelenke entsprechende Freiheitsgrade f_i besitzen.

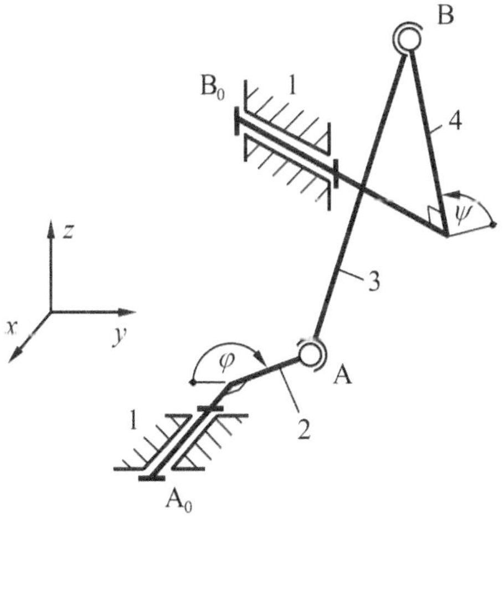

Bild 3.26 Räumliche Kurbelschwinge

Für die räumliche Kurbelschwinge ergibt sich nach Gl. (3.5) der Laufgrad

$$F = 6(n-1) - 6g + \sum_{i=1}^{g} f_i = 6(4-1) - 6 \cdot 4 + (1+3+3+1) = 2$$

Um Zwanglauf zu erreichen, ist ein identischer Freiheitsgrad der Kugelgelenke in A und B zu binden, welcher die Bewegung der Koppel 3 um ihre Längsachse zulässt. Das kann z. B. durch das Ersetzen eines der Kugelgelenke durch ein Kreuzgelenk (siehe Bild 3.8) erreicht werden. ■

3.7 Übungsaufgaben

Aufgabe 3.1: Gelenkfreiheiten

Ordnen Sie die in Bild 3.27 dargestellten Gelenke hinsichtlich ihrer translatorischen und rotatorischen Gelenkfreiheiten in die nachfolgende Matrix (Tabelle 3.6) ein.

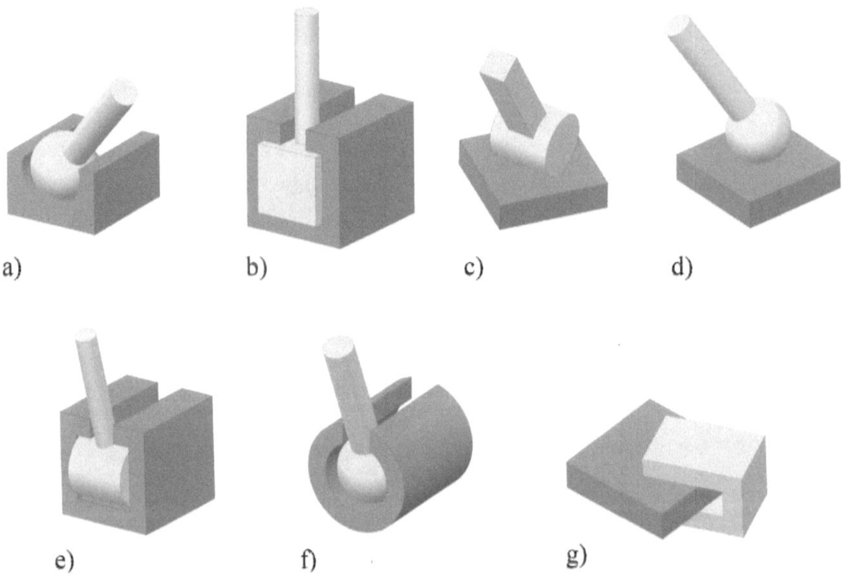

Bild 3.27 Verschiedene Gelenke

Tabelle 3.6 Matrix der Gelenkfreiheiten

		translatorische Gelenkfreiheiten			
		0	1	2	3
rotatorische Gelenkfreiheiten	0	feste Verbindung			
	1	Drehgelenk			
	2				
	3				kein Gelenk

Aufgabe 3.2: Zahneingriff in einem Stirnrädergetriebe

Bild 3.28 zeigt den Zahneingriff in dem Stirnrädergetriebe aus Beispiel 3.4 in zwei Getriebestellungen. In Stellung 1 befindet sich nur ein Zahnflankenpaar im Eingriff. Um einen kontinuierlichen Bewegungsablauf zu garantieren, sind jedoch bei einem Zahnrädergetriebe kurzzeitig zwei Zahnflankenpaare gleichzeitig in Eingriff (Bild 3.28 b).

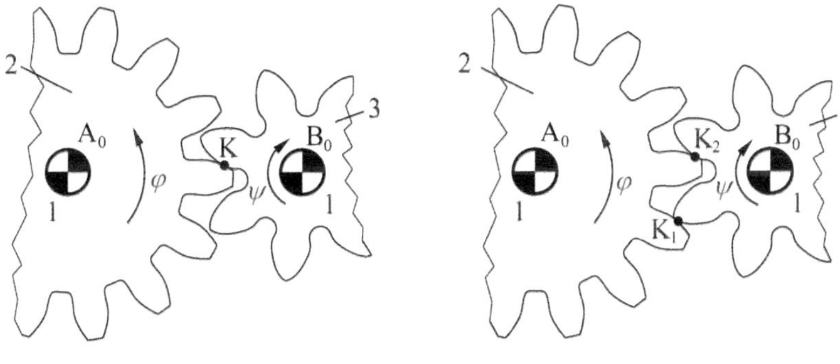

a) b)

Bild 3.28 Zahneingriff in einem Stirnrädergetriebe. a) mit einem Zahnflankenpaar im Eingriff, b) mit zwei Zahnflankenpaaren im Eingriff

Wie groß ist bei der Betrachtung als ebenes Getriebe für den Fall b) der Grad der Überbestimmung (Gelenk-Redundanz) *R* des Gelenks zwischen den beiden Zahnrädern?

Aufgabe 3.3: Lagerung eines Lesekopfes

In Bild 3.29 ist schematisch die Lagerung des Lesekopfes eines Festplattenlaufwerks dargestellt. Sie besteht aus drei Teilgelenken: zwei Drehschubgelenken und einem Zylinder-Platten-Gelenk.

Ermitteln Sie den Grad der Überbestimmung (Gelenk-Redundanz) R dieser Gelenkverbindung, die nur eine translatorische Bewegung in x-Richtung zulassen soll.

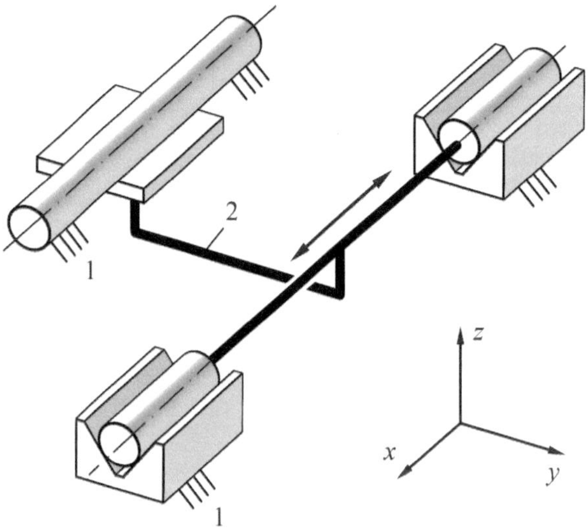

Bild 3.29 Schematische Darstellung der Lagerung eines Festplatten-Lesekopfes

Aufgabe 3.4: Zwei-Säulen-Führung eines Stanzwerkzeuges

In dem in Bild 3.30 dargestellten Stanzwerkzeug wird das Oberwerkzeug gegenüber dem Unterwerkzeug durch zwei Säulen linear geführt. Wie groß ist für diese Verbindung, die kinematisch einem Schubgelenk entspricht, der Grad der Überbestimmung (Gelenk-Redundanz) R.

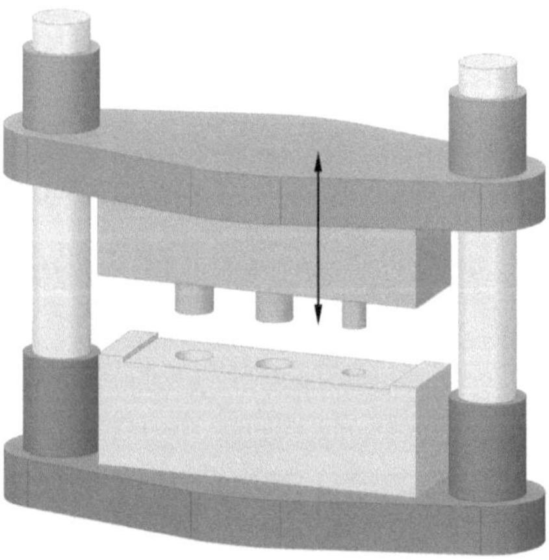

Bild 3.30 Stanzwerkzeug mit Zwei-Säulen-Führung

Aufgabe 3.5: Pressenantrieb

Bild 3.31 zeigt die Getriebeskizze einer kleinen Presse, die translatorisch von einem Kolben im Gestell angetrieben wird. Die Bewegung des Kolbens wird über zwei symmetrisch zur Mittelachse der Presse angeordnete Koppelgetriebe auf den Pressenstößel übertragen.

Ermitteln Sie für die Presse den Laufgrad F für die Betrachtung als ebenes Getriebe.

Welche Sonderabmessungen sind hier vorhanden?

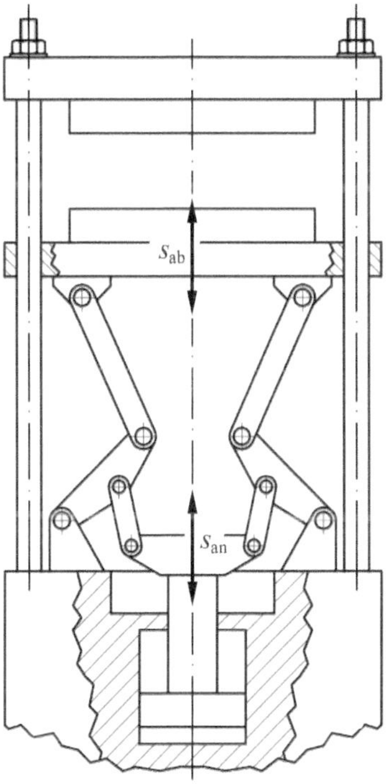

Bild 3.31 Presse mit Säulenführung

Aufgabe 3.6: Parallelroboter

Der in Bild 3.32 abgebildete Parallelroboter besteht aus drei identischen Teilstrukturen („Armen"), die die Gestellplattform 1 mit der Arbeitsplattform 5 verbinden. Jede Teilstruktur besteht aus einem Schieber 2, der linear zur Gestellplattform 1 verfahren werden kann. In dem Schieber ist der Arm 3 drehbar gelagert. Dieser wiederum ist über ein Kreuzgelenk mit dem Arm 4 verbunden, der über ein weiteres Kreuzgelenk an der Arbeitsplattform 5 angebunden ist.

Bestimmen Sie für dieses räumliche Getriebe den Laufgrad F.

Wie viele Antriebe benötigt der Parallelroboter, um zwangläufig zu sein?

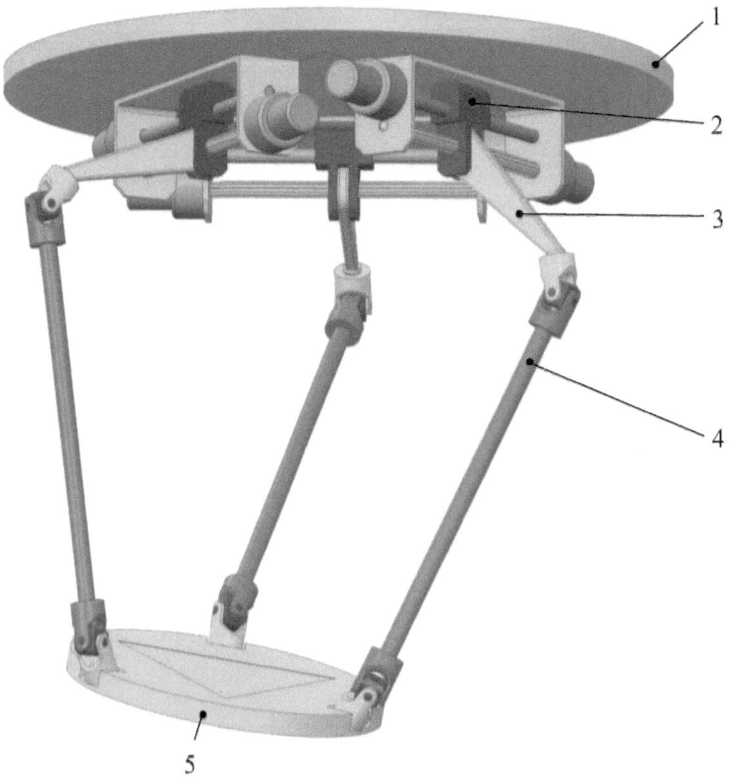

Bild 3.32 Parallelroboter

4 Kinematische und kinetostatische Grundlagen

Für die Analyse von kinematischen Größen wie Wege, Geschwindigkeiten und Beschleunigungen sowie auch von Kräften und Momenten werden heute durch die im verstärkten Maße eingesetzte Computertechnik Programme (z. B. CAD-Systeme, Software zur Mehrkörpersimulation) genutzt. Damit lassen sich Bewegungssysteme mit einem vergleichsweise geringen Zeitaufwand effizient und umfassend beurteilen und optimieren. Hierfür bedarf es analytischer Lösungsmethoden und -verfahren, die schematisierbar und möglichst allgemeingültig sind. Ausgewählte Methoden werden in diesem Abschnitt vorgestellt.

Zur Einführung in die Problematik der kinematischen Analyse werden jedoch zunächst grafische Verfahren herangezogen, da sie wegen ihrer Anschaulichkeit das Vorstellungsvermögen und das Verständnis für Bewegungsvorgänge schulen. Sie eignen sich hervorragend für erste schnelle, überschlägige Untersuchungen oder zum Finden von Anfangslösungen. Hinsichtlich der Ergebnisgenauigkeit stehen sie den analytischen Verfahren kaum nach, da sie problemlos mit CAD-Systemen umgesetzt werden können.

4.1 Grafische Darstellung von Bewegungsgrößen

Um Bewegungsabläufe grafisch anschaulich darstellen und untersuchen zu können, sind Maßstäbe erforderlich. Allgemein kann ein Maßstab M als Quotient von einer darstellenden Größe (i. d. R. Strecken) und einer wirklichen Größe definiert werden:

$$M = \frac{\langle \text{darstellende Größe} \rangle}{\text{wirkliche Größe}} \tag{4.1}$$

Zur eindeutigen Unterscheidung wird die darstellende Größe stets mit spitzen Klammern (z. B. $\langle v \rangle$ für die darstellende Größe der Geschwindigkeit) gekennzeichnet. Daraus lassen sich die in Tabelle 4.1 angeführten Maßstäbe zur grafischen Darstellung der in den folgenden Abschnitten verwendeten kinematischen Größen herleiten.

Tabelle 4.1 Maßstäbe kinematischer Größen

Maßstab	kinematische Größe	darstellende Größe	Definition	
			Gleichung	Einheit
Zeichnungs- bzw. Längenmaßstab	l	$\langle l \rangle$	$M = \frac{\langle l \rangle}{l}$	$1 = \frac{\langle \mathrm{mm} \rangle}{\mathrm{mm}}$
Geschwindigkeits-maßstab	v	$\langle v \rangle$	$M_v = \frac{\langle v \rangle}{v}$	$\mathrm{s} = \frac{\langle \mathrm{mm} \rangle}{\mathrm{mm/s}}$
Beschleunigungs-maßstab	a	$\langle a \rangle$	$M_a = \frac{\langle a \rangle}{a}$	$\mathrm{s}^2 = \frac{\langle \mathrm{mm} \rangle}{\mathrm{mm/s}^2}$

Zur schnell überschaubaren Darstellung des zeitlichen Verlaufs der Bewegungsgrößen Weg, Geschwindigkeit und Beschleunigung von Punkten bzw. Körpern werden üblicherweise Weg-Zeit-Diagramme (*s*-*t*-Diagramme), Geschwindigkeits-Zeit-Diagramme (*v*-*t*-Diagramme) und Beschleunigungs-Zeit-Diagramme (*a*-*t*-Diagramme) genutzt. Diagramme der Übertragungsfunktionen 0. bis 2. Ordnung verdeutlichen die funktionale Abhängigkeit der Abtriebsgröße y sowie deren Ableitungen y' und y'' von der Antriebsgröße x, die von der Zeit unabhängig sind (s. Abschnitt 2.1).

Üblich sind auch *v*-*s*-Diagramme, die bei einer Überlagerung von *v*-*t*-Diagramm und *s*-*t*-Diagramm durch Eliminieren der Zeit entstehen. Eine besondere Form des *v*-*s*-Diagramms ist der orthogonale Hodograf (Bild 4.1). Er entsteht, wenn der im jeweiligen Bahnpunkt vorliegende Geschwindigkeitsvektor um 90° auf die momentane Bahnnormale gedreht aufgezeigt ist. Die Verbindungslinie der Vektorspitzen entspricht dem Orthogonalhodograf h_0. Jener ist beispielhaft für den Gelenkpunkt B einer exzentrischen Schubkurbel abgebildet. Neben der hohen Anschaulichkeit besitzen Hodografen bei verschiedenen Syntheseverfahren ihre Berechtigung.

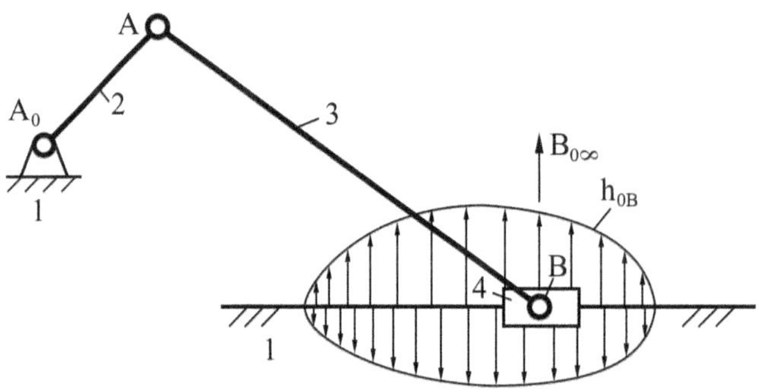

Bild 4.1 Orthogonalhodograf an einer exzentrischen Schubkurbel

4.2 Bewegung einer Ebene in einer Bezugsebene

Die ebene Kinematik betrachtet Getriebeglieder gewöhnlich als bewegte Ebenen. Zur Beschreibung ebener Bewegungen muss ein Bezugssystem festgelegt werden. Deshalb wird im Folgenden die Bewegung eines Getriebeglieds (z. B. Glied 3, s. Bild 4.2) in einem Bezugssystem als Bewegung der Ebene E gegenüber einer Bezugsebene E_0 angesehen. Die zur bewegten Ebene E gehörenden Punkte P (hier A, B, C) beschreiben in der Bezugsebene E_0 Bahnkurven k_P, deren Form von der relativen Bewegung der Ebene E in der Bezugsebene E_0 abhängt.

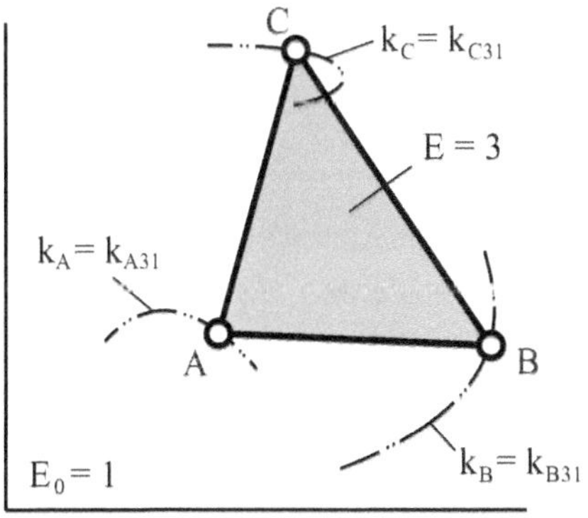

Bild 4.2 Bahnkurven von Punkten einer Ebene E in einer Bezugsebene E_0

Die Bahn eines Gliedpunkts P, der sich auf dem bewegten Glied *i* befindet, ist eine **Absolutbahn** k_{Pi1}, wenn sie im ruhenden Bezugssystem (Gestell 1) dargestellt ist. Sie wird dagegen als **Relativbahn** k_{Pij} bezeichnet, wenn sie gegenüber einem bewegten Glied *j* vorliegt. ■

Die Indizierung der Bahnen in Bild 4.2 weist demnach aus, dass die dargestellten Bahnkurven von Punkten des Glieds 3 im Gestell 1 beschrieben werden.

4.2.1 Drehung einer Ebene um einen festen Drehpunkt

In Bild 4.3 führt die Ebene E eine **Drehung** (Rotation) um den festen Drehpunkt A_0 aus. Alle Punkte dieser Ebene beschreiben in der Bezugsebene E_0 um den Punkt A_0 konzentrisch liegende Kreisbahnen. Mit dem für die gesamte Ebene E geltenden Vektor $\vec{\omega}$ der Winkelgeschwindigkeit, der senkrecht auf der Bezugsebene E_0 steht, und dessen Betrag

$$\omega = \dot{\varphi} = \frac{d\varphi}{dt} \tag{4.2}$$

aus der Differentiation des Drehwinkels φ nach der Zeit berechnet wird, ergibt sich der Geschwindigkeitsvektor eines beliebigen Punkts A zu

$$\vec{v}_A = \vec{\omega} \times \vec{r}_A = \vec{\omega} \times \overrightarrow{A_0A} \tag{4.3}$$

wobei $\vec{r}_A$ der Ortsvektor vom Drehpunkt A_0 zum betrachteten Punkt A ist. Damit gilt folgender Satz:

> Die Beträge der Geschwindigkeiten aller Punkte der um einen festen Drehpunkt rotierenden Ebene E verhalten sich wie ihre Abstände vom Drehpunkt.

$$\omega = \frac{v_A}{r_A} = \frac{v_B}{r_B} = \ldots \tag{4.4}$$

Mit der Wahl des Geschwindigkeitsmaßstabs M_v können die Geschwindigkeitsvektoren der betrachteten Punkte in den Lageplan (Bild 4.3 a) eingetragen werden. Sie stehen senkrecht auf dem jeweiligen Ortsvektor; den Richtungssinn bestimmt der Drehsinn der Winkelgeschwindigkeit. Wird der feste Drehpunkt A_0 mit der Spitze des entsprechenden Vektorpfeils verbunden, spannt sich zwischen dieser Geraden und dem dazugehörigen Ortsvektor der Winkel ϑ auf, denn es gilt:

$$\tan \vartheta = \frac{\langle v_A \rangle}{\langle r_A \rangle} = \frac{v_A M_v}{r_A M} = \frac{v_B M_v}{r_B M} = \omega \frac{M_v}{M} \tag{4.5}$$

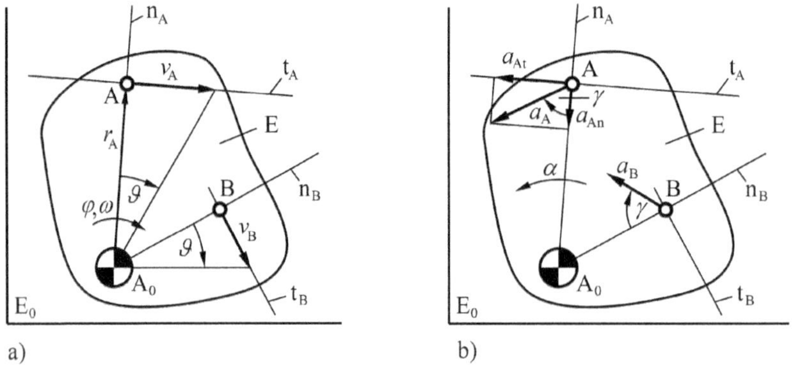

Bild 4.3 Drehung einer Ebene E um einen festen Drehpunkt. a) Geschwindigkeiten, b) Beschleunigungen

Die Beschleunigung des Punkts A der Ebene E kann durch Differentiation der Gl. (4.3) nach der Zeit gewonnen werden. Durch Anwendung der Gesetzmäßigkeiten der Vektoralgebra und unter Berücksichtigung, dass die Vektoren $\vec{\omega}$ und $\vec{r}_A$ senkrecht zueinander stehen, ergibt sich die Vektorgleichung

$$\vec{a}_A = \frac{d\vec{v}_A}{dt} = \vec{\alpha} \times \vec{r}_A + \vec{\omega} \times \vec{v}_A = \vec{\alpha} \times \vec{r}_A - \omega^2 \cdot \vec{r}_A \tag{4.6}$$

Sie setzt sich aus den Komponenten der **Tangentialbeschleunigung** $\vec{a}_{At}$ entlang der Bahntangenten t_A und der **Normalbeschleunigung** $\vec{a}_{An}$ entlang der Bahnnormalen n_A zusammen, deren Beträge sich aus folgenden Beziehungen ermitteln lassen:

$$a_{At} = \frac{dv_A}{dt} = \frac{d\omega}{dt} r_A = \alpha \cdot r_A \tag{4.7}$$

$$a_{\mathrm{An}} = \frac{v_{\mathrm{A}}^2}{r_{\mathrm{A}}} = \omega^2 \cdot r_{\mathrm{A}} \tag{4.8}$$

Die Richtung der Tangentialbeschleunigung wird durch den Richtungssinn der Winkelbeschleunigung

$$\alpha = \ddot{\varphi} = \frac{\mathrm{d}^2\varphi}{\mathrm{d}t^2} \tag{4.9}$$

bestimmt. Die Normalbeschleunigung ist stets zum Krümmungsmittelpunkt der Bahn (und damit zum Drehpunkt) gerichtet. Für den Betrag der Beschleunigung des Punkts A ergibt sich

$$a_{\mathrm{A}} = \sqrt{a_{\mathrm{An}}^2 + a_{\mathrm{At}}^2} = r_A\sqrt{\omega^4 + \alpha^2} \tag{4.10}$$

Da beide Beschleunigungskomponenten linear vom Abstand r_{A} zum Drehpunkt abhängen, kann folgende Gesetzmäßigkeit definiert werden:

Die Beträge der Beschleunigungen von Punkten auf einer um einen festen Drehpunkt rotierenden Ebene E verhalten sich wie ihre Abstände zum Drehpunkt. Der sich zwischen dem Beschleunigungsvektor und der Bahnnormale aufspannende Winkel γ ist für jeden Punkt der Ebene E gleich groß und gleichgerichtet (vgl. Bild 4.3 b). ■

4.2.2 Schiebung einer Ebene

Eine Ebene E führt gegenüber einer Bezugsebene E_0 eine **Schiebung** (Translation) aus, wenn sich alle Punkte der Ebene E auf kongruenten und gleichliegenden Bahnen bewegen (Bild 4.4). Das hat zur Folge, dass alle Punkte den gleichen Bewegungszustand aufweisen: Sie legen im gleichen Zeitintervall die gleichen Wege entlang zueinander paralleler Bahntangenten t zurück und besitzen somit die gleiche Geschwindigkeit v und die gleiche Beschleunigung a. Die Winkelgeschwindigkeit ω sowie die Winkelbeschleunigung α der Ebene E relativ zur Bezugsebene sind Null.

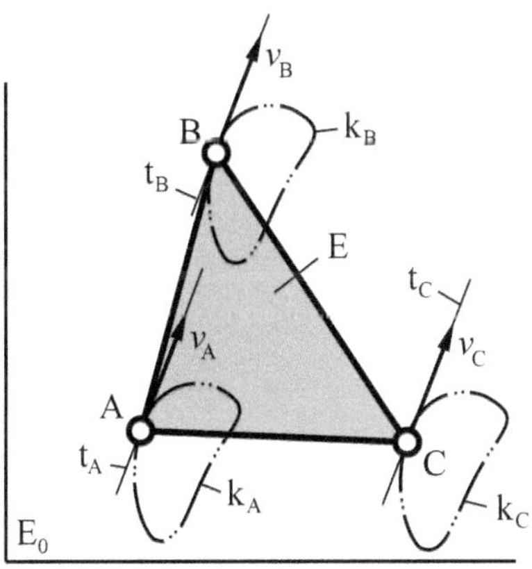

Bild 4.4 Schiebung einer Ebene E in einer Bezugsebene E_0

Je nach Form der Bahnkurven werden unterschieden:

- **Geradschiebung** (z. B. die Bewegung des Schiebers in einer geradlinigen Führung des Gestells in Bild 4.1)
- **Kreisschiebung** (z. B. die Bewegung der Koppel einer Parallelkurbel nach Bild 5.10 a)
- **Kurvenschiebung** (z. B. die Bewegung der Ebene E in Bild 4.4)

4.2.3 Allgemeine Bewegung einer Ebene

Eine allgemeine ebene Bewegung einer Ebene E in einer Bezugsebene E_0 liegt vor, wenn zwei beliebige Punkte A und B der Ebene E die Bahnkurven k_A und k_B mit unterschiedlicher geometrischer Form ausführen (Bild 4.5 a). Die Bewegung der Ebene E aus der Lage E_1 in die Lage E_2, die innerhalb eines infinitesimal kleinen Zeitintervalls dt stattfindet, lässt sich zweckmäßig in eine Schiebung ds_A von A_1 nach A_2 und eine nachfolgende Drehung dφ um den Punkt A_2 zerlegen (Bild 4.5 b).

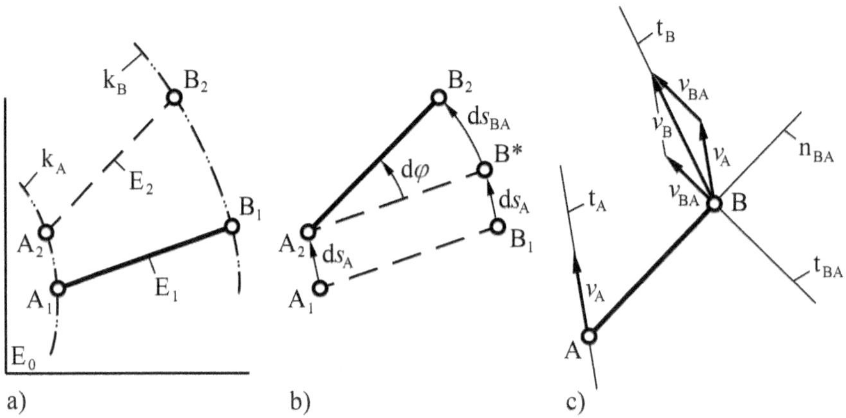

Bild 4.5 Allgemeine ebene Bewegung einer Ebene E in einer Bezugsebene E_0.
a) Lageplan, b) Teilbewegungen, c) Geschwindigkeitsplan

Der im Punkt B vorliegende Geschwindigkeitsvektor $\vec{v}_B$ resultiert folglich aus der vektoriellen Addition der Geschwindigkeiten dieser Teilbewegungen:

$$\vec{v}_B = \vec{v}_A + \vec{v}_{BA} \tag{4.11}$$

Dieser Zusammenhang wird als **Euler**[1]**-Gleichung** bezeichnet. Während der Vektor $\vec{v}_A$ die Geschwindigkeit der Schiebung abbildet, beschreibt der Vektor $\vec{v}_{BA}$ (sprich: „vau B um A“) die relative Drehung des Punkts B um den Punkt A.

[1] Leonard Euler (1707 - 1783), Schweizer Mathematiker und Physiker, Professor für Mathematik an den Wissenschaftlichen Akademien von Sankt Petersburg und Berlin

Bei einer infinitesimal kleinen Lageänderung der Ebene E sind die Punkte A_1 und A_2 bzw. B_1 und B_2 unendlich nah benachbart. Die Geschwindigkeitsvektoren $\vec{v}_A$ und $\vec{v}_B$ liegen auf den Bahntangenten t_A bzw. t_B der Punkte A bzw. B, und die Bahnnormale n_{BA} der relativen Drehung verläuft durch die Punkte A und B. Senkrecht auf dieser Bahnnormalen steht die Bahntangente t_{BA}, welche die Richtung des Geschwindigkeitsvektors $\vec{v}_{BA}$ vorschreibt (Bild 4.5 c). Wird davon ausgegangen, dass ein Vektor stets durch die zwei Bestimmungsgrößen Betrag und Richtung (Wirkungslinie und Richtungssinn) eindeutig festgelegt ist, kann folgender Lehrsatz hergeleitet werden:

Sind von den insgesamt sechs Bestimmungsgrößen der Vektoren vier (z. B. Betrag v_A und Wirkungslinien t_A, t_{BA}, t_B) bekannt, lassen sich die verbleibenden zwei Bestimmungsgrößen (hier die Beträge v_B, v_{BA}) durch die Konstruktion des Geschwindigkeitspolygons ermitteln. Unbekannte Richtungssinne ergeben sich zwangsläufig aus der Vektorgleichung des Polygons. ■

Eine Differentiation von Gl. (4.11) nach der Zeit liefert mit

$$\vec{a}_B = \vec{a}_A + \vec{\alpha} \times \vec{r}_{BA} + \vec{\omega} \times \vec{v}_{BA} \tag{4.12}$$

den Zusammenhang der Beschleunigungen zweier Punkte einer allgemein bewegten Ebene E. Durch Anwendung der Gesetzmäßigkeiten der Vektoralgebra und unter Berücksichtigung, dass die Vektoren $\vec{\omega}$ und $\vec{r}_{BA}$ senkrecht zueinander stehen, ergibt sich die Vektorgleichung

$$\vec{a}_B = \vec{a}_A + \vec{\alpha} \times \vec{r}_{BA} - \omega^2 \cdot \vec{r}_{BA} \tag{4.13}$$

deren Vektoren jeweils durch eine Normal- und eine Tangentialkomponente dargestellt werden können:

$$\vec{a}_{Bt} + \vec{a}_{Bn} = \vec{a}_{At} + \vec{a}_{An} + \vec{a}_{BAt} + \vec{a}_{BAn} \tag{4.14}$$

Durch die Konstruktion des Beschleunigungspolygons können zwei der insgesamt 12 Bestimmungsgrößen (Beträge und Richtungen) der Vektorkomponenten unter der Voraussetzung ermittelt werden, dass 10 dieser Größen vorab bekannt sind. [1]

Die allgemeine ebene Bewegung der Ebene E kann für unendlich nah benachbarte Lagen auch als Drehung um einen Punkt betrachtet werden (Bild 4.6). Dieser Punkt ist somit der momentane Drehpunkt der Ebene E in der Bezugsebene E_0 und wird als Momentanpol P bezeichnet. Folglich verlaufen durch diesen Punkt die Bahnnormalen aller Punkte der Ebene E, wie die der Punkte A, B und C, und es lässt sich definieren:

Der **Momentanpol** P ist der Schnittpunkt der Bahnnormalen aller Punkte in einer Lage der bewegten Ebene E. Er besitzt als Punkt der bewegten Ebene E in der Bezugsebene E_0 die Geschwindigkeit Null. Die Bewegung der Ebene E kann somit im betrachteten Augenblick als Drehung um den Momentanpol angesehen werden. ■

Diese Überlegung lässt sich zur Ermittlung des Geschwindigkeitszustandes einer allgemein bewegten Ebene nutzen, denn für die betreffende Ebene muss bei skalarer Betrachtung gelten:

$$\omega = \frac{v_A}{\overline{PA}} = \frac{v_B}{\overline{PB}} = \ldots \tag{4.15}$$

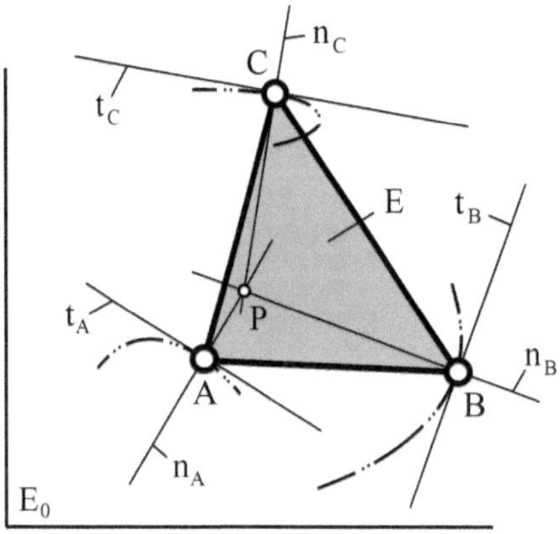

Bild 4.6 Momentanpol P der Ebene E

Momentanpole von allgemein bewegten Ebenen verändern während der Bewegung ständig ihre Position, sowohl in der Bezugsebene E_0 (gekennzeichnet durch die Punktfolge P_i) als auch in der betrachteten Ebene E (gekennzeichnet durch die Punktfolge Q_i). Die Punktfolge P_i des Momentanpols in der Bezugsebene E_0 ergibt die Polbahn p. Die Positionen Q_i des Momentanpols in der Ebene E dagegen führen zur Polbahn q. Dieses Phänomen wird in Bild 4.7a am Beispiel des Pols P = 13 der Koppel 3 einer Doppelschwinge gegenüber dem Gestell 1 dargestellt. Die hier und im Folgenden verwendete Bezeichnung des Pols ergibt sich aus den Indizes der betrachteten Ebenen, wobei üblicherweise der kleinere von beiden vorangestellt wird.

In jeder Getriebestellung *i* fallen die Punkte P_i und Q_i zusammen, wodurch sich beide Polbahnen berühren. Das lässt die Schlussfolgerung zu, dass beide Polbahnen aufeinander abrollen müssen. Aus dieser Überlegung heraus kann kinematisch betrachtet die Schwinge 4 entfallen und ein Wälzgelenk ($f = 1$) zwischen dem Gestell 1 und der Koppel 3 eingeführt werden, dessen Gelenkelemente die Konturen der Polbahnen p und q aufweisen. Die Bewegung der Koppel bleibt unverändert. Das vorliegende Ersatzgetriebe (Bild 4.7b) besitzt allerdings den Getriebefreiheitsgrad $F = 0$ und ist nur durch die aufeinander abgestimmten Wälzkurven (Polbahnen p und q) zwangläufig.

Wenn die Bezugsebene E_0 dem Gestell eines Getriebes entspricht, werden die Polbahn p als **Rastpolbahn** und die Polbahn q als **Gangpolbahn** bezeichnet. Rastpolbahn und Gangpolbahn wälzen aufeinander ab.

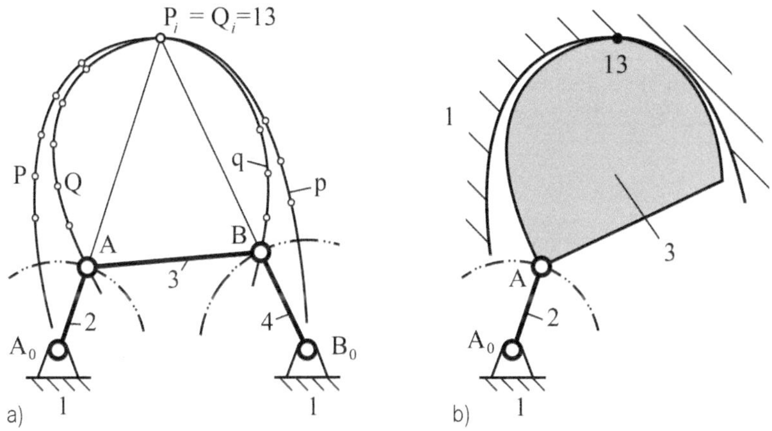

Bild 4.7 Polbahnen eines viergliedrigen Getriebes. a) Doppelschwinge, b) Ersatzgetriebe

4.3 Grafische Ermittlung von Geschwindigkeiten

Anhand des nachfolgenden Beispiels sollen die oben erläuterten Zusammenhänge zur Geschwindigkeitsanalyse eines Koppelgetriebes genutzt werden.

Beispiel 4.1: Kinematische Analyse einer Kurbelschwinge

Die Kurbelschwinge nach Bild 4.8 (Zeichnungsmaßstab M), die an der Kurbel 2 mit der Drehzahl n_{21} angetrieben wird, ist in der vorliegenden Getriebestellung kinematisch zu analysieren. Gesucht sind die Geschwindigkeit v_C des Koppelpunkts C sowie die Winkelgeschwindigkeiten ω_{31} der Koppel 3 und ω_{41} der Abtriebsschwinge 4.

Geschwindigkeitsermittlung mittels Euler-Gleichung

Mit der vorgegebenen Antriebsdrehzahl n_{21} der Kurbel 2 ist zunächst die Winkelgeschwindigkeit

$$\omega_{21} = 2\pi \cdot n_{21}$$

zu ermitteln. Da sich die Kurbel 2 ausschließlich rotatorisch bewegt, kann der Betrag der Geschwindigkeit im Gelenkpunkt A mit Hilfe von Gl. (4.4) berechnet werden:

$$v_A = \omega_{21} \cdot \overline{A_0A} = \omega_{21} \cdot \frac{\langle \overline{A_0A} \rangle}{M}$$

Der Geschwindigkeitsvektor $\vec{v}_A$ steht senkrecht auf der Bahnnormalen n_A, und der Richtungssinn wird von der Winkelgeschwindigkeit ω_{21} bestimmt. Zur grafischen Darstellung des Vektors ist ein geeigneter Geschwindigkeitsmaßstab M_v zu wählen, der zur Länge des dargestellten Vektors führt:

$$\langle v_A \rangle = v_A \cdot M_v$$

Es kann sich als vorteilhaft erweisen, die Länge von $\langle v_A \rangle$ so zu wählen, dass sie mit der dargestellten Länge $\langle \overline{A_0A} \rangle$ der Kurbel übereinstimmt (s. Abschnitt 6.2.1). Dann gilt

$$\langle v_A \rangle = v_A \cdot M_v = \langle \overline{A_0A} \rangle = \overline{A_0A} \cdot M$$

und es folgt

$$M_v = \frac{M}{\omega_{21}}$$

Entsprechend der Gl. (4.11) kann für die Koppel, die eine allgemeine ebene Bewegung ausführt, die Euler-Gleichung

$$\underline{\vec{v}_B} = \underline{\underline{\vec{v}_A}} + \underline{\vec{v}_{BA}}$$

aufgestellt werden. Darin wird durch Unterstreichen der Terme gekennzeichnet, wie viele Bestimmungsgrößen des jeweiligen Vektors bekannt bzw. vorab ermittelbar sind. In der vorliegenden Gleichung ist der Vektor $\vec{v}_A$ vollständig gegeben (doppelt unterstrichen), während von $\vec{v}_B$ und $\vec{v}_{BA}$ lediglich die Richtungen bekannt sind (einfach unterstrichen). Da somit nur zwei der insgesamt sechs Bestimmungsgrößen aller Vektoren fehlen, kann das Vektorpolygon konstruiert werden (s. Bild 4.8 a). Der Richtungssinn beider Vektoren ergibt sich aus der formulierten Vektorgleichung.

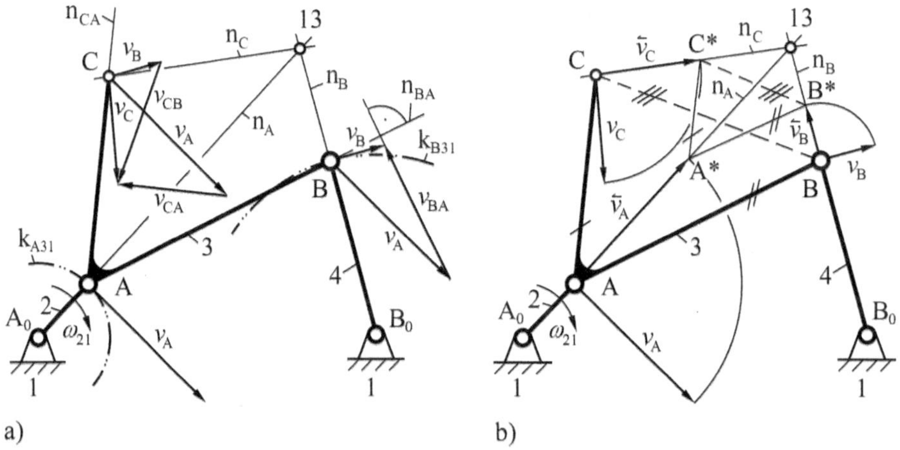

bit.ly/3DjKyqz

Bild 4.8 Geschwindigkeitsermittlung an einer Kurbelschwinge. a) mittels Euler-Gleichung, b) mittels Methode der gedrehten Geschwindigkeiten

Für die Geschwindigkeit des Koppelpunkts C gelten prinzipiell:

$$\vec{v}_C = \underline{\underline{\vec{v}_A}} + \underline{\vec{v}_{CA}} \text{ bzw. } \vec{v}_C = \underline{\underline{\vec{v}_B}} + \underline{\vec{v}_{CB}}$$

Im Gegensatz zur Euler-Gleichung für den Gelenkpunkt B fehlen in jeder Gleichung drei Bestimmungsgrößen, da neben dem Betrag des Vektors $\vec{v}_{CA}$ bzw. $\vec{v}_{CB}$ auch der Betrag des Vektors $\vec{v}_C$ und dessen Richtung unbekannt sind. Ein Gleichsetzen beider Gleichungen führt zu

$$\underline{\underline{\vec{v}_A}} + \underline{\vec{v}_{CA}} = \underline{\underline{\vec{v}_B}} + \underline{\vec{v}_{CB}} \equiv \vec{v}_C$$

womit ein darstellbarer Vektorzug vorliegt, der die gesuchten Größen liefert.

Geschwindigkeitsermittlung mit der Methode der gedrehten Geschwindigkeiten

Die Geschwindigkeitsanalyse mit Hilfe der Methode der gedrehten Geschwindigkeiten beruht auf dem Ansatz, dass eine allgemeine ebene Bewegung für ein infinitesimal kleines Zeitintervall als Drehung um den Momentanpol betrachtet werden kann (s. Abschnitt 4.2.3). Die Beträge der Geschwindigkeiten $\vec{v}_A$, $\vec{v}_B$, … verhalten sich nach Gl. (4.15) wie ihre Abstände zum Momentanpol. Gleiches gilt auch für die gedrehten Geschwindigkeiten $\overleftharpoonup{v}_A$, $\overleftharpoonup{v}_B$, …, was mit dem Strahlensatz nachgewiesen werden kann. Somit verhalten sich entsprechend Bild 4.8 b

$$\frac{v_A}{v_B} = \frac{\overline{13A}}{\overline{13B}} = \frac{\overline{AA^*}}{\overline{BB^*}} = \frac{\langle \overleftharpoonup{v}_A \rangle}{\langle \overleftharpoonup{v}_B \rangle} = \frac{\overline{13A^*}}{\overline{13B^*}}$$

Gedrehte Geschwindigkeiten werden durch einen nach links gerichteten halben Vektorpfeil über dem Formelzeichen gekennzeichnet.

Bei der Konstruktion kann demnach unter der Voraussetzung des bekannten Geschwindigkeitsvektors $\vec{v}_A$ wie folgt verfahren werden:

1. Nach Wahl des Geschwindigkeitsmaßstabs M_v wird der dargestellte Geschwindigkeitsvektor $\langle \vec{v}_A \rangle$ berechnet.
2. Eindrehen des dargestellten Geschwindigkeitsvektors $\vec{v}_A$ um 90° auf die Bahnnormale n_A in beliebigem Drehsinn ($\langle \overline{AA^*} \rangle$ entspricht $\langle \overleftharpoonup{v}_A \rangle$). Wird $\langle v_A \rangle = \langle \overline{A_0A} \rangle$ gewählt und im Sinne von ω_{21} eingedreht, dann fällt A* mit A_0 zusammen, was den Zeichenaufwand minimiert.
3. Zeichnen einer Parallelen zu $\overline{AB}$ durch A*, die die Bahnnormale n_B im Punkt B* schneidet, welcher die Spitze des gedrehten Geschwindigkeitsvektors $\langle \overleftharpoonup{v}_B \rangle$ kennzeichnet.
4. Zurückdrehen des Vektors $\langle \overleftharpoonup{v}_B \rangle$ um 90°, wodurch sich der dargestellte Geschwindigkeitsvektor $\langle \vec{v}_B \rangle$ ergibt.
5. Bestimmen des Momentanpols 13 der Koppel 3 gegenüber dem Gestell 1, der im Schnittpunkt der Bahnnormalen n_A und n_B der Gelenkpunkte A und B liegt.
6. Die Verbindungslinie zwischen dem Punkt C und dem Momentanpol 13 entspricht der Bahnnormalen n_C, auf der der Geschwindigkeitsvektor $\langle \vec{v}_C \rangle$ senkrecht steht.
7. Erneutes Anwenden der Schritte 2 bis 4 für die Geschwindigkeit $\vec{v}_C$. Alternativ zu den Schritten 5 bis 7 zur Ermittlung der Geschwindigkeit des Koppelpunkts C kann (analog zum Satz von Burmester) ohne Kenntnis des Momentanpols 13 bzw. der Bahnnormalen n_C die Spitze C* der gedrehten Geschwindigkeit $\langle \overleftharpoonup{v}_C \rangle$ gefunden

werden, indem die Parallele zu AC durch A* mit der Parallelen zu BC durch den Punkt B* zum Schnitt gebracht wird.

8. Berechnen der Beträge v_B und v_C mit Hilfe des Geschwindigkeitsmaßstabs M_v.

Geschwindigkeitsermittlung nach dem Satz von Burmester

Zur Ermittlung der Geschwindigkeit von Koppelpunkten kann auf die Kenntnis der Bahnnormalen bzw. des Momentanpols verzichtet werden, wenn der **Satz von Burmester**[2] Anwendung findet. Jener lautet sinngemäß:

> Die Spitzen der Geschwindigkeitsvektoren von Punkten einer allgemein bewegten Ebene bilden eine zur ursprünglichen Figur gleichsinnig ähnliche Figur. ■

Die zeichnerische Umsetzung verlangt folgende Schritte (Bild 4.9):

1. Eintragen von zwei bekannten Geschwindigkeitsvektoren $\langle \vec{v}_A \rangle$ und $\langle \vec{v}_B \rangle$.
2. Verbinden der Vektorspitzen A* und B*.
3. Errichten eines zum Dreieck △ABC gleichsinnig ähnlichen Dreiecks △A*B*C*.
4. Die Verbindungslinie vom Punkt C zum Punkt C* ergibt den dargestellten Geschwindigkeitsvektor $\langle \vec{v}_C \rangle$ und liefert somit Betrag und Richtung.

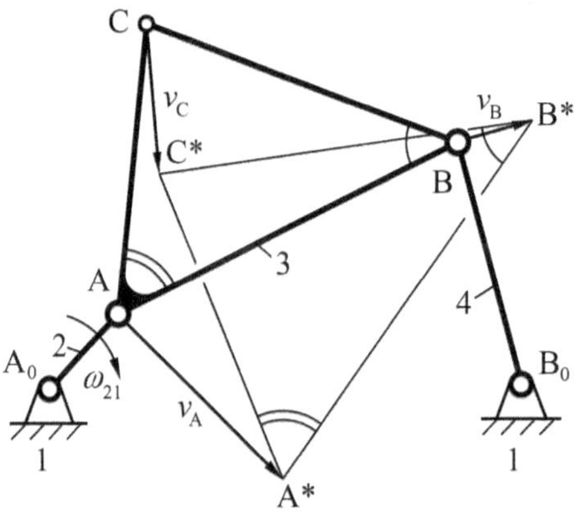

Bild 4.9 Geschwindigkeitsermittlung nach dem Satz von Burmester

Ermittlung der Winkelgeschwindigkeiten

Die Winkelgeschwindigkeit ω_{31} kann entweder unter sinngemäßer Nutzung der rotatorischen Teilbewegung der Euler-Gleichung für die Koppel 3 oder unter Nutzung des Momentanpols 13 ermittelt werden.

---

[2] Ludwig Burmester (1840 - 1927), deutscher Mathematiker und Physiker, Professor am Polytechnikum Dresden und an der Technische Hochschule München, erarbeitete grundlegende geometrische Verfahren zur Getriebesynthese

Somit gilt:

$$\omega_{31} = \frac{v_{BA}}{\overline{AB}} = \frac{v_{CA}}{\overline{AC}} = \frac{v_A}{\overline{A13}} = \frac{v_B}{\overline{B13}} = \frac{v_C}{\overline{C13}}$$

Unter Berücksichtigung der verwendeten Maßstäbe folgt daraus z. B.:

$$\omega_{31} = \frac{\langle v_{BA} \rangle}{M_v} \cdot \frac{M}{\langle \overline{AB} \rangle} = \frac{\langle v_A \rangle}{M_v} \cdot \frac{M}{\langle \overline{A13} \rangle}$$

Die im Punkt B vorliegende Geschwindigkeit kann außerdem zur Ermittlung der Winkelgeschwindigkeit

$$\omega_{41} = \frac{v_B}{\overline{B_0B}} = \frac{\langle v_B \rangle}{M_v} \cdot \frac{M}{\langle \overline{B_0B} \rangle}$$

herangezogen werden. ■

■ 4.4 Relative Bewegung von drei Ebenen

In den vorangegangenen Abschnitten wurde die Bewegung einer Ebene E in einer Bezugsebene E_0 betrachtet. Führt die Ebene E eine allgemeine ebene Bewegung aus, dann ist der Geschwindigkeitszustand durch den Momentanpol P und die Winkelgeschwindigkeit ω festgelegt. Wenn sich zwei Ebenen E_1 und E_2 in einer Bezugsebene E_0 bewegen, sind folglich drei relative Bewegungen (die Bewegungen der Ebenen E_0, E_1 und E_2 zueinander) zu unterscheiden. Somit müssen drei Momentanpole und drei Winkelgeschwindigkeiten vorliegen.

Geschwindigkeitszustand

Ausgangspunkt der nachfolgenden Überlegungen ist eine offene kinematische Kette, die von drei Getriebegliedern (Ebenen) gebildet wird. Dabei seien das Gestell 1 mit Glied 2 sowie Glied 2 und Glied 3 jeweils durch Drehgelenke miteinander verbunden (Bild 4.10).

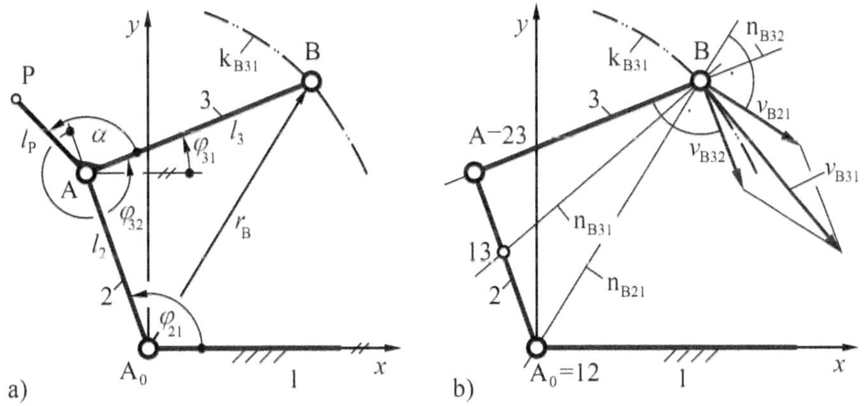

Bild 4.10 Relative Bewegung dreier Ebenen. a) Geometrie, b) Geschwindigkeitsermittlung

bit.ly/3DkC6r0

Zunächst wird das Gelenk A zwischen den Gliedern 2 und 3 als gesperrt betrachtet. Bei Vorgabe der Bewegung $\varphi_{21}(t)$ am Glied 2 bewegt sich der Punkt B des Glieds 3 (und somit auch Punkt des Glieds 2) mit der Geschwindigkeit v_{B21} auf einer Kreisbahn um den Punkt A_0 (**Führungsbewegung**). Der Geschwindigkeitsvektor steht senkrecht auf der Verbindungslinie A_0B, die mit der Bahnnormalen n_{B21} identisch ist. Werden die Beweglichkeit im Gelenk B wiederhergestellt und das Gelenk A_0 festgesetzt, dann bewegt sich bei Einleitung der relativen Drehung $\varphi_{32}(t)$ der Punkt B des Glieds 3 mit der Geschwindigkeit v_{B32} um den Punkt A (**Relativbewegung**). Der Geschwindigkeitsvektor steht senkrecht auf der Verbindungslinie AB, die der Bahnnormalen n_{B32} entspricht. Eine Überlagerung beider Bewegungen ergibt die **Absolutbewegung** mit der Geschwindigkeit v_{B31} des Punkts B gegenüber dem Gestell 1. Dabei gilt die Beziehung

$$\vec{v}_{B31} = \vec{v}_{B21} + \vec{v}_{B32} \tag{4.16}$$

bzw. unter Beachtung der Gesetzmäßigkeit $\vec{v}_{ij} = -\vec{v}_{ji}$ beim Wechsel des Bezugsglieds

$$\vec{v}_{B31} + \vec{v}_{B12} + \vec{v}_{B23} = \vec{0} \tag{4.17}$$

worin die zyklische Vertauschung der Indizes erkennbar ist, der die Geschwindigkeiten unterliegen. In diesem Zusammenhang werden folgende Bezeichnungen festgelegt:

$\vec{v}_{B31} = \vec{v}_a$ Absolutgeschwindigkeit

$\vec{v}_{B21} = \vec{v}_f$ Führungsgeschwindigkeit

$\vec{v}_{B32} = \vec{v}_{rel}$ Relativgeschwindigkeit

sodass allgemein der Zusammenhang

$$\vec{v}_a = \vec{v}_f + \vec{v}_{rel} \tag{4.18}$$

eingeführt werden kann.

Analoge Betrachtungen können für die Winkelgeschwindigkeiten vorgenommen werden. Bild 4.10 zeigt, dass die Winkelbeziehung

$$\varphi_{31} = \varphi_{21} + \varphi_{32} - 2\pi \tag{4.19}$$

gelten muss. Sie führt durch eine Differentiation nach der Zeit zur Gleichung

$$\dot{\varphi}_{31} = \dot{\varphi}_{21} + \dot{\varphi}_{32} \tag{4.20}$$

die sich bei zyklischer Vertauschung der Indizes in

$$\dot{\varphi}_{31} + \dot{\varphi}_{12} + \dot{\varphi}_{23} = 0 \tag{4.21}$$

überführen lässt.

Auf analytische Weise kann der Geschwindigkeitszustand im Punkt B mithilfe des Ortsvektors

$$\vec{r}_B = \begin{pmatrix} r_{Bx} \\ r_{By} \end{pmatrix} = \begin{pmatrix} l_2 \cos\varphi_{21} + l_3 \cos(\varphi_{21} + \varphi_{32}) \\ l_2 \sin\varphi_{21} + l_3 \sin(\varphi_{21} + \varphi_{32}) \end{pmatrix} \tag{4.22}$$

im gestellfesten *x*-*y*-Koordinatensystem erfasst werden. Die Ableitung nach der Zeit liefert den Geschwindigkeitsvektor

$$\dot{\vec{r}}_B = \vec{v}_{B31} = \begin{pmatrix} v_{B31x} \\ v_{B31y} \end{pmatrix} = \begin{pmatrix} -l_2\dot{\varphi}_{21}\sin\varphi_{21} - l_3\left(\dot{\varphi}_{21} + \dot{\varphi}_{32}\right)\sin\left(\varphi_{21} + \varphi_{32}\right) \\ l_2\dot{\varphi}_{21}\cos\varphi_{21} + l_3\left(\dot{\varphi}_{21} + \dot{\varphi}_{32}\right)\cos\left(\varphi_{21} + \varphi_{32}\right) \end{pmatrix} \tag{4.23}$$

Um die Lage des Momentanpols 13 zu bestimmen, kann ein Punkt P auf dem Glied 3 gesucht werden, für den die momentane Geschwindigkeit $\vec{v}_{P31}$ Null ist. Analog zu den Gln. (4.22) und (4.23) ergeben sich nach Bild 4.10 a die Geschwindigkeitskomponenten des Punkts P aus

$$v_{P31x} = -l_2\dot{\varphi}_{21}\sin\varphi_{21} - l_P\left(\dot{\varphi}_{21} + \dot{\varphi}_{32}\right)\sin\left(\varphi_{21} + \varphi_{32} + \alpha\right) = 0 \tag{4.24}$$

$$v_{P31y} = l_2\dot{\varphi}_{21}\cos\varphi_{21} + l_P\left(\dot{\varphi}_{21} + \dot{\varphi}_{32}\right)\cos\left(\varphi_{21} + \varphi_{32} + \alpha\right) = 0 \tag{4.25}$$

Durch Addieren beider Komponentengleichungen und entsprechendes Vereinfachen erhält man

$$\sin\left(\varphi_{21} + \varphi_{32} + \alpha\right)\cos\varphi_{21} - \cos\left(\varphi_{21} + \varphi_{32} + \alpha\right)\sin\varphi_{21} = 0$$

was sich zu

$$\sin\left(\varphi_{32} + \alpha\right) = 0 \tag{4.26}$$

vereinfachen lässt. Als Lösungen dieser Gleichung kommen

$$\varphi_{32} + \alpha = 0°; 180°; 360°; \ldots$$

in Frage, womit der Punkt P zwangsläufig auf der Geraden A_0A liegen muss. Wird z. B. in Gleichung (4.24) für $\varphi_{32} + \alpha = 180°$ gesetzt, ergibt sich für die vorzeichenbehaftete Länge

$$l_P = \overline{AP} = l_2 \frac{\dot{\varphi}_{21}}{\dot{\varphi}_{21} + \dot{\varphi}_{32}} \tag{4.27}$$

Sie liefert entsprechend der vorliegenden Winkelgeschwindigkeiten die Lage des Momentanpols auf der Geraden A_0A.

Dieses Phänomen findet sich im Satz von den drei Momentanpolen (Theorem von Aronhold/Kennedy[3]) wieder, der besagt:

> Die drei Momentanpole dreier relativ zueinander bewegter Ebenen liegen stets auf einer Geraden. Diese Gerade wird als **Polgerade** bezeichnet. ■

Beschleunigungszustand

Das formale Differenzieren von Gl. (4.16) nach der Zeit lässt auf den Beschleunigungszustand

$$\vec{a}_{B31} = \vec{a}_{B21} + \vec{a}_{B32} \tag{4.28}$$

---

[3] Siegfried Aronhold (1819 – 1884), deutscher Mathematiker, Dozent und Professor an der Bauakademie, der Artillerie- und Ingenieurschule und der Gewerbeakademie Berlin
Alexander Blackie William Kennedy (1847 – 1928), Professor für Maschinenbau am Londoner University College

dreier relativ bewegter Ebenen schließen. Die Beschleunigungsvektoren der Absolut- und der Führungsbewegung können analog zu Gl. (4.14) in eine Normal- und eine Tangentialkomponente zerlegt werden:

$$\vec{a}_{B31n} + \vec{a}_{B31t} = \vec{a}_{B21n} + \vec{a}_{B21t} + \vec{a}_{B32n} + \vec{a}_{B32t} + \vec{a}_{B32c} \quad (4.29)$$

Bei der Relativbewegung kommt eine weitere Komponente hinzu, die **Coriolis**[4]-Beschleunigung $\vec{a}_{B32c}$. Sie tritt an jedem Körper auf (hier Glied 3), der sich in einem rotierenden System (hier Glied 2) bewegt, und hat den Betrag

$$a_{B32c} = 2 \cdot \omega_{21} \cdot v_{B32} \quad (4.30)$$

Wirkungslinie und Richtungssinn der Coriolis-Beschleunigung entsprechen der um 90° im Sinne der Führungswinkelgeschwindigkeit gedrehten Relativgeschwindigkeit. Ist die Führungsbewegung eine Translation (d. h. $\omega_{21} = 0$), oder der betrachtete Punkt B fällt mit dem Momentanpol 23 zusammen (d. h. $v_{32} = 0$), dann verschwindet nach Gl. (4.30) die Coriolis-Beschleunigung. Bild 4.11 zeigt qualitativ das Beschleunigungspolygon nach Gl. (4.29).

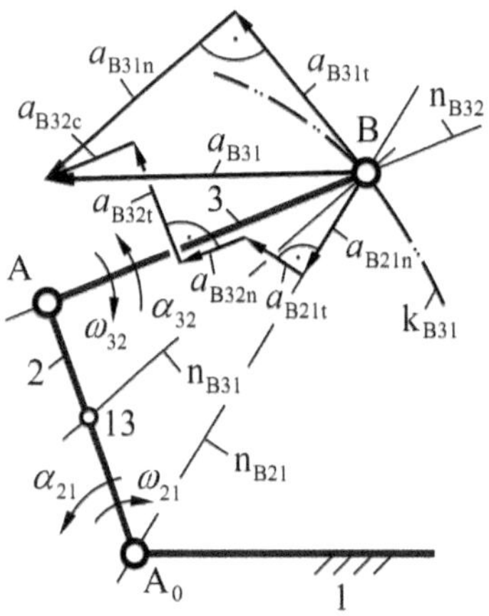

Bild 4.11 Beschleunigungspolygon für Punkt B

■ Beispiel 4.2: Geschwindigkeitsanalyse einer exzentrischen Kurbelschleife

Die maßstäblich abgebildete exzentrische Kurbelschleife (Bild 4.12 a) wird an der Kurbel 2 mit der konstanten Drehzahl n_{21} angetrieben. Zu bestimmen ist die momentane Winkelgeschwindigkeit ω_{41} in der vorliegenden Getriebestellung.

Die dargestellte Länge $\langle \vec{v}_A \rangle$ des Geschwindigkeitsvektors im Punkt A der Kurbel 2 kann nach Wahl des Geschwindigkeitsmaßstabs M_v aus

$$\langle v_A \rangle = \langle v_{A21} \rangle = 2\pi \cdot n_{21} \cdot M_v \cdot \overline{A_0A}$$

bestimmt werden. Die Bewegung der Kurbel 2 wird über den Gleitstein 3, welcher sich entlang der Relativbahn $k_{A34} = k_{A24}$ bewegt, auf die Schleife 4 übertragen. Der Punkt A der Kurbel kann kinematisch gleichwertig auf eine andere Weise geführt werden, z. B.

[4] Gaspard Coriolis (1792 - 1843), französischer Physiker und Entdecker der nach ihm benannten Corioliskraft, Professor an der „École nationale des Ponts et Chaussées“ Paris

durch einen an der Kurbel im Punkt A angebrachten Bolzen und ein Langloch in der Schleife (Bild 4.12b). Somit kann der Gleitstein 3 entfallen, und es sind dann die relativen Bewegungen zwischen der Kurbel 2, der Schleife 4 und dem Gestell 1 maßgebend.

In jeder Getriebestellung fallen die Punkte A der Kurbel und der Schleife zusammen. Während der Punkt A der Kurbel 2 auf der Kreisbahn k_{A21} um den festen Drehpunkt A_0 läuft (Absolutbewegung), bewegt sich der gedanklich mit der Schleife 4 verbundene Punkt A momentan auf der Kreisbahn k_{A41} um den festen Drehpunkt B_0 (Führungsbewegung). Relativ zur Schleife 4 verschiebt sich der Punkt A der Kurbel 2 auf der Bahn k_{A24} (Relativbewegung). Den Gesetzmäßigkeiten für die relative Bewegung dreier Ebenen zufolge gilt gemäß Gln. (4.16) bis (4.18) für den Punkt A

$$\vec{v}_{A12} + \vec{v}_{A24} + \vec{v}_{A41} = \vec{0}$$

bzw.

$$\vec{v}_{A21} = \vec{v}_{A41} + \vec{v}_{A24}$$

Die zyklische Vertauschung der Indizes der Geschwindigkeitsvektoren für den Gelenkpunkt A verdeutlicht die symbolische Darstellung in Bild 4.12a. Mit dem vorab bestimmten Vektor $\vec{v}_{A21}$ der Absolutgeschwindigkeit und den Wirkungslinien der Vektoren $\vec{v}_{A24}$ und $\vec{v}_{A41}$ der Relativ- bzw. der Führungsgeschwindigkeit kann das Vektorpolygon gezeichnet werden. Es liefert den Betrag v_{A41} der Führungsgeschwindigkeit. Die gesuchte Winkelgeschwindigkeit ω_{41} ergibt sich dann aus

$$\omega_{41} = \frac{v_{A41}}{\overline{AB_0}} = \frac{\langle v_{A41} \rangle}{M_v} \cdot \frac{M}{\langle \overline{AB_0} \rangle}$$

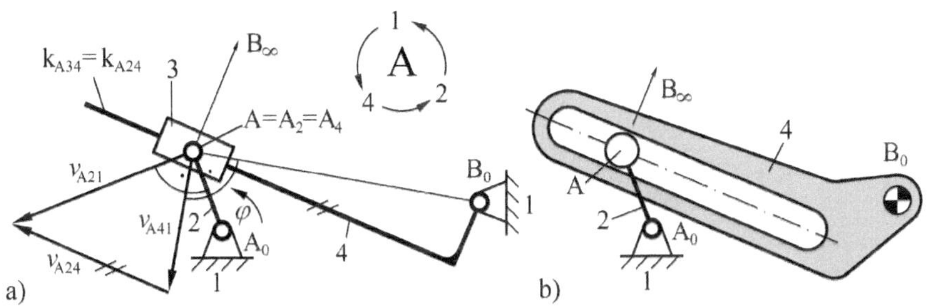

Bild 4.12 Grafische Geschwindigkeitsanalyse einer Kurbelschleife.
a) Geschwindigkeitspolygon, b) Ersatzgetriebe ■

■ 4.5 Polkonfiguration

Prinzipiell können Momentanpole zwischen einem bewegten Glied und dem Gestell aber auch zwischen zwei bewegten Gliedern betrachtet werden. Zur eindeutigen Kennzeichnung wird ein Pol mit den Indizes der beiden betrachteten Glieder versehen, wobei üblicherweise der kleinere Index von beiden zuerst anzugeben ist. Beispielsweise entspricht demnach der Pol 23 dem momentanen Drehpunkt des Glieds 2 gegenüber dem Glied 3. Umgekehrt ist er aber auch der Drehpunkt des Glieds 3 gegenüber dem Glied 2.

Ein Getriebe mit n Getriebegliedern besitzt insgesamt

$$z_P = \binom{n}{2} = \frac{n}{2}(n-1) \tag{4.31}$$

Momentanpole und nach dem Theorem von Aronhold/Kennedy

$$z_G = \binom{n}{3} = \frac{n}{6}(n-1)(n-2) \tag{4.32}$$

Polgeraden (Verbindungslinie dreier Pole). Demnach sind bei einem viergliedrigen Koppelgetriebe ($n = 4$) insgesamt 6 Momentanpole und 4 Polgeraden zu unterscheiden. Pole und Polgeraden ergeben die **Polkonfiguration** eines Getriebes (Bild 4.13).

Während sich die Lagen der Pole benachbarter Glieder entsprechend der Art des vorliegenden Gelenks problemlos angeben lassen, sind Pole zwischen nicht direkt miteinander verbundenen Gliedern meist nur über eine Hilfskonstruktion ermittelbar, die als **Polygonmethode** bezeichnet wird. Sie eignet sich insbesondere zur Ermittlung von Polen vielgliedriger Getriebe ($n > 4$), soll aber nachfolgend aus Gründen der Anschaulichkeit am Beispiel einer Schubkurbel erläutert werden.

Für die Schubkurbel nach Bild 4.13 a sind die Pole 13 und 24 in der vorliegenden Getriebestellung zu ermitteln. Dabei ist auf folgende Weise vorzugehen:

1. Bezeichnen der Getriebeglieder im kinematischen Schema, wobei mit dem Gestell als Glied 1 zu beginnen ist (Bild 4.13 a).
2. Kennzeichnen bekannter Pole (Gelenke). Im konkreten Fall ist zu beachten, dass der Pol 14 zwischen den Gliedern 4 und 1 im Unendlichen liegt, denn das die Glieder 4 und 1 verbindende Schubgelenk kann als ein unendlich fernes Drehgelenk betrachtet werden.
3. Entwerfen eines Polygons (Bild 4.13 b), dessen Eckenzahl mit der Anzahl n der Getriebeglieder übereinstimmt (jeder Eckpunkt entspricht einem Glied).
4. Eintragen der bekannten Pole in das Polygon durch Verbindungslinien zwischen den entsprechenden Gliedern (Pollinien) als breite Volllinien.
5. Eintragen des gesuchten Pols (hier z. B. Pollinie 13) durch eine schmale Volllinie.
6. Der gesuchte Pol ergibt sich im kinematischen Schema (Bild 4.13 a) als Schnittpunkt zweier Polgeraden (z. B. für 13: 12 23 und 14 34), wenn im Polygon (Bild 4.13 b) über dem gesuchten Pol zwei Dreiecke aufgebaut werden können (z. B. für 13: △ 143 und △ 123). Die beiden anderen Seiten der Dreiecke entsprechen dabei denjenigen Polen, durch die die entsprechende Polgerade verläuft. Sind zwei passende Dreiecke nicht vorhanden, muss vorab ein anderer, geeigneter Pol ermittelt werden.

Für die Ermittlung von Übersetzungen und Drehschubstrecken mittels Polkonfiguration werden in verschiedenen Fällen **Kollineationsachsen** benötigt. Sie sind im kinematischen Schema Verbindungsgeraden von Polen, die keinen gemeinsamen Index besitzen (z. B. in Bild 4.13 a die Kollineationsachse $\mathbf{k}_{13-24}$ als Gerade durch die Pole 13 und 24), und entsprechen im Polygon dem Schnittpunkt der zugehörigen Pollinien (s. Bild 4.13 c).

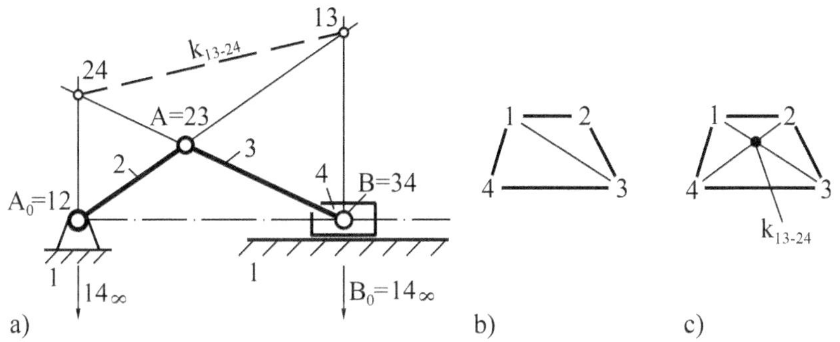

Bild 4.13 Polkonfiguration einer Schubkurbel. a) kinematisches Schema, b) Polygon, c) Polygon mit allen gesuchten Polen

4.6 Grafische Ermittlung von Übersetzungen

Allgemein wird unter einer **Übersetzung** das Verhältnis von Antriebsdrehzahl und Abtriebsdrehzahl verstanden. Über den Zusammenhang $\omega = 2\pi \cdot n$ können anstelle der Drehzahlen auch die entsprechenden Winkelgeschwindigkeiten herangezogen werden, so dass sich definieren lässt:

$$i = \frac{n_{\text{an}}}{n_{\text{ab}}} = \frac{\omega_{\text{an}}}{\omega_{\text{ab}}} \tag{4.33}$$

Eine positive Übersetzung liegt vor, wenn beide Winkelgeschwindigkeiten den gleichen Drehsinn besitzen (Gleichlauf). Bei gegenläufigen Winkelgeschwindigkeiten ist sie negativ (Gegenlauf).

Die Übersetzung eines Getriebes lässt sich auch weiterfassen, indem beliebige Winkelgeschwindigkeiten betrachtet werden. Zur eindeutigen Kennzeichnung erhalten sie zwei Indizes. Die Winkelgeschwindigkeit ω_{ij} beschreibt dann die Drehbewegung des Glieds i gegenüber dem Glied j, die um den Pol ij erfolgt. Werden die Indizes der Winkelgeschwindigkeit vertauscht, entspricht das dem Wechsel des Bezugsglieds und führt zum Vorzeichenwechsel der Winkelgeschwindigkeit, sodass

$$\omega_{ij} = -\omega_{ji} \tag{4.34}$$

gilt. Die Ziffern des Pols hingegen können prinzipiell vertauscht werden. An dieser Stelle sei deshalb nochmals darauf hingewiesen, dass bei einem Pol üblicherweise die kleinere der beiden Ziffern als erste angegeben wird.

Übersetzungen lassen sich prinzipiell unterscheiden in:

- **einfache Übersetzungen**, die das Verhältnis zweier, auf ein gemeinsames Glied bezogener Winkelgeschwindigkeiten darstellt, wie

$$i_{21-61} = \frac{\omega_{21}}{\omega_{61}} \tag{4.35}$$

- **diagonale Übersetzungen**, die durch das Verhältnis zweier Winkelgeschwindigkeiten gekennzeichnet sind, welche unterschiedliche Bezugsglieder aufweisen, wie

$$i_{21-56} = \frac{\omega_{21}}{\omega_{56}} \tag{4.36}$$

Es kann folgende allgemeingültige Definition formuliert werden:

> Die **Übersetzung** ist das Verhältnis zweier Drehzahlen bzw. Winkelgeschwindigkeiten. Sie wird durch die kinematischen Abmessungen des Getriebes bestimmt und ist vom vorliegenden Geschwindigkeitszustand unabhängig. ■

Bewegt sich ein Getriebeglied j gegenüber dem Gestell 1 translatorisch, so gilt für seine Winkelgeschwindigkeit gegenüber dem Gestell $\omega_{j1} = 0$. Mit Hilfe der Übersetzung $i_{j1-21} = \omega_{j1} / \omega_{21}$ kann somit der Zusammenhang zwischen seiner Geschwindigkeit v_{j1} und z. B. der Winkelgeschwindigkeit ω_{21} der Antriebskurbel 2 nicht beschrieben werden. In diesen Fällen ist die **Drehschubstrecke** nach Hain[5] heranzuziehen.

Drehschubstrecken werden unterschieden in:

- **einfache Drehschubstrecken**, die das Verhältnis zwischen einer Geschwindigkeit und einer Winkelgeschwindigkeit darstellen, welche auf ein gemeinsames Glied bezogen sind. Demnach ergibt sich z. B. der Zusammenhang zwischen der Geschwindigkeit v_{41} eines Schiebers 4 und der Winkelgeschwindigkeit ω_{21} der Antriebskurbel 2 aus der Drehschubstrecke

$$r_{41-21} = \frac{v_{41}}{\omega_{21}} \tag{4.37}$$

- **diagonale Drehschubstrecken**, die durch das Verhältnis einer Geschwindigkeit und einer Winkelgeschwindigkeit gekennzeichnet sind, welche unterschiedliche Bezugsglieder aufweisen, wie

$$r_{56-21} = \frac{v_{56}}{\omega_{21}} \tag{4.38}$$

Es folgt daraus die allgemeingültige Definition:

> Die **Drehschubstrecke** ist das Verhältnis von einer Geschwindigkeit und einer Winkelgeschwindigkeit, welches durch die kinematischen Abmessungen des Getriebes bestimmt wird, vom vorliegenden Geschwindigkeitszustand aber unabhängig ist. ■

Ermittlung der einfachen Übersetzung

Die einfache Übersetzung entspricht dem Verhältnis zweier gerichteter Polstrecken, die zwischen den drei auf einer Geraden liegenden Polen der Glieder i, j und k vorliegen, wobei

---

[5] Kurt Hain (1908 - 1995), deutscher Ingenieur und Getriebetechniker, Lehrbeauftragter an der TU Braunschweig und Gastprofessor an amerikanischen Universitäten

$$i_{ki-ji} = \frac{\omega_{ki}}{\omega_{ji}} = \frac{\overline{ij\,jk}}{\overline{ik\,jk}} = -\frac{M_{ji}}{M_{ki}} \tag{4.39}$$

gilt. Die Übersetzung entspricht unter Vernachlässigung von Verlusten auch dem negativen Verhältnis der Momente M_{ji} am Glied j und M_{ki} am Glied k, was aus der Anwendung des Leistungssatzes (s. Abschnitt 4.8.2) resultiert.

Bekannt sein müssen demzufolge die Pole *ij*, *jk* und *ik*, die sich unter Anwendung des Theorems von Aronhold/Kennedy und der Polygonmethode ermitteln lassen (s. Abschnitte 4.4 und 4.5). Die gerichteten Polstrecken verlaufen definitionsgemäß vom jeweils erstgenannten zum zweitgenannten Pol. Sind die Polstrecken gleichgerichtet, liegt eine positive Übersetzung vor (Gleichlauf). Gegeneinander gerichtete Polstrecken kennzeichnen eine negative Übersetzung (Gegenlauf).

Für die Kurbelschwinge in Bild 4.14 a soll exemplarisch die Übersetzung

$$i_{21-41} = \frac{\omega_{21}}{\omega_{41}} = \frac{\overline{14\,24}}{\overline{12\,24}} = \frac{\left\langle\overline{14\,24}\right\rangle}{\left\langle\overline{12\,24}\right\rangle}$$

in der vorliegenden Getriebestellung ermittelt werden, die sich als Verhältnis der Polstrecken $\overline{14\,24}$ und $\overline{12\,24}$ darstellen lässt. Dafür wird neben den bekannten Polen (Drehgelenke) der Pol 24 benötigt, der unter Zuhilfenahme der Polygonmethode als Schnittpunkt der Polgeraden 12 14 und 23 34 ermittelt werden kann (Bild 4.14 b). Somit ergibt sich im vorliegenden Fall die Übersetzung $i_{21-41} = 0{,}317$, die wegen der gleichgerichteten Polstrecken positiv ist.

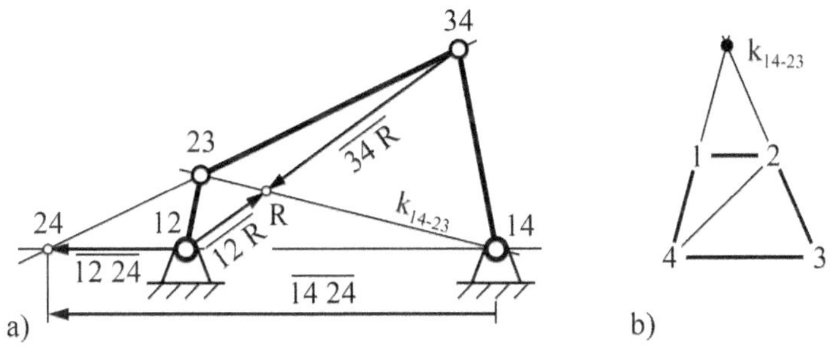

Bild 4.14 Übersetzungen an einer Kurbelschwinge. a) kinematisches Schema, b) Polygon

Ermittlung der diagonalen Übersetzung

Die diagonale Übersetzung kann ebenfalls als Verhältnis zweier gerichteter Strecken beschrieben werden. Sie verbinden jeweils die Pole *ij* bzw. *kl* mit dem Schnittpunkt R von Polgerade *ij kl* und zugeordneter Kollineationsachse k_{il-jk}. Damit ergibt sich allgemein:

$$i_{ji-kl} = \frac{\omega_{ji}}{\omega_{kl}} = \frac{\overline{kl\,\mathrm{R}}}{\overline{ij\,\mathrm{R}}} = -\frac{M_{kl}}{M_{ji}} \tag{4.40}$$

Ist z.B. für die Kurbelschwinge nach Bild 4.13 das Verhältnis der Winkelgeschwindigkeiten ω_{21} und ω_{34} gesucht, gilt nach Gl. (4.40):

$$i_{21-34} = \frac{\omega_{21}}{\omega_{34}} = \frac{\overline{34\ R}}{\overline{12\ R}} = \frac{\langle\overline{34\ R}\rangle}{\langle\overline{12\ R}\rangle}$$

Dabei ist der Punkt R der Schnittpunkt von der Kollineationsachse k_{14-23}, die durch die Pole 14 und 23 läuft, und der Polgeraden 12 34. Es ergibt sich im vorliegenden Fall $i_{21-34} = -0{,}413$, wobei ein negatives Vorzeichen wegen der entgegengesetzt gerichteten Strecken vorliegt.

Ermittlung der einfachen Drehschubstrecke

Der Zusammenhang zwischen einer Geschwindigkeit v_{ki} und einer Winkelgeschwindigkeit ω_{ji}, die beide dasselbe Bezugsglied i besitzen, kann mit Hilfe der einfachen Drehschubstrecke

$$r_{ki-ji} = \frac{v_{ki}}{\omega_{ji}} = \overline{ij\ jk} = \frac{\langle\overline{ij\ jk}\rangle}{M} = -\frac{M_{ji}}{F_{ki}} \tag{4.41}$$

beschrieben werden. Sie entspricht unter der Berücksichtigung des Zeichnungsmaßstabs einer Polstrecke, die sich vom Pol, an dem die Geschwindigkeit vorliegt, bis zum Pol erstreckt, dessen Bezeichnung durch das Streichen der gemeinsamen Indexziffer von Geschwindigkeit und Winkelgeschwindigkeit entsteht. Eine Drehschubstrecke steht immer senkrecht auf der Wirkungslinie des Geschwindigkeitsvektors (Schubrichtung). Mit dem Leistungssatz (s. Abschnitt 4.8.2) kann nachgewiesen werden, dass unter der Vernachlässigung von Verlusten die Drehschubstrecke auch dem negativen Verhältnis von Moment M_{ij} am Glied j und Kraft F_{ki} am Glied k entspricht.

Für die im Bild 4.15a gezeigte Schubkurbel ergibt sich demnach das Verhältnis zwischen der Geschwindigkeit v_{41} am Schieber 4 und der Winkelgeschwindigkeit ω_{21} an der Kurbel 2 aus

$$r_{41-21} = \frac{v_{41}}{\omega_{21}} = \overline{12\ 24} = \frac{\langle\overline{12\ 24}\rangle}{M}$$

Nach Konstruktion des benötigten Pols 24 unter Anwendung der Polygonmethode (Bild 4.15b) kann die Drehschubstrecke in das kinematische Schema eingetragen und mit Hilfe des Zeichnungsmaßstabs M in die wirkliche Größe überführt werden.

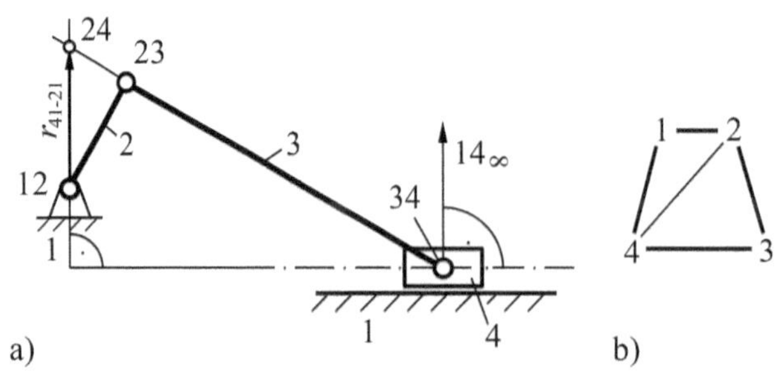

Bild 4.15 Einfache Drehschubstrecke an einer Schubkurbel.
a) kinematisches Schema,
b) Polygon

Ermittlung der diagonalen Drehschubstrecke

Sind die Geschwindigkeit v und die Winkelgeschwindigkeit ω nicht auf dasselbe Getriebeglied bezogen, muss auf die diagonale Drehschubstrecke verwiesen werden. Für deren Ermittlung ist folgende Vorschrift zu nutzen:

$$r_{kl-ji} = \frac{v_{kl}}{\omega_{ji}} = \overline{ij\,\mathrm{R}} = \frac{\langle \overline{ij\,\mathrm{R}} \rangle}{M} = -\frac{M_{ji}}{F_{kl}} \tag{4.42}$$

Der Punkt R ist der Schnittpunkt zwischen der Kollineationsachse k_{il-jk} und einer Senkrechten zur Schubrichtung von v_{kl} durch den Pol ij der Winkelgeschwindigkeit ω_{ji}. Die diagonale Drehschubstrecke erstreckt sich somit vom Pol, an dem die Winkelgeschwindigkeit auftritt, bis zum Punkt R. Sie steht immer senkrecht auf der Schubrichtung.

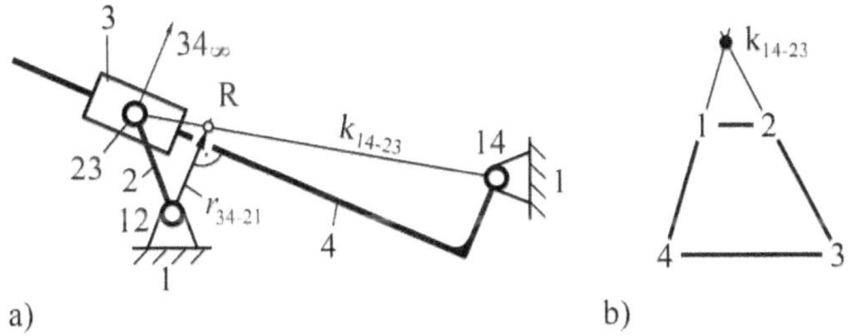

Bild 4.16 Diagonale Drehschubstrecke an einer Kurbelschleife. a) kinematisches Schema, b) Polygon

Ist z.B. die relative Geschwindigkeit v_{34} des Schiebers 3 in der Führung des Glieds 4 der Kurbelschleife (Bild 4.16a) in Abhängigkeit von der Winkelgeschwindigkeit ω_{21} der Kurbel 2 zu ermitteln, kann unter Nutzung der diagonalen Drehschubstrecke r_{34-21} wie folgt verfahren werden:

Da im vorliegenden Fall alle notwendigen Pole bekannt sind, ist lediglich die Kollineationsachse k_{14-23} einzuzeichnen, die entsprechend dem Polygon nach Bild 4.16b die Pole 14 und 23 verbindet. Der Schnittpunkt von Kollineationsachse und einer zur Schubrichtung senkrecht stehenden, durch den Pol 12 verlaufenden Geraden liefert den Punkt R. Damit kann die Drehschubstrecke r_{34-21} eingetragen werden.

Eine weitere Anwendung der diagonalen Drehschubstrecke ist im Beispiel 4.6 beschrieben.

Beispiel 4.3: Ermittlung von Übersetzungen an einem 6-gliedrigen Koppelgetriebe

Für das Koppelgetriebe (Bild 4.17) sind die Übersetzung zwischen der Antriebskurbel 2 und der Abtriebsschwinge 6 sowie die Geschwindigkeit des Gleitsteins 4 gesucht. Weiterhin ist für die Auslegung des Lagers im Gelenk D die relative Winkelgeschwindigkeit ω_{56} zwischen Koppel 5 und Abtriebsschwinge 6 von Interesse. Das Getriebe ist in der abgebildeten Stellung für eine vorgegebene Antriebsdrehzahl n_{21} zu untersuchen.

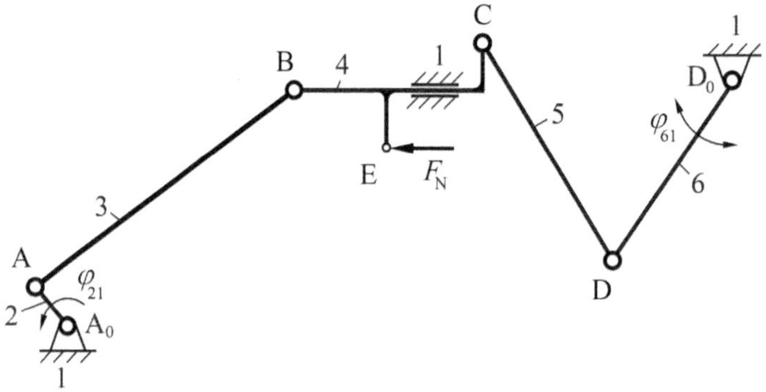

Bild 4.17 Schema des 6-gliedrigen Koppelgetriebes

Gemäß Gl. (4.39) ist die gesuchte Übersetzung

$$i_{21-61}=\frac{\omega_{21}}{\omega_{61}}=\frac{\overline{16\,26}}{\overline{12\,26}}=\frac{\left\langle\overline{16\,26}\right\rangle}{\left\langle\overline{12\,26}\right\rangle}=\frac{1}{\varphi'_{61}\left(\varphi_{21}\right)}$$

Sie ist als Verhältnis der entsprechenden Polstrecken beschreibbar, die sowohl in der wirklichen als auch in der dargestellten Größe ohne explizite Berücksichtigung des Zeichnungsmaßstabs M verwendet werden können. Die benötigten Polstrecken erfordern die Ermittlung des Pols 26 (Bild 4.18 a). Das dafür zu entwerfende Polygon zeigt Bild 4.18 b.

Da die interessierenden Polstrecken in der vorliegenden Getriebestellung entgegengerichtet sind, ergibt sich mit $i_{21-61}=-0{,}161$ eine negative Übersetzung (Gegenlauf). Sie entspricht gleichzeitig dem reziproken Wert der Übertragungsfunktion 1. Ordnung $\varphi'_{61}\left(\varphi_{21}\right)$. Die Geschwindigkeit des Gleitsteins 4 ist mit Hilfe der Drehschubstrecke

$$r_{41-21}=\frac{v_{41}}{\omega_{21}}=\overline{12\,24}=\frac{\left\langle\overline{12\,24}\right\rangle}{M}$$

zu bestimmen, welche die Kenntnis des Pols 24 voraussetzt (Bilder 4.18 a und b). Zu berücksichtigen ist weiterhin der Zeichnungsmaßstab M, um die wirkliche Größe der Polstrecke $\overline{12\,24}$ einfließen zu lassen. Die Geschwindigkeit v_{41} lässt sich dann aus

$$v_{41}=\frac{\left\langle\overline{12\,24}\right\rangle}{M}\cdot 2\pi\cdot n_{21}$$

berechnen.

Zur Ermittlung der relativen Winkelgeschwindigkeit im Drehgelenk D ist die diagonale Übersetzung i_{56-21} heranzuziehen, für die nach Gl. (4.40)

$$i_{56-21}=\frac{\omega_{56}}{\omega_{21}}=\frac{\overline{12\,\mathrm{R}}}{\overline{56\,\mathrm{R}}}=\frac{\left\langle\overline{12\,\mathrm{R}}\right\rangle}{\left\langle\overline{56\,\mathrm{R}}\right\rangle}$$

gilt. Demnach ist der Punkt R zu konstruieren, der sich als Schnittpunkt von Polgerade 12 56 und Kollineationsachse k_{16-25} ergibt. Jene Kollineationsachse verbindet den Pol 16 mit dem zu ermittelnden Pol 25 (Bilder 4.18 a und b). Die Übersetzung ist mit

$i_{56-21} = +0{,}313$ wegen der gleichgerichteten Strecken in der vorliegenden Getriebestellung positiv. Somit ergibt sich für die Winkelgeschwindigkeit

$$\omega_{56} = i_{56-21} \cdot 2\pi \cdot n_{21}$$

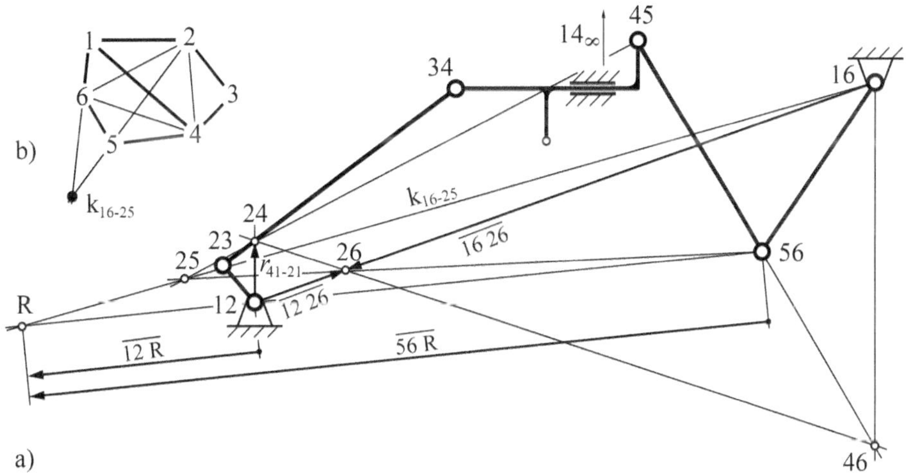

Bild 4.18 Grafische Analyse der Übersetzungen am 6-gliedrigen Koppelgetriebe.
a) Polkonfiguration, b) Polygon ■

■ 4.7 Analytische Methoden der kinematischen Analyse

Für die Untersuchung des Bewegungsverhaltens von Getrieben auf analytischem Weg sind verschiedene Methoden bekannt, die sich exakter mathematischer Lösungsverfahren oder Näherungsverfahren bedienen. Abhängig davon ist die Formulierung der entsprechenden Berechungsgleichungen und somit die Breite ihrer Anwendbarkeit auf mögliche Getriebestrukturen und -typen.

Die **Zeichenfolge-Rechen-Methode** [39] nutzt zum Aufstellen der Berechungsgleichungen für Abstände, Wege und Winkel die Vektorrechnung sowie trigonometrische Beziehungen. Die dabei entstehenden Gleichungen in expliziter Form sind mit Hilfe exakter Verfahren lösbar. Diese Methode ist sehr anschaulich, da sie erforderliche Zeichenschritte zur Konstruktion einer Getriebestellung analytisch nachvollzieht. Die formulierten Gleichungen können anhand grafisch ermittelter Zwischenwerte sofort geprüft werden. So z. B. ist für ein Übertragungsgetriebe der Zusammenhang zwischen der Antriebsgröße x und der Abtriebsgröße y (Übertragungsfunktion 0. Ordnung) herstellbar. Das Ableiten dieser Gleichungen nach der Antriebsgröße x liefert die Übertragungsfunktionen 1. und 2. Ordnung, die unter Verwendung der Gln. (2.7) und (2.8) zur Geschwindigkeit bzw. Beschleunigung des Abtriebsglieds führen.

Die **Modul-Methode** [40] basiert auf der Formulierung expliziter Gleichungen für Abstände, Wege und Winkel vordefinierter Gliedergruppen, aus denen sich ein Getriebe zusammensetzen lässt. Sie ist anwendbar, wenn alle kinematischen Antriebsgrößen in der zu untersuchenden Getriebestellung bekannt sind und das Getriebe in Zweischläge zerlegt werden kann.

Die **Vektor-Methode** [1] verlangt das Aufstellen von Zwangsbedingungen in Form von Vektorpolygonen (Maschen), in denen die Gliedlängen l_i (kinematische Abmessungen) als Vektoren betrachtet werden. Ein ebenes zwangläufiges Koppelgetriebe mit n Gliedern, ausschließlich Gelenken mit $f = 1$ und a Antrieben ist durch

$$n_{\mathrm{M}} = (n - a - 1)/2 \tag{4.43}$$

Maschen mit

$$\sum_i \vec{l}_i = \vec{0} \tag{4.44}$$

vollständig beschrieben, wobei jede Masche in die Komponentengleichungen der x-y-Gestellebene (Zwangsbedingungen)

$$\sum_i l_i \cos\varphi_{i1} = 0 \qquad \sum_i l_i \sin\varphi_{i1} = 0 \tag{4.45}$$

zerlegt werden kann. Es entstehen somit $(n - 1 - a)$ nichtlineare Gleichungen in impliziter Form, die i. d. R. numerisch gelöst werden müssen. Ein bewährtes Verfahren stellt die Iterationsmethode nach Newton-Raphson dar, die bei der vorliegenden Anwendung in wenigen Schritten konvergiert.

Die implizite Differentiation der Zwangsbedingungen (4.45) nach der Antriebsgröße x ergeben folgende Gleichungen:

$$-\sum_i l_i \sin\varphi_{i1} \cdot \varphi'_{i1} = 0 \qquad \sum_i l_i \cos\varphi_{i1} \cdot \varphi'_{i1} = 0 \tag{4.46}$$

Auf gleiche Weise lassen sich die zweiten Ableitungen

$$\begin{aligned} -\sum_i l_i \sin\varphi_{i1} \cdot \varphi''_{i1} - \sum_i l_i \cos\varphi_{i1} \cdot \varphi'^2_{i1} &= 0 \\ \sum_i l_i \cos\varphi_{i1} \cdot \varphi''_{i1} - \sum_i l_i \sin\varphi_{i1} \cdot \varphi'^2_{i1} &= 0 \end{aligned} \tag{4.47}$$

gewinnen. Diese Gleichungen sind linear von den Ableitungen φ'_{i1} und φ''_{i1} abhängig. Sie können deshalb mit bekannten Lösungsverfahren für lineare Gleichungssysteme ausgewertet werden, wenn die Winkel φ_{i1} der Glieder für die zu untersuchende Getriebestellung vorliegen.

Beispiel 4.4: Kinematische Analyse eines 6-gliedrigen Koppelgetriebes

Für das in Bild 4.17 dargestellte Koppelgetriebe sind der Abtriebswinkel φ_{61}, die Winkelgeschwindigkeit $\dot{\varphi}_{61}$ und die Winkelbeschleunigung $\ddot{\varphi}_{61}$ zu ermitteln. Gegeben sind die kinematischen Abmessungen l_i sowie die Antriebsgrößen φ_{21}, $\dot{\varphi}_{21}$ und $\ddot{\varphi}_{21}$.

Zeichenfolge-Rechen-Methode

Vom Antriebsglied ausgehend werden im gestellfesten x-y-Koordinatensystem sukzessiv die erforderlichen Vektor- bzw. trigonometrischen Gleichungen zur Berechnung der Lage der Gelenkpunkte A, B und C hergeleitet (Bild 4.19). Eine Gliedlänge wird als Vektor abgebildet, der durch den Betrag l_i und den auf die positive x-Achse bezogenen Richtungswinkel φ_{i1} gekennzeichnet ist. Bei Bedarf sind Hilfsgrößen (hier der Vektor $\vec{l}_H$ mit dem Betrag l_H und dem Richtungswinkel φ_{H1}) einzuführen.

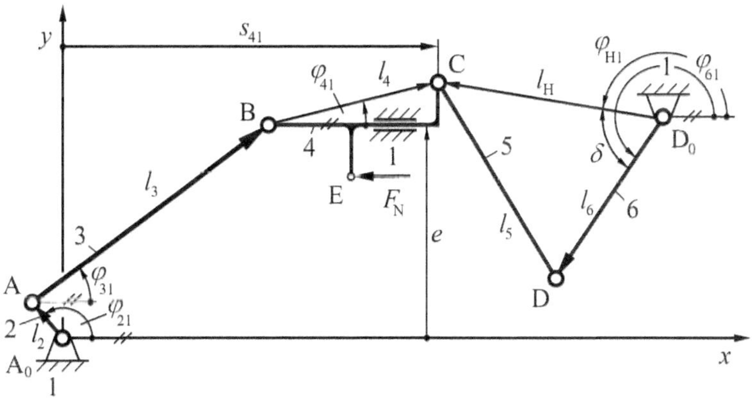

Bild 4.19 Geometrische Größen am 6-gliedrigen Koppelgetriebe

Die Folge der Gleichungen liefert schließlich den gesuchten Abtriebswinkel φ_{61}:

Punkt A $\quad x_A = l_2 \cos\varphi_{21}\,;\; y_A = l_2 \sin\varphi_{21}$

Winkel φ_{31} $\quad \sin\varphi_{31} = \dfrac{e - y_A}{l_3}$

Punkt B $\quad x_B = x_A + l_3 \cos\varphi_{31}\,;\; y_B = e$

Punkt C $\quad x_C = x_B + l_4 \cos\varphi_{41} = s_{41}\,;\; y_C = y_B + l_4 \sin\varphi_{41}$

Hilfsvektor $\vec{l}_H$ $\quad l_{Hx} = x_C - x_{Do}\,;\; l_{Hy} = y_C - y_{Do}$

$$\tan\varphi_{H1} = \frac{l_{Hy}}{l_{Hx}}$$

$$l_H = \sqrt{l_{Hx}^2 + l_{Hy}^2}$$

Hilfswinkel δ $\quad \cos\delta = \dfrac{l_H^2 + l_6^2 - l_5^2}{2 l_H \cdot l_6}$

Abtriebswinkel φ_{61} $\quad \varphi_{61} = \varphi_{H1} + \delta$

Durch implizites Ableiten nach dem Antriebswinkel φ_{21} werden die Gleichungen zur Berechnung der Größe φ'_{61} gewonnen, die der Übertragungsfunktion 1. Ordnung entspricht:

Punkt A $\quad x'_A = -l_2 \sin\varphi_{21}\,;\ y'_A = l_2 \cos\varphi_{21}$

Winkel φ_{31} $\quad \varphi'_{31} = -\dfrac{y'_A}{l_3 \cos\varphi_{31}}$

Punkt B $\quad x'_B = x'_A - l_3 \sin\varphi_{31} \cdot \varphi'_{31} = s'_{41}\,;\ y'_B = 0$

Hilfsvektor $\vec{l}_H$ $\quad l'_{Hx} = x'_C = x'_B\,;\ l'_{Hy} = y'_C = y'_B = 0$

$$l'_H = \frac{l_{Hx} \cdot l'_{Hx}}{l_H}$$

$$\varphi'_{H1} = -\frac{l_{Hy} \cdot l'_{Hx} \cos^2 \varphi_{H1}}{l_{Hx}^2}$$

Hilfswinkel δ $\quad \delta' = \dfrac{l'_H \left(l_6 \cos\delta - l_H\right)}{l_H \cdot l_6 \sin\delta}$

Abtriebswinkel φ_{61} $\quad \varphi'_{61} = \delta' + \varphi'_{H1}$

Durch ein nochmaliges implizites Ableiten nach dem Antriebswinkel φ_{21} ergeben sich die Gleichungen zur Berechnung der Größe φ''_{61} und somit der Übertragungsfunktion 2. Ordnung, die aus Gründen der Übersichtlichkeit nicht angegeben werden.

Vektor-Methode

Für das vorliegende 6-gliedrige Getriebe sind nach Gl. (4.44) zwei Maschen zu formulieren. Gemäß Bild 4.20 lauten die entsprechenden Vektorgleichungen:

$$\vec{l}_2 + \vec{l}_3 + \vec{l}_4 + \vec{l}_H = \vec{0}$$

$$\vec{l}_1 + \vec{l}_6 + \vec{l}_5 + \vec{l}_H = \vec{0}$$

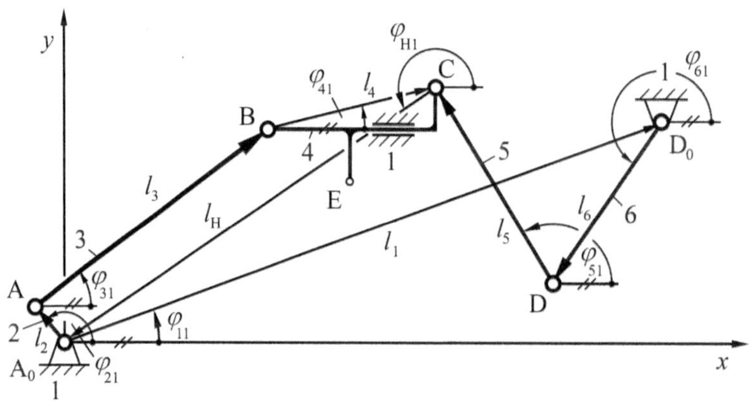

Bild 4.20 Aufteilung des Koppelgetriebes in Maschen

Jene lassen sich in die folgenden Zwangsgleichungen im gestellfesten x-y-Koordinatensystem überführen:

$$l_2 \cos\varphi_{21} + l_3 \cos\varphi_{31} + l_4 \cos\varphi_{41} + l_{\mathrm{H}} \cos\varphi_{\mathrm{H1}} = 0$$

$$l_2 \sin\varphi_{21} + l_3 \sin\varphi_{31} + l_4 \sin\varphi_{41} + l_{\mathrm{H}} \sin\varphi_{\mathrm{H1}} = 0$$

$$l_1 \cos\varphi_{11} + l_6 \cos\varphi_{61} + l_5 \cos\varphi_{51} + l_{\mathrm{H}} \cos\varphi_{\mathrm{H1}} = 0$$

$$l_1 \sin\varphi_{11} + l_6 \sin\varphi_{61} + l_5 \sin\varphi_{51} + l_{\mathrm{H}} \sin\varphi_{\mathrm{H1}} = 0$$

Unter Vorgabe der kinematischen Abmessungen l_i des Getriebes und dem diskreten Antriebswinkel φ_{21} der Kurbel 2 kann nunmehr der Abtriebswinkel φ_{61} an der Schwinge 6 iterativ bestimmt werden.

Eine implizite Differentiation der Zwangsbedingungen nach dem Antriebswinkel φ_{21} ergibt:

$$-l_2 \sin\varphi_{21} - l_3 \sin\varphi_{31} \cdot \varphi'_{31} - l_{\mathrm{H}} \sin\varphi_{\mathrm{H1}} \cdot \varphi'_{\mathrm{H1}} = 0$$

$$l_2 \cos\varphi_{21} + l_3 \cos\varphi_{31} \cdot \varphi'_{31} + l_{\mathrm{H}} \cos\varphi_{\mathrm{H1}} \cdot \varphi'_{\mathrm{H1}} = 0$$

$$-l_6 \sin\varphi_{61} \cdot \varphi'_{61} - l_5 \sin\varphi_{51} \cdot \varphi'_{51} - l_{\mathrm{H}} \sin\varphi_{\mathrm{H1}} \cdot \varphi'_{\mathrm{H1}} = 0$$

$$l_6 \cos\varphi_{61} \cdot \varphi'_{61} + l_5 \cos\varphi_{51} \cdot \varphi'_{51} + l_{\mathrm{H}} \cos\varphi_{\mathrm{H1}} \cdot \varphi'_{\mathrm{H1}} = 0$$

Werden diese Gleichungen dahingehend geordnet, dass nur Summanden mit den abhängigen Bewegungsgrößen φ_{31}, φ_{H1}, φ_{51}, φ_{61} und deren erste Ableitungen auf der linken Seite erscheinen, entstehen folgende Beziehungen:

$$-l_3 \sin\varphi_{31} \cdot \varphi'_{31} - l_{\mathrm{H}} \sin\varphi_{\mathrm{H1}} \cdot \varphi'_{\mathrm{H1}} = l_2 \sin\varphi_{21}$$

$$l_3 \cos\varphi_{31} \cdot \varphi'_{31} + l_{\mathrm{H}} \cos\varphi_{\mathrm{H1}} \cdot \varphi'_{\mathrm{H1}} = -l_2 \cos\varphi_{21}$$

$$-l_5 \sin\varphi_{51} \cdot \varphi'_{51} - l_6 \sin\varphi_{61} \cdot \varphi'_{61} - l_{\mathrm{H}} \sin\varphi_{\mathrm{H1}} \cdot \varphi'_{\mathrm{H1}} = 0$$

$$l_5 \cos\varphi_{51} \cdot \varphi'_{51} + l_6 \cos\varphi_{61} \cdot \varphi'_{61} + l_{\mathrm{H}} \cos\varphi_{\mathrm{H1}} \cdot \varphi'_{\mathrm{H1}} = 0$$

Somit kann das lineare Gleichungssystem $\overline{J} \cdot \overline{y'} = \overline{G}$ mit der **Jacobi[6]-Matrix**

$$\overline{J} = \begin{pmatrix} -l_3 \sin\varphi_{31} & 0 & 0 & -l_{\mathrm{H}} \sin\varphi_{\mathrm{H1}} \\ l_3 \cos\varphi_{31} & 0 & 0 & l_{\mathrm{H}} \cos\varphi_{\mathrm{H1}} \\ 0 & -l_5 \sin\varphi_{51} & -l_6 \sin\varphi_{61} & -l_{\mathrm{H}} \sin\varphi_{\mathrm{H1}} \\ 0 & l_5 \cos\varphi_{51} & l_6 \cos\varphi_{61} & l_{\mathrm{H}} \cos\varphi_{\mathrm{H1}} \end{pmatrix}$$

dem Vektor

$$\overline{y'} = \begin{pmatrix} \varphi'_{31} \\ \varphi'_{51} \\ \varphi'_{61} \\ \varphi'_{\mathrm{H1}} \end{pmatrix}$$

[6] Carl Gustav Jacob Jacobi (1804 – 1851), deutscher Mathematiker, Mitgründer des Mathematisch-Physikalischen Seminars in Königsberg

der ersten Ableitung der abhängigen Bewegungsgrößen und dem Vektor der rechten Seiten der Gleichungen

$$\overline{G} = \begin{pmatrix} l_2 \sin\varphi_{21} \\ -l_2 \cos\varphi_{21} \\ 0 \\ 0 \end{pmatrix}$$

entwickelt werden. Das Lösen des Gleichungssystems liefert bei Kenntnis der Vektorlängen und Winkel der untersuchten Getriebestellung die ersten Ableitungen der abhängigen Bewegungsgrößen.

Auf gleiche Weise lassen sich die zweiten Ableitungen der abhängigen Bewegungsgrößen ermitteln. Ein erneutes Ableiten der Zwangsgleichungen nach dem Antriebswinkel und dem nachfolgenden Ordnen der Terme führt zum linearen Gleichungssystem

$$\overline{J} \cdot \overline{y''} = \overline{B}$$

das beachtenswerter Weise wiederum die Jacobi-Matrix $\overline{J}$ enthält. Während der Spaltenvektor $\overline{y''}$ die zweiten Ableitungen der abhängigen Bewegungsgrößen umfasst, ergibt sich der Spaltenvektor $\overline{B}$ der rechten Seiten zu

$$\overline{B} = \begin{pmatrix} l_2 \cos\varphi_{21} + l_3 \cos\varphi_{31}\varphi_{31}'^{\,2} + l_H \cos\varphi_{H1}\varphi_{H1}'^{\,2} \\ l_2 \sin\varphi_{21} + l_3 \sin\varphi_{31}\varphi_{31}'^{\,2} + l_H \sin\varphi_{H1}\varphi_{H1}'^{\,2} \\ l_5 \cos\varphi_{51}\varphi_{51}'^{\,2} + l_6 \cos\varphi_{61}\varphi_{61}'^{\,2} + l_H \cos\varphi_{H1}\varphi_{H1}'^{\,2} \\ l_5 \sin\varphi_{51}\varphi_{51}'^{\,2} + l_6 \sin\varphi_{61}\varphi_{61}'^{\,2} + l_H \sin\varphi_{H1}\varphi_{H1}'^{\,2} \end{pmatrix}$$

womit sich die zweiten Ableitungen der abhängigen Bewegungsgrößen berechnen lassen. Bild 4.21 zeigt die Übertragungsfunktionen 0., 1. und 2. Ordnung über eine Umdrehung der Antriebskurbel 2.

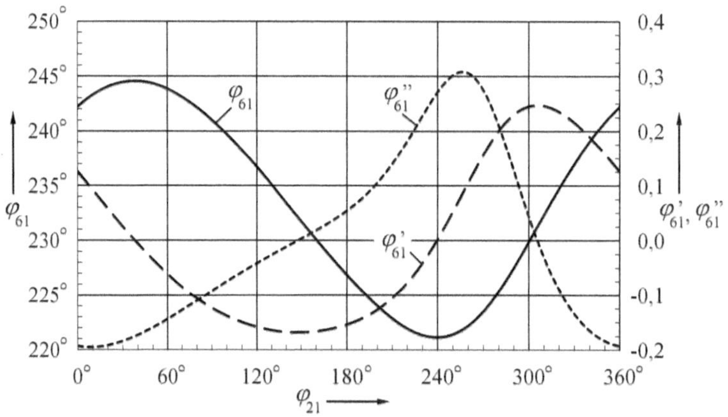

Bild 4.21 Übertragungsfunktionen des 6-gliedrigen Koppelgetriebes

Die beschriebenen Methoden gestatten schließlich unter Verwendung der Gln. (2.7) und (2.8) die Ermittlung der Winkelgeschwindigkeit und der Winkelbeschleunigung an der Abtriebsschwinge 6 aus

$$\dot{\varphi}_{61} = \varphi'_{61} \cdot \dot{\varphi}_{21} \quad \text{bzw.} \quad \ddot{\varphi}_{61} = \varphi'_{61} \cdot \ddot{\varphi}_{21} + \varphi''_{61} \cdot \dot{\varphi}_{21}^2$$

4.8 Kinetostatische Analyse ebener Getriebe

Um die Glieder und Gelenke gestalten und dimensionieren zu können, ist bereits in der frühen Phase des Getriebeentwurfs die Kenntnis der wirkenden Kräfte notwendig. Sie lassen sich einteilen in:

- **äußere** (eingeprägte) **Kräfte:**
  - Potentialkräfte, wie Gewichtskräfte oder Federkräfte, die beim Zurücklegen eines in sich geschlossenen Weges keine Arbeit verrichten
  - Nichtpotentialkräfte, wie Antriebs-, Nutz- oder Reibungskräfte, deren Arbeit vom zurückgelegten Weg abhängt
- **innere Kräfte** (Zwangsreaktionen): Gelenkkräfte, die an der Kontaktstelle der Gelenkelemente zweier Getriebeglieder als Schnittkräfte und somit stets paarweise auftreten
- **Trägheitskräfte** als dynamische Hilfskräfte nach dem Prinzip von d'Alembert[7], die ein dynamisches Problem auf ein statisches zurückführen

Die Untersuchung der Auswirkungen aller am Getriebe angreifenden Kräfte ist Aufgabenstellung der Kinetostatik, die auf den Gesetzmäßigkeiten der Kinematik und der Technischen Mechanik aufbaut. Behandelt werden Starrkörper-Modelle, die aus starren Körpern (Getriebegliedern) verbunden mit ideal spielfreien Gelenken bestehen.

4.8.1 Übertragungswinkel als Gütekriterium der Kraftübertragung

Eine Größe, mit der bereits bei der Festlegung der kinematischen Abmessungen Hinweise auf die zu erwartende Laufgüte des Getriebes gewonnen werden können, ist der Übertragungswinkel μ nach Alt[8]. Er liefert unter bestimmten Bedingungen Anhaltspunkte für die Kraftübertragung zwischen den Getriebegliedern, lässt allerdings eine gesicherte Bewertung der Laufeigenschaften bei weitem nicht zu. Dafür ist u. a. die Beurteilung des Antriebsmoments, der Beanspruchung der Glieder und Gelenke sowie des Schwingungsverhaltens notwendig [1]. Für die anschließenden Betrachtungen wird von folgender Überlegung ausgegangen:

---

[7] Jean Le Rond d'Alembert (1717 - 1783), französischer Mathematiker, Naturwissenschaftler und Philosoph, Mitglied der Akademien in Petersburg und Paris

[8] Hermann Alt (1889 - 1954), deutscher Ingenieur und Inhaber des ersten Lehrstuhls für Getriebelehre in Deutschland, Professor an der TH Dresden und der TH Berlin

Der in Bild 4.22 dargestellte Schieber i soll durch die im Gelenk A angreifende Kraft F_{ij} bewegt werden. Die größte Wirkung wird erzielt, wenn die Kraft in Bewegungsrichtung angreift, d. h., der Kraftangriffswinkel $\alpha = 0°$ annimmt. Im Gegensatz dazu wird die Kraft keine Bewegung verursachen können, wenn ihre Wirkungsrichtung senkrecht zur Schubrichtung liegt ($\alpha = 90°$).

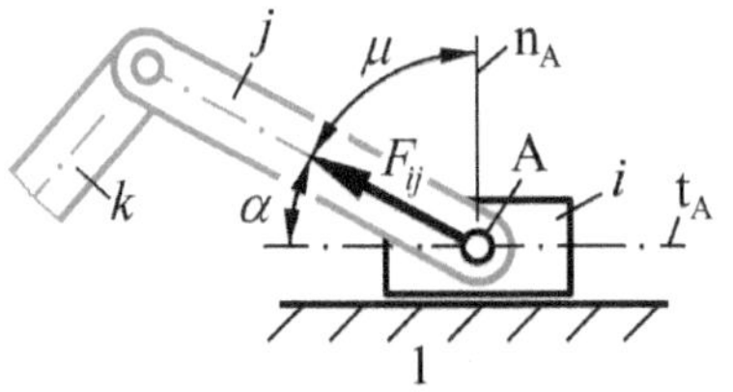

Bild 4.22 Kraftangriffswinkel α und Übertragungswinkel μ

Der Kraftangriffswinkel α tritt als Ergänzungswinkel des Übertragungswinkels μ auf, womit $\alpha + \mu = 90°$ gilt. Letzterer wird nach Alt wie folgt definiert:

Der **Übertragungswinkel** μ liegt im Gelenk zwischen Übertragungsglied und Abtriebsglied vor und kennzeichnet den spitzen Winkel zwischen der Bahntangente der Absolutbahn des Gelenkpunkts und der Relativbahn des Gelenkpunkts zum benachbarten Antriebsglied. Somit gilt stets $0 \leq \mu \leq 90°$. ■

Bild 4.23a zeigt den bei ungleichmäßig übersetzenden Getrieben stellungsabhängigen Übertragungswinkel μ am Beispiel einer Kurbelschwinge, der durch die Bahntangenten t_{B41} und t_{B42} bzw. alternativ durch die entsprechenden Bahnnormalen n_{B41} und n_{B42} begrenzt wird. Von Interesse ist i. Allg. der ungünstigste Wert als minimaler Übertragungswinkel μ_{min}, der bei einer Kurbelschwinge in der Deck- oder Strecklage der Antriebskurbel 2 zur Gestellgeraden A_0B_0 (Gestelllagen) liegt. Greift an der Schwinge 4 das Moment

$$M_{41} = M_N + M_{T4} = M_N - J_4 \cdot \ddot{\varphi}_{41} \tag{4.48}$$

an, das aus dem Nutzmoment M_N und dem Moment M_{T4} der Massenträgheit resultiert, kann mit Hilfe des Momentengleichgewichts an der Schwinge 4 die daraus resultierende Gelenkkraft

$$F_{43} = -\frac{M_N - J_4 \cdot \ddot{\varphi}_{41}}{\overline{B_0B} \cdot \sin\mu} \tag{4.49}$$

in B hergeleitet werden (Bild 4.23b). Das Massenträgheitsmoment J_4 ist hierbei auf den gestellfesten Drehpunkt B_0 bezogen.

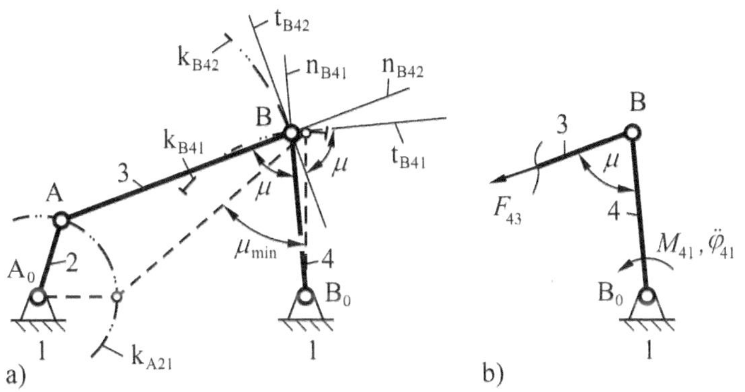

Bild 4.23 Übertragungswinkel μ an der Kurbelschwinge. a) kinematisches Schema, b) Kraftgrößen an der Abtriebsschwinge

Aus Gl. (4.49) ist erkennbar, dass die Gelenkkraft mit kleiner werdendem Übertragungswinkel μ wächst bzw. der optimale Übertragungswinkel im Sinne einer kleinen Gelenkkraft F_{43} bei $\mu = 90°$ liegt. Bild 4.24 zeigt den Übertragungswinkel für ausgewählte Getriebetypen im Falle eines drehenden Antriebs im Gelenk A_0.

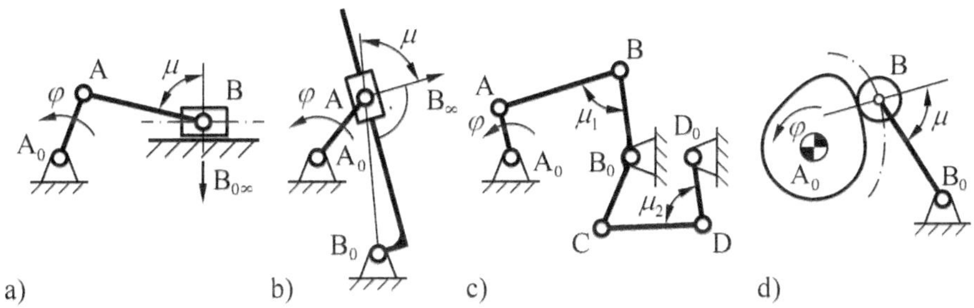

Bild 4.24 Übertragungswinkel μ ausgewählter ungleichmäßig übersetzender Getriebe. a) Schubkurbel, b) Kurbelschleife, c) 6-gliedriges Koppelgetriebe, d) Kurvengetriebe

Bei einem Wechsel von An- und Abtriebsglied ist der Übertragungswinkel neu zu definieren. Die zentrische Schubkurbel eines Verbrennungsmotors (Bild 4.25) wird am Kolben 4 angetrieben, so dass der Übertragungswinkel im Gelenk A auftritt. Er besitzt in der gezeichneten Stellung einen sehr kleinen Wert. In beiden Totlagen (Streck- bzw. Decklage von Kurbel 2 und Koppel 3) nimmt er sogar den Wert $\mu = 0°$ an. Bewegungsfähig ist das Getriebe nur deshalb, weil die von den Schwungscheiben 2' der Kurbelwelle 2 gespeicherte kinetische Energie antreibend wirkt.

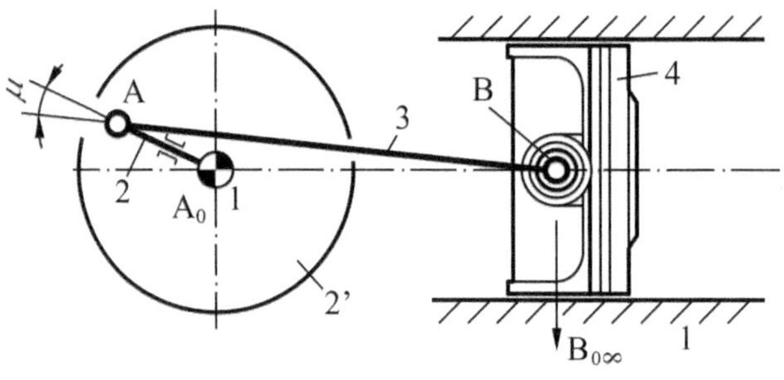

Bild 4.25 Übertragungswinkel μ an der Schubkurbel eines Verbrennungsmotors

4.8.2 Kraftanalyse nach dem Leistungsprinzip

Ist der Geschwindigkeitszustand eines Getriebes bekannt, kann mit geringem Aufwand das Leistungsprinzip zur Kräfteermittlung angewendet werden. Es besagt, dass die an einem zwangläufigen Getriebe angreifenden Kraftgrößen im Gleichgewicht stehen, wenn die Summe ihrer Leistungen verschwindet:

$$0=\sum_i P_i=\sum_j \vec{F}_j\cdot\vec{v}_j+\sum_k \vec{M}_k\cdot\vec{\omega}_k=\sum_j F_j\cdot v_j\cdot\cos\left(\vec{F}_j,\vec{v}_j\right)+\sum_k M_k\cdot\omega_k\cdot\cos\left(\vec{M}_k,\vec{\omega}_k\right) \tag{4.50}$$

mit $i=j+k$

Jeder Leistungsanteil P_i entspricht somit dem Produkt aus der jeweiligen Kraftgröße und der auf die Wirkungslinie der Kraftgröße projizierten zugehörigen Geschwindigkeitsgröße. Da in einem zwangläufigen Getriebe alle Geschwindigkeitsgrößen $\dot{s}_j$ und $\dot{\varphi}_k$ nach Gl. (2.7) proportional der Antriebsgeschwindigkeit $\dot{x}$ sind, behält Gl. (4.50) auch dann ihre Gültigkeit, wenn mit den zeitunabhängigen Größen $s_j'=\dot{s}_j/\dot{x}$ und $\varphi_k'=\dot{\varphi}_k/\dot{x}$ (z. B. Übertragungsfunktionen 1. Ordnung) oder den entsprechenden Übersetzungen bzw. Drehschubstrecken (s. Abschnitt 4.6) gearbeitet wird. So ergibt sich

$$0=\sum_i P_i=\dot{x}\left[\sum_j F_j\cdot s_j'\cdot\cos\left(\vec{F}_j,\vec{v}_j\right)+\sum_k M_k\cdot\varphi_k'\cdot\cos\left(\vec{M}_k,\vec{\omega}_k\right)\right] \tag{4.51}$$

Beispiel 4.5: Antriebsmoment eines 6-gliedrigen Koppelgetriebes

Soll am Koppelgetriebe nach Bild 4.19 das Antriebsmoment M_{21} infolge der an der Abtriebsschwinge 6 vorliegenden Trägheitsbelastung M_{T6} berechnet werden, ergibt sich nach Gl. (4.50) zunächst

$$0=M_{21}\cdot\omega_{21}+M_{T6}\cdot\omega_{61}$$

wobei beide Momente wie die Winkelgeschwindigkeiten der betreffenden Glieder im mathematisch positiven Drehsinn definiert werden. Das Umstellen nach dem gesuchten Antriebsmoment führt unter der Voraussetzung einer konstanten Antriebswinkelgeschwindigkeit $\omega_{21}=\Omega$ und dem Moment

$$M_{T6}=-J_6\cdot\ddot{\varphi}_{61}=-J_6\cdot\varphi_{61}''\cdot\Omega^2$$

infolge der Massenträgheit zu

$$M_{21} = -\frac{\omega_{61}}{\omega_{21}} M_{T6} = \frac{\varphi'_{61} \cdot \omega_{21}}{\omega_{21}} J_6 \cdot \varphi''_{61} \cdot \omega_{21}^2 = J_6 \cdot \varphi'_{61} \cdot \varphi''_{61} \cdot \Omega^2$$

Wenn dagegen der anteilige Einfluss der am Schieber 4 angreifenden Nutzkraft F_N auf das Antriebsmoment interessiert, kann angesetzt werden:

$$0 = M_{21} \cdot \omega_{21} + F_N \cdot v_{41} \cdot \cos\left(\vec{F}_N, \vec{v}_E\right)$$

Da die Nutzkraft entgegen der positiven Bewegungsrichtung des Schiebers 4 angetragen ist, beträgt der Winkel zwischen Kraft- und Geschwindigkeitsvektor 180°, wodurch der Kosinus den Wert -1 annimmt. Das Antriebsmoment ergibt sich somit zu

$$M_{21} = \frac{v_{41}}{\omega_{21}} F_N = \frac{s'_{41} \cdot \omega_{21}}{\omega_{21}} F_N = s'_{41} \cdot F_N$$ ■

■ **Beispiel 4.6: Federkraft an der Hinterradaufhängung eines PKWs**

Bild 4.26 zeigt das Führungsgetriebe einer Pkw-Hinterradaufhängung. Für die abgebildete Stellung ist das Verhältnis von Federkraft F_F und Radkraft F_K zu bestimmen, wobei das System als reibungsfrei betrachtet wird.

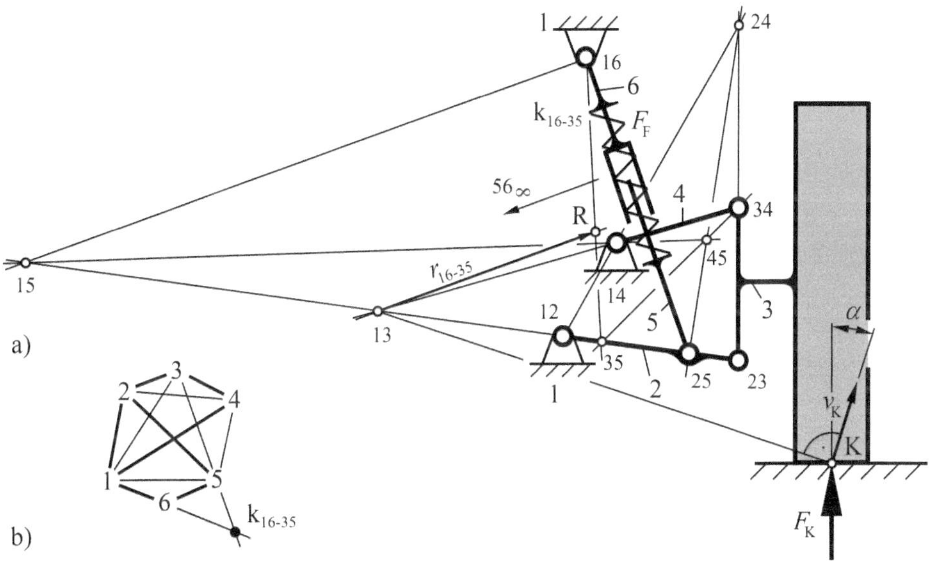

Bild 4.26 Führungsgetriebe der Hinterradaufhängung. a) kinematisches Schema, b) Polygon

Die gesuchte Federkraft lässt sich vorteilhaft durch Anwendung des Leistungssatzes berechnen:

$$0 = F_F \cdot v_{56} + F_K \cdot v_K \cdot \cos\left(\vec{F}_K, \vec{v}_K\right)$$

Die dazu notwendigen Bewegungsgrößen können entweder auf analytischem Weg (s. Abschnitt 4.7) oder durch Anwendung der diagonalen Drehschubstrecke (s. Abschnitt 4.6) ermittelt werden. Letztere der beiden Methoden soll im Folgenden zur Lösung herangezogen werden.

Wenn die Lage des Momentanpols 13 bekannt ist, kann die Geschwindigkeit v_k am Kontaktpunkt K des Rades durch das Produkt aus Winkelgeschwindigkeit ω_{31} und Abstand $\overline{13\,K}$ ersetzt werden. Weiteres Umformen ergibt:

$$\frac{F_F}{F_K} = -\frac{\omega_{31}}{v_{56}} \cdot \overline{13\,K} \cdot \cos\alpha = -\frac{\overline{13\,K} \cdot \cos\alpha}{r_{56-31}} = -\frac{\overline{13\,K} \cdot \cos\alpha}{\overline{13\,R}}$$

Zu ermitteln ist somit die diagonale Drehschubstrecke r_{56-31}, die der Strecke $\overline{13\,R}$ entspricht. Nach Bild 4.26 sind dafür in der aufgeführten Reihenfolge die Pole 13, 24, 15, 45 und 35 zu bestimmen, die zur Konstruktion der Kollineationsachse k_{16-35} sowie des Punkts R benötigt werden. Entsprechend der vorliegenden kinematischen Abmessungen erhält man für das Kräfteverhältnis

$$\frac{F_F}{F_K} = -1{,}93$$ ■

4.8.3 Kraftanalyse nach dem Prinzip der virtuellen Arbeit

Einen allgemeinen Ansatz zur Kraftanalyse bietet die **Bewegungsgleichung der starren Maschine**, die auf dem Prinzip der virtuellen Arbeit und der Lagrangeschen[9] Gleichung zweiter Art beruht. Diese Methode gestattet die Ermittlung einer Kraftgröße an einer beliebigen Stelle des Getriebes. Dazu wird das Getriebe an der Stelle, an der die Kraftgröße wirkt, gedanklich geschnitten und eine generalisierte Koordinate q eingeführt. Sie ist ein Weg, wenn eine Kraft gesucht wird, bzw. ein Winkel, wenn ein Moment zu bestimmen ist.

Für ein Getriebe mit dem Freiheitsgrad $F = 1$ lautet die Bewegungsgleichung der starren Maschine allgemein

$$J(q) \cdot \ddot{q} + \frac{1}{2} J'(q) \cdot \dot{q}^2 = Q(q, \dot{q}, t) \tag{4.52}$$

Darin werden auf der linken Seite der Gleichung die Trägheitseigenschaften der Getriebeglieder durch die generalisierte Masse $J(q)$ erfasst. Sie verkörpert die auf die generalisierte Koordinate bezogene Summe aller Trägheitswirkungen und entspricht einer reduzierten Masse, wenn die generalisierte Koordinate q ein Weg ist, bzw. einem reduzierten Massenträgheitsmoment, wenn q einen Winkel beschreibt. Für ein ebenes Getriebe wird sie unter Verwendung der Ableitungen der entsprechenden Bewegungsgrößen eines Getriebeglieds i (Schwerpunktkoordinaten x_{Si}, y_{Si} und Lagewinkel φ_i im gestellfesten Koordinatensystem) nach der generalisierten Koordinate q aus der Gleichung

$$J(q) = \sum_{i=2}^{n} \left[m_i \left(x_{Si}'^2 + y_{Si}'^2 \right) + J_{Si} \cdot \varphi_i'^2 \right] \tag{4.53}$$

[9] Joseph Louis de Lagrange (1736 – 1813), italienisch-französischer Mathematiker und Vertreter der theoretischen Mechanik

berechnet und besitzt stets einen positiven Wert. Die Ableitung der generalisierten Masse nach der generalisierten Koordinate ergibt sich aus

$$J'(q) = \frac{\mathrm{d}J(q)}{\mathrm{d}q} \tag{4.54}$$

Die rechte Seite von Gl. (4.52) enthält alle am Getriebe angreifenden äußeren Kraftgrößen F_k und M_k einschließlich der Antriebskraftgröße, die wiederum in ihrer Wirkung auf die generalisierte Koordinate q reduziert werden. Die von ihnen verrichtete Arbeit entspricht der Arbeit der generalisierten Kraft Q, welche aus

$$Q = \sum_k \left[F_{kx} \cdot x_k' + F_{ky} \cdot y_k' + M_k \cdot \varphi_k' \right] \tag{4.55}$$

unter Nutzung der Ableitungen der Bewegungsgrößen am Kraftangriff nach der generalisierten Koordinate ermittelt werden kann. [48]

Beispiel 4.7: Kraftanalyse an einem 6-gliedrigen Koppelgetriebe

Es ist das Antriebsmoment des Koppelgetriebes aus Beispiel 4.3 (s. Bild 4.17) zu ermitteln, wobei neben der Nutzkraft am Schieber 4 die relevanten Trägheitswirkungen des Schiebers 4 und der Abtriebsschwinge 6 zu berücksichtigen sind.

Gegeben: kinematische Abmessungen l_i

Bewegungsgrößen der Glieder und deren Ableitungen nach dem Antriebswinkel φ_{21}

Antriebswinkelgeschwindigkeit $\dot{\varphi}_{21} = \Omega = \text{const.}$

Masseparameter m_4, J_6

Nutzkraft F_N

Gesucht: Bewegungsgleichung der starren Maschine

Antriebsmoment M_{21}

Lösung:

Zunächst ist die generalisierte Masse $J(q = \varphi_{21})$ zu ermitteln, die alle relevanten Trägheiten auf den Antriebswinkel φ_{21} der Kurbel 2 bezieht. Dafür ergibt sich die Gleichung

$$J(\varphi_{21}) = m_4 \cdot s_{41}'^2 + J_6 \cdot \varphi_{61}'^2$$

wenn die Bewegungsgrößen aus Beispiel 4.4 Verwendung finden.

Das Massenträgheitsmoment der Abtriebsschwinge 6, die sich rotatorisch bewegt, wird hierbei vereinfachend auf die Drehachse im gestellfesten Drehgelenk D_0 bezogen. Für die Ableitung der generalisierten Masse nach dem Antriebswinkel φ_{21} als generalisierte Koordinate erhält man:

$$J'(\varphi_{21}) = 2\left(m_4 \cdot s_{41}' \cdot s_{41}'' + J_6 \cdot \varphi_{61}' \cdot \varphi_{61}''\right)$$

Mit den vorliegenden äußeren Kraftgrößen M_{21} und F_N kann die generalisierte Kraft

$$Q = M_{21} + (-F_N \cdot s'_{41})$$

bestimmt werden, wobei das negative Vorzeichen vor F_N aus der zur positiven Richtung der Bewegungsgröße s'_{41} entgegen gerichteten Nutzkraft resultiert. Die Bewegungsgleichung der starren Maschine lautet somit:

$$\left(m_4 \cdot s'^2_{41} + J_6 \cdot \varphi'^2_{61}\right)\ddot{\varphi}_{21} + \left(m_4 \cdot s'_{41} \cdot s''_{41} + J_6 \cdot \varphi'_{61} \cdot \varphi''_{61}\right)\dot{\varphi}^2_{21} = M_{21} - F_N \cdot s'_{41}$$

Bei einer konstanten Antriebswinkelgeschwindigkeit $\dot{\varphi}_{21} = \Omega$ ergibt sich das Antriebsmoment

$$M_{21} = \left(m_4 \cdot s'_{41} \cdot s''_{41} + J_6 \cdot \varphi'_{61} \cdot \varphi''_{61}\right)\Omega^2 + F_N \cdot s'_{41}$$

das infolge der relevanten Trägheitswirkungen und der angreifenden Nutzkraft notwendig ist. ■

■ 4.9 Übungsaufgaben

Aufgabe 4.1: Räderkoppelgetriebe

Das abgebildete Räderkoppelgetriebe (Bild 4.27) wandelt eine gleichmäßig umlaufende Antriebsdrehbewegung ($\omega_{21} = \Omega = 10$ rad/s) der Kurbel 2 in eine am Rad 5 vorliegende fortschreitende Drehbewegung mit einer Teilrückbewegung um. Zu ermitteln ist die in der vorliegenden Stellung auftretende Winkelgeschwindigkeit ω_{51} unter Nutzung der Polkonfiguration.

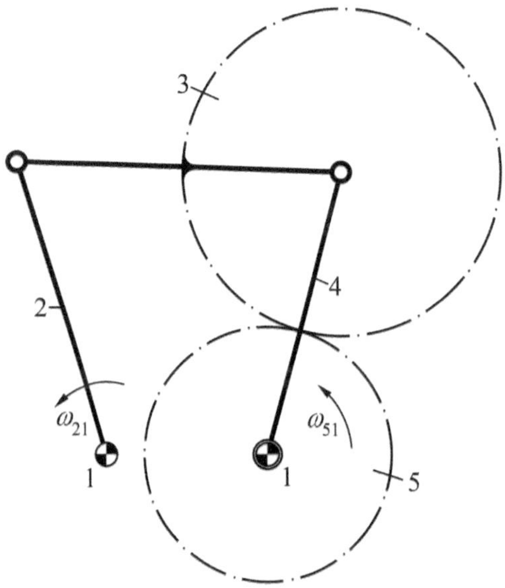

Bild 4.27 Kinematisches Schema des Räderkoppelgetriebes

Aufgabe 4.2: V-Motor

Welches Moment liegt in der abgebildeten Stellung des V-Motors (Bild 4.28) an der Kurbelwelle 2 vor, wenn an den Kolben 4 und 6 die Kolbenkräfte $F_B = 25$ kN und $F_D = 6$ kN angreifen? Die Kurbellänge $\overline{A_0A}$ beträgt 50 mm. Zur grafischen Lösung ist die Drehschubstrecke heranzuziehen.

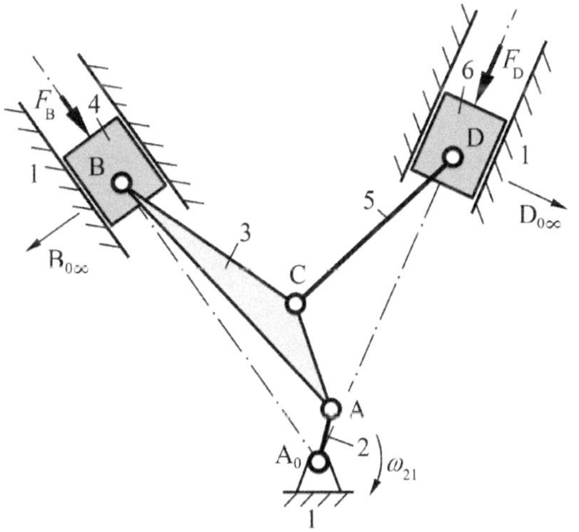

Bild 4.28 Getriebeschema des V-Motors

Aufgabe 4.3: Cabrioverdeck-Führungsgetriebe

Das in Bild 4.29 dargestellte Führungsgetriebe eines Cabrioverdecks ist kinematisch zu analysieren. Von Interesse sind die Winkelgeschwindigkeit ω_{61} des Verdeckelements 6 sowie die Geschwindigkeit des Punkts F bei einer vorgegebenen Winkelgeschwindigkeit ω_{21} an der Antriebsschwinge 2.

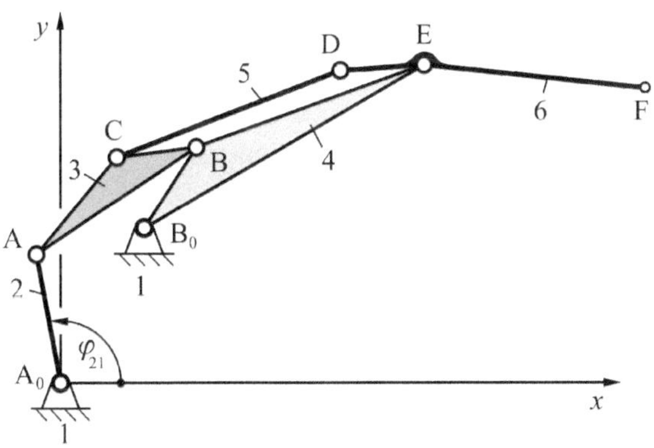

Bild 4.29 Kinematisches Schema des Cabrio-Verdeck-Getriebes

Gesucht sind: Winkelgeschwindigkeit ω_{61} und Geschwindigkeit v_F des Punkts F am Verdeckelement 6

a) mittels grafischer Methoden

b) analytisch unter Verwendung der Zeichenfolge-Rechen-Methode

5 Typsynthese ausgewählter Getriebe

Das Ziel der Typsynthese (qualitative Getriebesynthese) besteht darin, für die vorliegende Bewegungsaufgabe und das gewählte Lösungskonzept geeignete Getriebetypen zu finden. Dabei müssen neben der Getriebeart auch die Anzahl der Getriebeglieder, die Art der Gelenke und die Lage der Drehachsen festgelegt werden.

Die Anzahl der gefundenen Lösungen hängt hierbei wegen der Vielfalt der möglichen Bewegungsaufgaben und der zugehörigen Randbedingungen u.a. entscheidend von der Erfahrung des Bearbeiters und seinem Wissen über die spezifischen Eigenschaften der verschiedenen Getriebe ab. Deswegen werden im Folgenden die Grundgetriebearten

- Koppelgetriebe,
- Kurvengetriebe und
- Rädergetriebe

näher betrachtet und ihre charakteristischen Eigenschaften und Merkmale vorgestellt.

5.1 Koppelgetriebe

Koppelgetriebe werden in vielen Bereichen der Technik als Übertragungsgetriebe zur Realisierung einer Übertragungsfunktion aber auch als Führungsgetriebe zur Führung von Punkten auf bestimmten Bahnen oder von Körpern durch bestimmte Lagen eingesetzt.

Alle Koppelgetriebe besitzen mindestens eine Koppel, die im einfachsten Fall eines 4-gliedrigen Koppelgetriebes die beiden im Gestell gelagerten Getriebeglieder verbindet. In einem Übertragungsgetriebe dient die Koppel zur Übertragung der Bewegung des Antriebsgliedes auf das Abtriebsglied. In einem Führungsgetriebe gehört der zu führende Punkt bzw. der zu führende Körper zur Koppel.

Koppelgetriebe besitzen spezifische Vor- und Nachteile, deren Kenntnis dem Konstrukteur bei der Auswahl der geeigneten Getriebeart für eine gegebene Bewegungsaufgabe hilft.

Wesentlicher Vorteil der Koppelgetriebe sind die einfach und damit kostengünstig herzustellenden Getriebeelemente, d.h. die Getriebeglieder und Gelenke. Als Gelenke kommen hauptsächlich Dreh-, Schub- und im räumlichen Fall häufig auch Kreuz- und Kugelgelenke zum Einsatz (vgl. Abschnitt 3.3.1), deren Elemente mit Flächenberührung ausgeführt werden können und somit die Übertragung großer Kräfte erlauben. Zudem sind die Bewegungsabläufe von Koppelgetrieben i.d.R. stoß- und ruckfrei, so dass hohe Arbeitsgeschwindigkeiten erreicht werden können.

Bild 5.1 zeigt als Beispiel ein 8-gliedriges ebenes Koppelgetriebe in einer Presse, die für die Herstellung von Karosserieteilen wie Kotflügeln, Türen und Motorhauben eingesetzt wird. Die dafür notwendigen beträchtlichen Umformkräfte wären z. B. mit einem Kurvengetriebe aufgrund der hohen Pressung im Kurvengelenk (Gleitwälzgelenk) kaum oder gar nicht zu übertragen.

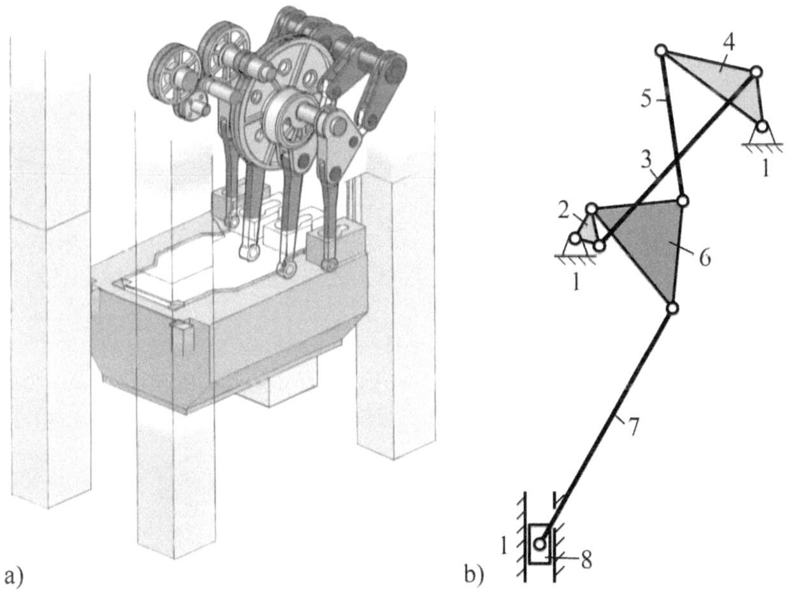

Bild 5.1 Tiefziehpresse mit 8-gliedrigem Koppelgetriebe. a) 3D-Modell [41], b) Getriebeschema

Nachteilig ist bei Koppelgetrieben die eingeschränkte Realisierbarkeit von vorgegebenen Übertragungsfunktionen oder Führungsbewegungen. Diese können im Allgemeinen nur angenähert verwirklicht werden (vgl. Abschnitt 6.1). Hierbei bestimmt hauptsächlich die Getriebestruktur, d. h. die Anzahl, Anordnung und Art der Getriebeglieder und Gelenke, die prinzipiellen Möglichkeiten, eine Bewegungsaufgabe zu erfüllen. So können beispielsweise mit einem 4-gliedrigen Koppelgetriebe nur Übertragungsaufgaben ohne Rasten erzielt werden. Für Übertragungsfunktionen mit Rasten sind mindestens 6-gliedrige Koppelgetriebe notwendig, wobei diese Rasten nicht exakt, sondern nur angenähert verwirklicht werden können [2]. Zudem ist die Maßsynthese bei Koppelgetrieben schwieriger, da i. d. R. spezielle Verfahren zum Einsatz kommen, die nur bei bestimmten Aufgabenstellungen verwendet werden können. Weitere Hinweise auf spezifische Vor- und Nachteile von Koppelgetrieben - insbesondere im Vergleich zu Kurvengetrieben - sind in Abschnitt 5.2.3 gegeben.

Die methodische Auswahl eines geeigneten Koppelgetriebetyps für eine zu lösende Bewegungsaufgabe erfordert fundierte Sachkenntnisse über die spezifischen Eigenschaften. Daher werden im Folgenden die wichtigsten Koppelgetriebe-Typen mit ihren Eigenschaften näher betrachtet.

5.1.1 Ebene 4-gliedrige Koppelgetriebe

Ebene 4-gliedrige Koppelgetriebe entstehen aus ebenen 4-gliedrigen kinematischen Ketten, die nur binäre, durch Dreh- oder Schubgelenke miteinander verbundene Glieder besitzen, indem eines der Glieder zum Gestell wird. Dabei ist nach Bild 5.2 zwischen den Getrieben

a) der Drehgelenkkette (Viergelenkkette),

b) der Schubkurbelkette,

c) der Kreuzschubkurbelkette und

d) der Schubschleifenkette

zu unterscheiden. Koppelgetriebe der Drehgelenkkette (Viergelenke) besitzen vier Drehgelenke, während Koppelgetriebe der Schubkurbelkette drei Drehgelenke und ein Schubgelenk aufweisen. Bei den Koppelgetrieben der Kreuzschubkurbelkette sind die beiden Dreh- und die beiden Schubgelenke jeweils benachbart, bei den Getrieben der Schubschleifenkette liegen sie sich gegenüber.

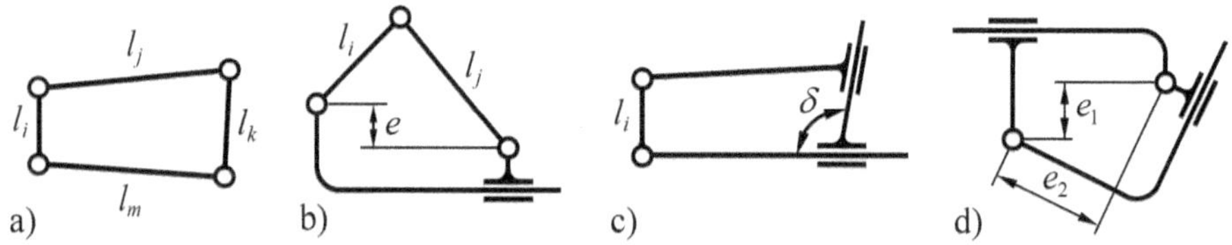

Bild 5.2 Kinematische Ketten der 4-gliedrigen Koppelgetriebe. a) Drehgelenkkette, b) Schubkurbelkette, c) Kreuzschubkurbelkette, d) Schubschleifenkette

Eine umfassende Begriffserklärung und Systematik zu ebenen 4-gliedrigen Koppelgetrieben ist in [42] enthalten.

a) Koppelgetriebe der Drehgelenkkette

Die kinematischen Abmessungen eines Viergelenks sind die vier Gliedlängen l_1, l_2, l_3 und l_4. Das Getriebe ist **umlauffähig**, wenn das kürzeste Getriebeglied relativ zu seinen beiden Nachbargliedern (vollständig) umlaufen kann. Nach dem **Satz von Grashof**[1] muss dazu die Summe aus der kleinsten und der größten Gliedlänge kleiner als die Summe der beiden übrigen Gliedlängen sein:

$$l_{\min} + l_{\max} < l' + l'' \tag{5.1}$$

Umlauffähige Viergelenke haben zwei **Teil-Bewegungsbereiche**, wobei sich die kinematischen Eigenschaften in den beiden Teil-Bewegungsbereichen trotz identischer Gliedabmessungen unterscheiden. Die beiden Teilbereiche sind zudem voneinander getrennt, so dass ein Wechsel von einem Teilbereich in den anderen nur durch einen entsprechenden

[1] Franz Grashof (1826 – 1893), Professor am Polytechnikum Karlsruhe

Umbau möglich ist. Deshalb muss bei den kinematischen Abmessungen umlauffähiger Getriebe zusätzlich noch der gewählte Teil-Bewegungsbereich angegeben werden. Bild 5.3 verdeutlicht dies am Beispiel einer Kurbelschwinge mit den beiden Teil-Bewegungsbereichen I und II. Nur durch Lösen des Gelenks im Punkt B^I und anschließendes Montieren im anderen Teil-Bewegungsbereich (Punkt B^{II}) ist ein Wechsel zwischen den Teilbereichen I und II möglich. Die Bahn k_K^I des Koppelpunktes K^I im Teil-Bewegungsbereich I unterscheidet sich dabei deutlich von der Bahn k_K^{II} des Koppelpunktes K^{II} im Teil-Bewegungsbereich II, während der Schwingwinkel ψ_0 der Schwinge in beiden Teilbereichen gleich groß ist. Für die Übertragungsfunktion 0. Ordnung beider Teil-Bewegungsbereiche gilt der Zusammenhang $\psi^{II}(\varphi) = -\psi^{I}(-\varphi)$.

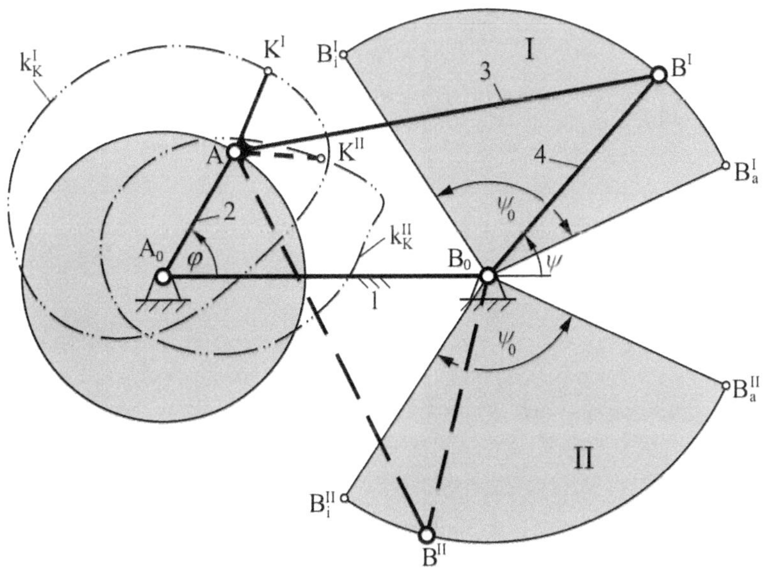

Bild 5.3 Kurbelschwinge mit den Teil-Bewegungsbereichen I und II

Erfüllen die Gliedlängen hingegen die Bedingung

$$l_{min} + l_{max} > l' + l'' \tag{5.2}$$

so ist das Getriebe **totalschwingfähig** (nicht umlauffähig). In einem totalschwingfähigen Getriebe kann keines der Getriebeglieder relativ zu einem anderen umlaufen, alle Glieder schwingen nur relativ zueinander. Totalschwingfähige Getriebe besitzen nur einen Bewegungsbereich (Bild 5.4), der jedoch i. d. R. nicht vollständig genutzt wird.

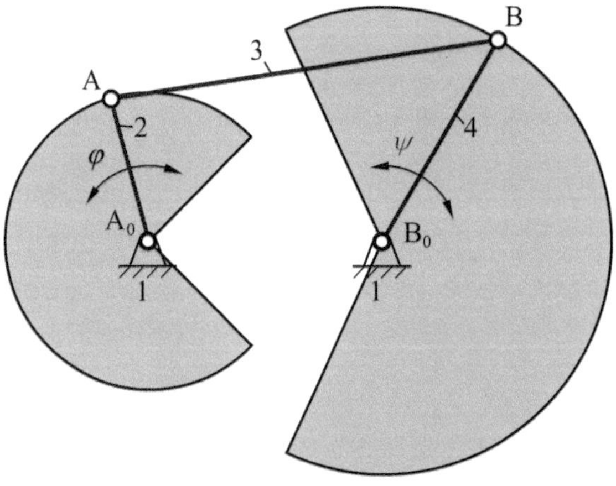

Bild 5.4 Bewegungsbereich eines totalschwingfähigen Koppelgetriebes (Doppelschwinge)

Im Grenzfall der Längenbedingung

$$l_{min} + l_{max} = l' + l'' \tag{5.3}$$

ist das Getriebe **durchschlagfähig**. Bei einem durchschlagfähigen Getriebe gibt es wenigstens eine Getriebestellung, die sogenannte **Verzweigungslage**, in der bei vorgegebener Bewegung eines Gliedes zwei verschiedene Bewegungen der anderen Glieder möglich sind. Bei der Drehgelenkkette liegen hierbei die vier Drehgelenke auf einer Geraden (Bild 5.5). Durchschlagfähige Getriebe haben wie umlauffähige Getriebe zwei Teil-Bewegungsbereiche, die sich in der Verzweigungslage berühren. Die Getriebe können dadurch von dem einen in den anderen Teilbereich „durchschlagen". Daher sind zusätzliche konstruktive Maßnahmen wie in [37] beschrieben notwendig, um das Bewegungsverhalten des Getriebes eindeutig festzulegen.

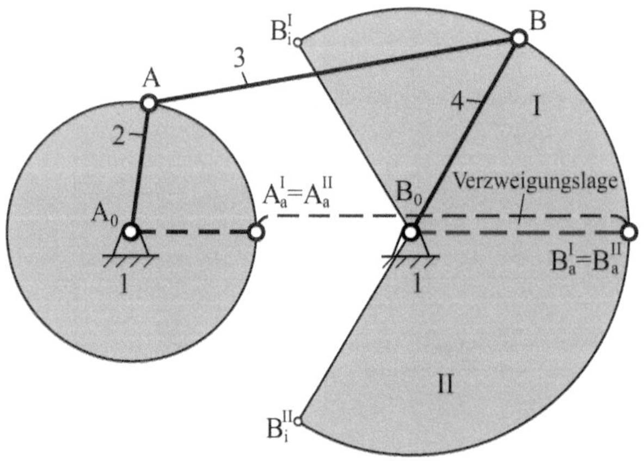

Bild 5.5 Bewegungsbereich einer durchschlagfähigen Kurbelschwinge mit sich berührenden Teilbereichen I und II

Zu den wichtigsten Getrieben der Drehgelenkkette gehören:

Kurbelschwinge

Die Kurbelschwinge (Bild 5.6) ist ein umlauffähiges Getriebe, dessen kürzestes Glied die Kurbel 2 ist. Sie wandelt die Drehung der Kurbel in die Schwingbewegung der Schwinge 4 um. Der Schwingwinkel ψ_0 wird dabei durch die beiden Umkehrlagen der Schwinge begrenzt. Die äußere Umkehrlage B_aB_0 der Schwinge bzw. die **äußere Totlage** A_0A_a der Kurbel sind erreicht, wenn sich die Kurbel 2 und die Koppel 3 in Strecklage befinden und die Gelenkpunkte A_0, A_a und B_a somit auf einer Geraden liegen. Die innere Umkehrlage B_iB_0 der Schwinge bzw. die **innere Totlage** A_0A_i der Kurbel ergeben sich, wenn sich die Kurbel 2 und die Koppel 3 in Decklage befinden, also die Gelenkpunkte A_i, A_0 und B_i auf einer Geraden liegen. Praktisch brauchbare Kurbelschwingen können Schwingwinkel ψ_0 von maximal 120° realisieren.

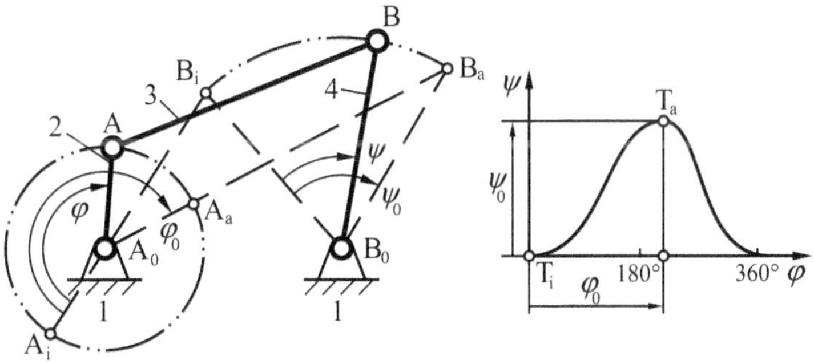

Bild 5.6 Kurbelschwinge mit Übertragungsfunktion 0. Ordnung

Eine Kurbelschwinge kann auch an der Schwinge angetrieben werden, wenn zur Überwindung der Totlagen konstruktive Maßnahmen getroffen werden. Diese können z. B. in dem Anbringen einer Schwungmasse an der Kurbel oder einer Feder zwischen zwei Getriebegliedern bestehen.

Liegt zwischen der inneren und der äußeren Totlage der Kurbel ein **Totlagenkurbelwinkel** $\varphi_0 = 180°$, so dauern bei gleichmäßiger Antriebsbewegung der Kurbel die Hin- und die Rückbewegung der Schwinge gleich lang. Man spricht dann von einer zentrischen Kurbelschwinge, für die die Bedingung

$$l_1^2 + l_2^2 = l_3^2 + l_4^2 \quad (5.4)$$

gilt.

Die Kurbelschwinge kann als Übertragungsgetriebe, aber auch als Führungsgetriebe eingesetzt werden. Bild 5.7 gibt einen Eindruck von der Vielfalt der Koppelkurven, die mit einer Kurbelschwinge erzeugbar sind.

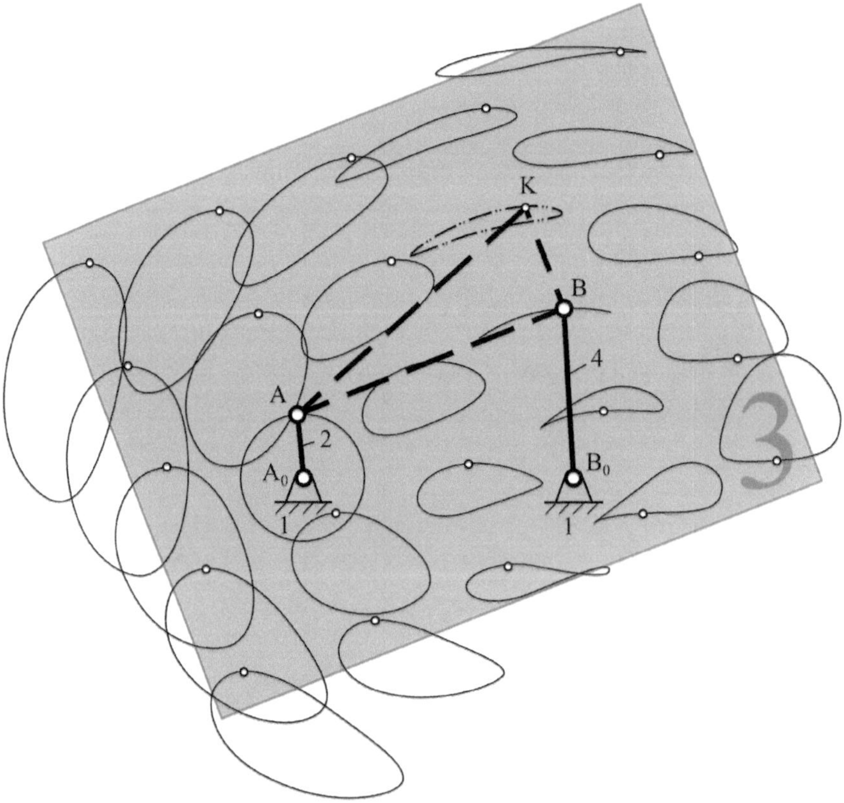

Bild 5.7 Koppelkurven einer Kurbelschwinge

Doppelkurbel

Bei der Doppelkurbel ist das kürzeste Getriebeglied das Gestell 1. Doppelkurbeln können eine gleichmäßige Antriebsbewegung der Kurbel 2 in eine ungleichmäßige Abtriebsbewegung der Kurbel 4 umwandeln. Die Abtriebskurbel dreht in einem bestimmten Bereich schneller und im übrigen Bereich langsamer als die Antriebskurbel, d. h. die Übertragungsfunktion 1. Ordnung schwankt periodisch um den Wert Eins, Bild 5.8. Daher wird die Doppelkurbel häufig als **Vorschaltgetriebe** eingesetzt, um für ein nachgeschaltetes Getriebe eine ungleichmäßige Antriebsbewegung zu erzeugen und damit den zeitabhängigen Verlauf der Abtriebsbewegung anzupassen.

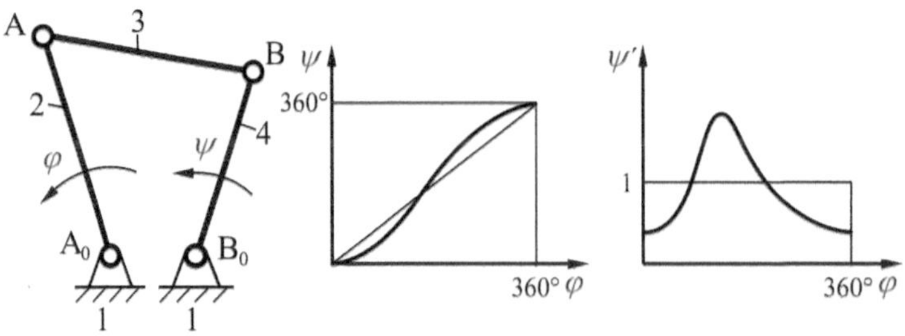

Bild 5.8 Doppelkurbel mit Übertragungsfunktionen 0. und 1. Ordnung

Durch Nutzen der Koppelbewegung kann die Doppelkurbel auch als Führungsgetriebe eingesetzt werden.

Doppelschwinge

Bei einer Doppelschwinge sind die beiden im Gestell gelagerten Getriebeglieder 2 und 4 Schwingen. Doppelschwingen werden als Übertragungsgetriebe verwendet, um eine vorhandene Schwingbewegung zu vergrößern oder zu verkleinern, und als Führungsgetriebe zum Führen von Punkten oder Ebenen, da ihre Koppeln eine große Beweglichkeit besitzen. In beiden Fällen wird oft nur ein Teil des gesamten Bewegungsbereiches genutzt.

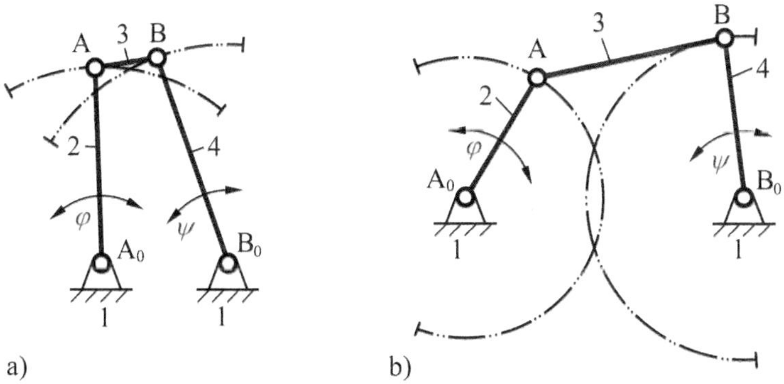

Bild 5.9 Doppelschwinge. a) umlauffähig mit umlaufender Koppel, b) totalschwingfähig mit nach innen gerichteten Schwingbereichen (Doppelinnenschwinge)

Erfüllen die vier Gliedlängen den Satz von Grashof nach Gl. (5.1), so kann die Koppel gegenüber den anderen Getriebegliedern umlaufen. Man spricht von einer Doppelschwinge mit umlaufender Koppel, Bild 5.9a. Gilt hingegen Gl. (5.2), so handelt es sich um eine totalschwingfähige Doppelschwinge, die auch Totalschwinge genannt wird. Zur genaueren Spezifizierung wird die Lage der Schwingbereiche der beiden Schwingen 2 und 4 in der Benennung mit aufgenommen, z.B. Doppelinnenschwinge (Bild 5.9b), Doppelaußenschwinge oder Innenaußenschwinge.

Parallelkurbel und Antiparallelkurbel

Bei einer Parallelkurbel (Bild 5.10a) besitzen die jeweils gegenüberliegenden Getriebeglieder die gleiche Länge; im Sonderfall weisen alle Glieder die gleiche Länge auf. Beide Kurbeln 2 und 4 laufen mit der gleichen Winkelgeschwindigkeit um, und die Koppel 3 bleibt stets parallel zum Gestell 1. Die Parallelkurbel hat somit die konstante Übersetzung $i_{21-41} = 1$ und wird hauptsächlich zur gleichmäßigen (synchronen) Übertragung einer Drehbewegung eingesetzt.

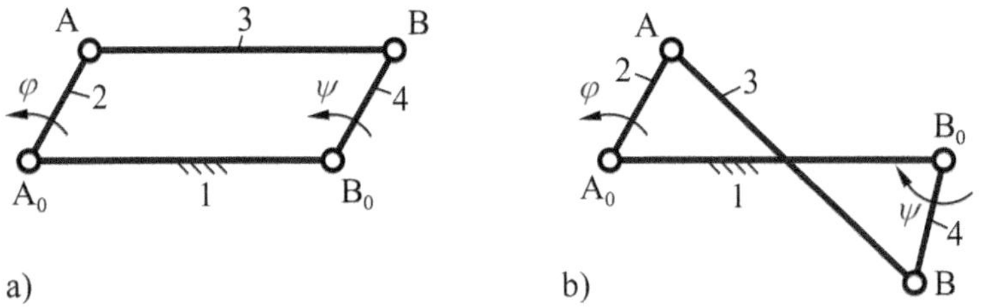

Bild 5.10
a) Parallelkurbel,
b) Antiparallelkurbel

Da die Gliedlängen Gl. (5.3) erfüllen, handelt es sich um ein durchschlagfähiges Getriebe mit Verzweigungslagen, in denen verhindert werden muss, dass die Parallelkurbel den Teil-Bewegungsbereich wechselt und als Antiparallelkurbel (Bild 5.10 b) weiterläuft. Dies lässt sich entweder mit einer dritten Kurbel 5 erreichen, wie in Bild 5.11 dargestellt, oder durch Parallelschalten von weiteren identischen Parallelkurbeln (vgl. Bild 3.24), so dass die Verzweigungslagen der Teilgetriebe nicht zusammenfallen. In beiden Fällen ergeben sich übergeschlossene Getriebe (vgl. Abschnitt 3.6), die hohe Anforderungen an die Fertigungsgenauigkeit stellen.

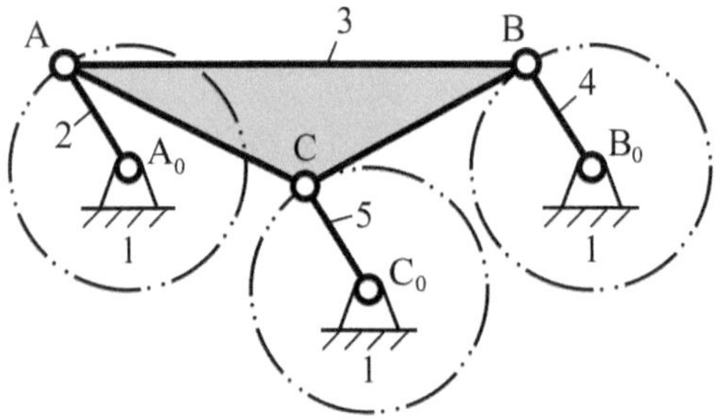

Bild 5.11 Parallelkurbel mit Zusatzkurbel 5

b) Koppelgetriebe der Schubkurbelkette

Wird ein Drehgelenk der Drehgelenkkette durch ein Schubgelenk ersetzt, so erhält man die Schubkurbelkette. Da ein Schubgelenk kinematisch wie ein im Unendlichen liegendes Drehgelenk betrachtet werden kann (vgl. Abschnitt 3.4), sind bei der Schubkurbelkette zwei der vier Gliedlängen der Drehgelenkkette unendlich lang. Die kinematischen Abmessungen der Schubkurbelkette sind die Gliedlängen l_{min} und l' sowie die kinematische Versetzung (Exzentrizität) e.

Ein Getriebe der Schubkurbelkette ist umlauffähig, wenn die Bedingung

$$l_{\mathrm{min}} + e < l' \tag{5.5}$$

erfüllt ist. Es ist totalschwingfähig, wenn die Bedingung

$$l_{\mathrm{min}} + e > l' \tag{5.6}$$

zutrifft, und es ist durchschlagfähig, wenn der Grenzfall

$$l_{\mathrm{min}} + e = l' \tag{5.7}$$

vorliegt. Wie die Getriebe der Drehgelenkkette besitzen auch die umlauffähigen Getriebe der Schubkurbelkette zwei Teil-Bewegungsbereiche, die totalschwingfähigen Getriebe einen Bewegungsbereich und die durchschlagfähigen Getriebe zwei Teil-Bewegungsbereiche, die sich in der Verzweigungslage berühren.

Schubkurbel

Bei einer Schubkurbel wird die umlaufende Drehbewegung der Kurbel 2 in die hin- und hergehende Linearbewegung des Schiebers 4 umgewandelt. Kinematisch entspricht eine Schubkurbel einer Kurbelschwinge mit unendlich langer Schwinge. Der Hub des Schiebers 4 ist bei einer zentrischen Schubkurbel ($e = 0$) doppelt so lang wie die Kurbellänge, bei einer exzentrischen Schubkurbel ($e \neq 0$) etwas länger. Die zentrische Schubkurbel besitzt eine symmetrische Übertragungsfunktion (Bild 5.12). Wird eine Schubkurbel wie in einem Hubkolbenmotor am Schieber angetrieben, sind zusätzliche konstruktive Maßnahmen (z. B. Schwungmasse an der Kurbel) zum Überwinden der Totlagen notwendig.

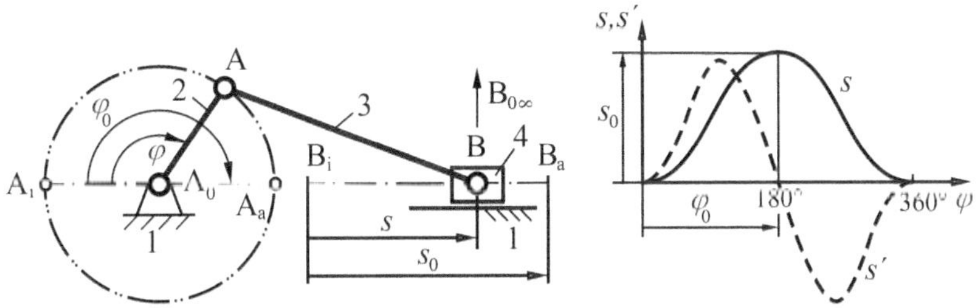

Bild 5.12 Zentrische Schubkurbel mit symmetrischen Übertragungsfunktionen 0. und 1. Ordnung

Schubkurbeln werden wie Kurbelschwingen als Übertragungsgetriebe und als Führungsgetriebe eingesetzt.

Kurbelschleife

Die umlaufende Kurbelschleife (Bild 5.13 a), bei der das kürzeste Getriebeglied das Gestell 1 ist, kann eine gleichmäßig umlaufende Antriebsbewegung der Kurbel 2 in eine ungleichmäßig umlaufende Abtriebsbewegung der Schleife 4 umwandeln. Die Übertragungsfunktionen sind der einer Doppelkurbel ähnlich. Daher wird auch die umlaufende Kurbelschleife überwiegend als Vorschaltgetriebe eingesetzt.

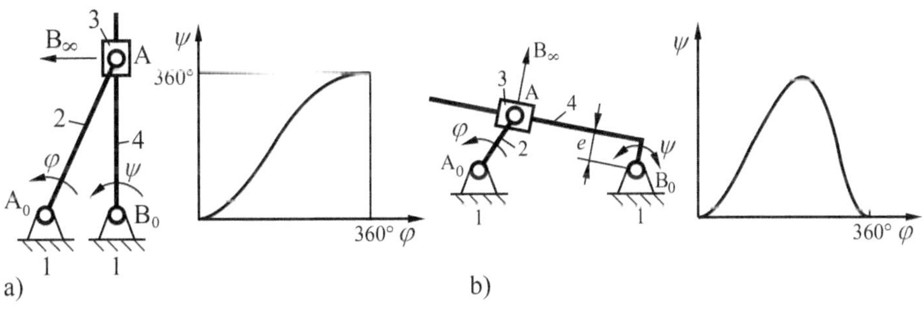

Bild 5.13 Kurbelschleife. a) umlaufende Kurbelschleife, b) schwingende Kurbelschleife

Bei der schwingenden Kurbelschleife (Bild 5.13 b) ist das kürzeste Getriebeglied die Kurbel 2. Die schwingende Kurbelschleife wandelt die Drehbewegung der Kurbel in eine Schwingbewegung der Schleife 4 um. Die Übertragungsfunktionen sind der einer Kurbelschwinge ähnlich. Sie wird wie diese als Übertragungsgetriebe und als Führungsgetriebe eingesetzt.

Bei allen Kurbelschleifen ist der Einfluss der kinematischen Versetzung e auf die Übertragungsfunktion gering.

Schubschwinge und Schwingschleife

Schubschwingen (Bild 5.14 a) werden als Übertragungsgetriebe eingesetzt, um eine Schwingbewegung in eine Schubbewegung des Schiebers umzuwandeln oder umgekehrt. Dabei wird meist nur ein Teil des gesamten vorhandenen Bewegungsbereiches genutzt, was auch bei der Verwendung als Führungsgetriebe gilt. Erfüllen die drei kinematischen Abmessungen l_2, l_3 und e die Bedingung nach Gl. (5.5), so kann die Koppel als kürzestes Getriebeglied umlaufen. Man spricht dann von einer umlaufenden Schubschwinge.

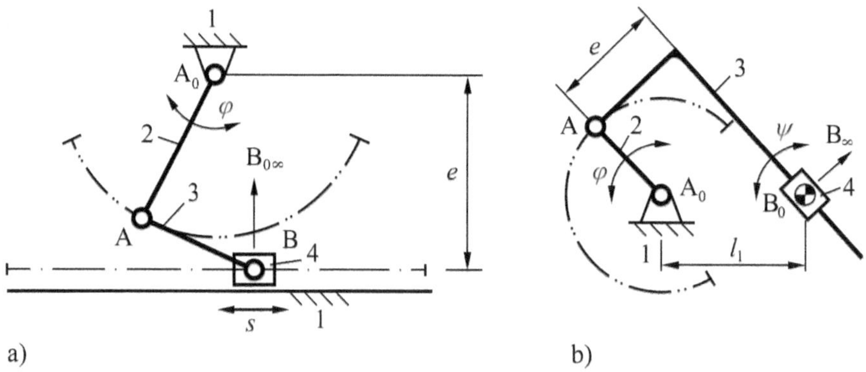

Bild 5.14 a) nicht umlaufende Schubschwinge, b) Schwingschleife

Schwingschleifen (Bild 5.14 b), die durch die kinematischen Abmessungen l_1, l_2 und e gekennzeichnet sind, werden meist als Übertragungsgetriebe eingesetzt, um die Charakteristik einer vorhandenen Schwingbewegung zu verändern. Die Bewegung der Schwinge 2 wird dabei auf die Schleife 4 übertragen oder umgekehrt. Sämtliche Getriebeglieder führen nur schwingende Bewegungen aus.

c) Koppelgetriebe der Kreuzschubkurbelkette

Bei der Kreuzschubkurbelkette sind jeweils die beiden Drehgelenke und die beiden Schubgelenke benachbart. Das Getriebeglied mit den beiden Drehgelenken kann immer umlaufen. Als kinematische Abmessungen sind die Länge l des Drehgelenkgliedes und der Kreuzungswinkel δ der Schubgeraden zu definieren. Der günstigste Kreuzungswinkel beträgt 90°. Zu kleine Kreuzungswinkel können zum Verklemmen des Getriebes führen.

Kreuzschubkurbel

Bei einer Kreuzschubkurbel (Bild 5.15 a) ist das Drehgelenkglied die Kurbel 2. Aus der Übertragungsfunktion 0. Ordnung $s(\varphi)=\left[l_2\cdot(1-\cos\varphi)\right]/\sin\delta$ resultiert bei gleichmäßiger Antriebsbewegung die kosinusförmige Bewegung des Kreuzschiebers 4 mit dem Hub $s_0=2l_2/\sin\delta$.

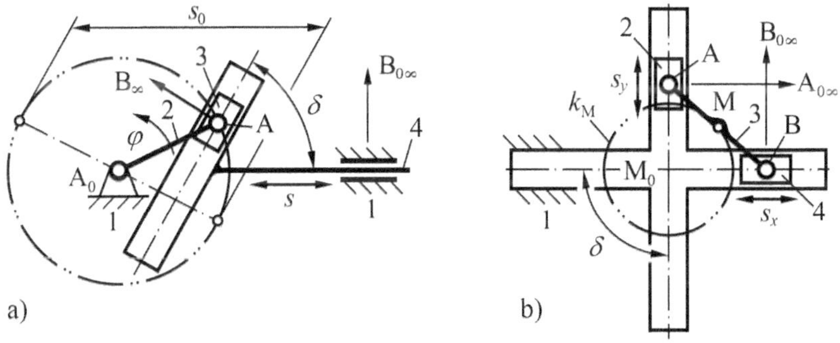

Bild 5.15 a) Kreuzschubkurbel, b) Doppelschieber

Doppelschieber

Bei einem Doppelschieber (Bild 5.15 b) ist das Drehgelenkglied die Koppel 3. Sämtliche Punkte der Koppel beschreiben in der Gestellebene Ellipsen. Bei einem Kreuzungswinkel $\delta=90°$ wird der Mittenpunkt M der Koppel auf einer Kreisbahn um den Kreuzungspunkt M_0 geführt. Mit einer zusätzlichen Kurbel M_0M kann der Doppelschieber umlaufend angetrieben werden. Allerdings entsteht dadurch ein übergeschlossenes Getriebe.

Doppelschleife

Wird bei der Kreuzschubkurbelkette das Drehgelenkglied zum Gestell, entsteht eine Doppelschleife, Bild 5.16 a. Beide Schleifen 2 und 4 laufen immer mit der gleichen Winkelgeschwindigkeit um, d. h., die Übersetzung i_{21-41} hat den konstanten Wert Eins. Der Kreuzungspunkt M der Koppel 3 beschreibt in der Gestellebene einen Kreis um den Mittenpunkt M_0, der bei einem Umlauf der Schleifen 2 und 4 zweimal durchlaufen wird. Die Doppelschleife findet als Übertragungsgetriebe praktische Anwendung in der Oldham[2]-Kupplung zum Ausgleichen eines radialen Wellenversatzes ΔW_r (Bild 5.16 b) und als Führungsgetriebe beim Fertigen elliptischer Körper [43].

[2] John Oldham (1779 - 1840), irischer Ingenieur und Erfinder

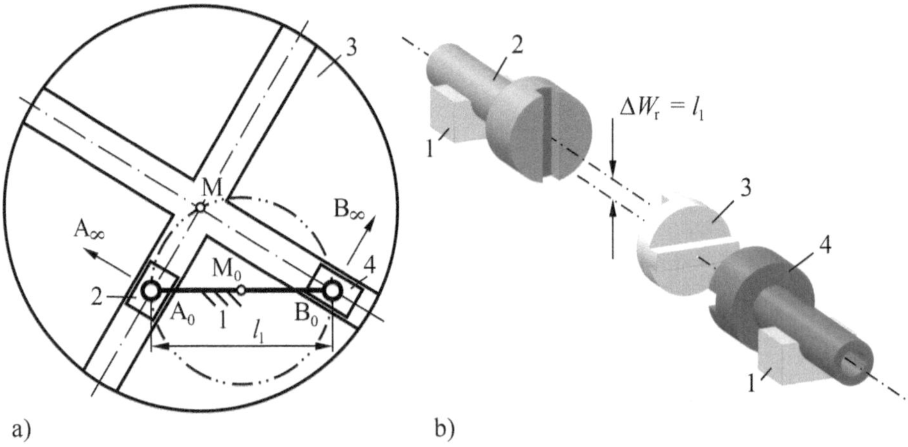

Bild 5.16 Doppelschleife. a) kinematisches Schema, b) Anwendung als Oldham-Kupplung

d) Koppelgetriebe der Schubschleifenkette

Bei der Schubschleifenkette liegen die beiden Drehgelenke und die beiden Schubgelenke jeweils gegenüber, d. h. jedes Glied besitzt ein Dreh- und ein Schubgelenk. Somit sind alle Getriebeglieder theoretisch unendlich lang. Alle vier Getriebe der Kette sind **Schubschleifen**, Bild 5.17. Sie können als Übertragungsgetriebe zum Umwandeln von Schwing- in Schubbewegungen oder umgekehrt eingesetzt werden sowie als Führungsgetriebe durch Nutzen der Koppelbewegung. Das Übertragungsverhalten wird lediglich durch die beiden kinematischen Versetzungen e_1 und e_2 bestimmt.

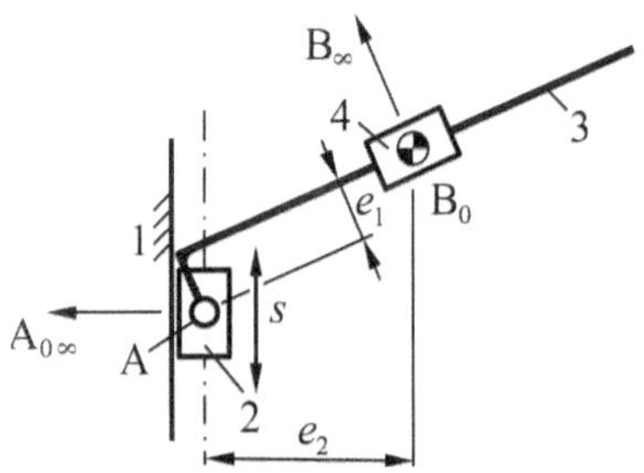

Bild 5.17 Schubschleife

In Tabelle 5.1 sind für einige ausgewählte, umlauffähige Koppelgetriebe die jeweiligen Gleichungen der Übertragungsfunktion 0. Ordnung zusammengestellt, die mithilfe der Zeichenfolge-Rechen-Methode (vgl. Abschnitt 4.7) ermittelt werden können.

Benennung der 4-gliedrigen ebenen Koppelgetriebe

Die Benennung ebener 4-gliedriger Koppelgetriebe wird gemäß [42] allgemein nach den beiden im Gestell gelagerten Gliedern vorgenommen, z. B. Kurbelschwinge als Getriebe mit einer Kurbel und einer Schwinge, Kurbelschleife als Getriebe mit einer Kurbel und einer Schleife. Getriebe, bei denen die im Gestell gelagerten Gliedarten doppelt vorkommen, werden mit der Bezeichnung „Doppel“ versehen (Doppelschwinge, Doppelkurbel u. dgl.). Bei Getrieben mit **einem** Schieber oder Kreuzschieber wird statt des Begriffs „Schie-

Tabelle 5.1 Übertragungsfunktionen 0. Ordnung

Getriebe	Gleichungen der Übertragungsfunktion 0. Ordnung	Kinematische Abmessungen und Hilfsgrößen
Kurbelschwinge und Doppelkurbel	$\psi(\varphi)=\pi-\left[\arctan\left(\frac{l_2\sin\varphi}{l_1-l_2\cos\varphi}\right)+\arccos\left(\frac{l_4^2+l_H^2-l_3^2}{2l_4\cdot l_H}\right)\right]$ $l_H=\overline{AB_0}=\sqrt{l_1^2+l_2^2-2l_1\cdot l_2\cos\varphi}$	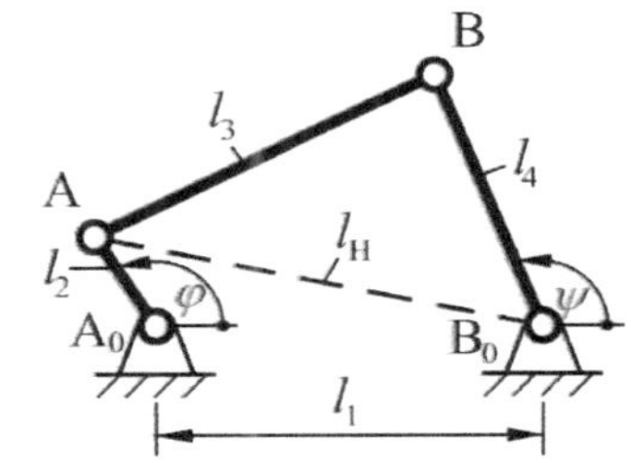
Schubkurbel	$s(\varphi)=l_2\cos\varphi+\sqrt{l_3^2-(\pm e+l_2\sin\varphi)^2}$	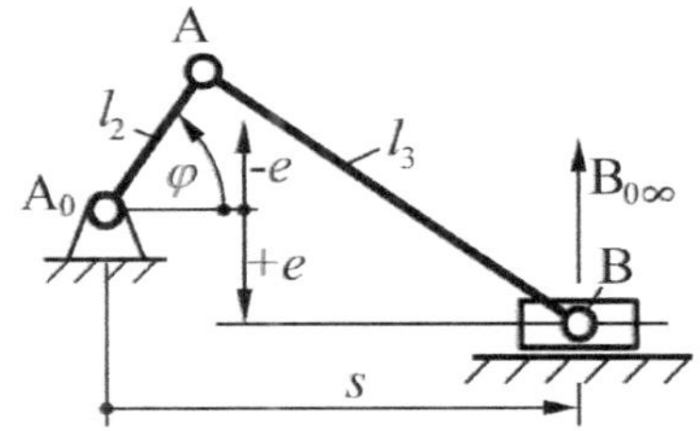
umlaufende und schwingende Kurbelschleife	$\psi(\varphi)=\pi-\arctan\left(\frac{l_2\sin\varphi}{l_1-l_2\cos\varphi}\right)-\arcsin\left(\frac{\pm e}{l_H}\right)$ $l_H=\overline{AB_0}=\sqrt{l_1^2+l_2^2-2l_1\cdot l_2\cos\varphi}$	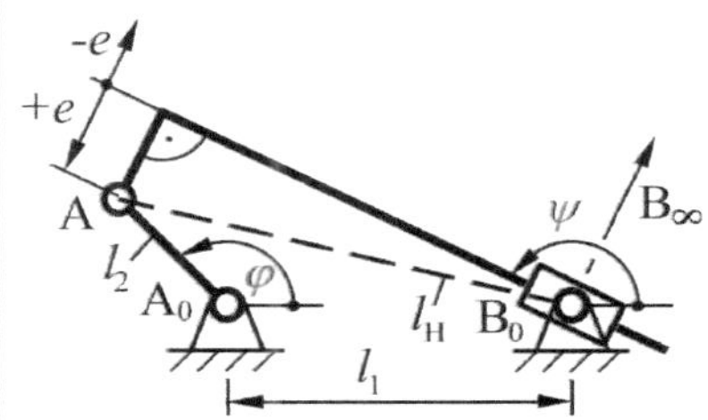

ber“ bzw. „Kreuzschieber“ immer die Bezeichnung „Schub“ bzw. „Kreuzschub“ verwendet, die an den Anfang gestellt wird (Schubkurbel, Kreuzschubkurbel, Schubschwinge, Schubschleife).

Bei Getrieben mit umlauffähiger Koppel, bei denen die Laufeigenschaft nicht aus der oben erläuterten Standard-Benennung herzuleiten ist, wird der Zusatz „umlauffähig“ vorangestellt (z. B. umlauffähige Doppelschwinge, umlauffähige Schubschwinge).

Insbesondere durchschlagfähige Getriebe mit Sonderabmessungen besitzen häufig Sondernamen, wie etwa die Parallelkurbel (Bild 5.10a) und die Antiparallelkurbel (Bild 5.10b). Ansonsten werden die durchschlagfähigen Getriebe nach ihren umlauffähigen Verwandten mit dem vorangestellten Zusatz „durchschlagfähig“ benannt (z. B. durchschlagfähige Kurbelschwinge, durchschlagfähige Schubkurbel).

5.1.2 Ebene 6-gliedrige Koppelgetriebe

Eine 6-gliedrige Strukturkette entsteht aus einer 4-gliedrigen Kette, indem jene durch einen **Zweischlag** (zwei miteinander verbundene Zweigelenkglieder) erweitert wird. Dadurch entstehen immer zwei Dreigelenkglieder, deren Anordnung zueinander zwei grundlegende 6-gliedrige Strukturketten ergibt, siehe Tabelle 5.2. Bei der **Wattschen**[3] **Kette** sind die beiden Dreigelenkglieder benachbart, bei der **Stephensonschen**[4] **Kette** durch mindestens ein Zweigelenkglied voneinander getrennt. Durch Wahl jeweils eines der Glieder als Gestell entstehen so fünf verschiedene Grundformen von 6-gliedrigen Koppelgetrieben.

Tabelle 5.2 Strukturketten und daraus herleitbare Grundformen der 6-gliedrigen Koppelgetriebe

	Wattsche Kette	Stephensonsche Kette
Strukturkette	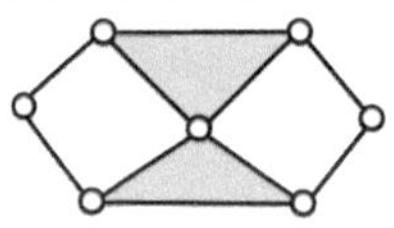	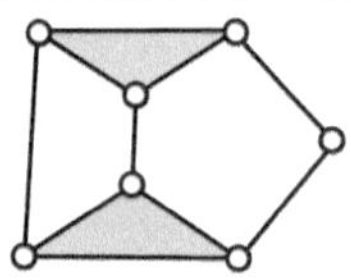
Getriebegrundformen	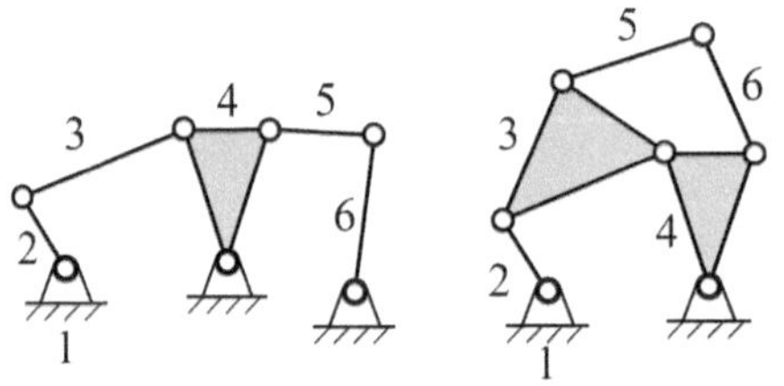	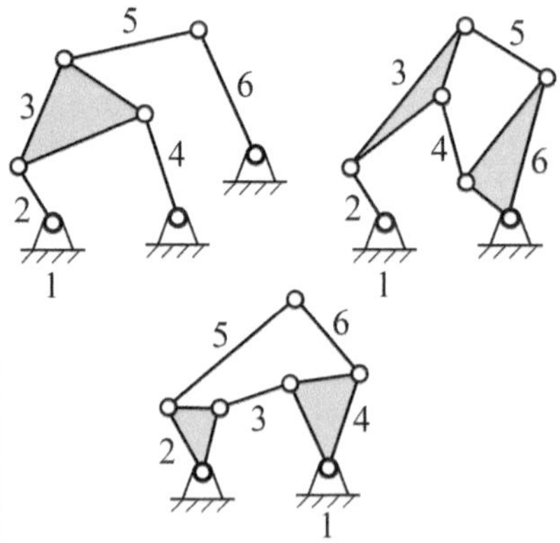

3 James Watt (1736 - 1819), schottischer Ingenieur und Erfinder
4 Robert Stephenson (1803 - 1859), britischer Ingenieur

Ersetzt man in diesen Grundformen die Drehgelenke zudem systematisch durch Schubgelenke, ergeben sich über 50 verschiedene Strukturen [2]. Zusammen mit der jeweiligen Wahl des Gestellgliedes und der Variation der kinematischen Abmessungen ergibt sich so eine kaum noch überschaubare Anzahl verschiedener 6-gliedriger Getriebe mit den unterschiedlichsten Bewegungsverhalten.

6-gliedrige Koppelgetriebe werden dann eingesetzt, wenn die Realisierung der gestellten Bewegungsaufgabe mit 4-gliedrigen Koppelgetrieben nicht lösbar ist und andere Getriebearten (z. B. Kurvengetriebe) nicht in Frage kommen. Bild 5.18 zeigt eine Übersicht der mit 6-gliedrigen Koppelgetrieben zu realisierenden typischen Übertragungsfunktionen bei drehendem Antrieb.

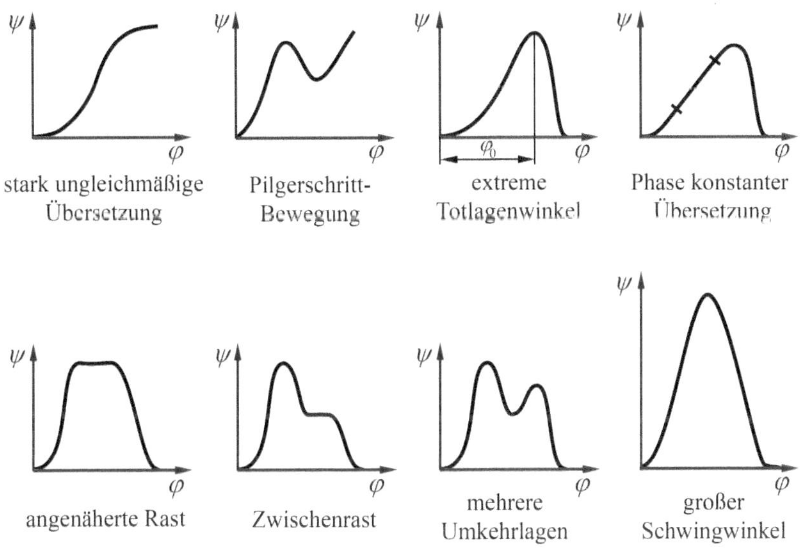

Bild 5.18 Übertragungsfunktionen 6-gliedriger Koppelgetriebe

Gegenüber den 4-gliedrigen Koppelgetrieben, deren mögliche Koppelkurven z. B. in [44] und [45] zusammengestellt sind, lassen sich mit 6-gliedrigen Koppelgetrieben anspruchsvollere und kompliziertere Führungsaufgaben verwirklichen. Dazu werden häufig Bewegungen von Koppelebenen benutzt, die durch mindestens einen auf einer Koppelkurve geführten Gelenkpunkt angelenkt werden. Die Punkte dieser höheren Koppelebenen durchlaufen Kurven, die sich durch großen Formenreichtum auszeichnen.

■ Beispiel 5.1: Hinterradfederung eines Motorrads

Bild 5.19 zeigt zwei verschiedene Varianten der Hinterradfederung eines Geländemotorrads. Klassischerweise stützt sich, wie in Bild 5.19 a gezeigt, die Schwinge 4 direkt über das Federbein (gebildet von den Gliedern 2 und 3) am Rahmen 1 ab. Diese einfache Ausführung entspricht kinematisch einer zentrischen Kurbelschleife, siehe Bild 5.19 c. Die Progression der Federung, d. h. das überproportionale Ansteigen des Federwegs s_a am Federbein mit zunehmendem Einfederungswinkel φ an der Schwinge, ist dabei relativ gering.

Um die Progression zu verbessern, kann das Federbein auch, wie Bild 5.19 b in einer modifizierten Ausführung zeigt, an der Koppel 5 eines 4-gliedrigen Koppelgetriebes (Glieder 1, 4, 5, 6) angelenkt werden. Dadurch entsteht ein 6-gliedriges Koppelgetriebe, Bild 5.19 d.

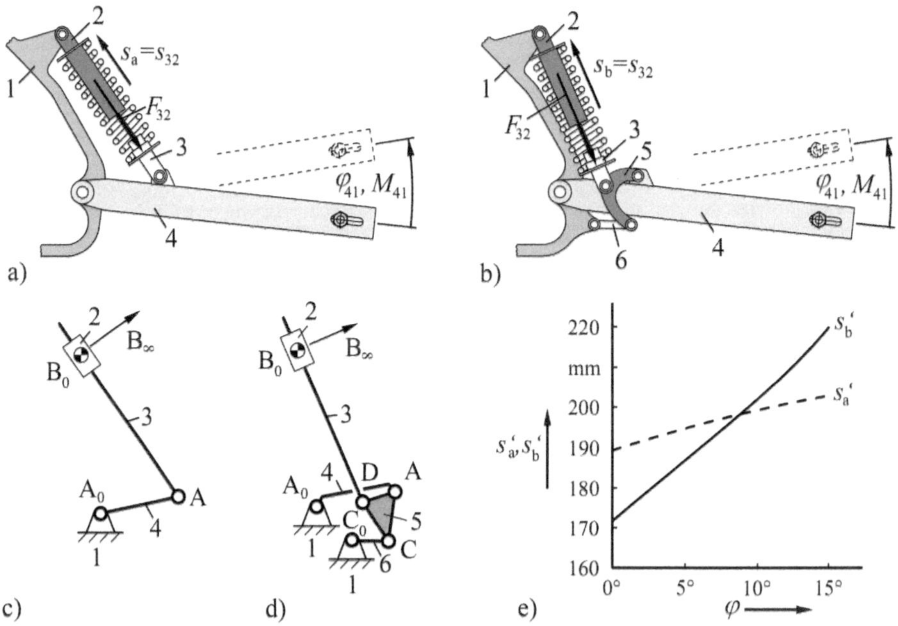

Bild 5.19 Hinterradfederung eines Geländemotorrads. a) konventionelle Ausführung, b) modifizierte Ausführung (HONDA ProLink-System), c) kinematisches Schema der konventionellen Ausführung, d) kinematisches Schema der modifizierten Ausführung, e) Übertragungsfunktionen 1. Ordnung

Das durch die Feder an der Hinterradschwinge 4 bewirkte Moment M_{41} kann unter Berücksichtigung der stellungsabhängigen Übertragungseigenschaften der Federanlenkung mithilfe des Leistungssatzes (siehe Abschnitt 4.8.2) ermittelt werden. Nach Gl. (4.50) ergibt sich ohne Berücksichtigung von Verlusten (z. B. Reibung) und Massenkräften

$$0 = -F_{32} \cdot v_{32} + M_{41} \cdot \omega_{41}$$

Damit gilt für das Moment

$$M_{41} = F_{32} \cdot \frac{v_{32}}{\omega_{41}} = F_{32} \cdot \frac{s'_{32} \cdot \omega_{41}}{\omega_{41}} = F_{32} \cdot s'_{32} = F_{32} \cdot r_{32\text{-}41}$$

Wenn der Winkel φ_{41} als Antriebsgröße und der Federweg s_{32} als Abtriebsgröße betrachtet wird, ist das Moment M_{41} der Übertragungsfunktion 1. Ordnung s'_{32} proportional. Jene entspricht der diagonalen Drehschubstrecke $r_{32\text{-}41}$ (vgl. Abschnitt 4.6). Das Moment an der Hinterradschwinge ergibt sich somit aus

$$M_{41} = c\left(l_{f0} - s_{32}\right) \cdot s'_{32}$$

wobei c die Federsteifigkeit und l_{f0} die unbelastete Länge der Feder sind.

Die Auswirkungen auf das Federungsverhalten können anhand der Verläufe der Übertragungsfunktion 1. Ordnung $s'_a(\varphi)$ und $s'_b(\varphi)$ in Bild 5.19e verdeutlicht werden. Ein lineares Federungsverhalten entspräche einem konstanten Wert der Übertragungsfunktion 1. Ordnung. Bei der konventionellen Federung steigt die Übertragungsfunktion 1. Ordnung $s'_b(\varphi)$ mit zunehmendem Einfederwinkel φ nur geringfügig an, bei der modifizierten Variante $s'_b(\varphi)$ dagegen deutlich mehr. So arbeitet die Federung bei kleinen Einfederungswegen vergleichsweise weich, was ein feinfühligeres Ansprechen zur Folge hat. Bei starkem Einfedern ist $s'_b(\varphi)$ deutlich größer als $s'_a(\varphi)$, was einer härteren Federung entspricht und ein „Durchschlagen" bei starken Stößen verhindern soll. ■

5.1.3 Räumliche Koppelgetriebe

Räumliche Koppelgetriebe werden im Allgemeinen dann eingesetzt, wenn die An- und die Abtriebsachse nicht parallel zueinander liegen. Es lassen sich mindestens die gleichen Übertragungsfunktionen realisieren wie mit ebenen Koppelgetrieben gleicher Gliederzahl [2]. Da räumliche Koppelgetriebe durch eine größere Anzahl kinematischer Abmessungen gekennzeichnet sind als ebene, können prinzipiell auch höhere Anforderungen an die Übertragungsfunktionen gestellt werden. Bild 5.20 zeigt die kinematischen Abmessungen einer räumlichen Kurbelschwinge. Neben den drei Längen l_2, l_3 und l_4 der beweglichen Glieder sind das der Achswinkel δ_{24}, der Achsabstand a_{24} sowie die beiden Gestellpunktabstände s_{A0} und s_{B0}.

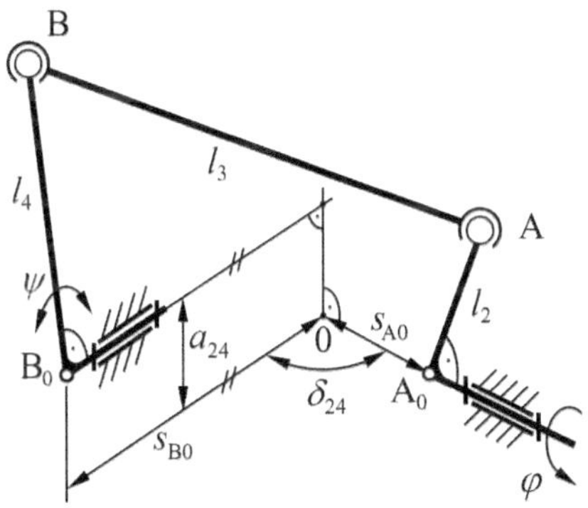

Bild 5.20 Kinematische Abmessungen einer räumlichen Kurbelschwinge

Zudem können die Abtriebsglieder in räumlichen 4-gliedrigen Koppelgetrieben durch die Verwendung räumlicher Gelenke (z.B. Drehschubgelenke) Bewegungen ausführen, die eine Überlagerung der Elementarbewegungen Drehen und Schieben bezüglich beliebiger Achsen sein können. Tabelle 5.3 zeigt eine Auswahl von Übertragungsfunktionen, die prinzipiell mit räumlichen 4-gliedrigen Koppelgetrieben verwirklicht werden können.

Tabelle 5.3 Typische Übertragungsfunktionen räumlicher 4-gliedriger Koppelgetriebe mit drehendem Antrieb (nach [2])

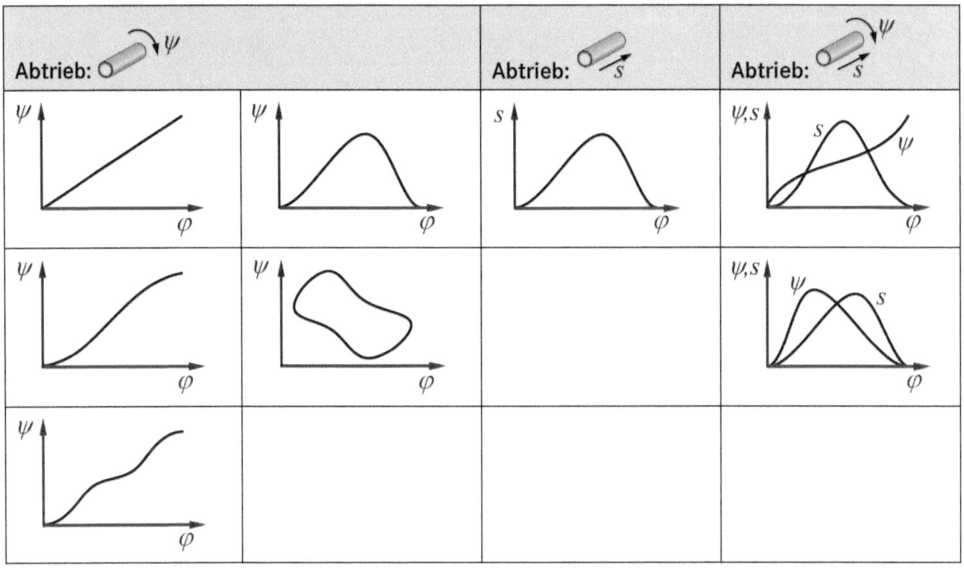

5.2 Kurvengetriebe

Kurvengetriebe sind in einigen Bereichen des Maschinen- und Gerätebaus unverzichtbare Bestandteile von Bewegungssystemen. Sie besitzen als charakteristisches Getriebeelement ein Kurvenglied mit Kurvenkontur, die mit einem passenden Eingriffselement abgetastet wird. Durch die relativ freie Formgebung der Kurvenkontur und aufgrund des mechanischen Zwanglaufs kann eine nahezu beliebige (periodische) Bewegung mit hoher Dynamik reproduzierbar erzeugt werden. 3-gliedrige Kurvengetriebe werden vorwiegend zum Lösen von Übertragungsaufgaben eingesetzt, z. B. um eine gleichmäßig umlaufende Antriebsbewegung in eine ungleichmäßige Abtriebsbewegung mit oder ohne Rast(en) umzusetzen. Bekannter Anwendungsfall für ein Kurvengetriebe ist die Nockensteuerung der Ventile in einem Verbrennungsmotor (vgl. Bild 1.5 d).

5.2.1 Systematik und Aufbau von Kurvengetrieben

Das einfache (ebene) Kurvengetriebe ist 3-gliedrig (Bild 5.21 a). Die Strukturkette besteht aus einem **Steg** 1, der mit dem **Kurvenglied** 2 und dem **Eingriffsglied** 3 mit Dreh- oder Schubgelenken verbunden ist. Zwischen Kurvenglied und Eingriffsglied befindet sich im Kontaktpunkt P ein Kurvengelenk, das ein **Gleitwälzgelenk** mit dem Gelenkfreiheitsgrad $f = 2$ ist. Entspricht die Kontur des Eingriffselements einem Kreis, kann durch Verwenden einer entsprechenden Rolle als Übertragungsorgan ohne Beeinflussung der Übertragungsfunktion (Abtriebsbewegung) das Gleiten im Kontaktpunkt deutlich reduziert werden.

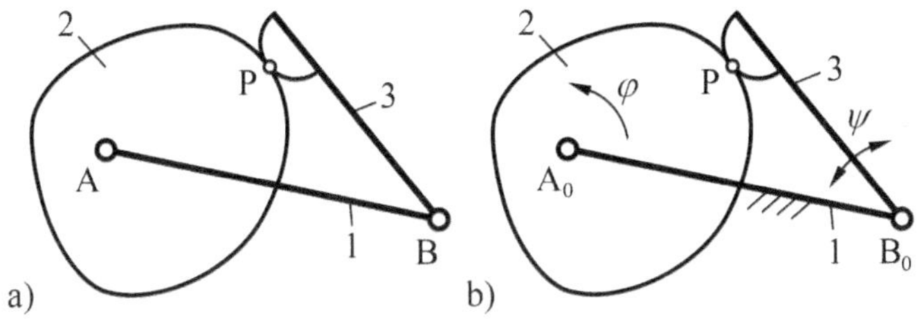

Bild 5.21 3-gliedriges Kurvengetriebe. a) Strukturkette, b) Übertragungs-Kurvengetriebe

Übertragungs-Kurvengetriebe

Im typischen Anwendungsfall als Übertragungsgetriebe (Bild 5.21b) ist das Kurvenglied 2 das Antriebsglied, das Eingriffsglied 3 das Abtriebsglied, und der Steg 1 bildet das Gestell. An- und Abtriebsglieder können drehende oder schiebende Bewegungen im Gestell ausführen. Durch entsprechende Kombinationen ergeben sich die in Tabelle 5.4 dargestellten Grundformen von Übertragungs-Kurvengetrieben. Während schiebende Antriebsbewegungen w bzw. Abtriebsbewegungen s immer nur wechselsinnig, also oszillierend hin- und hergehen können, ist bei drehenden An- oder Abtriebsbewegungen neben der wechselsinnigen auch eine gleichsinnige (umlaufende) Bewegungsform möglich.

Tabelle 5.4 Grundformen ebener 3-gliedriger Übertragungs-Kurvengetriebe

		Antriebsbewegung	
		Drehung φ	**Schiebung w**
Abtriebsbewegung	**Drehung ψ**	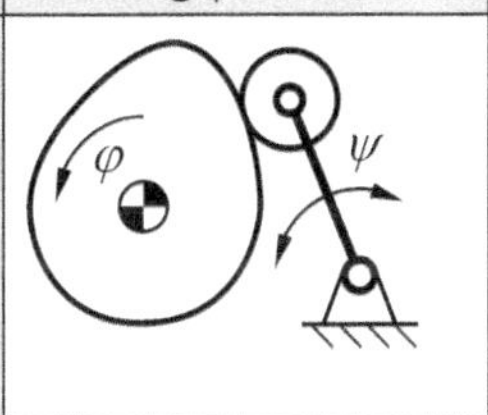	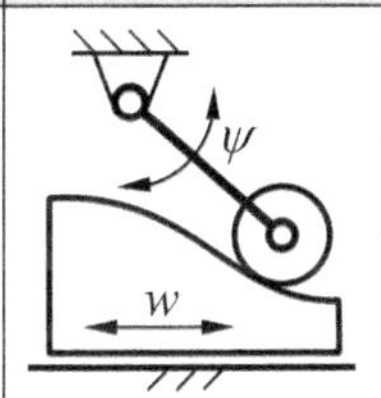
	Schiebung s	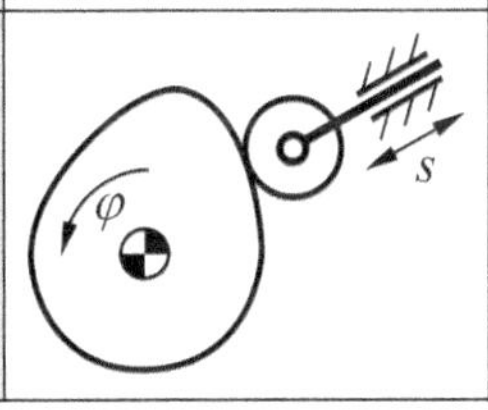	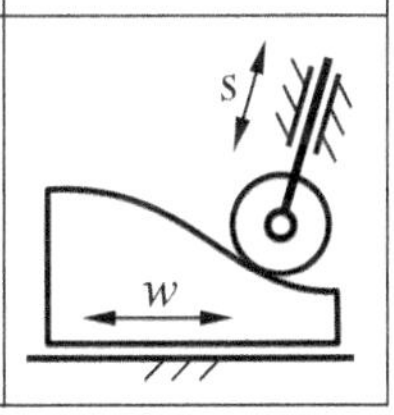

Führungs-Kurvengetriebe

Durch Stillsetzen (Festsetzen) des Kurvenglieds führt das Eingriffsglied eine allgemeine ebene Bewegung aus, da es nicht direkt im Gestell drehend oder schiebend gelagert ist. Diese Bauformen eignen sich insbesondere für Führungsaufgaben, um mit dem Punkt K des Eingriffsglieds eine bestimmte Bahn k_K zu erzeugen (s. Tabelle 5.5).

Tabelle 5.5 Grundformen der 3-gliedrigen Führungs-Kurvengetriebe mit gestellfestem Kurvenglied

		Antriebsbewegung	
		Drehung φ	Schiebung w
Eingriffsglied mit	Drehgelenk	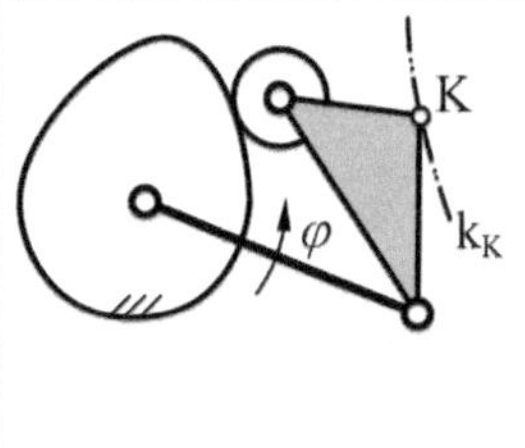	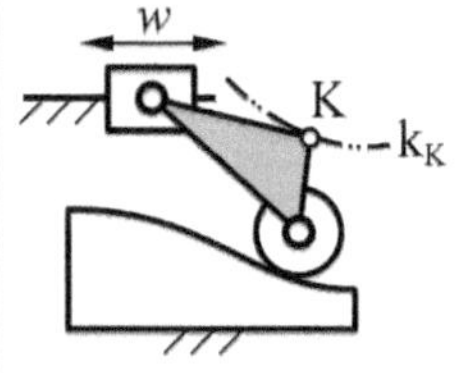
	Schubgelenk	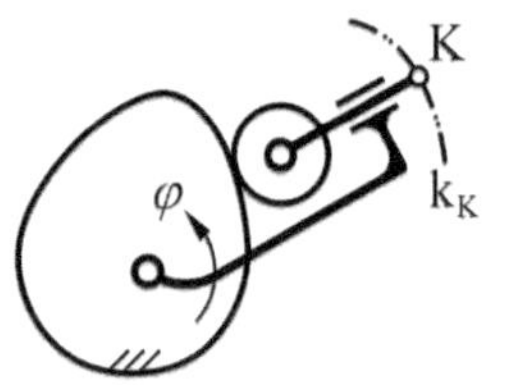	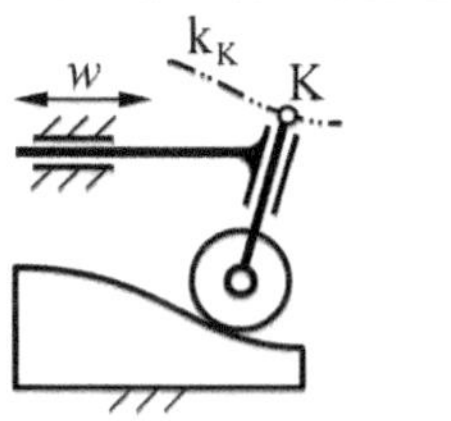

Auch hier sind nur bei drehenden An- oder Abtriebsbewegungen gleichsinnige (umlaufende) Bewegungsformen möglich.

Ist das Eingriffsglied (in Tabelle 5.6 die Rolle) ortsfest und der Steg drehend oder schiebend im Gestell gelagert, führt das Kurvenglied eine allgemeine ebene Bewegung aus. Diese Bauformen können auch für Führungsaufgaben verwendet werden. Allerdings werden Sie selten eingesetzt, weil meist keine fortlaufende Antriebsbewegung möglich und deren Auslegung schwieriger umzusetzen ist.

Tabelle 5.6 Grundformen der 3-gliedrigen Führungs-Kurvengetriebe mit gestellfestem Eingriffsglied

		Antriebsbewegung	
		Drehung φ	Schiebung w
Kurvenglied mit	Drehgelenk	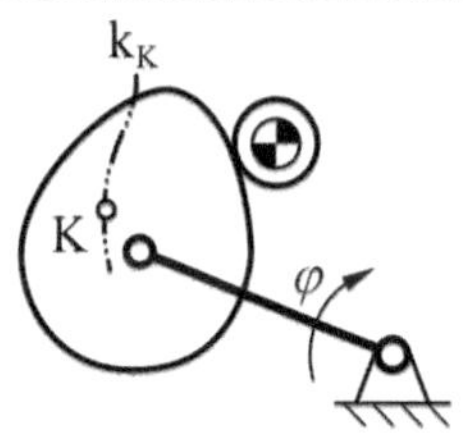	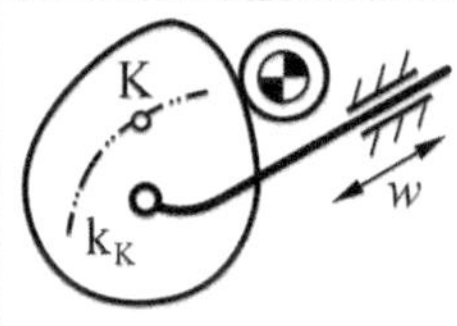
	Schubgelenk	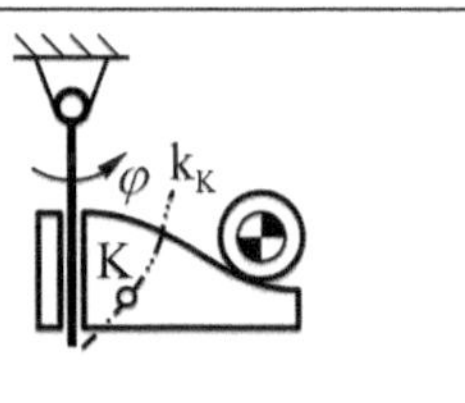	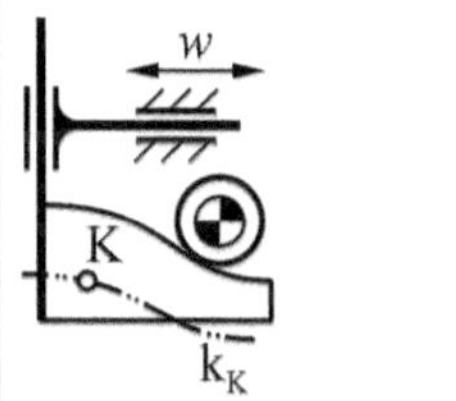

Eingriffsglieder

Das Eingriffsglied wird als **Hebel** (Schwinge) bezeichnet, wenn es mit dem Steg durch ein Drehgelenk verbunden ist. Das Eingriffsglied ist ein **Stößel** (Schieber), wenn sich zwischen ihm und dem Steg ein Schubgelenk befindet. In Bild 5.22 sind beispielartig für einen Stößel die grundsätzlich möglichen Geometrieformen für das Eingriffselement (Kurvengelenkelement) am Eingriffsglied dargestellt. Es kann z. B. eine Spitze, Schneide, Kugel, Walze, ein Teller, Gleitstück oder ein Zylinder sein. Hieraus resultieren bei einem linear geführten Eingriffsglied Benennungen wie Gleit- oder Pilzstößel, Walzenkopfstößel oder Tellerstößel. Bei einem drehbar gelagerten Eingriffsglied würde sich je nach Geometrieform z. B. ein Spitzenhebel, Schneidenhebel, Kugelkopfhebel, Gleithebel, Walzenkopfhebel ergeben. Eine nahezu vollständige Übersicht aller Eingriffsglieder ist in [3] zu finden.

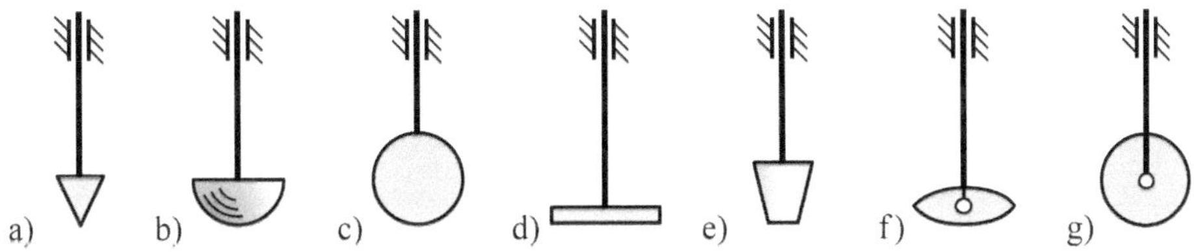

Bild 5.22 Eingriffselementformen. a) Spitze oder Schneide, b) Kugel, c) Walze, d) Teller, e) Kegel, f) Schiffchen, g) Rolle

Da ein Punktkontakt oder ein Linienkontakt mit sehr kleinen Krümmungsradien zu hohen Beanspruchungen im Kurvengelenk führt, sind die Spitzen-, Kugel- und Schneidenformen nur bei relativ geringen Belastungen einsetzbar. Die Geometrieformen in Bild 5.22 a bis f bilden jeweils ein Gleitwälzgelenk. Dieses weist bei Vorliegen von Mischreibung, bei der die Reibpartner nicht vollständig durch einen tragfähigen Schmierfilm voneinander getrennt sind, höheren Verschleiß und größere Reibungsverluste auf als ein Wälzgelenk mit Rolle, bei dem theoretisch keine störenden Gleitanteile im Kontaktpunkt vorliegen und deshalb bevorzugt eingesetzt wird. Im Weiteren wird deshalb nur auf Kurvengetriebe mit einem Rollenhebel bzw. Rollenstößel eingegangen. Es werden hauptsächlich zylindrische und ballige Rollen verwendet, bei räumlichen Kurvengetrieben ggf. kegelige. Bei ebenen und räumlichen Kurvenkörpern mit sich kreuzender Nut sind anstelle der Rollen spezielle Gleitstücke (Schiffchen, Bild 5.22 f) als Übertragungselement erforderlich.

Zwanglaufsicherung im Kurvengelenk

Damit der geforderte Bewegungsablauf des Kurvengetriebes gewährleistet ist, müssen die Gelenkelemente des Kurven- und des Eingriffsglieds in ständiger Berührung sein, d. h. Zwanglauf vorliegen. Die Sicherung ihrer Berührung kann durch Kraftschluss (Kraftpaarung) oder Formschluss (Formpaarung) erreicht werden. Dementsprechend wird von kraftschlüssigen (kraftgepaarten) Kurvengetrieben und formschlüssigen (formgepaarten) Kurvengetrieben gesprochen.

Bei **Kraftschluss** wird die ständige Berührung der Gelenkelemente durch das Wirken äußerer Kräfte erreicht. Dazu können grundsätzlich alle Wirkprinzipe genutzt werden, die einerseits einen ausreichend hohen Kraftbetrag bereitstellen und andererseits der zum

Teil hochdynamischen Bewegung des Kraftangriffspunkts am Eingriffselement folgen können. So kann die für die Zwanglaufsicherung durch Kraftschluss notwendige Rückstellkraft beispielsweise durch Zug- oder Druckfedern, durch Ausnutzung der Schwer- oder einer Trägheitskraft oder durch Einbau von Hydraulik- oder Pneumatikelementen erzeugt werden (Bild 5.23). Nachteilig bei der Kraftpaarung ist, dass außer den Funktionskräften eine zusätzliche Kraft (Rückstellkraft) wirkt, die insbesondere den Kurvenkontakt höher belastet und meist auch höhere Antriebskräfte und -momente erforderlich macht.

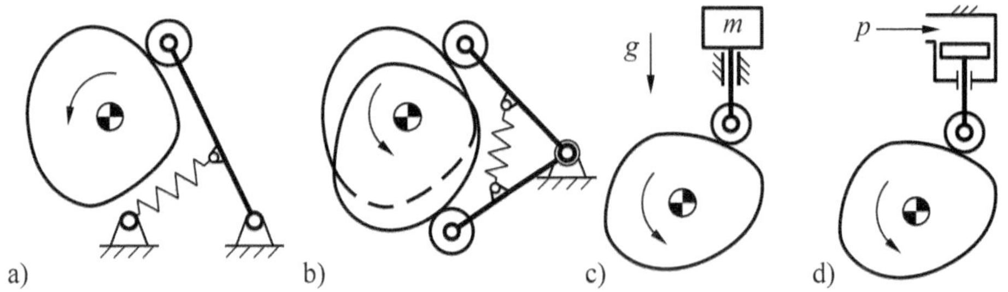

Bild 5.23 Kurvengetriebe mit Kraftschluss. a) veränderliche Federkraft, b) konstante Federkraft, c) Schwerkraft, d) hydraulische oder pneumatische Druckkraft

Bei **Formschluss** wird der Kontakt der Gelenkelemente durch ihre Form aufrechterhalten. Gängige Arten der Zwanglaufsicherung durch Formpaarung zeigt Bild 5.24. Werden als Eingriffselemente Rollen eingesetzt, ist zu unterscheiden, ob nur eine Rolle auf zwei Kurvenflanken (z. B. in einer Nutkurve) oder ob zwei Rollen auf separaten Kurvenflanken abrollen. Während bei einer Nutkurvenscheibe (Bild 5.24 a) die zwei Kurvenkonturen zueinander äquidistant sind, handelt es sich bei einer Wulst- oder Doppelkurvenscheibe (Bild 5.24 b und c) um zwei nicht äquidistante Kurvenkonturen, die durch zwei Kurvengetriebe mit ungleichen Hauptabmessungen (s. Abschnitt 6.2.2) für die gleiche Übertragungsfunktion entstehen. Eine vollständige Übersicht zu Zwanglaufsicherungen ist in [46] zu finden.

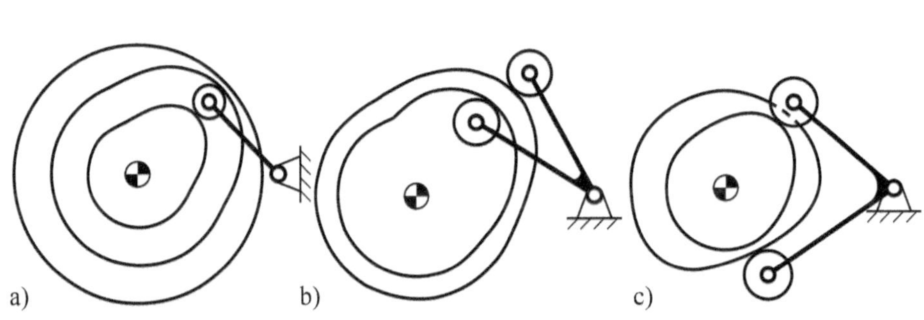

Bild 5.24 Kurvengetriebe mit Formschluss. a) Nutkurvenscheibe, b) Wulstkurvenscheibe, c) Doppelkurvenscheibe

Bei einer Nutkurve ist zu beachten, dass für ein ungestörtes Abrollen ein Spiel zwischen der Rolle und den Nutkurvenflanken vorhanden sein muss, und somit immer nur eine Kurvenflanke trägt (Bild 5.25 a). Bei einem Richtungswechsel der Kraft im Kurvengelenk führt dies zu einem sogenannten **Anlagewechsel** der Rolle, bei dem es je nach Auftreffgeschwindigkeit der Rolle auf die Kurvenflanke zu einem mehr oder weniger starken Stoß kommt, der Ursache für Störbewegungen, Schwingungen und Geräusche sein kann. Da bei periodischen Bewegungen dieser Anlagewechsel prinzipbedingt immer an der gleichen Stelle erfolgt und die Rolle dabei nahezu abrupt ihre Drehrichtung ändern muss, ist in diesem Bereich der Kurvenflanke sowie auch an der Rolle mit erhöhtem Verschleiß zu rechnen. Möglichkeiten, die mit einem Anlagewechsel verbundene Drehrichtungsumkehr zu umgehen und ggf. Spiel zu reduzieren, sind der Einsatz von zwei Kurvenrollen mit gleicher Drehachse aber unterschiedlicher axialer Anordnung (Bild 5.25 b und c) oder von Wulstkurvenscheiben (Bild 5.25 d).

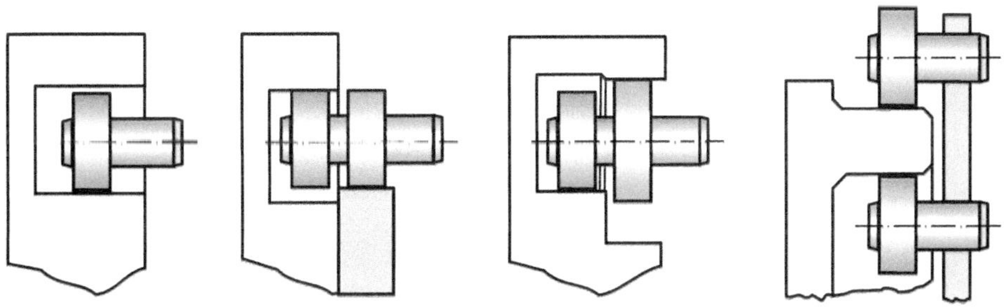

a) b) c) d)

Bild 5.25 Formschluss. a) Nutkurve mit Spiel, b) Doppelrollen gleichen Durchmessers, c) Doppelrollen mit unterschiedlichen Durchmessern, d) Wulstkurve

Kurvenglieder

Wenn das Eingriffselement keine spezielle Kurvenkontur aufweist, bestimmt vornehmlich das Kurvenglied mit seiner Kurvenkontur die Abtriebsbewegung. Neben der zu realisierenden Übertragungsfunktion und den Hauptabmessungen hängt die Form des Kurvenglieds vornehmlich von der

- Getriebeart (eben, sphärisch oder räumlich),
- Zwanglaufsicherung (form- oder kraftschlüssig),
- Elementarbewegung des Kurvenglieds gegenüber dem Steg (drehend oder schiebend) und
- Abtastart (fortlaufend periodisch mit geschlossener Kontur, oszillierend oder intermittierend mit offener Kontur)

ab. Bild 5.26 zeigt eine Auswahl verschiedener konstruktiv ausgeführter Kurvenglieder.

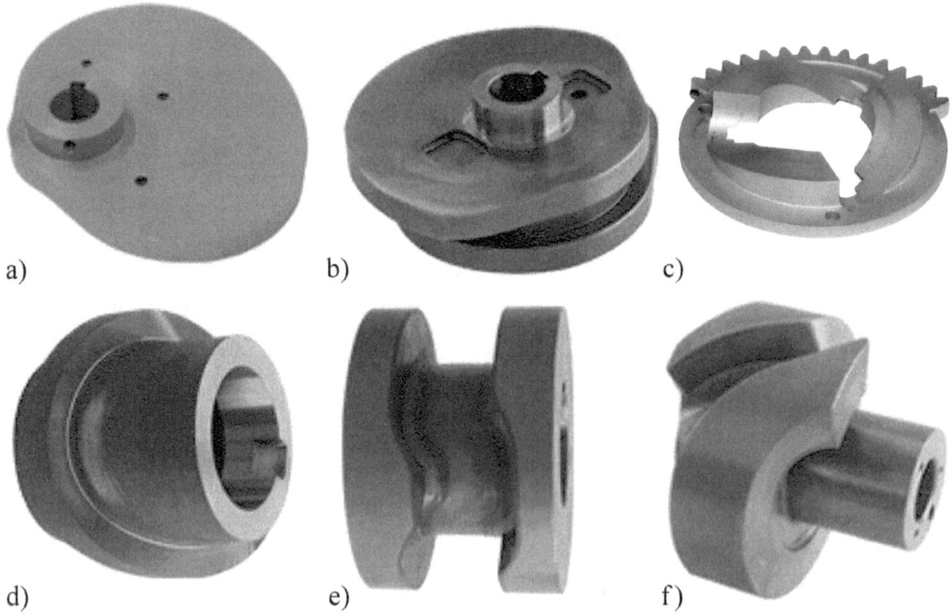

Bild 5.26 Verschiedene Kurvenkörper nach [47]. a) Außenkurvenscheibe b) Doppelkurvenscheibe, c) Kurvenzylinder mit Außen-Segment-Axialkurve, d) Wulstkurvenzylinder, e) Nutkurvenzylinder, f) Nutkurvenzylindersegment

Eine **Kurvenscheibe** (Bild 5.26a) ist durch eine radial zur Drehachse angeordnete Kurvenkontur gekennzeichnet. Bei einer **Außenkurvenscheibe** befindet sich das abtastende Eingriffselement (z. B. Kurvenrolle) außerhalb der Kurvenkontur, d. h. die Kurvenkontur liegt zwischen dem Eingriffselement und dem Kurvenscheibendrehpunkt. Befindet sich die Kurvenrolle innerhalb der Kurvenkontur, liegt eine **Innenkurvenscheibe** vor. Liegen beide Kurvenkonturen vor, und ist die Innenkurvenkontur größer als die Außenkurvenkontur, dann handelt es sich um eine **Nutkurvenscheibe** (s. Bild 5.24 a). Im anderen Fall entsteht eine **Wulstkurvenscheibe** (s. Bild 5.24 b), bei der im Gegensatz zur Nutkurve immer zwei Eingriffselemente (Kurvenrollen) erforderlich sind. Eine **Doppelkurvenscheibe** (Komplementär-Kurvenscheibe) (Bild 5.26 b) weist zwei Kurvenkonturen auf, die bei unterschiedlichen Hauptabmessungen der entsprechenden Getriebeelemente (Teilgetriebe) die gleiche Bewegung am Eingriffsglied erzeugen.

In Bild 5.27 sind einige Kurvengetriebe mit Kurvenkörpern dargestellt, die Sonderabmessungen aufweisen und für spezielle Anwendungen geeignet sind.

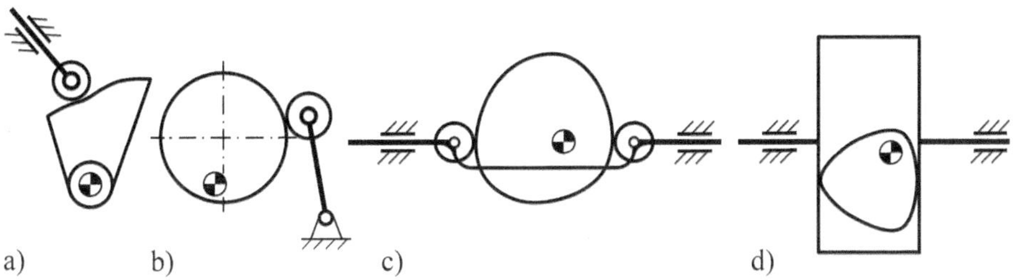

Bild 5.27 Kurvengetriebe mit speziellen Kurvengliedformen. a) Segmentkurve, b) Kreisexzenter, c) Kurve mit konstantem Durchmesser, d) Gleichdick

Räumliche Kurvengetriebe

Je nach Lage der Drehachsen von Kurvenglied und Eingriffsglied liegt bei parallelen, sich schneidenden oder sich kreuzenden Achsen ein ebenes, sphärisches bzw. räumliches Kurvengetriebe vor. Hierbei ist zu beachten, dass ein Schubgelenk einem im Unendlichen liegenden Drehgelenk entspricht und dessen Drehachse für die Einteilung herangezogen wird. Räumliche Kurvengetriebe (Bild 5.28) kommen i. d. R. nur dann zum Einsatz, wenn die An- und die Abtriebsachse nicht parallel zueinander liegen.

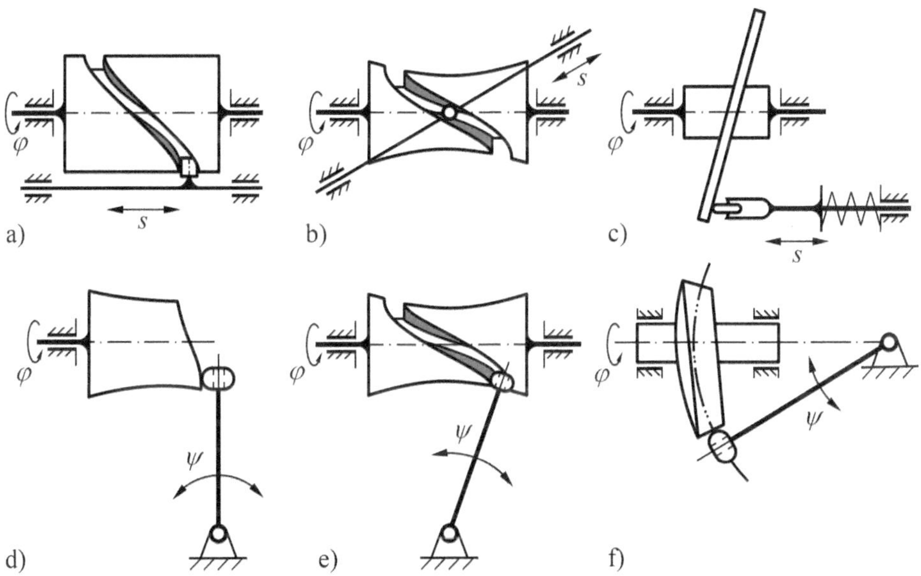

Bild 5.28 Räumliche Kurvengetriebe mit a) Nutkurvenzylinder, b) Nutkurvenhyperboloid, c) Taumelscheibe, d) Nutkurvengloboid mit Axialkurvenkontur, e) konkaves Nutkurvengloboid, f) sphärisches Kurvengetriebe mit Kreiskegel-Exzenter

Da die Berechnung und die Fertigung räumlicher Kurvenkörper weitaus schwieriger und aufwendiger sind als bei ebenen, wird deren Auslegung und Herstellung meist spezialisierten Unternehmen übertragen.

Handelsübliche räumliche Kurvengetriebe werden z. B. als Drehschrittgetriebe angeboten, die als Einbausatz (Bild 5.29 a) oder als Komplettgetriebe (Bild 5.29 b) ausgeführt sind. Sie wandeln eine gleichmäßig umlaufende Antriebsbewegung in eine ungleichmäßige, rastaufweisende Drehbewegung um, wobei für die jeweilige Anwendung der Bewegungsverlauf in weiten Grenzen vorgegeben werden kann.

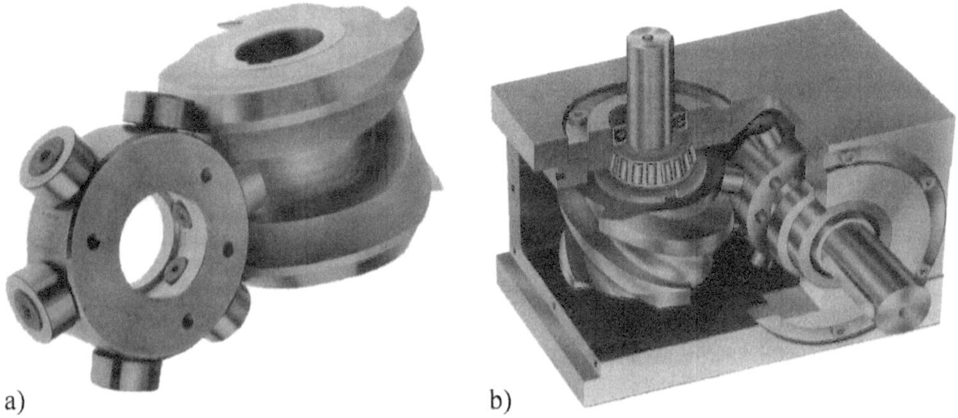

Bild 5.29 Handelsübliche Drehschrittgetriebe [Werkbild Fa. Expert-Tünkers GmbH, Lorsch]. a) einbaufertiger Komponentensatz, b) Komplettgetriebe

Aus den o. g. Gründen wird hier nicht weiter auf räumliche Kurvengetriebe eingegangen.

5.2.2 Kurven-Koppelgetriebe

Aus den zuvor gezeigten 3-gliedrigen Bauformen für Kurvengetriebe lassen sich durch Erweiterung um vor-, zwischen- oder nachgeschaltete Getriebe (meist Koppelgetriebe) spezifische Eigenschaften anderer Getriebearten nutzen. So kann die Antriebsbewegung der Kurvenscheibe von anderer Stelle übertragen (Bild 5.30 a) oder die Kniehebelwirkung (Bild 5.30 b und e, f) genutzt werden. Auch kann eine Hubanpassung am Abtrieb erreicht (Bild 5.30 f und g) oder die Kraft- und Bewegungsübertragung zwischen An- und Abtrieb verbessert werden (Bild 5.30 c und d). Wenn allerdings das Eingriffsglied oder die Kurvenkontur in der Koppelebene liegt, wird die Auslegung theoretisch anspruchsvoller und aufwendiger (Bild 5.30 c, d und g).

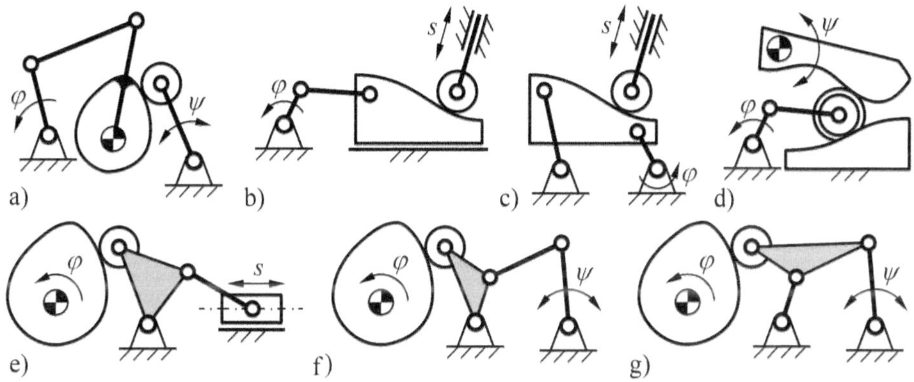

Bild 5.30 Beispiele für Kurven-Koppelgetriebe. a) bis c) vorgeschaltetes Koppelgetriebe, d) zwischengeschaltet e) und f) nachgeschaltetes Koppelgetriebe, g) koppelkurvengeführtes Eingriffsglied

Durch die Reihenschaltung eines Übertragungsgetriebes mit einem Führungsgetriebe lässt sich die zeitliche Abhängigkeit einer Führungsbewegung an die Vorgaben der Bewegungsaufgabe anpassen. Bei den Getrieben nach Bild 5.31a und b sind die Formen der Führungsbahnen durch das Koppelgetriebe vorgegeben. Das Kurvengetriebe begrenzt lediglich den davon genutzten Bereich und steuert den zeitlichen Ablauf. Für ebene Führungsaufgaben, bei denen nahezu beliebige Koppelkurven durchlaufen werden sollen, bietet sich der Einsatz von Kurvengetrieben mit zwei Kurvenkonturen an (Bild 5.31c bis f).

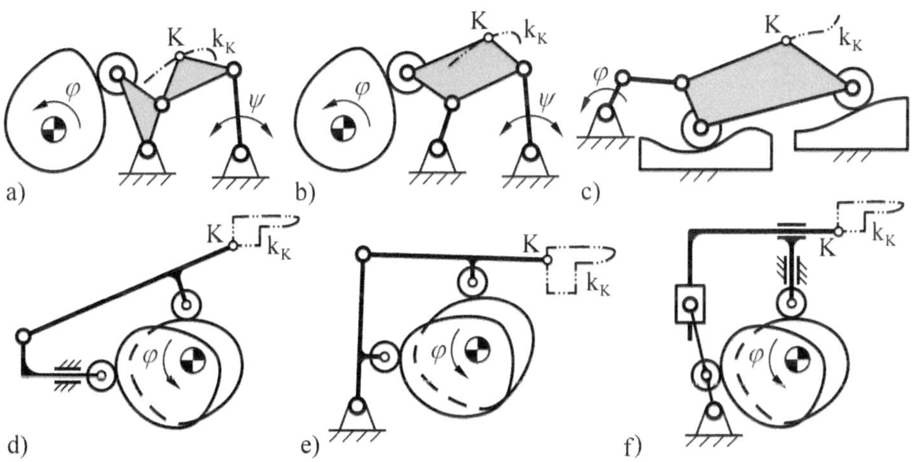

Bild 5.31 Ausgewählte Führungs-Kurvengetriebe mit mehr als drei Gliedern

Kurvengetriebe lassen sich auch mit anderen Getriebetypen wie Räder- oder Zugmittelgetrieben kombinieren [37].

5.2.3 Auswahl von Kurvengetrieben

Bevor ein konkreter Kurvengetriebetyp festgelegt wird, sollte die prinzipielle Entscheidung, ein Kurvengetriebe zum Lösen der geforderten Bewegungsaufgabe zu verwenden, anhand der in Tabelle 5.7 aufgelisteten Merkmale im Vergleich mit Koppelgetrieben und Servo-Direktantrieben (sog. elektronische Kurvenscheibe) überprüft werden.

Tabelle 5.7 Vergleich zwischen Kurvengetrieben, Koppelgetrieben und Servo-Direktantrieben

Kriterium	Kurvengetriebe	Koppelgetriebe	Servo-Direktantriebe
Anzahl Bewegungsvorgaben	+	-	++
Bewegung komplex	+	-	++
Bewegung veränderlich	-	-	++
Positioniergenauigkeit	++	++	+
Reproduzierbarkeit	++	++	+
Hohe Geschwindigkeit	+	++	-
Hohe dynamische Kräfte	+	++	-
Hohe statische Kräfte	+	++	-
Bauraum	++	-	+
Zwanglauf	+	++	-
Auslegung	-	-	+
Inbetriebnahme	+	++	-
Wartungsaufwand	-	+	-
Lebensdauer (Verschleiß)	-	++	+
Robustheit	+	++	-
Kosten	+	++	-

Aufgrund der aufwendigen Fertigung des Kurvenkörpers sind Kurvengetriebe i. d. R. teurer als Koppelgetriebe und kommen deshalb nur zum Einsatz, wenn diese oder andere Getriebearten die gewünschte Bewegungsaufgabe nicht zufriedenstellend lösen können. Kurvengetriebe werden üblicherweise verwendet, wenn langandauernde Bewegungsvorgaben sehr eng toleriert eingehalten werden müssen. Auch wenn die Anzahl der Bewegungsvorgaben oder deren Komplexität zunimmt (s. Abschnitt 1.2.2), sind Kurvengetriebe besser geeignet als Koppelgetriebe. Bei veränderlichen Bewegungsaufgaben sind Kurvengetriebe weniger brauchbar, da bei grundlegenden Modifikationen an der Sollbewegung das Kurvenglied ausgetauscht werden muss. Hier sind flexible Bewegungssysteme mit gesteuerten Antrieben im Vorteil. Allerdings haben jene gegenüber den Kurvengetrieben Nachteile bei

- Bewegungsaufgaben mit hoher Dynamik (sehr kurze Taktzeiten bzw. große Massenkräfte),
- hohen Anforderungen hinsichtlich Reproduzierbarkeit und Präzision der Bewegung
- sowie bei einer Kollisionsgefahr mehrerer Arbeitsorgane im Störfall durch den fehlenden permanenten mechanischen Zwanglauf.

Bei der Typsynthese eines Kurvengetriebes sind unter Beachtung der Herstellkosten und Fertigungsmöglichkeiten die folgenden Entscheidungen anhand der vorliegenden Bewegungsaufgabe, des zulässigen Bauraums und der zu erwartenden Kräfte zu treffen:

- **Kurvengetriebebauform:** Ebene Kurvengetriebe sind räumlichen vorzuziehen, wenn die Anordnung der Achsen von An- und Abtrieb oder der Bauraum dies zulassen, da sowohl die Auslegung als auch die Fertigung räumlicher Kurvenkonturen aufwendiger ist.
    - Bei Übertragungsaufgaben richtet sich die Typsynthese im Wesentlichen nach der Art der Elementarbewegung (drehend oder schiebend) des An- und des Abtriebsglieds.
    - Bei Führungsgetrieben sind je nach Art der zu realisierenden Bewegungsbahn meist ein oder mehrere Koppelgetriebe zwischen Kurvengetriebe und geführtem Glied geschaltet. Hier sei auf [32] verwiesen.
- **Vor- und/oder nachgeschaltete (Koppel-)Getriebe:** In der Regel ist ein Kurvengetriebe mit minimaler Anzahl an Getriebegliedern zu bevorzugen. Nur wenn die Antriebsbewegung vorab bzw. die Abtriebsbewegung des Kurvengetriebes nachfolgend umgeformt und/oder weitergeleitet werden müssen, sind zusätzliche Getriebeglieder vorzusehen. Hierbei ist zu beachten, dass mit jedem weiteren, in Reihe geschalteten Getriebeglied zusätzliche Bauteilsteifigkeiten, Fertigungstoleranzen bzw. Gelenkspiele und -steifigkeiten das Übertragungsverhalten negativ beeinflussen können.
- **Eingriffselement:** Als Eingriffselement ist eine Rolle gegenüber einem Gleitwälzelement auf Grund der besseren tribologischen Eigenschaften und des höheren Wirkungsgrads vorzuziehen. Bei hohen Belastungen im Kurvengelenk ist Linienberührung wegen der geringeren Pressungswerte gegenüber Punktberührung anzustreben. Zu beachten sind dann die erforderlichen höheren Fertigungsgenauigkeiten, um Kantenträger infolge von Achswinkelfehlern zu vermeiden.
- **Zwanglaufsicherung:** Die Art der Zwanglaufsicherung ist den jeweiligen Anforderungen entsprechend zu wählen.

    Bei Formschluss ist zwar der Kurvenkörper hinsichtlich seiner Herstellkosten teurer, weil eine zweite Kurvenkontur zu fertigen ist, es werden aber keine weiteren Bauteile zur Zwanglaufsicherung benötigt. Allerdings ist Formschluss bei hoher Dynamik entweder wegen des Anlagewechsels schwingungs- und geräuschanregend sowie verschleißanfällig oder erfordert zur Vermeidung des Anlagewechsels aufwendige Montage- und Einstellarbeiten.

    Bei Kraftschluss stellt eine zweckmäßig ausgelegte Rückstellkraft eine Mindestrollenkraft sicher, die den Schlupf im Kontaktpunkt begrenzt und damit abrasiven Verschleiß sowie Tribooxidation der Laufflächen reduziert. Die kraftschlüssige Zwanglaufsicherung bedingt immer zusätzliche Belastungen im Kurvengelenk und führt so zu einer höheren Beanspruchung der Kurvenflanke, der Rollenlagerung und meist auch des Antriebs. Die Rückstellkraft sollte deshalb in den Arbeitspunkten am höchsten sein, in denen extreme Trägheitswirkungen des Abtriebsglieds zur Aufrechterhaltung des Kontakts entgegengewirkt werden muss. Dies kann durch eine entsprechend gewählte

Ausführungsform (P- bzw. F-Kurvengetriebe, s. Abschnitt 6.2.1) und die passende Federanlenkung erreicht werden. Zu beachten ist, dass bei einer zu geringen Rückstellkraft die Rolle abhebt und ggf. folgenschwere Bauteilkollisionen auftreten können. Andererseits kann ein Abheben der Rolle bei entsprechend hohen Kräften gezielt als Überlastsicherung genutzt werden.

5.3 Zahnrädergetriebe

5.3.1 Ordnung der Zahnrädergetriebe

Die Hauptaufgabe von Zahnrädergetrieben als typische Übertragungsgetriebe besteht in der Übertragung und Wandlung von Drehzahl und Drehmoment von einer Antriebswelle auf eine Abtriebswelle. Die Übertragung erfolgt dabei formschlüssig über die Verzahnung der Zahnräder. Im Kontaktpunkt der Zahnflanken entstehen Zahnkräfte, die Drehmomente bewirken und bei einer Drehung der Räder Leistungen durch das Getriebe fließen lassen.

Die Grundform eines Zahnrädergetriebes besteht aus drei Getriebegliedern (Bild 5.32): dem Steg 5 sowie den Rädern 2 und 3. Während die Räder durch Drehgelenke (Gelenkfreiheitsgrad $f = 1$) mit dem Steg verbunden sind, bilden die Räder im Kontaktpunkt ein Gleitwälzgelenk ($f = 2$). Zahnrädergetriebe lassen sich u. a. nach folgenden Gesichtspunkten ordnen [1]:

- nach der Lage der Drehachsen (Wellen) im Steg bzw. den davon abhängigen Räderformen,
- nach der Bewegung der Drehachsen (Wellen) gegenüber dem Gestell oder
- nach dem charakteristischen Verlauf der Übertragungsfunktion.

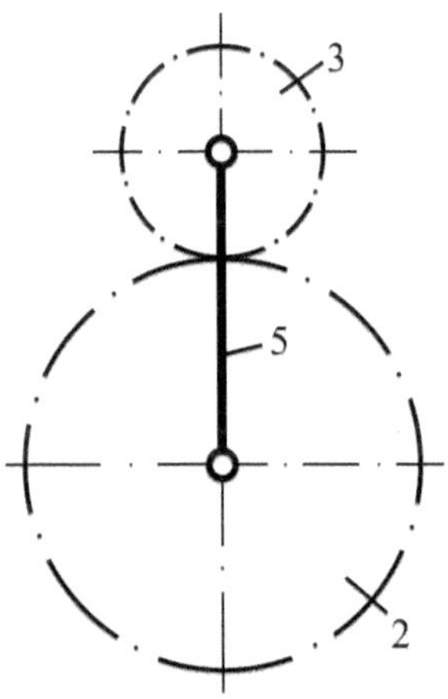

Bild 5.32 Grundaufbau eines Zahnrädergetriebes

Einteilung nach der Bewegung der Drehachsen gegenüber dem Gestell

Als Standrädergetriebe (Bild 5.33) werden Zahnrädergetriebe bezeichnet, die einen gestellfesten Steg (5 = 1) besitzen. Damit sind alle Drehachsen im Gestell ortsfest (eventuell einstellbar) gelagert. Es ist der in nahezu allen Zweigen der Technik am häufigsten angewendete Einsatzfall eines Zahnrädergetriebes.

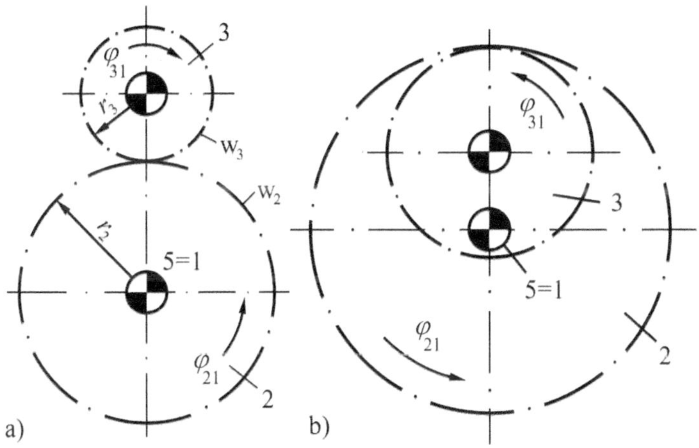

Bild 5.33 Einfache Standrädergetriebe. a) außen-/außenverzahnt (AA), b) außen-/innenverzahnt (AI)

Eine charakteristische Größe eines (einstufigen) Standrädergetriebes stellt neben der übertragbaren Leistung die Übersetzung *i* dar, die als Verhältnis der Drehzahlen bzw. Winkelgeschwindigkeiten von An- und Abtriebswelle definiert ist:

$$i = \frac{n_{an}}{n_{ab}} = \frac{n_{21}}{n_{31}} = \frac{\omega_{21}}{\omega_{31}} = i_{21-31} \tag{5.8}$$

Mithilfe der **Teilkreisradien** r_2 und r_3 (als kinematische Abmessungen des Rädergetriebes, die bei Zahnrädern ohne Profilverschiebung (s. Abschnitt 5.3.2) mit den Wälzkreisradien r_{w2} und r_{w3} identisch sind und die ideellen Wälzkreise w_2 und w_3 festlegen) bzw. unter Verwendung der **Zähnezahlen** z_2 und z_3 lässt sich die Übersetzung

$$i = -\frac{r_3}{r_2} = -\frac{r_{w3}}{r_{w2}} = -\frac{z_3}{z_2} \tag{5.9}$$

bestimmen, wobei die Zähnezahlen bzw. Teilkreisradien außenverzahnter Räder positiv und jene innenverzahnter Räder negativ definiert sind. Der Zusammenhang zwischen dem Teilkreisradius *r* (bzw. Teilkreisdurchmesser *d*) und der Zähnezahl *z* wird über den **Modul** *m* (als Größenfaktor der Verzahnung und somit Grundgröße aller Verzahnungsabmessungen [50]) durch

$$d = 2 \cdot r = m \cdot z \tag{5.10}$$

hergestellt. Je nachdem, ob zwei außenverzahnte Räder (AA) oder ein außenverzahntes und ein innenverzahntes Rad (AI) im Eingriff sind, ist $i < 0$ (Gegenlauf) bzw. $i > 0$ (Gleichlauf). Bei Übersetzungen ins Langsame gilt $|i| > 1$; bei Übersetzungen ins Schnelle ist $|i| < 1$. Die Übersetzung entspricht dem reziproken Wert der Übertragungsfunktion 1. Ordnung des Zahnrädergetriebes, denn es ergeben sich aus den Definitionen nach Gln. (2.3) und (2.4):

0. ÜF $\varphi_{31} = -\frac{r_2}{r_3}\varphi_{21}$ (5.11)

1. ÜF $\varphi'_{31}(\varphi_{21}) = \frac{\mathrm{d}\varphi_{31}}{\mathrm{d}\varphi_{21}} = -\frac{r_2}{r_3} = \frac{1}{i}$

Einstufige Standrädergetriebe werden i.d.R. nur bis zu bestimmten Übersetzungen (s. Tabelle 5.9) eingesetzt. Für höhere Übersetzungen sind mehrstufige Getriebe mit $n > 3$ Gliedern zu bevorzugen, die durch das Hintereinanderschalten gleichartiger bzw. unterschiedlicher Bauformen entstehen. Die Gesamtübersetzung

$$i_{21-n1} = \frac{\omega_{21}}{\omega_{n1}} = i_{21-31} \cdot i_{31-41} \cdot \ldots \cdot i_{i1-j1} \cdot \ldots \cdot i_{(n-1)1-n1} \tag{5.12}$$

ergibt sich dann aus dem Produkt der Teilübersetzungen der (n - 2) Getriebestufen, wenn (n - 1) Getriebewellen vorliegen.

Bei **Umlaufrädergetrieben** (Planetengetriebe) ist mindestens ein Rad vorhanden, dessen Drehachse nicht im Gestell, sondern in einem umlaufenden Glied gelagert ist. Damit wird z.B. nach Bild 5.34 das Rad 2 (Zentral- bzw. Sonnenrad) zum Gestell 1, das Glied 5 zum umlaufenden Steg, und das Rad 3 (Umlauf- bzw. Planetenrad) wälzt sich auf dem stillstehenden Rad 2 ab. Umlaufrädergetriebe (URG) werden häufig dann eingesetzt, wenn:

- extrem hohe Übersetzungen ($20 < i < 1000$) bei kleinem Bauraum und gutem Wirkungsgrad zu realisieren sind,
- Drehzahlen und Drehmomente zweier Wellen überlagert werden sollen (Summiergetriebe) oder
- eine Leistungsverzweigung zu realisieren ist (Teilergetriebe).

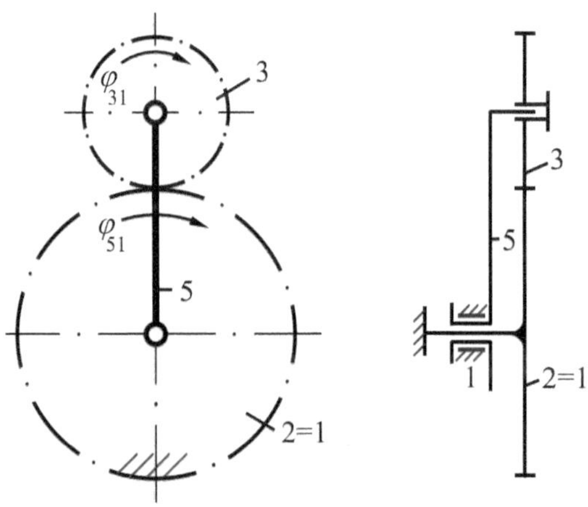

Bild 5.34 Einfaches Umlaufrädergetriebe

Eine Auswahl häufig eingesetzter einfach rückkehrender Umlaufrädergetriebe, die durch eine koaxiale Lage der Anschlusswellen 2, 4 und 5 gekennzeichnet sind, ist in Tabelle 5.8 zusammengestellt. Neben dem kinematischen Schema ist für jede Bauform die Standübersetzung angegeben. Sie ist als charakteristische Größe eines Umlaufrädergetriebes zu betrachten, da mit ihrer Hilfe weitere Bewegungs- und Kraftgrößen hergeleitet werden können (s. Abschnitt 6.3). Die Standübersetzung

$$i_0 = i_{25-45} = i_{24} = \frac{n_{25}}{n_{45}} \tag{5.13}$$

gilt für den Zustand, bei dem der Steg 5 als ruhend angesehen wird. Das Umlaufrädergetriebe verhält sich dann wie ein Standrädergetriebe. Zu beachten ist bei der Benutzung der angegebenen Standübersetzungen, dass die Zähnezahlen innenverzahnter Räder negativ definiert sind.

Tabelle 5.8 Bauformen einfach rückkehrender Umlaufrädergetriebe nach [1]

Bauform		**Getriebeschema**	**Standübersetzung** $i_0 = i_{24}$
Stirnräder-URG	AA/AI	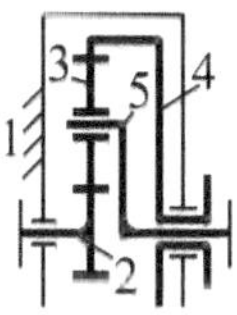	$\frac{z_4}{z_2}$
	AA/AI	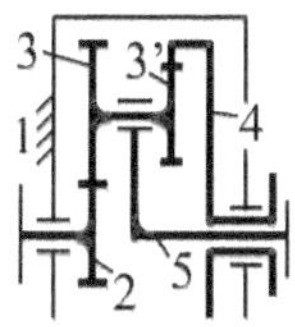	$\frac{z_4 \cdot z_3}{z_{3'} \cdot z_2}$
	AA/AA	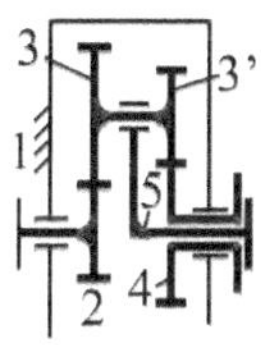	
	IA/AI	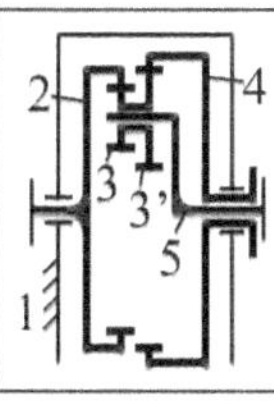	
Kegelräder-URG		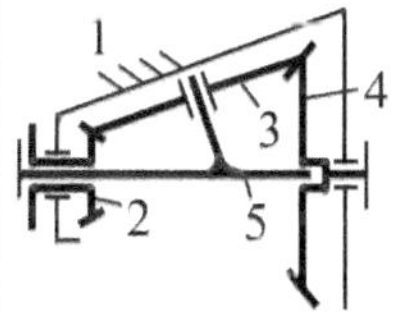	$\frac{z_4}{z_2}$
		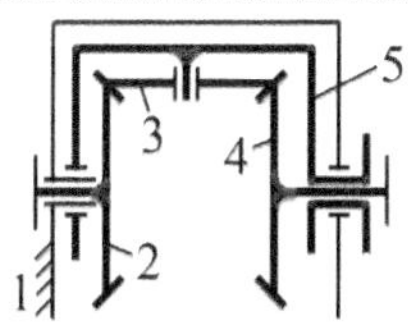	-1 bei $z_2 = z_4$

Zusammengesetzte Umlaufrädergetriebe entstehen durch das Hintereinander- bzw. Parallelschalten von einfachen Umlauf- und Standrädergetrieben, z. B. mit dem Ziel, extrem hohe Übersetzungen zu erreichen.

Einteilung nach der Lage der Drehachsen

Die in Abschnitt 3.1.2 beschriebene Ordnung der Getriebe nach der Lage der Drehachsen kann auch zur Klassifikation der Zahnrädergetriebe angewandt werden, was nachfolgend am Beispiel einstufiger Standrädergetriebe ausgeführt werden soll (Tabelle 5.9).

Bei parallel zueinander liegenden Achsen, die den Achsabstand a_{23} besitzen, handelt es sich um (ebene) Stirnrädergetriebe. Schneiden sich die Achsen unter einem Achswinkel δ_{23}, entstehen (sphärische) Kegelrädergetriebe. Bei sich unter einem Achswinkel δ_{23} kreuzenden Achsen, die außerdem den Achsabstand a_{23} aufweisen, liegt ein (räumliches) Schraubenrädergetriebe vor. Ein (räumliches) Schneckenradgetriebe ist durch den Achsabstand a_{23} und den Kreuzungswinkel $\delta_{23} = 90°$ gekennzeichnet.

Tabelle 5.9 Einteilung von Standrädergetrieben nach der Lage der Drehachsen

Getriebebezeichnung	Getriebeschema	Lage der Drehachsen	Übersetzung $\lvert i \rvert$
Stirnrädergetriebe	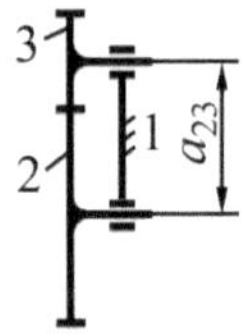	parallel mit Abstand a_{23}	AA: < 10 AI: < 13
Kegelrädergetriebe	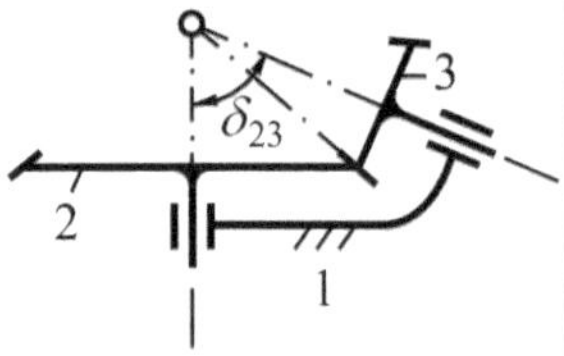	schneiden sich unter dem Winkel δ_{23}	< 10
Schraubenrädergetriebe	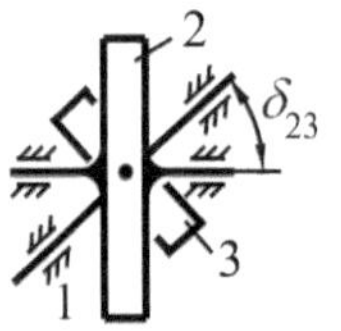	kreuzen sich unter dem Winkel δ_{23} mit dem Abstand a_{23}	< 5
Schneckenradgetriebe	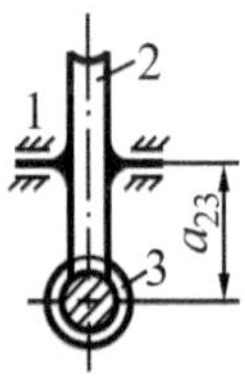	kreuzen sich unter dem Winkel $\delta_{23} = 90°$ mit dem Abstand a_{23}	< 100

Einteilung nach dem charakteristischen Verlauf der Übertragungsfunktion

In der Regel werden Zahnrädergetriebe eingesetzt, deren Übersetzungen nach Gl. (5.8) konstant sind. Eine ungleichmäßige Übertragung der Drehbewegung kann unter Berücksichtigung besonderer Bedingungen durch exzentrisch gelagerte bzw. unrunde Räder realisiert werden [18, 49]. Demzufolge ist die Übertragungsfunktion 1. Ordnung nicht konstant, sondern durch einen periodischen Verlauf gekennzeichnet, und es lässt sich entsprechend Gl. (5.11) definieren

$$i_{21-31}(u) = -\frac{r_2(u)}{r_3(u)} \tag{5.14}$$

wobei als gemeinsamer Parameter u der Antriebswinkel φ_{21} des Rades 2 verwendet werden kann. Die Geometrie der Unrundräder wird durch in Grenzen beliebig definierbare Wälzkurven w_2 und w_3 (anstelle von Wälzkreisen) bestimmt, die stets der Bedingung

$$a_{23} = r_2(u) + r_3(u) = \text{const.} \tag{5.15}$$

für den Achsabstand a_{23} genügen muss (Bild 5.35). Daraus resultiert zwangsläufig eine ganzzahlige mittlere Übersetzung.

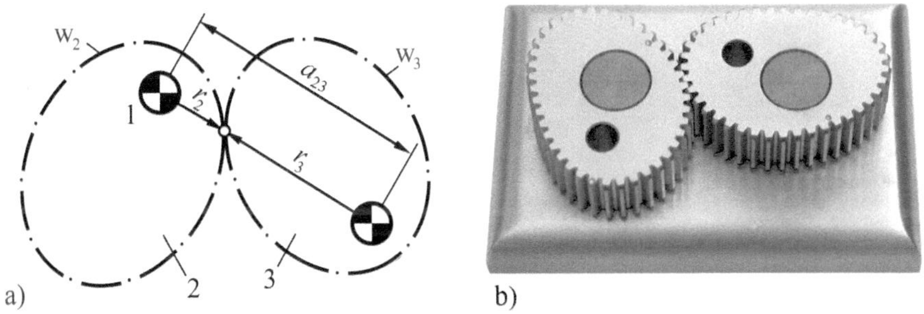

Bild 5.35 Unrundrädergetriebe. a) Getriebeschema, b) ausgeführtes Getriebe

5.3.2 Verzahnungsgeometrie

Die Verzahnungsgeometrie von Zahnrädern muss bestimmten Gesetzmäßigkeiten genügen, um praktisch brauchbar zu sein. Hierfür liegen umfangreiche Berechnungsunterlagen und Normen z. B. für Evolventen-, Zykloiden- und Kreisbogenverzahnungen vor, die durch entsprechende Richtlinien zur Festigkeitsberechnung und Werkstoffauswahl sowie durch Fertigungs- und Messvorschriften ergänzt werden. Für derartige Aufgabenstellungen sei an dieser Stelle auf weiterführende Fachliteratur [50, 51] verwiesen.

Wenn ein kontinuierlicher Bewegungsablauf gewährleistet werden soll, müssen die miteinander im Kontakt stehenden Zahnflanken bestimmte geometrische und kinematische Bedingungen erfüllen. Für deren Herleitung soll von folgender Überlegung ausgegangen werden: Um eine Drehbewegung von einer Antriebswelle (einem Antriebsrad) auf eine Abtriebswelle (ein Abtriebsrad) gleichmäßig zu übertragen, muss die Übersetzung i in jeder beliebigen Stellung der im Eingriff befindlichen Zähne gleich sein. Wird der Kontaktpunkt beider Zahnflanken im Folgenden als Eingriffspunkt K bezeichnet (s. Bild 5.36), besitzen beide Räder an diesem Punkt die Geschwindigkeitsvektoren $\vec{v}_{K21}$ bzw. $\vec{v}_{K31}$, die jeweils senkrecht auf den Normalen n_{21} bzw. n_{31} stehen. Das sich für K ergebende Geschwindigkeitspolygon wird durch die Gleitgeschwindigkeit $\vec{v}_{K23}$ zwischen beiden Zahnflanken in Richtung der gemeinsamen Tangenten t_{23} geschlossen, womit

$$\vec{v}_{K21} = \vec{v}_{K31} + \vec{v}_{K23} \tag{5.16}$$

gilt.

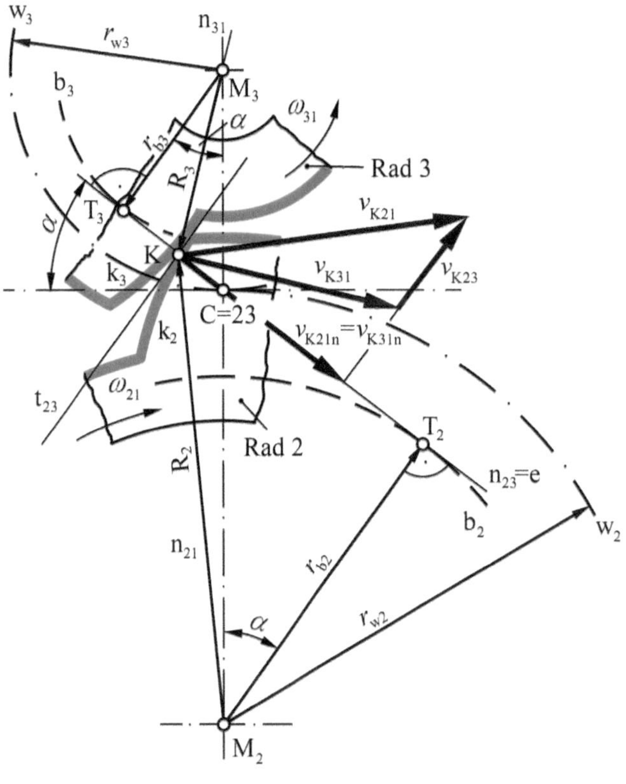

Bild 5.36 Abmessungen und Geschwindigkeitsverhältnisse an einer Evolventenverzahnung

Entsprechend den Zusammenhängen der relativen Bewegung dreier Ebenen (s. Abschnitt 4.4) können $\vec{v}_{K21}$ als Absolutgeschwindigkeit, $\vec{v}_{K23}$ als Relativgeschwindigkeit und $\vec{v}_{K31}$ als Führungsgeschwindigkeit betrachtet werden.

Um eine konstante Übersetzung i zu garantieren, muss zunächst der kinematische Zwang eines ständigen Kontaktes beider Zahnflanken erfüllt sein. Das heißt, bei einer Zerlegung der Geschwindigkeiten $\vec{v}_{K21}$ und $\vec{v}_{K31}$ in ihre tangential und normal zu den Zahnflanken liegenden Komponenten müssen wegen der Kontaktbedingung beide Normalkomponenten $\vec{v}_{K21n}$ und $\vec{v}_{K31n}$ stets gleich gerichtet und gleich groß sein. Damit gilt

$$r_{b2} \cdot \omega_{21} = r_{b3} \cdot \omega_{31} \tag{5.17}$$

wobei r_{b2} und r_{b3} die lotrechten Abstände der gemeinsamen Normale n_{23} zum jeweiligen Zahnradmittelpunkt M_2 bzw. M_3 sind. Außerdem muss im Wälzpunkt C, der sich auf der Verbindungslinie der Radmittelpunkte M_2 bzw. M_3 befindet, die Bedingung

$$v_{K21} = r_{w2} \cdot \omega_{21} = v_{K31} = r_{w3} \cdot \omega_{31} \tag{5.18}$$

gewährleistet sein. Beide Geschwindigkeitsvektoren liegen in dieser Stellung auf der gleichen, rechtwinklig zur Strecke $\overline{M_2M_3}$ verlaufenden Wirkungslinie. Eine Erfüllung der Bedingungen (5.17) und (5.18) setzt voraus, dass die Normale n_{23} in jeder Stellung durch den Wälzpunkt C verläuft, was aus der sich daraus ergebenen Ähnlichkeit der Dreiecke $\triangle M_2T_2C$ und $\triangle M_3T_3C$ die Relation

$$|i| = \frac{\omega_{21}}{\omega_{31}} = \frac{r_{b3}}{r_{b2}} = \frac{r_{w3}}{r_{w2}} \tag{5.19}$$

liefert. Diese Forderung führt zum **allgemeinen Verzahnungsgesetz:**

> Eine Drehbewegung wird nur dann mit konstanter Übersetzung von einem Rad 2 auf ein Rad 3 übertragen, wenn die gemeinsame Normale n_{23} der Zahnflanken im Eingriffspunkt K stets durch den Momentanpol P_{23} (Wälzpunkt C) der relativen Bewegung der Räder 2 und 3 verläuft. ■

Zu jeder vorgegebenen Zahnflanke k_2 gehört somit eine ganz bestimmte Gegenflanke k_3 und eine bestimmte Eingriffslinie e in der Ebene des Steges als geometrischer Ort des Eingriffspunkts K. Im Falle der für den Maschinenbau typischen Evolventenverzahnung ist die Eingriffslinie eine durch den Momentanpol 23 verlaufende Gerade, die die Grundkreise b_2 und b_3 in den Punkten T_2 und T_3 tangiert und gegenüber der Horizontalen um den Eingriffswinkel α geneigt ist (s. Bild 5.36).

Aus den obigen Betrachtungen kann gefolgert werden, dass beide Zahnflanken nur im Wälzpunkt C ideal aufeinander abwälzen, weil hier $v_{K23} = 0$ gilt. Liegt der Eingriffspunkt K neben dem Wälzpunkt, tritt ein zusätzliches Gleiten zwischen den Zahnflanken auf, das Einfluss auf den Verschleiß und den Wirkungsgrad hat. Ein Gelenk, das von zwei Zahnflanken gebildet wird, ist somit ein Gleitwälzgelenk mit dem Gelenkfreiheitsgrad $f = 2$.

Evolventenverzahnung

Wenn ein Rad 3 auf einem anderen Rad 2 abrollt, beschreiben Punkte auf dem abrollenden Rad 3 sogenannte Radkurven in der Ebene des Rades 2. Beide Räder können dabei vereinfacht als Reibräder betrachtet werden. Eine Zusammenstellung aller möglichen Radkurven, die nach dem Radienverhältnis r_{b2}/r_{b3} der Räder geordnet sind, enthält [1]. Wird der Grundkreisradius r_{b3} des abrollenden Rades 3 unendlich groß, entartet es in eine Zahnstange. Die dann entstehende Radkurve ist eine Evolvente (Bild 5.37). Die Evolvente k_E des erzeugenden Punkts E lässt sich durch folgende Gleichungen in Parameterdarstellung beschreiben:

$$x_E = r_{b2}(\cos\psi + \psi \cdot \sin\psi) \tag{5.20}$$

$$y_E = r_{b2}(\sin\psi - \psi \cdot \cos\psi)$$

Zu beachten ist hierbei die aus Gründen der Zweckmäßigkeit gewählte Lage der Achsen des Koordinatensystems von Rad 2. Unter Verwendung des Zusammenhangs

$$\overline{EP} = r_{b2} \cdot \tan\alpha_E = r_{b2} \cdot \psi \tag{5.21}$$

wobei die Abwälzstrecke $\overline{EP}$ gleich lang sein muss wie der Abwälzbogen $\overset{\frown}{UP}$, kann die Evolvente in den Polarkoordinaten

$$r_E = \frac{r_{b2}}{\cos\alpha_E} \tag{5.22}$$

$$\varphi = \tan\alpha_E - \alpha_E = \text{inv}\ \alpha_E \tag{5.23}$$

dargestellt werden, wobei der Winkel α_E hier als Parameter Verwendung findet. Gl. (5.23) entspricht der Evolventenfunktion (lies: **involut** α_E), die bei der Berechnung von Abmessungen am Zahnrad und am Getriebe benötigt wird, wie die Zahndicke und der Achsabstand von Räderpaaren mit Profilverschiebung.

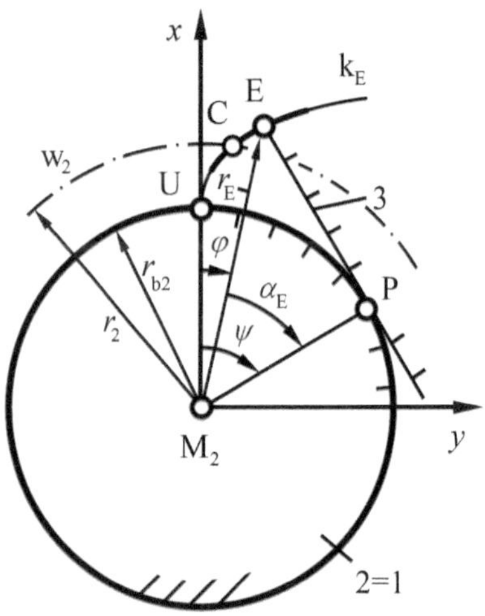

Bild 5.37 Erzeugung einer Evolvente

Das genutzte Zahnprofil sollte in einem Bereich der Evolvente liegen, der eine günstige Kraftübertragung bei vergleichsweise geringer Gleitbewegung zwischen den Zahnflanken ermöglicht. Das ist der Fall, wenn der Wälzkreis w_2 die Evolvente bei einem Winkel $\alpha_E \approx 20°$ schneidet. Deshalb wird in DIN 867 [52] der Eingriffswinkel $\alpha = 20°$ des Bezugsprofils genormt, auf dem die Werkzeuggeometrie aufbaut. In speziellen Anwendungsfällen kann der Eingriffswinkel α andere Werte annehmen.

Eine Geradverzahnung mit $\alpha = 20°$ ist theoretisch unterschnittfrei, d.h., der Zahnfuß ist durch die geometrische Abwälzbedingung nicht geschwächt, wenn das Rad mindestens 17 Zähne (theoretische Grenzzähnezahl) besitzt. Praktisch jedoch ist Unterschnitt erst ab einer Zähnezahl unter 14 (praktische Grenzzähnezahl) relevant.

Profilverschiebung

Bei gleichem Verzahnwerkzeug kann die Zahnform verändert werden, wenn das erzeugende Werkzeug radial verlagert wird. So bewirkt am außenverzahnten Rad eine Verschiebung V in Richtung Zahnkopf eine positive Profilverschiebung (V_{plus}-Rad). Während sich gegenüber dem Nullrad (keine Profilverschiebung) bei gleichem Grundkreis der Teilkreis und die Teilung nicht ändern, wird der Zahnfuß dicker und der Zahnkopf spitzer. Eine negative Profilverschiebung (V_{minus}-Rad) liegt bei einer Verschiebung V in Richtung Zahnfuß vor, wodurch die Unterschnittgefahr wächst und der Zahnfuß somit geschwächt wird (Bild 5.38).

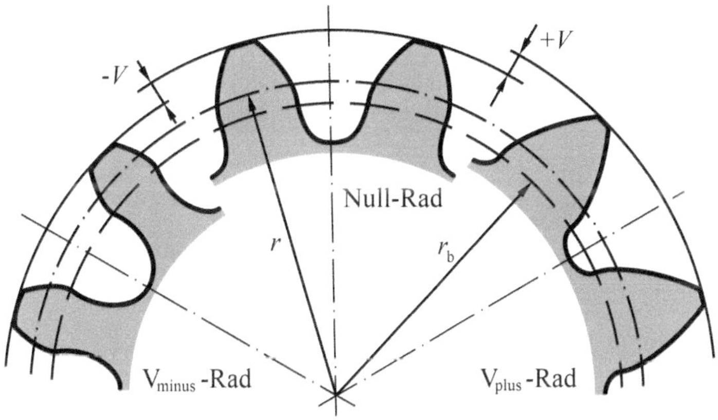

Bild 5.38 Profilverschiebung an der Evolventenverzahnung

Mithilfe der Profilverschiebung kann:

- die Unterschnittgrenze verschoben
- und somit die Zahnfußfestigkeit erhöht
- sowie ggf. der Achsabstand eines Räderpaares modifiziert werden [50].

Achsabstand

Nach der Wahl der Zähnezahlen und des Moduls, der nach [53] in Stufen genormt ist, ergibt sich der Achsabstand eines Getriebes mit Nullrädern (Achsabstand a_{d23} des Nullgetriebes) zwangsläufig zu

$$a_{d23} = r_2 + r_3 = \frac{m}{2}\left(z_2 + z_3\right) \tag{5.24}$$

Er lässt sich bei unveränderten Zähnezahlen in Grenzen anpassen, indem eine Profilverschiebung an den Verzahnungen vorgenommen wird. Dabei verändert sich der Betriebseingriffswinkel α_w, der ursprünglich mit dem Eingriffswinkel α identisch war, und die Betriebswälzkreisradien r_{w2} und r_{w3} (ursprünglich identisch mit den Teilkreisradien r_2 und r_3) passen sich proportional der Achsabstandsänderung an. Die Übersetzung des Zahnrädergetriebes bleibt somit unverändert. Durch die Paarung zweier V-Räder bzw. eines V-Rades mit einem Nullrad entstehen V-Getriebe, bei denen sich die Teilkreise nicht mehr berühren (Bild 5.39). Sogenannte V-Null-Getriebe entstehen, wenn zwei Räder mit gleicher positiver und negativer Profilverschiebung gepaart werden. Der Achsabstand a_{23} ist in diesem Fall mit dem Null-Achsabstand a_{d23} identisch.

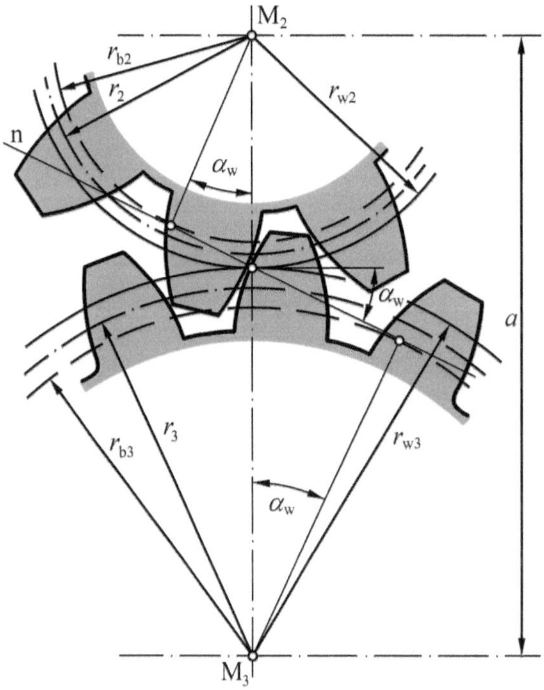

Bild 5.39 Eingriffsgeometrie am V-Getriebe

Unter Verwendung der Betriebswälzkreisradien berechnet sich der korrigierte Achsabstand a_{23} aus

$$a_{23} = r_{w2} + r_{w3} = (r_2 + r_3)\frac{\cos\alpha}{\cos\alpha_w} = a_{d23}\frac{\cos\alpha}{\cos\alpha_w} \tag{5.25}$$

Ist der Achsabstand a_{23} vorgegeben, dann lassen sich der sich einstellende Betriebseingriffswinkel und die Betriebswälzkreisradien wie folgt bestimmen:

$$\cos\alpha_w = \frac{a_d}{a}\cos\alpha \tag{5.26}$$

$$r_{w2} = r_2\frac{\cos\alpha}{\cos\alpha_w} = \frac{2a}{u+1} \tag{5.27}$$

$$r_{w3} = a - r_{w2} \tag{5.28}$$

wobei das Zähnezahlverhältnis u aus

$$u = \frac{z_{\text{Großrad}}}{z_{\text{Kleinrad}}} \tag{5.29}$$

berechnet wird und bei außenverzahnten Räderpaaren stets ≥ 1 ist.

Im allgemeinen Maschinenbau werden Evolventenverzahnungen auf Grund folgender wesentlicher Vorteile vorrangig eingesetzt [51]:

- Die Evolvente benötigt für ihre Erzeugung eine geradflankige und damit kostengünstige Verzahnungsgeometrie.

- Sie sind gegenüber Achsabstandsänderungen unempfindlich, was bei stets vorliegenden Fertigungsungenauigkeiten eine gleichmäßige Bewegungsübertragung begünstigt.
- Durch eine Profilverschiebung sind unterschiedliche Zahnformen und Achsabstände mit demselben Verzahnwerkzeug herstellbar.
- Bei gleichem Modul m und gleichem Eingriffswinkel α genügt für alle Zähnezahlen ein Wälzwerkzeug.
- Weil Richtung und Betrag der Kontaktkraft während des gesamten Zahneingriffs unverändert bleiben, ist eine schwingungsarme Bewegungsübertragung möglich.

Schrägverzahnung

Neben der Geradverzahnung, bei der die Zahnflankenlinien parallel zur Radachse verlaufen, findet die Schrägverzahnung Anwendung. Sie ist durch den Schrägungswinkel β der Zahnflanken zur Radachse gekennzeichnet (Bild 5.40 a). Die Herstellung einer Schrägverzahnung erfolgt mit den gleichen Verzahnwerkzeugen wie für die Geradverzahnung. Das Werkzeug muss lediglich um den Schrägungswinkel β angestellt werden.

Gepaart werden können außenverzahnte Räder (AA) mit unterschiedlicher Flankenrichtung (z.B. rechtssteigende Flanken am Ritzel 2, linkssteigende Flanken am Großrad 3) bzw. ein innen- und ein außenverzahntes Rad (AI) mit gleichen Flankenrichtungen. Die Begriffe rechtssteigend und linkssteigend sind wie rechtsgängig und linksgängig beim Gewinde von Schrauben anzuwenden.

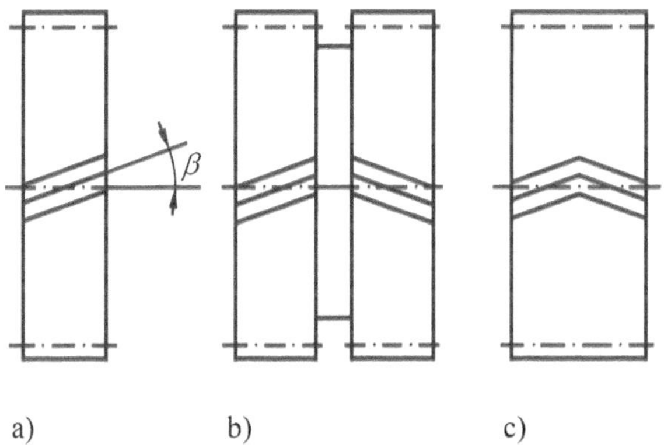

Bild 5.40 Schrägverzahnte Stirnräder. a) mit linkssteigender Schrägverzahnung, b) mit Doppelschrägverzahnung, c) mit Pfeilverzahnung

Dadurch ergeben sich folgenden Vorteile:

- ruhigerer Lauf, da im Mittel mehr Zähne gleichzeitig im Eingriff sind,
- höhere Belastbarkeit der Zähne, da die Zahndicke zunimmt,
- weniger empfindliches Laufverhalten bei Zahnformfehlern.

Als nachteilig können sich die auftretenden Axialkräfte erweisen, die Wellen und Lager zusätzlich belasten. Diese Axialkräfte lassen sich vermeiden, wenn Räder mit einer Doppelschrägverzahnung (Bild 5.40 193 b) ausgeführt sind. Für den Werkzeugauslauf des Verzahnwerkzeugs ist eine entsprechende Aussparung in der Radmitte vorzusehen. Des Weiteren ist eine Pfeilverzahnung nach Bild 5.40 c) möglich, die i. d. R. mithilfe eines Schaftfräsers hergestellt wird und deshalb wesentlich aufwendiger ist.

Für Zwischenwellen erweist es sich als zweckmäßig, die Flankenrichtung der Räder 3 und 3‘ so zu wählen, dass zumindest eine teilweise Kompensation der Axialkräfte erreicht wird (Bild 5.41). Infolge der am getriebenen Rad 3 und am treibenden Rad 3‘ angreifenden Zahnkräfte (s. Abschnitt 6.3.1) entstehen mit der gewählten linkssteigenden Flankenrichtung für beide Räder entgegengerichtete Axialkräfte $\vec{F}_{a3}$ und $\vec{F}_{a3'}$, die sich bei entsprechender Übersetzung und Wahl der Schrägungswinkel aufheben können.

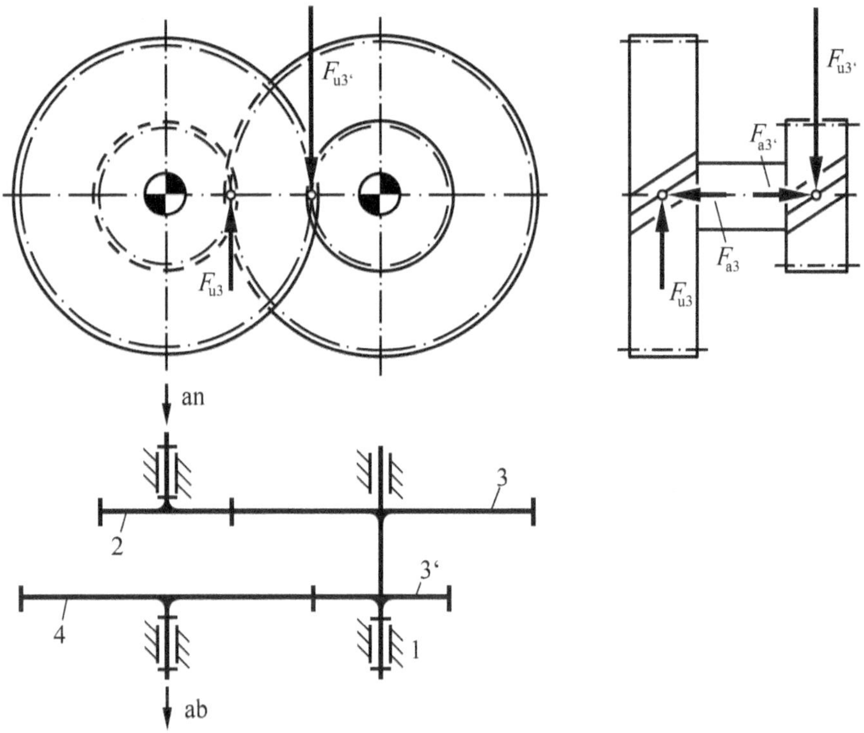

Bild 5.41 Axialkraftkompensation einer Zwischenwelle

Empfohlen werden i. Allg. für einfache und Doppelschrägverzahnungen Schrägungswinkel $\beta = 8° \dots 20°$ und für Pfeilverzahnungen $\beta = 30° \dots 45°$ [50].

6 Maßsynthese ausgewählter Getriebe

6.1 Koppelgetriebe

Koppelgetriebe können i.d.R. vorgegebene Übertragungs- und Führungsaufgaben nur näherungsweise realisieren (vgl. Abschnitt 5.1). Bei der Synthese von Koppelgetrieben sind zwei unterschiedliche Vorgehensweisen möglich, die im Folgenden anhand einer Übertragungsaufgabe verdeutlicht werden sollen. Grundsätzlich sind diese Methoden auch auf Führungsaufgaben übertragbar.

Die erste Methode (**Toleranzbandmethode**) besteht darin, eine zu realisierende Übertragungsfunktion $\psi_{\text{Soll}} = \psi_{\text{Soll}}(\varphi)$ (abschnittsweise) mit einem Toleranzband zu versehen (Bild 6.1a), welches die durch das Koppelgetriebe erzeugte Übertragungsfunktion $\psi = \psi(\varphi)$ nicht verlassen darf. Hierbei bietet sich eine Optimierung an, bei der die kinematischen Abmessungen einer gewählten Startlösung des Koppelgetriebes so lange gezielt variiert werden, bis die Abweichung zwischen der gewünschten und der tatsächlichen Übertragungsfunktion des Koppelgetriebes hinreichend klein ausfällt.

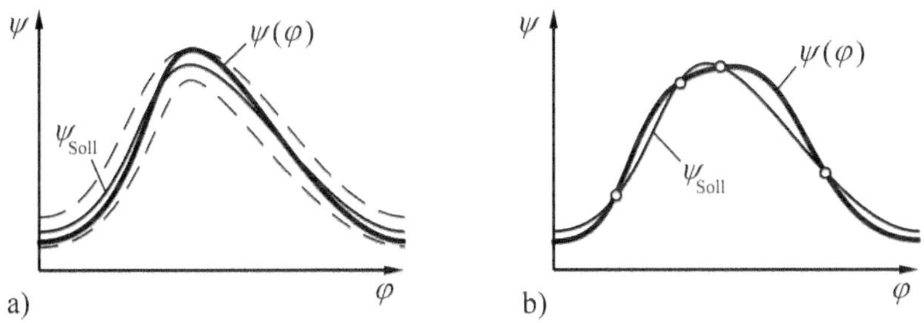

Bild 6.1 Vorgehensweisen bei der Synthese von Koppelgetrieben. a) Toleranzbandmethode, b) Zielpunktmethode

Bei der zweiten Methode (**Zielpunktmethode**) wird die zu realisierende Übertragungsfunktion $\psi_{\text{Soll}}(\varphi)$ von der durch das ermittelte Koppelgetriebe erzeugten Übertragungsfunktion $\psi(\varphi)$ nur in wenigen, diskreten Punkten exakt eingehalten (Bild 6.1b). In den übrigen Bereichen weichen die Übertragungsfunktionen mehr oder weniger voneinander ab. Die vorgegebenen Punkte können auch sehr eng nebeneinander liegen oder sogar zusammenfallen, wodurch in diesem begrenzten Bereich eine sehr gute Annäherung an $\psi_{\text{Soll}}(\varphi)$ erreichbar ist.

Für bestimmte Bewegungsaufgaben sind für 4-gliedrige ebene Koppelgetriebe einfache grafische Syntheseverfahren einsetzbar, die in den folgenden Abschnitten beschrieben werden. Durch die Umsetzung der grafischen Verfahren mithilfe eines CAD-Systems wird eine Präzision erreicht, welche der Genauigkeit entsprechender analytischer Verfahren in Nichts nachsteht. Zudem sind bei den grafischen Verfahren i. d. R. die Relationen zwischen den vorgegebenen Punkten und den daraus resultierenden kinematischen Abmessungen des Lösungsgetriebes anschaulich erkennbar.

Die beschriebenen Verfahren basieren i. d. R. auf der Vorgabe von Punktlagen, mit denen sich die Lagen der Glieder eines Koppelgetriebes beschreiben lassen. Bei Führungsgetrieben sind dies die Lagen der Koppel gegenüber dem Gestell; bei Übertragungsgetrieben die Relativlagen zwischen An- und Abtriebsglied. Da die Verfahren zur Ermittlung der kinematischen Abmessungen umso einfacher sind, je geringer die Anzahl der vorgegebenen Punktlagen ist, sollte immer versucht werden, die Lösung der Bewegungsaufgabe für möglichst wenige Punktlagen zu suchen. Die hierbei verwendeten einfachen Syntheseverfahren führen immer zu Getrieben, die diese wenigen Punktlagen exakt einhalten. Bei mehr als vier vorgegebenen Punktlagen ist jedoch nicht gewährleistet, dass diese in der richtigen Reihenfolge durchlaufen werden. Zudem ist bei umlauffähigen Lösungsgetrieben mit ihren zwei getrennten Teil-Bewegungsbereichen (vgl. Abschnitt 5.1.1) zu prüfen, ob alle Punktlagen in einem Teil-Bewegungsbereich liegen. Eine anschließende Bewegungsanalyse ist daher zwingend notwendig.

6.1.1 Synthese bei vorgegebenen Lagen der Koppel

Nimmt eine Ebene E, die durch die Koppel eines ebenen Getriebes geführt werden soll, während der Bewegung gegenüber dem ruhenden Gestell (Bezugsebene E_0) verschiedene Lagen ein, so lassen sich diese durch die Angabe der Lagen von zwei Punkten der Ebene E beschreiben. Zur Unterscheidung der einzelnen Lagen werden im Folgenden tiefgestellte Indizes benutzt, z. B. A_1 und A_2 für die Lagen 1 und 2 des Punkts A. Alternativ kann eine Ebenenlage durch Angabe eines Punkts und einer Orientierung definiert werden.

Zwei Lagen einer Koppelebene (Zwei-Lagen-Synthese)

Eine bewegte Ebene E, deren jeweilige Lage *i* durch die Punkte A_i und B_i beschrieben wird (Bild 6.2), soll aus der Lage 1 in die Lage 2 geführt werden. Für diese einfache Bewegungsaufgabe gibt es zwei grundsätzlich unterschiedliche Lösungen.

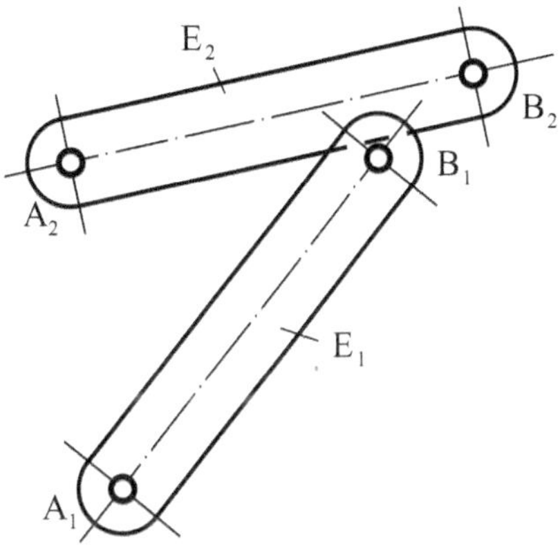

Bild 6.2 Aufgabenstellung einer Zwei-Lagen-Synthese

bit.ly/3zd14pA

Es bietet sich der Einsatz einer Schwinge an, die mit der zu bewegenden Ebene E verbunden ist (Bild 6.3). Damit bewegen sich alle Punkte der Ebene auf Kreisbahnen, deren Mittelpunkte im Drehpunkt P der Schwinge liegen.

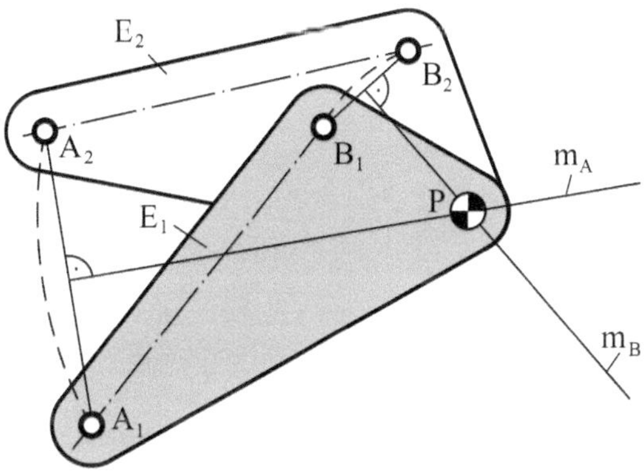

Bild 6.3 Lösung mit Schwinge

Die Lage des Drehpunkts P liefert folgende Konstruktion:

1. Einzeichnen der Strecken $\overline{A_1A_2}$ und $\overline{B_1B_2}$
2. Konstruktion der Mittelsenkrechten m_A und m_B dieser Strecken
3. Der Schnittpunkt beider Mittelsenkrechten liefert den gesuchten Drehpunkt P.

Ist die einfache Lösung mithilfe einer Schwinge konstruktiv nicht umsetzbar, weil z. B. der Drehpunkt ungünstig gelegen ist, kann die Bewegungsaufgabe alternativ mit einem 4-gliedrigen ebenen Koppelgetriebe mit ausschließlich Drehgelenken realisiert werden. Die frei wählbaren Punkte A und B zum Beschreiben der Ebenenlagen können gleichzeitig als Drehgelenkpunkte der Koppel dienen. Ihr Abstand entspricht dann der Koppellänge l_3. Zu bestimmen sind die beiden noch fehlenden Gestell-Gelenkpunkte A_0 und B_0. Diese erhält man durch folgende Konstruktionsschritte (Bild 6.4):

1. Die Mittelsenkrechte m_A auf die Strecke $\overline{A_1A_2}$ ist der geometrische Ort für alle möglichen Gestell-Gelenkpunkte A_0.

2. Die Mittelsenkrechte m_B auf die Strecke $\overline{B_1B_2}$ ist der geometrische Ort für alle möglichen Gestell-Gelenkpunkte B_0.

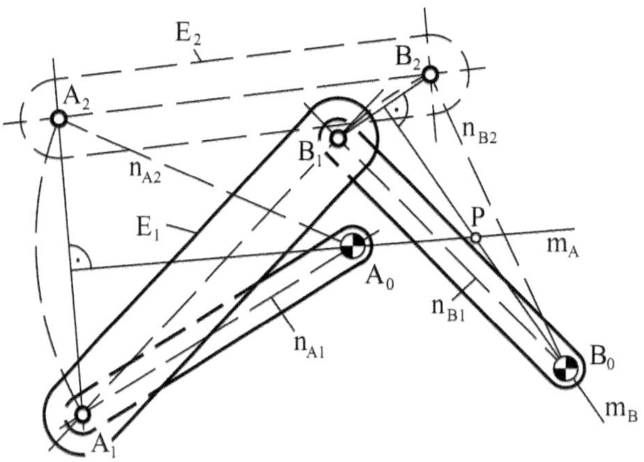

bit.ly/3mr5JAY

Bild 6.4 Lösung mit 4-gliedrigem Koppelgetriebe A_0ABB_0

Die Wahl der Gestellpunkte A_0 und B_0 auf m_A bzw. m_B ist beliebig, so dass theoretisch unendlich × unendlich viele Lösungsgetriebe existieren. Bei den umlauffähigen Lösungsgetrieben mit ihren zwei getrennten Teil-Bewegungsbereichen muss sichergestellt sein, dass alle Punktlagen in einem Teil-Bewegungsbereich liegen. Um die Lösungsvielfalt einzuschränken kann für jeden Punkt auch eine zusätzliche Anforderung erfüllt werden. So lassen sich beispielsweise die Bewegungsrichtungen der Punkte A und B durch Angabe der Bahntangenten t_A und t_B bzw. der Bahnnormalen n_A und n_B in jeweils einer der beiden Lagen vorgeben. Die gesuchten Gestellpunkte A_0 und B_0 müssen dann auf m_A bzw. m_B und auf n_A bzw. n_B liegen, sodass das Lösungsgetriebe eindeutig bestimmt ist.

Drei Lagen einer Koppelebene (Drei-Lagen-Synthese)

Soll eine bewegte Ebene durch drei Lagen geführt werden, reduzieren sich die frei wählbaren Parameter. In der Regel werden die Anfangs- und die Endlage sowie eine Zwischenlage der Ebene vorgegeben. Auf der bewegten Ebene E können zwei Punkte A und B gewählt werden (sogenannte **Kreispunkte**), die als Koppel-Gelenkpunkte dienen sollen.

Die kinematischen Abmessungen des Getriebes erhält man durch folgende Konstruktionsschritte (Bild 6.5):

1. Der Schnittpunkt der Mittelsenkrechten m_{A12} auf $\overline{A_1A_2}$ mit der Mittelsenkrechten m_{A23} auf $\overline{A_2A_3}$ liefert den Gestell-Gelenkpunkt A_0.
2. Der Schnittpunkt der Mittelsenkrechten m_{B12} auf $\overline{B_1B_2}$ mit der Mittelsenkrechten m_{B23} auf $\overline{B_2B_3}$ liefert den Gestell-Gelenkpunkt B_0.

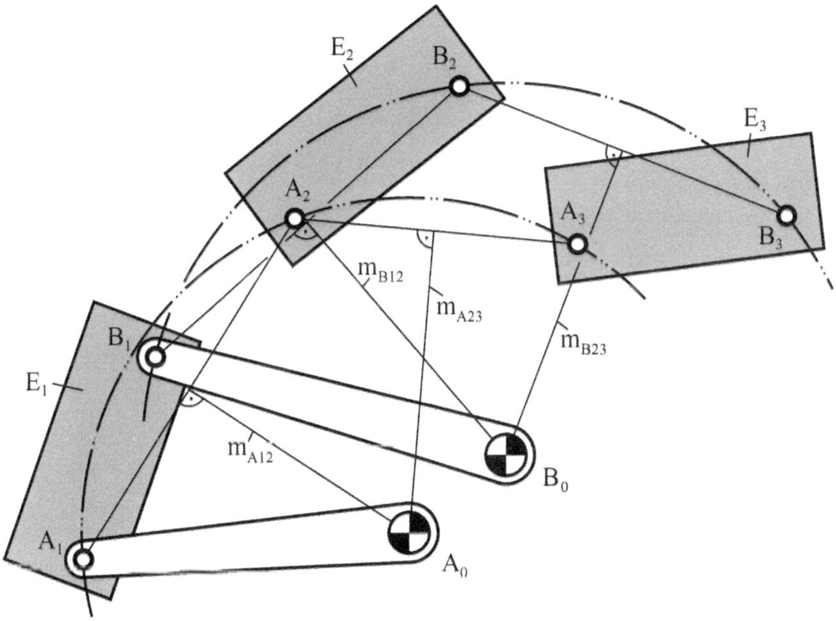

Bild 6.5 Drei-Lagen-Synthese bei gegebenen Koppel-Gelenkpunkten A und B

bit.ly/3zauzs1

Das aus den vorangegangenen Erläuterungen ableitbare Grundproblem der Lagen-Synthese lässt sich wie folgt formulieren:

Für die Bewegung eines (Kreis-)Punkts, der sich gegenüber einer Bezugsebene auf einem Kreisbogen bewegen soll, ist in der Bezugsebene der dazugehörige Mittelpunkt zu ermitteln. Die kreisförmige Bewegung des Punkts bezüglich der Bezugsebene wird dabei durch diskrete Punktlagen beschrieben. Kreis- und zugehöriger Mittelpunkt bilden die Drehgelenkpunkte des gesuchten Verbindungsglieds zwischen den betrachteten Ebenen. ■

Bei drei vorgegebenen Lagen entspricht der gesuchte Kreisbogen-Mittelpunkt dem Schnittpunkt der Mittelsenkrechten auf die Verbindungsstrecken jeweils zweier Punktlagen. Sind nur zwei Lagen vorgegeben, kann der gesuchte Mittelpunkt auf der Mittelsenkrechten der Verbindungsstrecke beider Punktlagen frei gewählt werden. Eine zusätzliche Anforderung schränkt die Zahl der möglichen Lösungen ein.

Diese Herangehensweise lässt sich prinzipiell auch auf Relativlagen zweier bewegter Ebenen eines 4-gliedrigen ebenen Koppelgetriebes anwenden, wenn eine der Gliedebenen als Bezugsebene angesehen wird. Daher lässt sich die Bewegungsaufgabe nach Bild 6.5 auch lösen, wenn statt der Koppel-Gelenkpunkte A und B die beiden Gestell-Gelenkpunkte A_0 und B_0 vorgegeben sind. Da die zu ermittelnden Kreisbogen-Mittelpunkte immer in der Bezugsebene liegen, müssen in diesem Fall die Relativlagen des Gestells gegenüber der Koppel durch die entsprechenden Punktlagen $A^*_{0,i}$ und $B^*_{0,i}$ der Gestellpunkte beschrieben werden, wobei eine der Koppellagen als Konstruktionslage fungiert. Um die relativen

Punktlagen $A^*_{0,i}$ und $B^*_{0,i}$ zu erhalten, kann nach folgendem Konstruktionsprinzip vorgegangen werden (s. Bild 6.6):

Von den drei Lagen der bewegten Ebene E wird eine Konstruktionslage gewählt. In Bild 6.6 ist dies die Lage 1. Zunächst wird die Relativlage des Gelenkpunkts A_0 bezüglich der Ebene E_2 in die Konstruktionslage E_1 übertragen. Dies erfolgt anschaulich mithilfe zweier beliebiger Hilfspunkte U_2 und W_2 der Lage E_2, die zusammen mit dem zu übertragenden Gestellpunkt A_0 ein Dreieck bilden. Für die Transformation des Punkts A_0 von der Lage 2 in die Konstruktionslage 1 wird das Dreieck $\triangle U_2W_2A_0$ so verschoben, dass die Punkte U_2 und W_2 auf den entsprechenden Punkten U_1 und W_1 der Konstruktionslage zu liegen kommen. Dabei liefert der Punkt A_0 des Transformationsdreiecks die Lage des transformierten Punkts $A^*_{0,2}$.

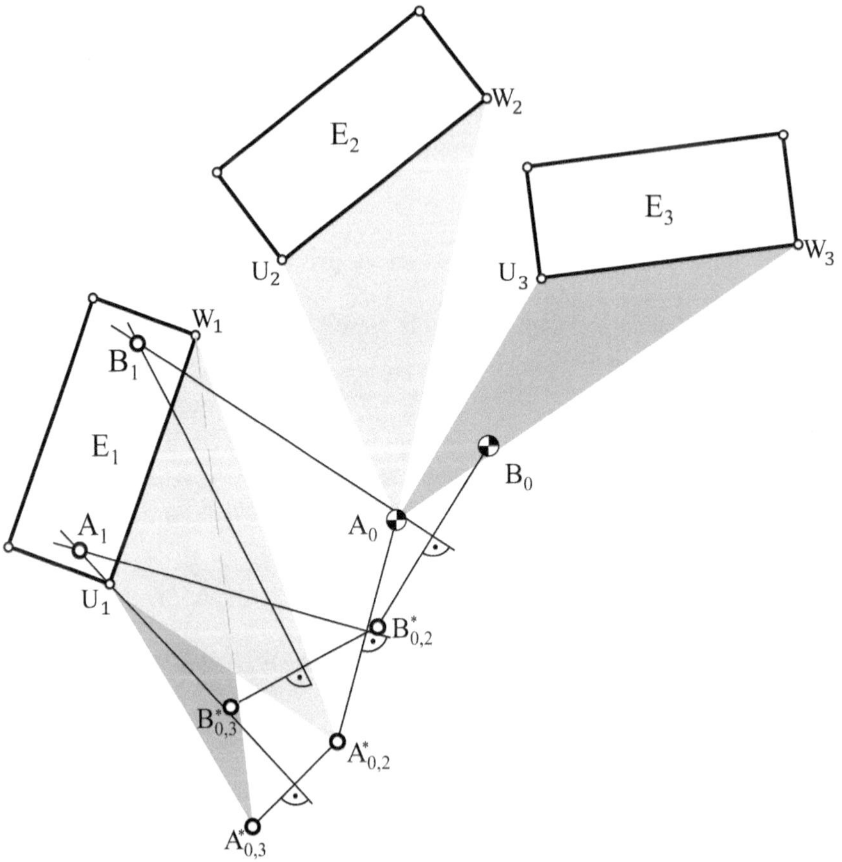

bit.ly/2XK7ejb

Bild 6.6 Drei-Lagen-Synthese bei gegebenen Gestell-Gelenkpunkten A_0 und B_0

Auf die gleiche Weise verfährt man mit A_0 in der Lage 3 sowie dem Punkt B_0 in den Lagen 2 und 3, so dass insgesamt folgende Transformationen durchzuführen sind:

- Transformationsdreieck $\triangle U_2W_2A_0$ liefert in Lage E_1 übertragen den Punkt $A^*_{0,2}$

- Transformationsdreieck $\triangle U_3W_3A_0$ liefert in Lage E_1 übertragen den Punkt $A^*_{0,3}$
- Transformationsdreieck $\triangle U_2W_2B_0$ liefert in Lage E_1 übertragen den Punkt $B^*_{0,2}$
- Transformationsdreieck $\triangle U_3W_3B_0$ liefert in Lage E_1 übertragen den Punkt $B^*_{0,3}$

Somit durchlaufen die Gelenkpunkte A_0 und B_0 bei der Bewegung der Ebene E durch die Lagen 1, 2 und 3 auf die Konstruktionslage bezogen die Lagen $A_0 \equiv A^*_{0,1}$, $A^*_{0,2}$ und $A^*_{0,3}$ bzw. $B_0 \equiv B^*_{0,1}$, $B^*_{0,2}$ und $B^*_{0,3}$.

Die Gelenkpunkte A_1 und B_1 ergeben sich in der Konstruktionslage E_1 durch die Mittelsenkrechten-Konstruktion:

- Die Mittelsenkrechten auf $\overline{A_0 A^*_{0,2}}$ und $\overline{A^*_{0,2} A^*_{0,3}}$ schneiden sich im gesuchten Koppel-Gelenkpunkt A_1.
- Die Mittelsenkrechten auf $\overline{B_0 B^*_{0,2}}$ und $\overline{B^*_{0,2} B^*_{0,3}}$ schneiden sich im gesuchten Koppel-Gelenkpunkt B_1.

Drei Lagen eines Koppelpunkts (Drei-Punktlagen-Synthese)

Das Synthese-Verfahren für drei Lagen einer Ebene lässt sich auch dazu verwenden, bei drei vorgegebenen Punkten K_1, K_2 und K_3 einer zu realisierenden Koppelkurve die Abmessungen eines entsprechenden 4-gliedrigen Koppelgetriebes A_0ABB_0 zu finden. Dazu werden die drei Punktlagen K_1, K_2 und K_3 durch die Vorgabe eines Zweischlages KBB_0 entsprechenden Lagen der Koppelebene E zugeordnet (Bild 6.7). Die Ebene E wird folglich zunächst nur durch das Glied B_0B geführt. Für einen frei wählbaren weiteren (Kreis-)Punkt A der Koppel wird anschließend der zugehörige Mittelpunkt A_0 gesucht, so dass A_0A das zweite Verbindungsglied der Koppelebene zum Gestell bildet. Die Wahl des Zweischlages KBB_0 und des Koppel-Gelenkpunkts A beeinflussen die kinematischen Eigenschaften des Lösungsgetriebes, z.B. den Verlauf der Koppelkurve k_K zwischen den vorgegebenen Punktlagen und den auszuführenden Antriebswinkel am Glied A_0A.

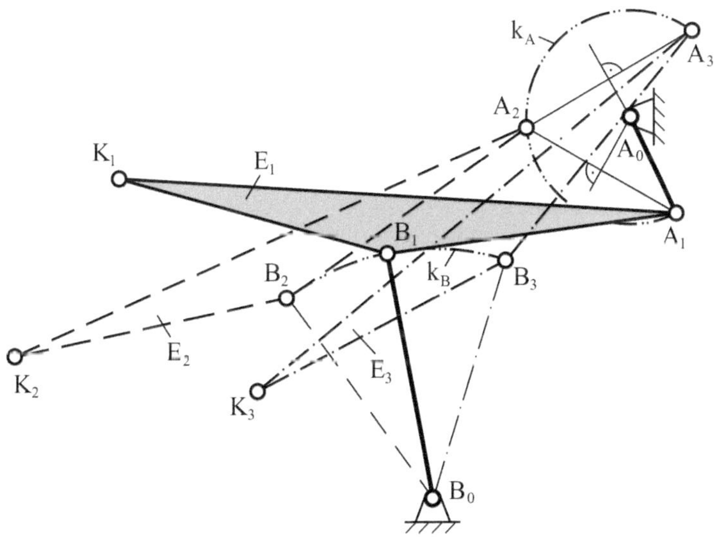

Bild 6.7 Drei-Punktlagen-Synthese für ein Viergelenk

bit.ly/3sJfZW7

Die kinematischen Abmessungen des Getriebes werden mit folgenden Konstruktionsschritten ermittelt:

1. Wahl des Gestellpunkts B_0, der Schwingenlänge $\overline{B_0B}$ und der Strecke $\overline{BK}$ so, dass mit dem Zweischlag KKB_0 alle drei Punktlagen K_1, K_2 und K_3 erreichbar sind. Dazu sind die Bedingungen

$$\overline{B_0B}+\overline{BK}>\max\left(\overline{B_0K_1},\overline{B_0K_2},\overline{B_0K_3}\right) \text{ und } \left|\overline{B_0B}-\overline{BK}\right|<\min\left(\overline{B_0K_1},\overline{B_0K_2},\overline{B_0K_3}\right) \tag{6.1}$$

   einzuhalten. Damit kann der Zweischlag in der Stellung $K_1B_1B_0$ eingezeichnet werden.

2. Auf dem Kreisbogen k_B, den der Punkt B um B_0 beschreibt, erhält man durch entsprechenden Kreisbögen um K_2 und K_3 mit dem Radius $\overline{BK}$ die Punkte B_2 und B_3. Mit den Strecken $\overline{B_1K_1}$, $\overline{B_2K_2}$ und $\overline{B_3K_3}$ sind die drei Lagen E_1, E_2 und E_3 der Koppelebene E beschrieben.

3. Anschließend wird in der Koppelebene ein Gelenkpunkt A gewählt. Dieser durchläuft bei der Bewegung der Koppel die Lagen A_1, A_2 und A_3.

4. Der Gestell-Gelenkpunkt A_0 ist der Mittelpunkt des Kreises durch die drei Punkte A_1, A_2 und A_3, d. h., A_0 liegt im Schnittpunkt der Mittelsenkrechten auf $\overline{A_1A_2}$ und $\overline{A_2A_3}$.

Statt durch den Zweischlag KBB_0 mit drei Drehgelenken kann die Koppelebene auch durch einen Zweischlag mit Schieber $KBB_{0\infty}$ geführt werden (Bild 6.8). Die Kreisbahn k_B entartet dadurch zur Schubgeraden k_B.

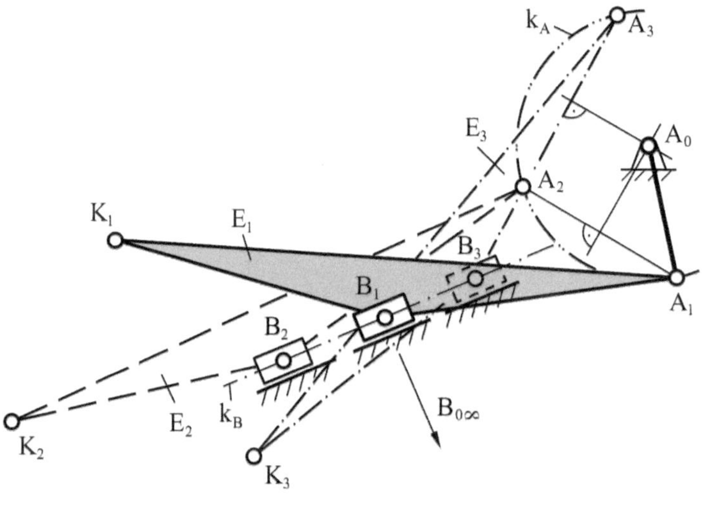

bit.ly/38405dJ

Bild 6.8 Drei-Punktlagen-Synthese für ein Lösungsgetriebe mit Schieber

Wie schon bei der Drei-Lagen-Synthese kann alternativ zur Vorgabe des koppelfesten Drehpunkts A der gestellfeste Drehpunkt A_0 für eine Konstruktionslage der Koppelebene vorgegeben werden. Die Relativlagen $A^*_{0,i}$ des Gestellpunkts A_0 gegenüber der Koppel in den beiden anderen Lagen müssen dann wiederum in die Konstruktionslage übertragen werden. Bild 6.9 zeigt die entsprechende Konstruktion mit der Konstruktionslage E_1. Für die Transformationsdreiecke gelten:

- Dreieck $\triangle K_2B_2A_0$ entspricht Dreieck $\triangle K_1B_1A^*_{0,2}$
- Dreieck $\triangle K_3B_3A_0$ entspricht Dreieck $\triangle K_1B_1A^*_{0,3}$

Der gesuchte Koppel-Gelenkpunkt A_1 in der Konstruktionslage E_1 ergibt sich als Schnittpunkt der Mittelsenkrechten auf $\overline{A_0\,A^*_{0,3}}$ und $\overline{A^*_{0,2}\,A^*_{0,3}}$ (bzw. $\overline{A_0\,A^*_{0,2}}$).

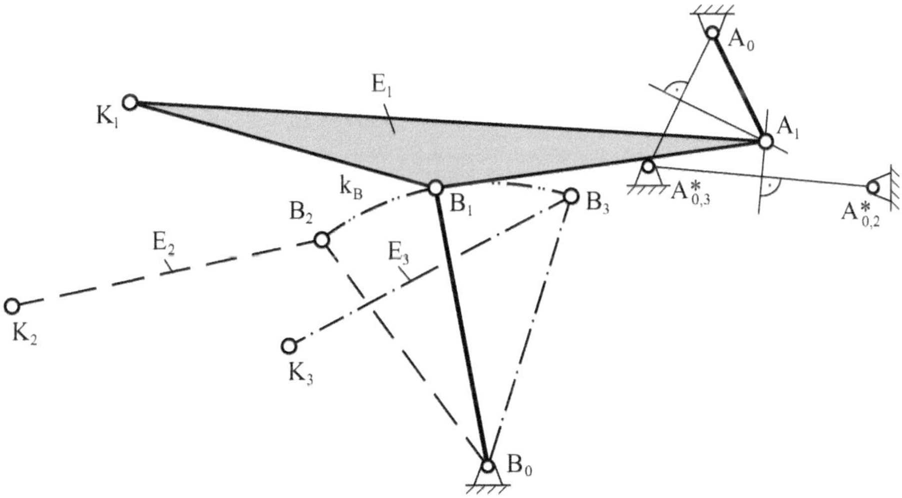

bit.ly/3j8Mc68

Bild 6.9 Drei-Punktlagen-Synthese mit Vorgabe des gestellfesten Drehpunkts A_0

6.1.2 Mehrfache Erzeugung einer Koppelkurve

Es kann vorkommen, dass bei einem (beispielsweise durch die Punktlagen-Synthese bestimmten) Führungsgetriebe einer der Gestell-Gelenkpunkte ungünstig liegt oder die Koppel des Lösungsgetriebes umlaufend ist und dadurch nur aufwendig angetrieben werden kann. Die vom Getriebe erzeugte Koppelkurve soll jedoch nicht verändert werden. Ein brauchbares Getriebe lässt sich dennoch finden, da der **Satz von Roberts**[1] über die dreifache Erzeugung einer Koppelkurve gilt:

> Jede von einem ebenen 4-gliedrigen Koppelgetriebe mit vier Drehgelenken erzeugte Koppelkurve kann von zwei weiteren ebenen 4-gliedrigen Koppelgetrieben (sogenannten Ersatzgetrieben) erzeugt werden. ■

In Bild 6.10 a sind das Ausgangsgetriebe A_0ABB_0 mit dem Koppelpunkt K und die beiden Ersatzgetriebe A_0DCC_0 und C_0EFB_0 darstellt. Die drei Getriebe teilen sich die drei Gestell-Gelenkpunkte A_0, B_0 und C_0 und spannen drei Parallelogramme auf:

[1] Samuel Roberts (1827 - 1913), englischer Rechtsanwalt und Mathematiker

- das Parallelogramm ▱A_0AKD zwischen dem Ausgangsgetriebe und dem Ersatzgetriebe A_0DCC_0,
- das Parallelogramm ▱B_0BKF zwischen dem Ausgangsgetriebe und dem Ersatzgetriebe C_0EFB_0 und
- das Parallelogramm ▱C_0CKE zwischen den beiden Ersatzgetrieben.

Dadurch bewegen sich die Glieder A_0A, DKC und C_0E sowie die Glieder BB_0, KFE und C_0C jeweils mit der gleichen Winkelgeschwindigkeit. Zudem sind die Koppeldreiecke △DKC und △KFE der beiden Ersatzgetriebe sowie das Gestellpunkt-Dreieck △$A_0B_0C_0$ zum Koppeldreieck △ABK des Ausgangsgetriebes gleichsinnig ähnlich.

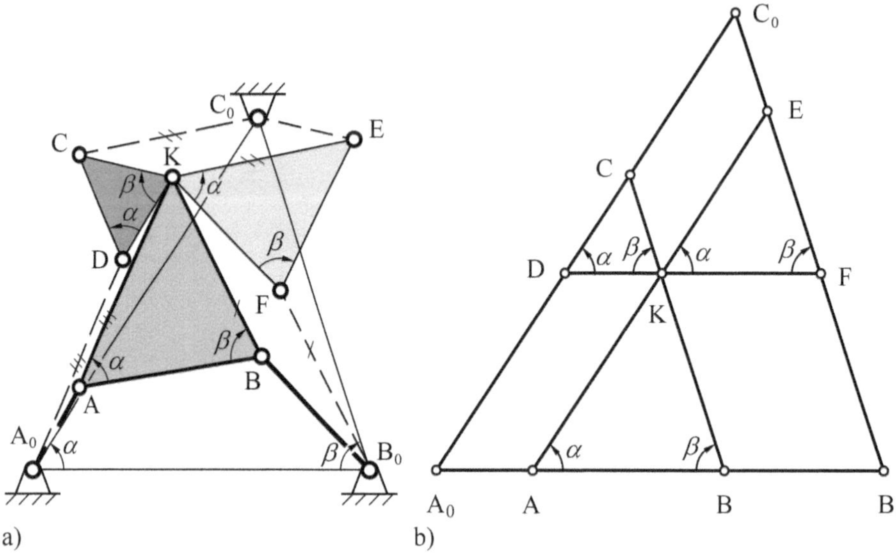

bit.ly/3sFzqz1

Bild 6.10 Ausgangs- und Ersatzgetriebe nach dem Satz von Roberts. a) kinematisches Schema, b) Robertssche Konstellation

Aus diesem Zusammenhang können bei einem gegebenen Ausgangsgetriebe die Abmessungen der beiden Ersatzgetriebe analytisch bzw. grafisch ermittelt werden.

Zeichnerisch lassen sich die Abmessungen der Ersatzgetriebe am einfachsten mit einer Hilfsfigur, der sogenannten **Robertsschen Konstellation** (Bild 6.10 b), finden, die mithilfe folgender Konstruktionsschritte erstellt wird:

1. Die bewegten Glieder des Ausgangsgetriebes A_0ABB_0 werden in den Gelenken A_0 und B_0 gelöst und gestreckt angeordnet.
2. Die Parallelen zu $\overline{AK}$ durch A_0 und zu $\overline{BK}$ durch B_0 schneiden sich im Punkt C_0.
3. Die Parallele zu $\overline{AB}$ durch K schneidet $\overline{A_0C_0}$ in D und $\overline{B_0C_0}$ in F.
4. Die Verlängerungen von $\overline{AK}$ und $\overline{BK}$ schneiden $\overline{A_0C_0}$ in C bzw. $\overline{B_0C_0}$ in E.

Rechnerisch ermittelt man die Abmessungen aus der Robertsschen Konstellation und der Ähnlichkeit der Dreiecke mithilfe des Strahlensatzes, z. B. für das Koppeldreieck des linken Ersatzgetriebes aus:

$$\overline{DK} = \overline{A_0A}\,,\ \overline{CK} = \overline{BK} \cdot \frac{\overline{DK}}{\overline{AB}}\,,\ \overline{DC} = \overline{AK} \cdot \frac{\overline{DK}}{\overline{AB}} \tag{6.2}$$

Die Ersatzgetriebe können im kinematischen Schema des Ausgangsgetriebes durch folgende Schritte konstruiert werden (vgl. Bild 6.10 a):

1. A_0AK zum Parallelogramm ▱A_0AKD ergänzen
2. B_0BK zum Parallelogramm ▱B_0BKF ergänzen
3. Koppeldreiecke △DKC und △KFE einzeichnen
4. Die wirkliche Lage des dritten gestellfesten Punkts C_0 ergibt sich aus dem Dreieck △$A_0B_0C_0$, das dem Koppeldreieck △ABK gleichsinnig ähnlich ist.

In ähnlicher Weise lassen sich nach [54] für 4-gliedrige Koppelgetriebe mit drei Drehgelenken und einem Schieber (Schubkurbel oder Schubschwinge) die Ersatzgetriebe bestimmen, wenn man gedanklich das Schubgelenk – wie in Abschnitt 3.4 gezeigt – durch ein im Unendlichen liegendes Drehgelenk ersetzt. Aufgrund des unendlich fernen Drehgelenkpunkts $B_{0\infty}$ ergibt sich mit einer entsprechend angepassten Robertsschen Konstellation nach Bild 6.11 nur das nutzbare Ersatzgetriebe $A_0DCC_{0\infty}$, da das zweite Ersatzgetriebe $C_{0\infty}E_\infty F_\infty B_{0\infty}$ im Unendlichen liegt.

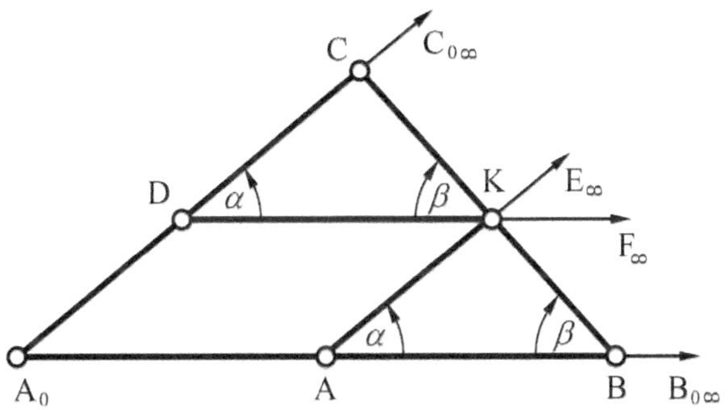

Bild 6.11 Robertssche Konstellation für Schubkurbel bzw. Schubschwinge

Die Position des Ersatzgetriebes im kinematischen Schema lässt sich durch folgende Konstruktionsschritte ermitteln (Bild 6.12):

1. A_0AK zum Parallelogramm ▱A_0AKD ergänzen
2. Koppeldreieck △DKC einzeichnen
3. Die Schubgerade k_C beim Ersatzgetriebe $A_0DCC_{0\infty}$ ist gegenüber der Schubgeraden k_B des Ausgangsgetriebes um den gerichteten Winkel α geneigt.

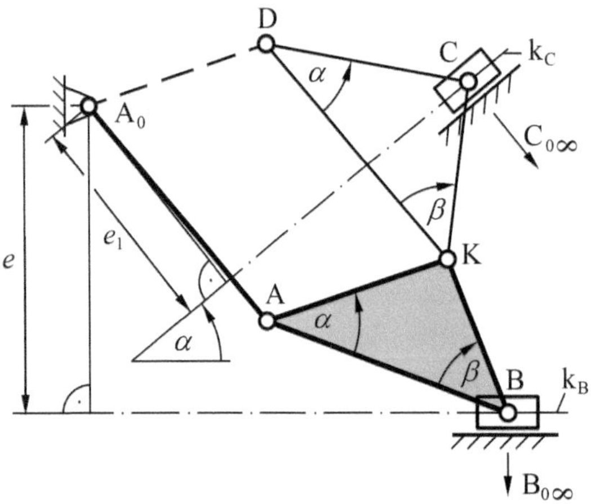

bit.ly/3zd1RH4

Bild 6.12 Ersatzgetriebe für Schubkurbel bzw. Schubschwinge

Tabelle 6.1 ordnet die zur Mehrfacherzeugung einer Koppelkurve nutzbaren 4-gliedrigen Koppelgetriebe mit vier Dreh- oder mit drei Dreh- und einem Schubgelenk. Die Laufeigenschaft (umlauffähig, totalschwingfähig oder durchschlagfähig) wird durch die Ersatzgetriebebestimmung nicht geändert. Für die Koppelkurven der Kurbelschleife und der Schwingschleife existieren keine Ersatzgetriebe.

Tabelle 6.1 Getriebe zur mehrfachen Erzeugung einer Koppelkurve

	Ausgangsgetriebe	**1. Ersatzgetriebe**	**2. Ersatzgetriebe**
umlauffähige Getriebe der Drehgelenkkette	Doppelkurbel	Doppelkurbel	Doppelkurbel
	Kurbelschwinge	umlauffähige Doppelschwinge	Kurbelschwinge
	umlauffähige Doppelschwinge	Kurbelschwinge	Kurbelschwinge
totalschwingfähige Getriebe der Drehgelenkkette	Doppelinnenschwinge	Doppelinnenschwinge	Doppelinnenschwinge
	Außeninnenschwinge	Außeninnenschwinge	Doppelaußenschwinge
	Doppelaußenschwinge	Außeninnenschwinge	Außeninnenschwinge
umlauffähige Getriebe der Schubkurbelkette	Schubkurbel	umlauffähige Schubschwinge	-
	umlauffähige Schubschwinge	Schubkurbel	-
	umlaufende Kurbelschleife	-	-
	schwingende Kurbelschleife	-	-
totalschwingfähige Getriebe der Schubkurbelkette	totalschwingfähige Schubschwinge	totalschwingfähige Schubschwinge	-
	Schwingschleife	-	-

Beispiel 6.1: Kurvenschiebung eines Arbeitsorgans

Ein Arbeitsorgan soll parallel entlang einer Bahn bewegt werden (Kurvenschiebung). Gesucht ist ein 6-gliedriges Koppelgetriebe, das die vorgegebene Bahn (näherungsweise) erzeugt und dabei die Kurvenschiebung des Arbeitsorgans verwirklicht.

Die Synthese ist in zwei Schritten auszuführen:

- Punktlagen-Synthese eines 4-gliedrigen Ausgangsgetriebes A_0ABB_0 mit dem Koppelpunkt K zum Erzeugen der Koppelkurve k_K
- Bestimmen eines zusätzlichen Zweischlages E′K′K zum Parallelführen der Ebene des Arbeitsorgans

Die folgenden Betrachtungen konzentrieren sich auf die Synthese der Parallelführung, wobei der Satz von Roberts angewendet wird.

In Bild 6.13a ist das Ausgangsgetriebe A_0ABB_0 mit dem Koppelpunkt K und der Koppelkurve k_K für die Kurvenschiebung dargestellt. Bild 6.13b zeigt das Ausgangsgetriebe zusammen mit dem Ersatzgetriebe C_0EFB_0, welches exakt die gleiche Koppelkurve k_K erzeugt. Hierbei drehen sich die beiden Kurbeln A_0A und C_0E mit der gleichen Winkelgeschwindigkeit ω. Daher kann das Getriebe C_0EFB_0 so parallel verschoben werden, dass der Gestellpunkt C_0 mit dem Punkt A_0 zusammenfällt und das verschobene Getriebe $A_0E'F'B_0'$ entsteht (Bild 6.13c). Dessen Koppelpunkt K′ beschreibt eine zur Koppelkurve k_K kongruente Kurve $k_{K'}$. Die vormals getrennten Glieder A_0A und A_0E' können auf Grund ihrer synchronen Bewegung zu einem Glied vereint werden. Eine gedachte Verbindung KK′ besitzt in jeder Stellung die gleiche Länge und bleibt zu ihrer Ausgangslage exakt parallel. Werden die Punkte K und K′ durch ein Glied 6 verbunden, kann zur Vermeidung der Übergeschlossenheit des Getriebes das Glied $B_0'F'$ entfallen (Bild 6.13d). Als Ergebnis liegt ein 6-gliedriges Getriebe vor, das durch das Ausgangsgetriebe A_0ABB_0 und den Zweischlag E′K′K gebildet wird. Glied 6 des Zweischlags erfährt eine exakte Kurvenschiebung, die durch kongruente Koppelkurven aller Punkte dieses Glieds gekennzeichnet ist.

Alternativ lässt sich das Ausgangsgetriebe auch über das andere Ersatzgetriebe mit einem entsprechenden Zweischlag zu einem weiteren 6-gliedrigen Getriebe für die Kurvenschiebung ergänzen. Dadurch lassen sich mit den drei möglichen Viergelenken für ein und dieselbe Koppelkurve k_K insgesamt sechs unterschiedliche 6-gliedrige Getriebe für die Kurvenschiebung einer Ebene entlang der Kurve k_K erzeugen.

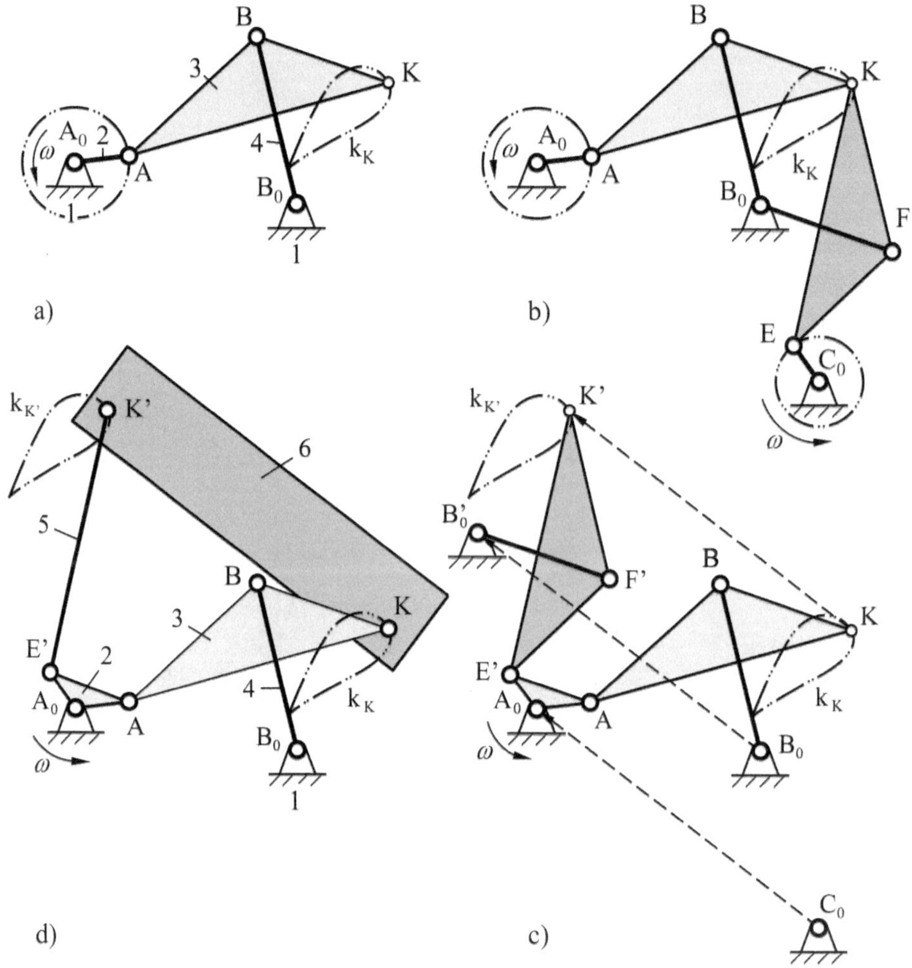

Bild 6.13 Kurvenschiebung durch ein 6-gliedriges Koppelgetriebe. a) 4-gliedriges Ausgangsgetriebe, b) Ausgangsgetriebe mit einem Ersatzgetriebe, c) Verschieben des Ersatzgetriebes und Verbinden mit dem Ausgangsgetriebe, d) Umbau zu einem 6-gliedrigen Koppelgetriebe für die Kurvenschiebung ■

6.1.3 Relativlagen-Synthese

Die Verfahren der Lagen-Synthese bei Führungsaufgaben lassen sich auch auf Übertragungsaufgaben anwenden, bei denen statt einer Zuordnung der Lagen von Koppel und Gestell eine Zuordnung der Lagen von Abtriebs- und Antriebsglied vorliegt. Die Vorgabe dieser Lagen entspricht hierbei der Vorgabe von Punkten der Übertragungsfunktion 0. Ordnung, welche exakt durchlaufen werden sollen, Bild 6.14. Der Verlauf der Übertragungsfunktion ergibt sich zwangsläufig durch das jeweilige Lösungsgetriebe und kann im Rahmen des Syntheseverfahrens nicht beeinflusst werden.

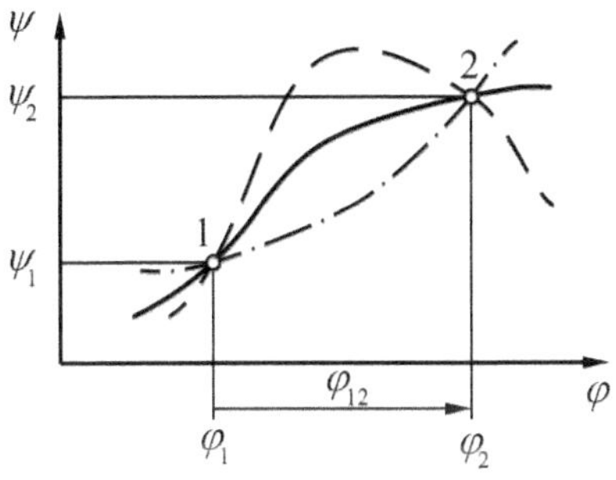

Bild 6.14 Vorgabe einer Übertragungsfunktion 0. Ordnung mit diskreten Punkten

Für 4-gliedrige Koppelgetriebe lassen sich die aus der Lagen-Synthese bekannten Konstruktionsschritte auf die im Folgenden beschriebenen Verfahren für die Relativlagen-Synthese übertragen. Als Bezugssystem dient dabei immer dasjenige Getriebeglied, auf dem der zu bestimmende Gelenkpunkt (Kreismittelpunkt) liegt.

Bei den Verfahren für Viergelenke wird neben der Länge eines der beiden im Gestell gelagerten Glieder (im Folgenden immer die Länge des Abtriebsglieds $l_4 = \overline{B_0B}$) auch die Gestelllänge $l_1 = \overline{A_0B_0}$ vorgegeben. Damit ist eines der beiden Verbindungsglieder zwischen An- und Abtriebsglied festgelegt. Gesucht ist der Gelenkpunkt A, mit dessen Lage die restlichen kinematischen Abmessungen $l_2 = \overline{A_0A}$ und $l_3 = \overline{AB}$ feststehen. Durch entsprechende Anpassungen kann das Verfahren auch dahingehend abgewandelt werden, dass mit der Vorgabe des Punkts A die Länge des Antriebsglieds A_0A gegeben ist und auf dem Abtriebsglied der Gelenkpunkt B gesucht wird.

Bei den Getrieben mit drei Drehgelenken und einem Schieber (Schubkurbel oder Schubschwinge) kann durch das Synthese-Verfahren immer nur die Lage des Drehgelenkpunkts A bestimmt werden, da mit dem Schieber die Längen $l_1 = \overline{A_0B_0} = \infty$ und $l_4 = \overline{BB_0} = \infty$ festliegen. Statt der Gestell- und der Schwingenlänge wird hier die kinematische Versetzung e vorgegeben. Gesucht ist wiederum der Gelenkpunkt A, mit dessen Lage die beiden kinematischen Abmessungen $l_2 = \overline{A_0A}$ und $l_3 = \overline{AB}$ der Schubkurbel bzw. Schubschwinge feststehen.

Zwei Relativlagen bei einem Viergelenk

Die zwei Punkte der Übertragungsfunktion (zwei Relativlagen von An- und Abtriebsglied) werden durch die Wertepaare (φ_1, ψ_1) und (φ_2, ψ_2) der Antriebs- und Abtriebsgröße beschrieben. Zudem sind die Gestelllänge $l_1 = \overline{A_0B_0}$ sowie die Länge $l_4 = \overline{B_0B}$ des Abtriebsglieds festzulegen, Bild 6.15 a. Diese Vorgaben entsprechen der bei der Punktlagen-Synthese vorzunehmenden Wahl des Zweischlags KBB_0 (s. Abschnitt 6.1.1).

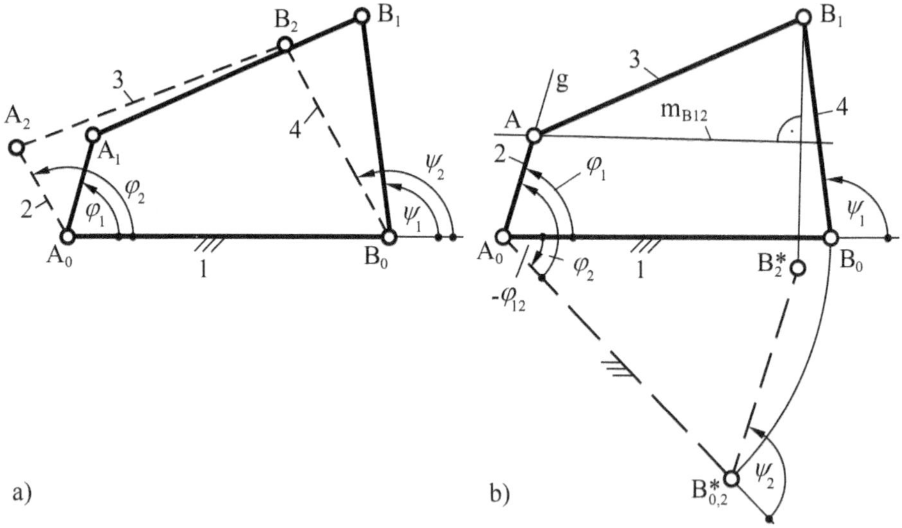

Bild 6.15 Zwei Relativlagen bei einem Viergelenk. a) Relativlagen im kinematischen Schema, b) Relativlagen-Synthese mit Glied 2 als Bezugsglied

Die beiden anderen kinematischen Abmessungen l_2 und l_3 des Getriebes ergeben sich aus folgender Konstruktion (Bild 6.15 b):

1. Gestell A_0B_0 und Glied B_0B unter dem Winkel ψ_1 der Getriebestellung 1 zeichnen. Der Endpunkt des Abtriebsglieds ist der Punkt B_1.
2. Gerade g als Richtung von A_0A_1 unter dem Winkel φ_1 an das Gestell antragen. Die Gerade g dient als Konstruktionslage des Bezugsglieds 2 und ist der geometrische Ort für den gesuchten Gelenkpunkt A_1.
3. Gestelllänge $\overline{A_0B^*_{0,2}}$ unter dem Winkel $-\varphi_2$ an die Gerade g bzw. unter dem Differenzwinkel $-\varphi_{12} = -(\varphi_2 - \varphi_1)$ an das Gestell A_0B_0 antragen.
4. An $B^*_{0,2}$ das bekannte Glied B_0B in der Gliedlage 2 unter dem Winkel ψ_2 zum Gestell $A_0B^*_{0,2}$ anzeichnen. Der Endpunkt des Glieds ist der Punkt B^*_2.
5. Da der gesuchte Gelenkpunkt A_1 immer den gleichen Abstand zum Punkt B besitzt, befindet er sich im Schnittpunkt der Mittelsenkrechten m_{B12} zur Strecke $\overline{B_1B^*_2}$ mit der Geraden g. Es ergeben sich die gesuchten Abmessungen $l_2 = \overline{A_0A_1}$ und $l_3 = \overline{A_1B_1}$.

Wird statt der absoluten Antriebswinkel φ_1 und φ_2 nur der Differenzwinkel φ_{12} vorgegeben (vgl. Bild 6.14), so entfällt die Gerade g, und es existieren auf der Mittelsenkrechten m_{B12} unendlich viele Lösungen.

Drei Relativlagen bei einem Viergelenk

Bei drei vorgegebenen Punkten einer Übertragungsfunktion lassen sich die Lagen des Antriebsglieds mit dem gesuchten Gelenkpunkt A nicht durch die Absolutwerte φ_1, φ_2 und φ_3 des Antriebswinkels beschreiben, sondern es werden die Differenzwinkel $\varphi_{12} = \varphi_2 - \varphi_1$ und $\varphi_{13} = \varphi_3 - \varphi_1$ zwischen den Lagen verwendet, Bild 6.16.

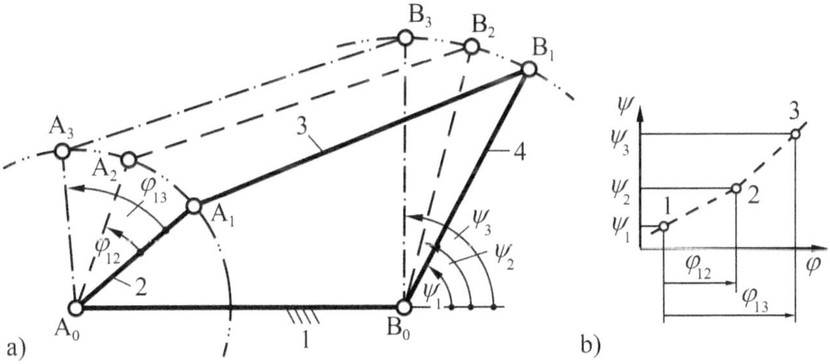

Bild 6.16 Drei Relativlagen bei einem Viergelenk. a) kinematisches Schema, b) Bewegungsplan

bit.ly/383zgYL

Unter Vorgabe der Gestelllänge $l_1 = \overline{A_0B_0}$ sowie der Länge des Abtriebsglieds $l_4 = \overline{B_0B}$ erhält man die beiden gesuchten kinematischen Abmessungen des Getriebes l_2 und l_3 mit folgenden Konstruktionsschritten (Bild 6.17):

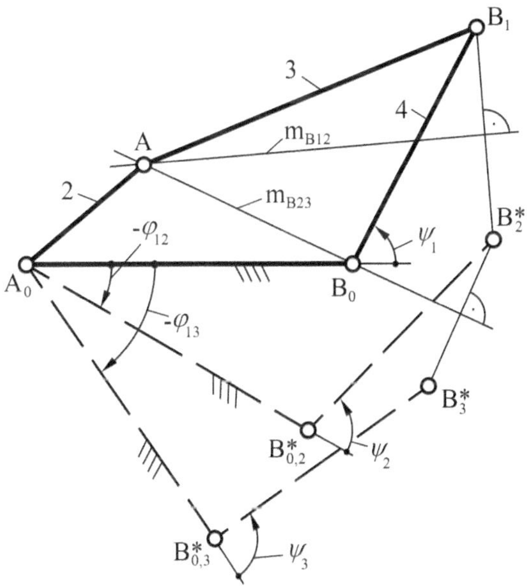

Bild 6.17 Relativlagen-Synthese für drei Lagen

1. Gestell A_0B_0 und bekanntes Glied B_0B unter dem Winkel ψ_1 der Getriebestellung 1 zeichnen. Der Endpunkt des Abtriebsglieds ist der Punkt B_1.
2. Gestelllänge $\overline{A_0B^*_{0,2}}$ unter dem Differenzwinkel $-\varphi_{12}$ an $\overline{A_0B_0}$ antragen.
3. An $B^*_{0,2}$ das bekannte Glied B_0B in der Gliedlage 2 unter dem Winkel ψ_2 zum Gestell $A_0B^*_{0,2}$ anzeichnen. Der Endpunkt des Glieds ist der Punkt B^*_2.
4. Gestelllänge $\overline{A_0B^*_{0,3}}$ unter dem Differenzwinkel $-\varphi_{13}$ an $\overline{A_0B_0}$ antragen.
5. An $B^*_{0,3}$ das bekannte Glied B_0B in der Gliedlage 3 unter dem Winkel ψ_3 zum Gestell $A_0B^*_{0,3}$ anzeichnen. Der Endpunkt des Glieds ist der Punkt B^*_3.
6. Der gesuchte Gelenkpunkt A_1 befindet sich im Schnittpunkt der Mittelsenkrechten m_{B12} zur Strecke $\overline{B_1B^*_2}$ mit der Mittelsenkrechten m_{B23} zur Strecke $\overline{B^*_2B^*_3}$. Es ergeben sich die gesuchten Abmessungen $l_2 = \overline{A_0A_1}$ und $l_3 = \overline{A_1B_1}$.

Zwei Relativlagen bei einer Schubkurbel oder Schubschwinge

Die beiden Punkte der Übertragungsfunktion $s = f(\varphi)$ werden durch die Wertepaare (φ_1, s_1) und (φ_2, s_2) beschrieben. Unter Vorgabe der kinematischen Versetzung $e = \overline{A_0 0}$ (Bild 6.18 a) ergeben sich die fehlenden kinematischen Abmessungen l_2 und l_3 nach folgender Konstruktion (Bild 6.18 b):

1. Gestellpunkt A_0 und Versetzung $\overline{A_0 0}$ sowie Schieber mit Gelenkpunkt B_1 im Abstand $s_1 = \overline{0B_1}$ in der Getriebestellung 1 zeichnen.
2. Gerade g als geometrischen Ort für den gesuchten Gelenkpunkt A_1 unter dem Winkel φ_1 an das Gestell antragen. Die Gerade g dient als Konstruktionslage des Bezugsglieds 2.
3. Gedrehte Versetzung $\overline{A_0 0^*_2}$ unter dem Winkel $-\varphi_2$ an die Gerade g bzw. unter dem Differenzwinkel $-\varphi_{12} = -(\varphi_2 - \varphi_1)$ an A_0A antragen.
4. Gedrehte Schubrichtung in 0^*_2 sowie Gelenkpunkt B^*_2 im Abstand $s_2 = \overline{0^*_2B^*_2}$ in der Getriebestellung 2 einzeichnen.
5. Da der gesuchte Gelenkpunkt A_1 immer den gleichen Abstand zum Punkt B besitzt, befindet er sich im Schnittpunkt der Mittelsenkrechten m_{B12} zur Strecke $\overline{B_1B^*_2}$ mit der Geraden g. Es ergeben sich die gesuchten Abmessungen $l_2 = \overline{A_0A_1}$ und $l_3 = \overline{A_1B_1}$.

Wird - wie schon beim Viergelenk - statt der absoluten Antriebswinkel φ_1 und φ_2 nur der Differenzwinkel φ_{12} vorgegeben, so entfällt die Gerade g, und es existieren auf der Mittelsenkrechten m_{B12} unendlich viele Lösungen.

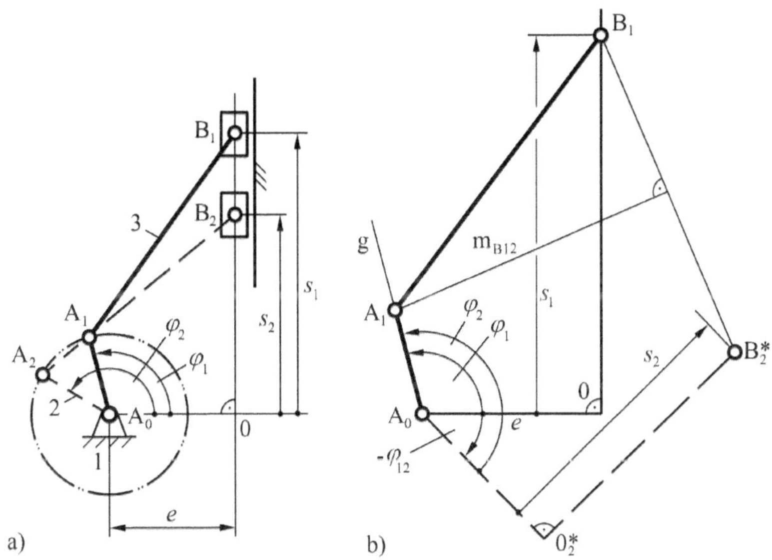

Bild 6.18 Zwei Relativlagen bei einer Schubkurbel. a) kinematisches Schema, b) Relativlagen-Konstruktion

Drei Relativlagen bei einer Schubkurbel oder Schubschwinge

Bei drei vorgegebenen Punkten einer Übertragungsfunktion $s = f(\varphi)$ lassen sich die Lagen des Getriebeglieds 2 mit dem gesuchten Gelenkpunkt A nicht durch die Absolutwerte φ_1, φ_2 und φ_3 des Antriebswinkels beschreiben, sondern es werden die Differenzwinkel $\varphi_{12} = \varphi_2 - \varphi_1$ und $\varphi_{13} = \varphi_3 - \varphi_1$ zwischen den Lagen verwendet, Bild 6.19.

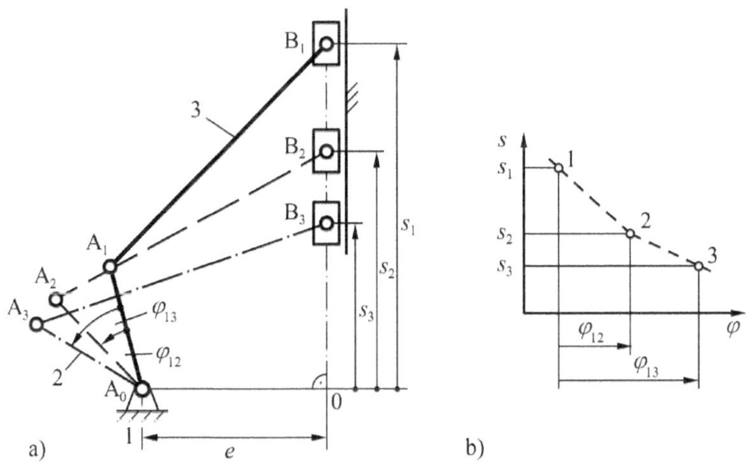

Bild 6.19 Drei Relativlagen bei einer Schubschwinge. a) kinematisches Schema, b) Bewegungsplan

Bei Vorgabe der kinematischen Versetzung $e = \overline{A_0 0}$ erhält man die beiden fehlenden kinematischen Abmessungen l_2 und l_3 des Getriebes durch folgende Konstruktionsschritte (Bild 6.20):

1. Gestellpunkt A_0 und Versetzung $\overline{A_0 0}$ sowie Schieber mit Gelenkpunkt B_1 im Abstand $s_1 = \overline{0B_1}$ in der Getriebestellung 1 zeichnen.
2. Gedrehte Versetzung $\overline{A_0 0_2^*}$ unter dem Differenzwinkel $-\varphi_{12}$ an $\overline{A_0 0}$ antragen.
3. Gedrehte Schubrichtung an 0_2^* sowie Schieber mit Gelenkpunkt B_2^* im Abstand $s_2 = \overline{0_2^* B_2^*}$ in der Getriebestellung 2 einzeichnen.
4. Gedrehte Versetzung $\overline{A_0 0_3^*}$ unter dem Differenzwinkel $-\varphi_{13}$ an $\overline{A_0 0}$ antragen.
5. Gedrehte Schubrichtung an 0_3^* sowie Gelenkpunkt B_3^* im Abstand $s_3 = \overline{0_3^* B_3^*}$ in der Getriebestellung 3 einzeichnen.
6. Der gesuchte Gelenkpunkt A_1 befindet sich im Schnittpunkt der Mittelsenkrechten m_{B12} zur Strecke $\overline{B_1 B_2^*}$ mit der Mittelsenkrechten m_{B23} zur Strecke $\overline{B_2^* B_3^*}$. Es ergeben sich die gesuchten Abmessungen $l_2 = \overline{A_0 A_1}$ und $l_3 = \overline{A_1 B_1}$.

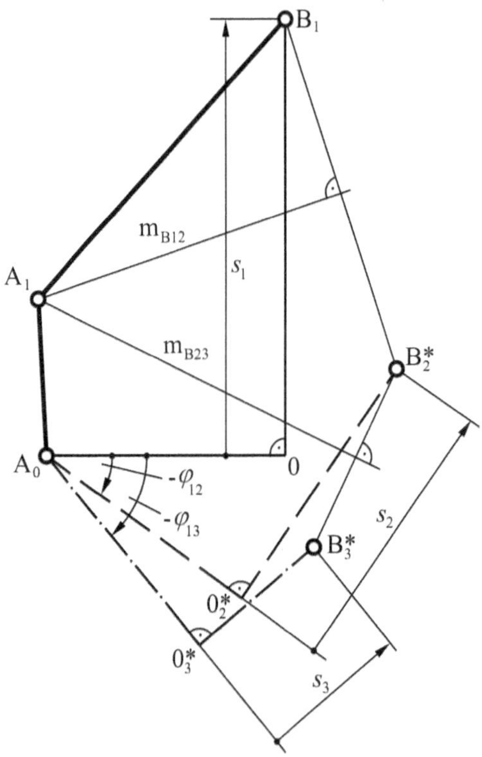

bit.ly/3mpVJYH

Bild 6.20 Relativlagen-Synthese für drei Lagen bei einer Schubschwinge

6.1.4 Altsche Totlagenkonstruktion

Befindet sich das Abtriebsglied einer Kurbelschwinge oder einer Schubkurbel in einer der beiden Umkehrlagen, so wird diese Getriebestellung als **Totlage** (genau genommen: Totlagenstellung) bezeichnet. Die beiden Totlagen sind dadurch gekennzeichnet, dass sich die Kurbel A_0A und die Koppel AB entweder in **Strecklage** ($A_0A_aB_a$) oder in **Decklage** ($A_0A_iB_i$) befinden, Bild 6.21. Bei der Strecklage spricht man von der **äußeren Totlage**, bei der Decklage von der **inneren Totlage** des Getriebes. Zwischen innerer und äußerer Totlage spannt sich der Schwingwinkel ψ_0 der Abtriebsschwinge bzw. der Hub s_0 des Abtriebsschiebers auf. Die Antriebskurbel durchläuft dabei den **Totlagenkurbelwinkel** φ_0, der bei der Kurbelschwinge immer in der **Gleichlaufphase** gemessen wird, d. h., wenn Kurbel und Schwinge die gleiche Drehrichtung besitzen. Bei der Schubkurbel ist der Totlagenkurbelwinkel φ_0 immer der kleinere der beiden möglichen Winkel ($\varphi_0 \leq 180°$).

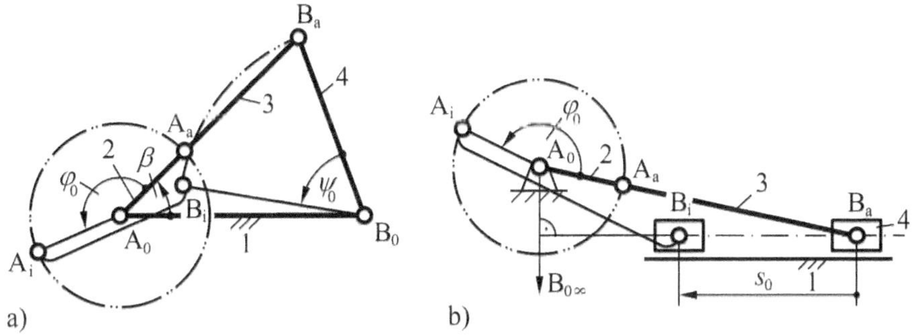

Bild 6.21 Innere und äußere Totlage. a) Kurbelschwinge, b) Schubkurbel

Werden Getriebe im Bereich einer Totlage betrieben, erzeugt ein kleines Moment am Antriebsglied ein sehr großes Moment am Abtriebsglied. Man spricht von einer Kniehebelwirkung. Andererseits haben Kräfte oder Momente, die in der Totlage am Abtriebsglied wirken, keine Rückwirkung auf die Bewegung des Antriebsglieds. Das Getriebe verschließt in dieser Stellung den Leistungsfluss vom Ab- zum Antrieb (s. auch Abschnitt 4.8).

Sind für eine Kurbelschwinge oder eine Schubkurbel die kinematischen Abmessungen gesucht, die bei einem gegebenen Totlagenkurbelwinkel φ_0 zu einem bestimmen Schwingwinkel ψ_0 bzw. Hub s_0 am Abtriebsglied führen, kann die **Altsche Totlagenkonstruktion** angewendet werden. Bei diesem Synthese-Verfahren sind zudem bei Kurbelschwingen die Gestelllänge $l_1 = \overline{A_0B_0}$ und bei Schubkurbeln der Kurbeldrehpunkt A_0 und die Bewegungsrichtung des Abtriebsglieds vorzugeben. Die restlichen kinematischen Abmessungen l_2, l_3 und l_4 bzw. l_2, l_3 und e werden durch Bestimmen der Gelenkpunkte A und B ermittelt. Das Lösungsgetriebe ergibt sich stets in der äußeren Totlage.

Altsche Totlagenkonstruktion bei Kurbelschwingen

Bei gegebenen Werten für den Schwingwinkel ψ_0, den Totlagenkurbelwinkel φ_0 und die Gestelllänge $l_1 = \overline{A_0B_0}$ erhält man geeignete Lösungsgetriebe nach folgender Konstruktion (Bild 6.22):

1. Im Kurbeldrehpunkt A_0 eine Gerade unter dem halben negativen Totlagenkurbelwinkel $-\varphi_0/2$ zum Gestell A_0B_0 antragen.
2. Im Schwingendrehpunkt B_0 eine Gerade unter dem halben negativen Schwingwinkel $-\psi_0/2$ zum Gestell antragen.
3. Der Schnittpunkt der beiden Geraden ist der Punkt R.
4. Der Kreis k_a über $\overline{A_0R}$ mit dem Mittelpunkt M_{ka} ist der geometrische Ort für alle Gelenkpunkte A_a, also für alle Gelenkpunkte A in der äußeren Totlage des Lösungsgetriebes.
5. Die Mittelsenkrechte auf $\overline{A_0R}$ schneidet $\overline{B_0R}$ im Kreismittelpunkt M_{kb}.
6. Der Kreis k_b durch den Punkt R mit dem Mittelpunkt M_{kb} ist der geometrische Ort für alle möglichen Gelenkpunkte B_a.
7. Eine Gerade durch den Gestell-Gelenkpunkt B_0 unter dem negativen Schwingwinkel $-\psi_0$ zum Gestell schneidet den Kreis k_b in den Punkten L und E. Ergibt sich oberhalb der Gestellgeraden nur ein Schnittpunkt (L), so ist der zweite Punkt (E) durch den Schnittpunkt der Gestellgeraden mit dem Kreis k_b bestimmt. Der Bogen $\widehat{LE}$ ist der Lösungsbereich für Kurbelschwingen. Wählt man den Gelenkpunkt B_a genau in L oder in E entstehen durchschlagfähige Kurbelschwingen. Der Winkel β zwischen dem Gestell A_0B_0 und der Kurbel A_0A ist also zwischen den Grenzwerten β_E und β_L frei wählbar. Mit seiner Wahl liegen die Gliedlängen $l_2 = \overline{A_0A_a}$, $l_3 = \overline{A_aB_a}$ und $l_4 = \overline{B_0B_a}$ eines Lösungsgetriebes fest.

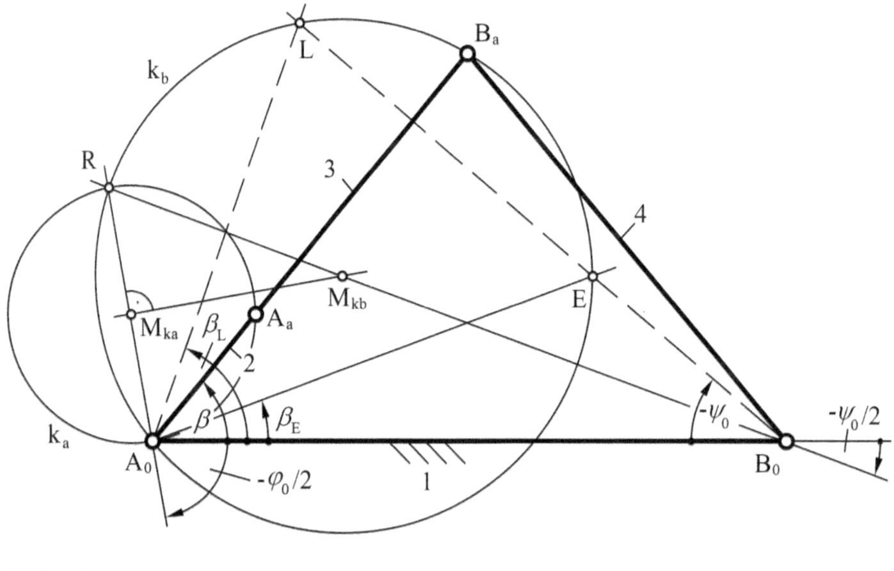

bit.ly/3jaW7rQ

Bild 6.22 Altsche Totlagenkonstruktion bei einer Kurbelschwinge

Liegen die Werte von ψ_0 und φ_0 innerhalb bestimmter, von Kurbelschwingen realisierbarer Grenzen, sind unendlich viele Lösungsgetriebe möglich. Unter den Kurbelschwingen kann daher diejenige ausgewählt werden, die spezielle kinematische bzw. kinetostatische Anforderungen erfüllt.

Kinematische Anforderungen beziehen sich hauptsächlich auf geometrische Eigenschaften und Bewegungsgrößen des Getriebes, wie ein geringer Platzbedarf, ein größtmöglicher minimaler Übertragungswinkel und eine geringe Maximalbeschleunigung oder -geschwindigkeit am Abtriebsglied.

Kinetostatische Anforderungen beinhalten Kriterien, deren Ursache in den im Getriebe auftretenden Kräften und Momenten liegen, z. B. die Forderungen nach möglichst kleinen Gelenkkräften oder einem möglichst gleichmäßigen Verlauf des Antriebsmoments. Während die Auswahl eines Lösungsgetriebes hinsichtlich kinematischer Anforderungen i. d. R. noch mit einfachen Hilfsmitteln durchführbar ist, benötigt die Optimierung nach kinetostatischen Kriterien aufwendigere Rechen- bzw. Analyseprogramme.

Für zwei Auswahlkriterien, den minimalen Übertragungswinkel μ_{min} und den Beschleunigungsgrad δ_a, wurden Kurventafeln entwickelt, die eine direkte Bestimmung eines günstigen Lösungsgetriebes aus der Altschen Totlagenkonstruktion erlauben.

Auswahlkriterium minimaler Übertragungswinkel μ_{min}

Der Übertragungswinkel μ ist ein Maß zur Beurteilung der Laufgüte eines Getriebes (vgl. Abschnitt 4.8.1). Sein Kleinstwert μ_{min} tritt in einer der beiden Gestelllagen der Kurbelschwinge auf, und zwar

- bei einem Totlagenkurbelwinkel $\varphi_0 > 180°$ in der inneren Gestelllage und
- bei einem Totlagenkurbelwinkel $\varphi_0 < 180°$ in der äußeren Gestelllage.

Die **Gestelllagen** sind dadurch gekennzeichnet, dass sich Kurbel und Gestell entweder in Decklage (**innere Gestelllage**) oder in Strecklage (**äußere Gestelllage**) befinden.

Bild 6.23 zeigt die Kurventafel nach VDI 2130 [21], mit deren Hilfe die Kurbelschwinge mit dem größtmöglichen Wert $\max \mu_{min}$ des minimalen Übertragungswinkels ermittelt werden kann. Die Getriebeauswahl erfolgt für vorgegebene Werte von φ_0 und ψ_0 über den Winkel β (gestrichelte Kurven). Dabei kann ebenso der dazugehörige minimale Übertragungswinkel μ_{min} (durchgezogene Linien) bestimmt werden.

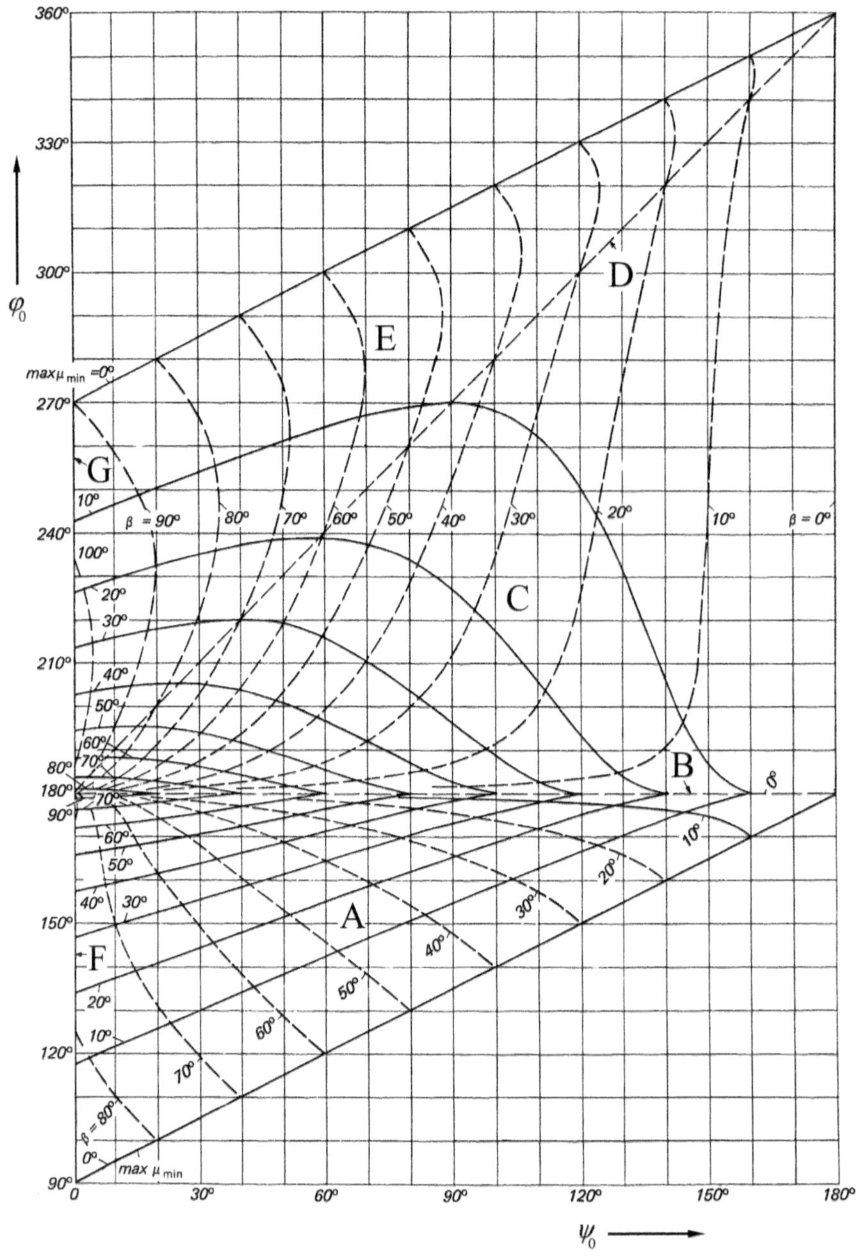

Bild 6.23 Kurventafel für die Konstruktion von Kurbelschwingen mit günstigem Übertragungswinkel nach [21]

Bild 6.24, dessen Aufbau an Bild 6.23 angelehnt ist, unterteilt das Lösungsfeld in Bereiche, denen bestimmte Getriebeeigenschaften zugeordnet werden können.

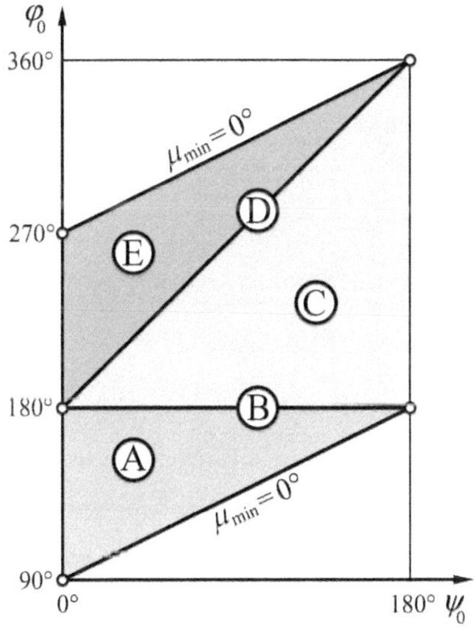

Bild 6.24 Lösungsbereiche der Altschen Totlagenkonstruktion

Lösungsbereich A: $\varphi_0 < 180°$
Der minimale Übertragungswinkel tritt in der äußeren Gestelllage auf.

Lösungsbereiche C, D und E: $\varphi_0 > 180°$
Der minimale Übertragungswinkel tritt in der inneren Gestelllage auf.

Lösungsbereich B: $\varphi_0 = 180°$
Es entstehen zentrische Kurbelschwingen. In beiden Gestelllagen tritt der gleiche minimale Übertragungswinkel auf. Wird für einen bestimmten Schwingwinkel ψ_0 ohne Vorgabe des Totlagenkurbelwinkels φ_0 die übertragungsgünstigste Kurbelschwinge gesucht, ergeben sich immer zentrische Kurbelschwingen mit $\varphi_0 = 180°$. Der Übertragungswinkel der Lösungsgetriebe auf dem Bogen $\overset{\frown}{LE}$ nähert sich asymptotisch dem Bestwert $\max \mu_{min}$, wenn gegenüber einer vorgegebenen Gestelllänge l_1 die Kurbellänge $l_2 \rightarrow 0$ geht. Die Kurventafel (Bild 6.23) liefert für den Bestwert $\max \mu_{min}$ den Auswahlwinkel $\beta = 0°$, mit dem sich jedoch die unbrauchbaren Getriebelängen $l_2 = l_4 = 0$ ergeben. Um ein praktisch brauchbares Getriebe zu erhalten, wählt man einen kleineren Übertragungswinkel μ_{min} als den aus der Kurventafel ablesbaren Grenzwert $\max \mu_{min}$ und ermittelt aus den gegebenen Größen ψ_0 und l_1 die gesuchten Gliedlängen

$$l_3 = \frac{l_1 \cdot \sin(\psi_0 / 2)}{\cos \mu_{min}} \tag{6.3}$$

$$l_4 = \frac{\sqrt{l_1^2 - l_3^2}}{\cos(\psi_0 / 2)} \tag{6.4}$$

$$l_2 = l_4 \cdot \sin(\psi_0 / 2) \tag{6.5}$$

Lösungsbereich D: $\psi_0 = \varphi_0 - 180°$

Auf der Geraden D liegen alle Kurbelschwingen, die für einen bestimmten Totlagenkurbelwinkel φ_0 den größtmöglichen minimalen Übertragungswinkel $\max \mu_{min}$ haben. Die Altsche Totlagenkonstruktion (Bild 6.22) entartet hierbei, weil das Dreieck $\triangle A_0RB_0$ im Punkt R einen rechten Winkel hat. Der Mittelpunkt M_{kb} liegt dadurch im Unendlichen, der Kreis k_b entartet zu einer Geraden durch die Punkte A_0 und R. Damit liegt der Gelenkpunkt A_a immer im Punkt R, und der Auswahlwinkel β verliert seinen Aussagewert, weil er für alle Lösungen gleich ist. Der minimale Übertragungswinkel μ_{min} hängt also nicht mehr von β ab. Zur Festlegung der Abmessungen der übertragungsgünstigsten Kurbelschwinge werden in diesem Fall statt der Kurventafel die Gleichungen

$$l_2 = -l_1 \cdot \cos(\varphi_0 / 2) \tag{6.6}$$

$$l_3 = \sqrt{l_2 \cdot (l_1 + l_2)} \tag{6.7}$$

$$l_4 = \sqrt{l_1 \cdot (l_1 + l_2)} \tag{6.8}$$

verwendet, die den minimalen Übertragungswinkel

$$\mu_{min} = \arccos\left(2 \frac{l_1 \cdot l_2}{l_3 \cdot l_4}\right) \tag{6.9}$$

ergeben.

Auswahlkriterium Beschleunigungsgrad δ_a

Der **Beschleunigungsgrad** δ_a ist ein Maß für die Maximalbeschleunigung des Abtriebsglieds. Bei der schwingenden Abtriebsbewegung einer Kurbelschwinge muss zwischen der Maximalbeschleunigung in der Gleichlauf- (Index H) und der Gegenlaufphase (Index R) unterschieden werden. In der **Gleichlaufphase** (Hinlauf) haben Kurbel und Schwinge die gleiche Drehrichtung, in der **Gegenlaufphase** (Rücklauf) sind ihre Drehrichtungen unterschiedlich. Eine komplette Bewegungsperiode besteht somit aus einer Gleichlauf- und einer Gegenlaufphase, die durch die Totlagen (Umkehrlagen) begrenzt werden. Eine Getriebeauswahl hinsichtlich des Beschleunigungsgrades ist daher immer nur für eine Phase optimal.

Die Maximalbeschleunigung am Abtrieb wird als Kriterium verwendet, wenn die Massenkräfte am Abtriebsglied gegenüber den Nutzkräften überwiegen oder Arbeitsorgane beschleunigungsarm bewegt werden müssen. Der Beschleunigungsgrad δ_a drückt die tatsächliche Maximalbeschleunigung $\ddot{\psi}_{max}$ bei einem rotatorisch bewegten bzw. $\ddot{s}_{max}$ bei einem translatorisch bewegten Abtriebsglied als Vielfaches der theoretisch kleinstmöglichen Maximalbeschleunigung $\ddot{\psi}_v$ bzw. $\ddot{s}_v$ zwischen den Umkehrlagen aus:

$$\delta_a = \frac{\ddot{\psi}_{max}}{\ddot{\psi}_v} \quad \text{bzw.} \quad \delta_a = \frac{\ddot{s}_{max}}{\ddot{s}_v} \tag{6.10}$$

Die theoretisch kleinstmögliche Maximalbeschleunigung wird für die Bewegung zwischen den Umkehrlagen des Abtriebsglieds mit dem Bewegungsgesetz der quadratischen Parabel erzielt, deren Beschleunigungskennwert $C_a = 4$ (vgl. Tabelle 2.2) beträgt. Unter der Voraussetzung einer konstanten Antriebswinkelgeschwindigkeit Ω ergibt sich damit die maximale Winkelbeschleunigung am rotierenden Abtriebsglied nach Gl. (2.37) in der Gleichlaufphase zu

$$\ddot{\psi}_{vH} = \frac{\widehat{\psi}_0}{\widehat{\varphi}_0^2} \cdot C_a \cdot \Omega^2 = \frac{180°}{\pi} \cdot \frac{\psi_0}{\varphi_0^2} \cdot C_a \cdot \Omega^2 = \frac{720°}{\pi} \cdot \frac{\psi_0}{\varphi_0^2} \cdot \Omega^2 \tag{6.11}$$

und in der Gegenlaufphase zu

$$\ddot{\psi}_{vR} = \frac{\widehat{\psi}_0}{\left(2\pi - \widehat{\varphi}_0\right)^2} \cdot C_a \cdot \Omega^2 = \frac{720°}{\pi} \cdot \frac{\psi_0}{\left(360° - \varphi_0\right)^2} \cdot \Omega^2 \tag{6.12}$$

Darin symbolisieren $\widehat{\psi}_0$ und $\widehat{\varphi}_0$ die Angaben des Schwing- bzw. Totlagenkurbelwinkels im Bogenmaß.

Die kleinstmöglichen maximalen Beschleunigungen der Abtriebsschwinge einer Kurbelschwinge berechnen sich aus den Gln. (6.10) bis (6.12) aus

$$\ddot{\psi}_{\max H} = \ddot{\psi}_{vH} \cdot \delta_{aH} = \frac{720°}{\pi} \cdot \frac{\psi_0}{\varphi_0^2} \cdot \Omega^2 \cdot \delta_{aH} \tag{6.13}$$

und

$$\ddot{\psi}_{\max R} = \ddot{\psi}_{vR} \cdot \delta_{aR} = \frac{720°}{\pi} \cdot \frac{\psi_0}{\left(360° - \varphi_0\right)^2} \cdot \Omega^2 \cdot \delta_{aR} \tag{6.14}$$

Die Bilder 6.25 und 6.26 zeigen die Kurventafeln nach VDI 2130 [21], mit deren Hilfe für die Altsche Totlagenkonstruktion diejenige Kurbelschwinge bestimmt werden kann, die entweder in der Gleichlaufphase oder in der Gegenlaufphase von allen möglichen Lösungsgetrieben die kleinstmögliche Maximalbeschleunigung besitzt. Die Auswahl erfolgt auch hier mithilfe des Winkels β (gestrichelte Linien). Zusätzlich kann der zu diesem Lösungsgetriebe gehörende Beschleunigungsgrad δ_a abgelesen werden (durchgezogene Linien).

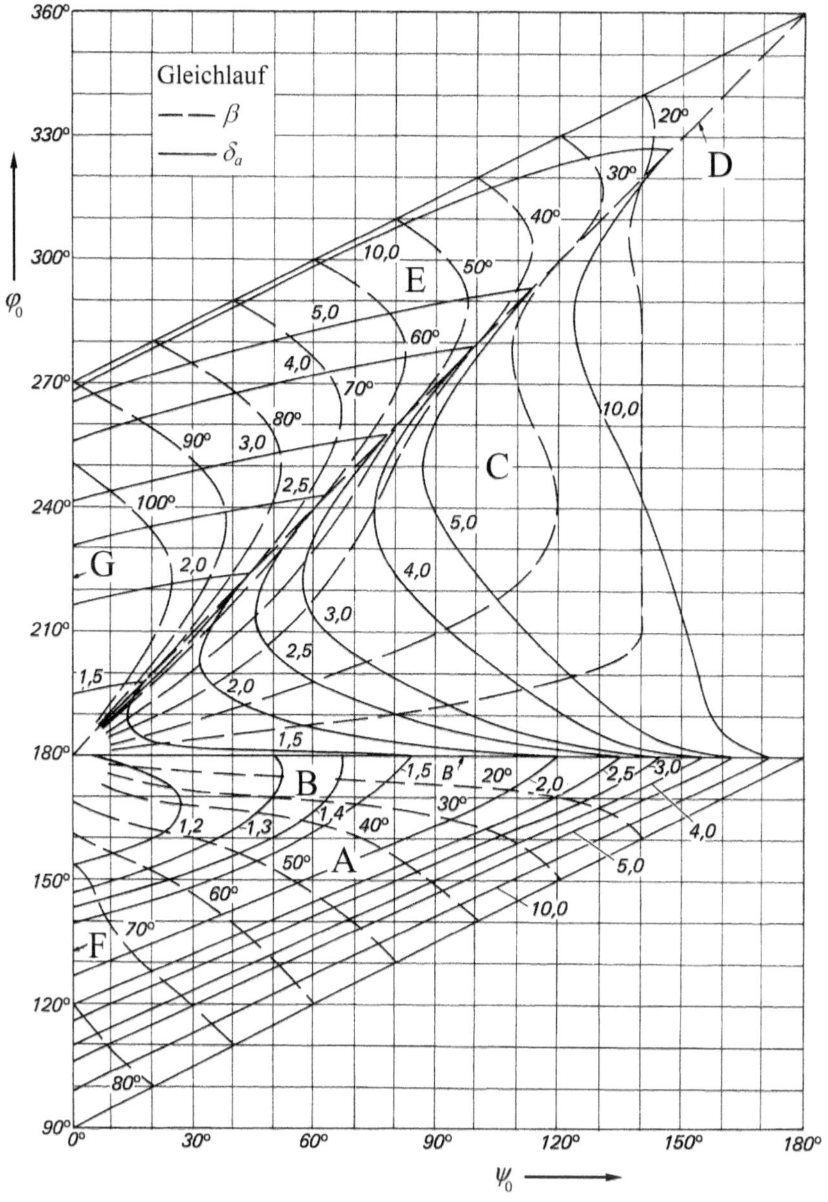

Bild 6.25 Beschleunigungsgrad δ_a und Auswahlwinkel β für die Altsche Totlagenkonstruktion in der Gleichlaufphase nach [21]

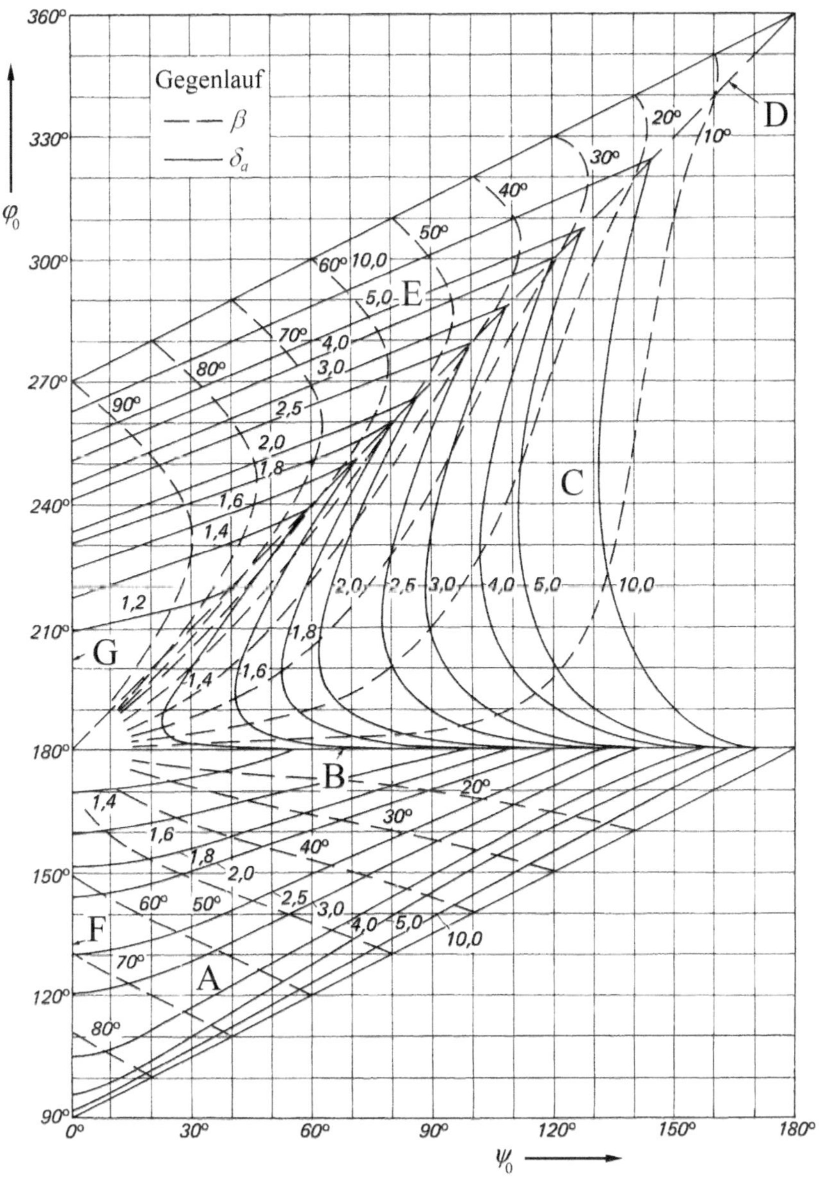

Bild 6.26 Beschleunigungsgrad δ_a und Auswahlwinkel β für die Altsche Totlagenkonstruktion in der Gegenlaufphase nach [21]

Altsche Totlagenkonstruktion bei Schubkurbeln

Die Altsche Totlagenkonstruktion für Kurbelschwingen lässt sich auch auf Schubkurbeln übertragen. Im Gegensatz zu einer Kurbelschwinge liegt bei einer Schubkurbel der Gestellpunkt B_0 im Unendlichen, sodass bei der Konstruktion aus der Geraden unter dem halben Schwingwinkel $\psi_0/2$ eine Parallele zum Gestell $A_0B_{0\infty}$ im Abstand des halben Hubes $s_0/2$ wird (Bild 6.27).

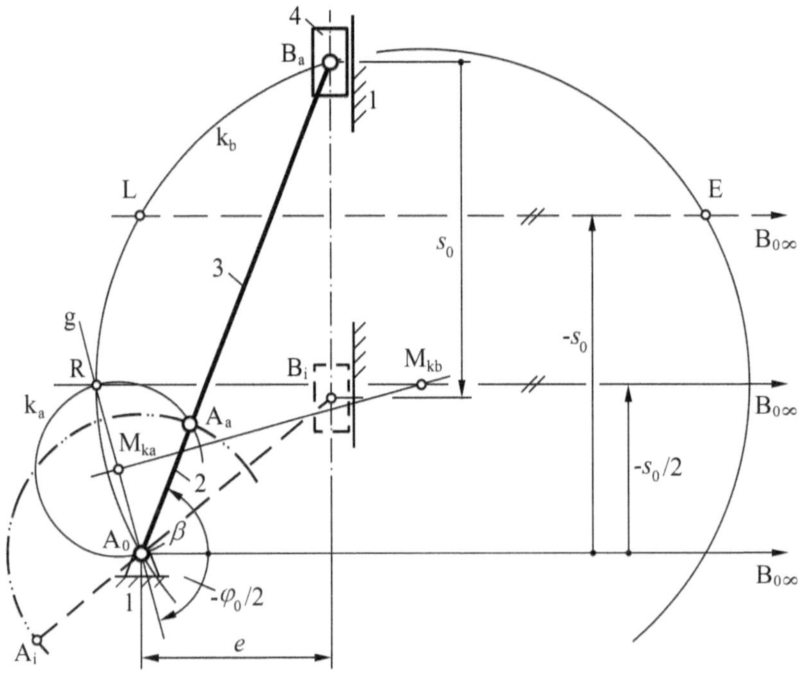

bit.ly/3mpVUDI

Bild 6.27 Altsche Totlagenkonstruktion bei einer Schubkurbel

Bei Schubkurbeln werden die kinematischen Abmessungen l_2, l_3 und e unter Vorgabe des Hubs s_0 und des Totlagenkurbelwinkels φ_0 durch die folgende Konstruktion bestimmt:

1. Im Kurbeldrehpunkt A_0 eine Gerade g unter dem halben negativen Totlagenkurbelwinkel $-\varphi_0/2$ zum Gestell $A_0B_{0\infty}$ antragen.
2. Eine Parallele zum Gestell $A_0B_{0\infty}$ im Abstand $s_0/2$ schneidet die Gerade g im Punkt R.
3. Der Kreis k_a über $\overline{A_0R}$ mit dem Mittelpunkt M_{ka} ist der geometrische Ort für alle Gelenkpunkte A_a, d.h. für alle Gelenkpunkte A in der äußeren Totlage der Lösungsgetriebe.
4. Die Mittelsenkrechte auf $\overline{A_0R}$ schneidet die Parallele zu $A_0B_{0\infty}$ im Kreismittelpunkt M_{kb}.
5. Der Kreis k_b durch R mit dem Mittelpunkt M_{kb} ist der geometrische Ort für alle Gelenkpunkte B_a.
6. Eine Parallele zum Gestell $A_0B_{0\infty}$ im Abstand s_0 schneidet den Kreis k_b in den Punkten L und E. Der Bogen $\overset{\frown}{LE}$ ist der Lösungsbereich für Schubkurbeln. Wählt man den Gelenkpunkt B_a genau in L oder in E, entstehen durchschlagfähige Schubkurbeln. Der Winkel β zwischen dem Gestell $A_0B_{0\infty}$ und der Kurbel A_0A dient der Auswahl eines Lösungsgetriebes. Mit seiner Wahl liegen die Abmessungen $l_2 = \overline{A_0A_a}$, $l_3 = \overline{A_aB_a}$ und e fest.

Bei der Festlegung des Auswahlwinkels β sind alle Kurventafeln für Kurbelschwingen (Bilder 6.23, 6.25 und 6.26) verwendbar, wenn berücksichtigt wird, dass bei Schubkurbeln

$$\psi_0 = \measuredangle B_a B_{0\infty} B_i = 0° \tag{6.15}$$

gilt. Nutzbar sind somit nur die Werte für β, μ_{min} und δ_a entlang der Ordinatenachse (Linien F und G in den Bildern 6.23, 6.25 und 6.26).

Die Maximalbeschleunigungen in der Gleichlauf- und der Gegenlaufphase lassen sich aus

$$\ddot{s}_{\max H} = \left(\frac{360°}{\pi}\right)^2 \cdot \frac{s_0}{\varphi_0^2} \cdot \Omega^2 \cdot \delta_{aH} \tag{6.16}$$

und

$$\ddot{s}_{\max R} = \left(\frac{360°}{\pi}\right)^2 \cdot \frac{s_0}{\left(360° - \varphi_0\right)^2} \cdot \Omega^2 \cdot \delta_{aR} \tag{6.17}$$

berechnen.

Der minimale Übertragungswinkel μ_{min} tritt auch bei Schubkurbeln in einer der Gestelllagen auf. Auf Grund der Lage von B_0 im Unendlichen ist eine Unterscheidung zwischen innerer und äußerer Gestelllage nicht sinnvoll. Wie aus Bild 6.28 hervorgeht, befindet sich die Kurbel A_0A je nach Definition von $B_{0\infty}$ entweder in Strecklage oder in Decklage mit dem Gestell $A_0B_{0\infty}$.

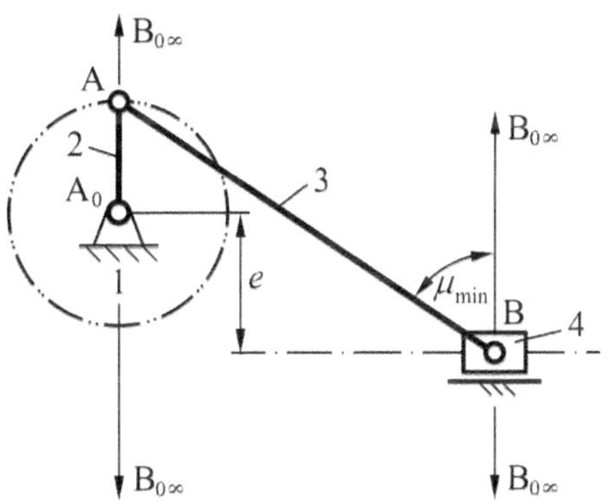

Bild 6.28 Gestelllage einer versetzten Schubkurbel

■ **Beispiel 6.2: Punktführungsgetriebe mit vorgeschalteter Kurbelschwinge**

Ein 6-gliedriges Koppelgetriebe mit ausschließlich Drehgelenken soll einen Punkt K durch die Lagen K_1, K_2 und K_3 bewegen. Dabei beschreiben K_1 und K_3 die Endlagen (Bild 6.29). Es stehen die drei gestellfesten Drehgelenkpunkte A_0, B_0 und C_0 zur Verfügung, wobei A_0 der Mittelpunkt einer gleichmäßig umlaufenden Antriebswelle ist. Das Verhältnis der Antriebswinkel von Hinbewegung (K_1 nach K_3) und Rückbewegung (K_3 nach K_1) soll $\varphi_H : \varphi_R = 5:4$ betragen. Das Koppelgetriebe soll sich aus Platzgründen oberhalb der drei Gestellpunkte bewegen.

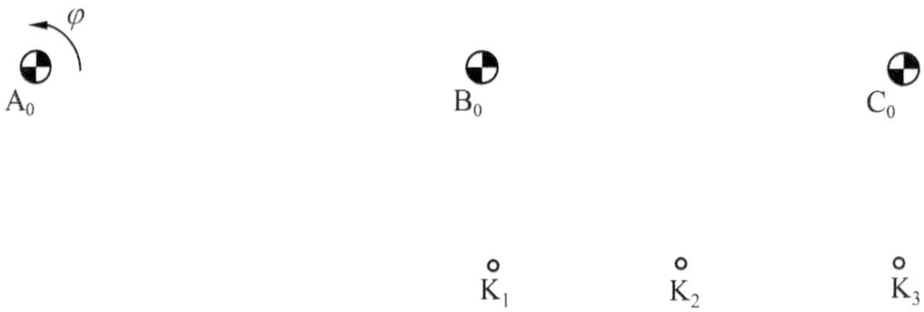

Bild 6.29 Vorgegebene Gestellpunkte und Lagen des Koppelpunkts K

Lösung:

Als Lösungsgetriebe wird ein 4-gliedriges Führungsgetriebe mit vorgeschalteter Kurbelschwinge verwendet. Das Führungsgetriebe dient zur Erzeugung der Koppelkurve zwischen K_1 und K_3, während die Kurbelschwinge die umlaufende Antriebsbewegung im Verhältnis $\varphi_H : \varphi_R$ in eine passende Schwingbewegung zum Antrieb des Führungsgetriebes umwandeln muss. Somit kann die Synthese des 6-gliedrigen Gesamtgetriebes in zwei Schritten erfolgen: die Punktlagen-Synthese für das 4-gliedrige Führungsgetriebe und die Totlagenkonstruktion für die antreibende Kurbelschwinge.

Schritt 1: Punktlagen-Synthese des Führungsgetriebes

Für das Führungsgetriebe, welches die Gestellpunkte B_0 und C_0 benutzt, wird ein geeigneter Zweischlag C_0CK festgelegt und für die drei Lagen des Koppelpunkts K eingezeichnet (Bild 6.30a). Nachfolgend sind die Relativlagen des gegebenen Gestellpunkts B_0 bezüglich einer gewählten Konstruktionslage der Koppelebene CK (hier Lage C_1K_1) für die anderen Lagen (hier 2 und 3) zu ermitteln. Dazu können die Transformationsdreiecke $\Delta C_2K_2B_0 \equiv \Delta C_1K_1B^*_{0,2}$ und $\Delta C_3K_3B_0 \equiv \Delta C_1K_1B^*_{0,3}$ verwendet werden. Der gesuchte Gelenkpunkt D_1 liegt in der Konstruktionslage im Schnittpunkt der Mittelsenkrechten auf die Verbindungsstrecken $\overline{B_0B^*_{0,2}}$ und $\overline{B^*_{0,2}B^*_{0,3}}$. Eine anschließende Bewegungsanalyse liefert die durch die Punkte K_1, K_2 und K_3 verlaufende Koppelkurve k_K.

Schritt 2: Altsche Totlagenkonstruktion der Kurbelschwinge

Die Analyse des Führungsgetriebes B_0DCC_0 liefert auch den auszuführenden Schwingwinkel ψ_0 der Schwinge B_0D (Bild 6.30 b), der im vorliegenden Fall $\psi_0 = 50{,}8°$ beträgt. Der Totlagenkurbelwinkel bestimmt sich aus dem Kurbelwinkelverhältnis $\varphi_H : \varphi_R$ und dem gegebenen Drehsinn der Kurbel zu $\varphi_H : \varphi_R = (360° - \varphi_0) : \varphi_0 = 5:4$, was zu $\varphi_0 = 160°$ führt. Mit diesen Werten wird die Altsche Totlagenkonstruktion durchgeführt. Als Auswahlkriterium der Lösungsgetriebe wird der minimale Übertragungswinkel verwendet. Die entsprechende Kurventafel (Bild 6.23) liefert für die obigen ψ_0- und φ_0-Werte den Auswahlwinkel $\beta = 46°$ sowie den minimalen Übertragungswinkel $\mu_{min} = 28°$.

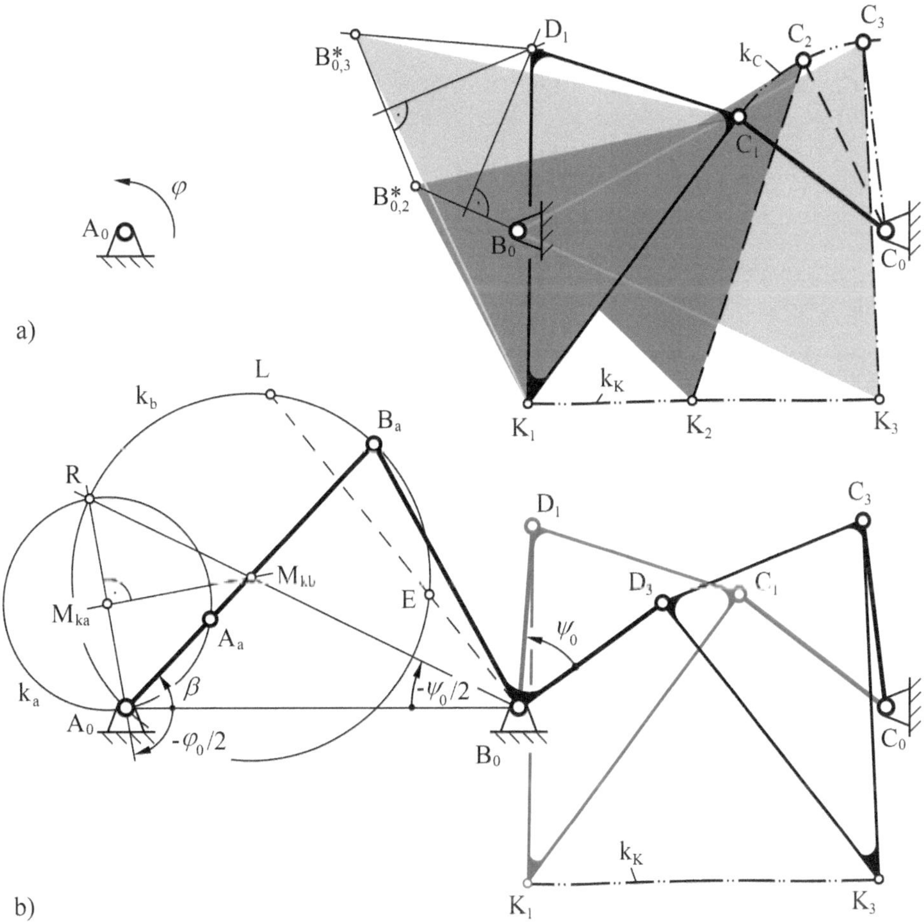

Bild 6.30 Synthese-Schritte. a) Punktlagen-Synthese des Führungsgetriebes, b) Totlagenkonstruktion der Kurbelschwinge

6.2 Kurvengetriebe

Das Ziel der Maßsynthese bei Kurvengetrieben ist das Festlegen aller kinematisch und dynamisch relevanten Bauteilabmessungen und -eigenschaften einschließlich der Kurvenkontur. Die Maßsynthese geht mit zunehmender Detaillierung der Lösung in die Bauteil- und Lagerauslegung über und kann so zu immer komplexeren Berechnungsmodellen führen. Da die Berechnung und Auslegung von räumlichen Kurvengetrieben erheblich aufwendiger und schwieriger ist als bei ebenen Kurvengetrieben und zudem sehr viel Erfahrung erfordert, sei hier auf entsprechend weiterführende Literatur [3] hingewiesen. Alle folgenden Betrachtungen insbesondere zur Kurvenkonturberechnung beschränken sich auf ebene Kurvengetriebe mit Rollenhebel oder Rollenstößel, weil diese wegen ihrer Einfachheit einen Großteil der eingesetzten Kurvengetriebe ausmachen und Eingriffsglieder mit Rollen wegen ihrer guten energetischen und tribologischen Eigenschaften anzustreben sind.

6.2.1 Hauptabmessungen

> Die **Hauptabmessungen eines Kurvengetriebes** sind die kinematisch relevanten Bauteilabmessungen, die zur Umsetzung der Übertragungsfunktion und somit für die Berechnung der Rollenmittelpunktbahn benötigt werden.

Die **Rollenmittelpunktbahn (RMB)** ist die Relativbahn k_{B32}, welche die Bewegung der Rollenmitte im Gelenkpunkt B auf dem Rollenhebel 3 gegenüber der drehenden Kurvenscheibe 2 beschreibt (s. Tabelle 6.2).

Zur Berechnung der **Kurvenkontur (Kurvenprofil)** als Äquidistante zur Rollenmittelpunktbahn ist neben den Hauptabmessungen der Rollenradius r_R anzugeben.

Bei vielen (kinematischen) Betrachtungen ist es unerheblich, ob der Eingriff mit abwälzender Rolle (ohne Schlupf zwischen Rolle und Kurvenkontur) oder mit gleitendem Eingriffselement erfolgt. Deshalb kann die Rolle bei der Kennzeichnung der Getriebeglieder ausgelassen und somit als Hilfsorgan betrachtet werden.

In Tabelle 6.2 werden die Hauptabmessungen für die beiden gängigsten Kurvengetriebe-Bauformen (Kurvengetriebe mit Rollenstößel bzw. Rollenhebel) angegeben. Für Kurvengetriebe mit einem Flachhebel bzw. Flachstößel als Eingriffsglied können die Hauptabmessungen [46] entnommen werden.

Tabelle 6.2 Hauptabmessungen von 3-gliedrigen Kurvengetrieben mit Rolleneingriffsglied

Kurvengetriebe mit schwingendem Abtriebsglied	Kurvengetriebe mit geradgeführtem Abtriebsglied
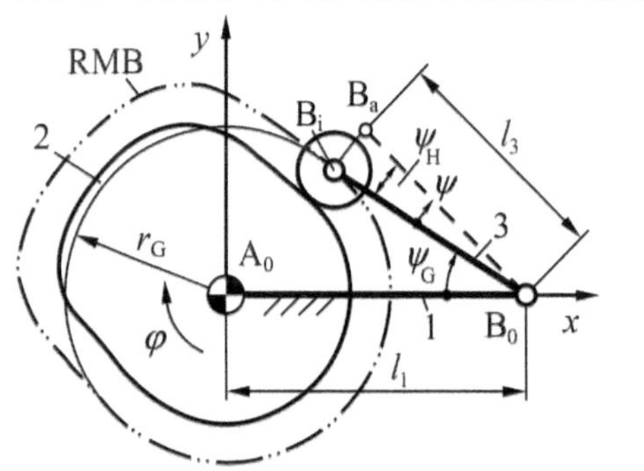	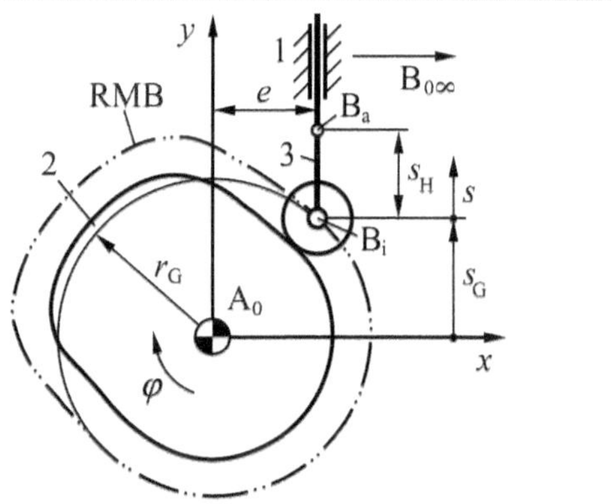
Hauptabmessungen: ▪ Gestelllänge $l_1 = \overline{A_0B_0}$ ▪ Schwingenlänge $l_3 = \overline{B_0B}$ ▪ Grundkreisradius r_G bzw. Grundwinkel ψ_G	Hauptabmessungen: ▪ Versetzung e ▪ Grundkreisradius r_G bzw. Grundhub s_G

P- und F-Kurvengetriebe

Für eine Bewegungsaufgabe sind bei identischen Hauptabmessungen prinzipiell zwei Ausführungsformen des Kurvengetriebes möglich:

Beim **F-Kurvengetriebe** (Bild 6.31 a) bewegt sich der Rollenmittelpunkt B mit Zunahme von ψ bzw. s vom Kurvenscheibendrehpunkt A_0 weg (Zentri**F**ugalbewegung); beim **P-Kurvengetriebe** (Bild 6.31 b) bewegt er sich auf den Punkt A_0 zu (Zentri**P**etalbewegung).

Diese Unterscheidung zeigt sich für Kurvengetriebe mit Rollenhebel im Vorzeichen des Grundwinkels ψ_G, der von der Gestellgeraden aus zum Rollenhebel bei F-Kurvengetrieben in Richtung des Abtriebswinkels ψ (Bild 6.31 a) und bei F-Kurvengetrieben entgegen angetragen wird (Bild 6.31 b). Damit gilt für den Grundwinkel

$$\psi_G = \pm \arccos \frac{l_1^2 + l_3^2 - r_G^2}{2 \cdot l_1 \cdot l_3} \tag{6.18}$$

das positive Vorzeichen für F- und das negative für P-Kurvengetriebe.

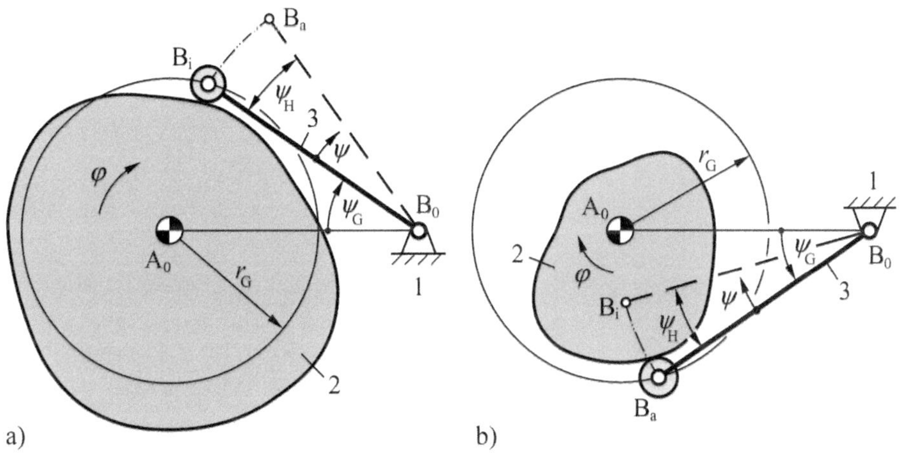

Bild 6.31 Ausführungsformen von ebenen Kurvengetrieben. a) F-Kurvengetriebe, b) P-Kurvengetriebe

Bei Kurvengetrieben mit Rollenstößel gelten sinngemäße Vereinbarungen, d.h., in der Gleichung für den Grundhub

$$s_G = \pm \sqrt{r_G^2 - e^2} \tag{6.19}$$

gilt das positive Vorzeichen für F- und das negative für P-Kurvengetriebe. Im Allgemeinen sind die F- und P-Kurvenkonturen einer Bewegungsaufgabe nicht kongruent. Für ein Kurvengetriebe mit formschlüssiger Zwanglaufsicherung können die beiden Kurvenkonturen zu einer Doppelkurvenscheibe verbunden werden. Diese Kombination wird auch als Haupt- und Gegenkurve bezeichnet.

Geschwindigkeitszustand

In Bild 6.32 ist der Geschwindigkeitszustand für ein Kurvengetriebe mit Rollenhebel dargestellt. Mithilfe der Theorie dreier relativ bewegter Ebenen nach Gl. (4.18) kann die gedrehte Absolutgeschwindigkeit

$$\tilde{v}_{B31} = \tilde{v}_{B21} + \tilde{v}_{B32} \qquad (6.20)$$

des Rollenmittelpunkts B bestimmt werden. Die Richtung der Absolutbewegung des Punkts B wird vom Rollenhebel durch die Bahntangente t_{B31} vorgegeben. Im Bild ist die darauf senkrecht stehende Normale n_{B31} eingetragen. Die Richtung der Relativbewegung beschreibt die Tangente t_{B32} an die Rollenmittelpunktbahn (RMB). Die Senkrechte dazu ist die Kontaktnormale n_{B32}.

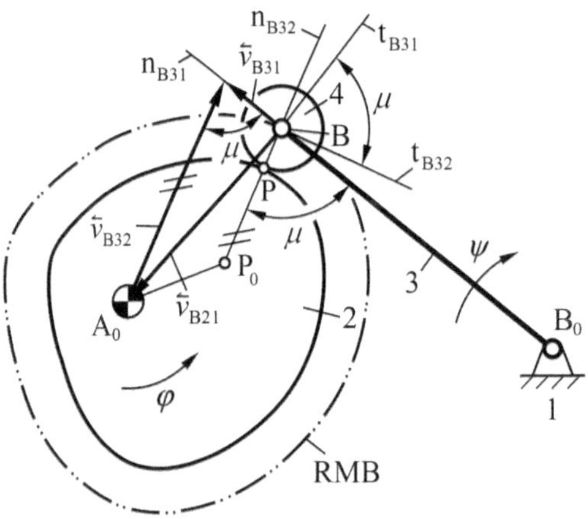

bit.ly/3mp9p64

Bild 6.32 Geschwindigkeitsanalyse am Kurvengetriebe mit schwingendem Abtriebsglied

Die **Kontaktnormale** n_{B32} eines Kurvengetriebes verläuft immer durch den Krümmungsmittelpunkt B der Rolle, durch den Kontaktpunkt P, der momentan das Kurvengelenk mit der Abtastrolle bildet, sowie durch den, dem jeweiligen Kontaktpunkt zugeordneten Krümmungsmittelpunk P_0 der Kurvenkontur. Ohne Berücksichtigung der Reibung im Kontaktpunkt gibt die Kontaktnormale die Wirkungslinie der im Kontaktpunkt P wirkenden Kontaktkraft an.

Die Führungsgeschwindigkeit $\vec{v}_{B21}$ entspricht der Geschwindigkeit, die der Punkt B hätte, wenn er fest mit der Kurvenscheibe 2 verbunden wäre. Die Führungsbewegung entspricht deshalb einer Kreisbewegung, d. h., die Bahnnormale n_{B21} der Führungsbewegung verläuft durch den Drehpunkt A_0 der Kurvenscheibe. Damit kann bei Kenntnis der Kontaktnormalen n_{B32} (also des Kontaktpunkts bzw. des Krümmungsmittelpunkts) mithilfe der gedrehten Geschwindigkeiten entsprechend der Vektorgleichung für die gedrehten Geschwindigkeiten nach Gl. (6.20) auf einfache Weise die momentane Geschwindigkeit der Rollenmitte grafisch bestimmt werden. Dazu wird eine Parallele zur Bahnnormalen n_{B32} durch die Spitze der gedrehten Führungsgeschwindigkeit $\tilde{v}_{B21}$ gelegt. Der Schnittpunkt dieser Parallelen mit der Bahnnormalen n_{B31} gibt die Vektorspitzen der Relativgeschwindigkeit $\tilde{v}_{B32}$ und der Absolutgeschwindigkeit $\tilde{v}_{B31}$ des Punkts B an.

Bei der Geschwindigkeitskonstruktion in Bild 6.32 wurde zur weiteren Vereinfachung der Geschwindigkeitsmaßstab mit

$$M_v = \frac{M}{\omega_{21}} \tag{6.21}$$

in Abhängigkeit von der Antriebswinkelgeschwindigkeit ω_{21} so festgelegt, dass die dargestellte Länge der Führungsgeschwindigkeit $\vec{v}_{B21}$ der dargestellten Länge $\overline{A_0B}$ des momentanen Abstands $\overline{A_0B}$ entspricht. Dadurch kann ohne weiteres Abmessen sofort die Parallele zur Kontaktnormalen n_{B32} im Kurvenscheibendrehpunkt A_0 angetragen werden, die im Schnittpunkt mit der Bahnnormalen n_{B31} die Spitzen der gedrehten Geschwindigkeitsvektoren angibt.

Wird der Krümmungsmittelpunkt P_0 mit dem Rollenmittelpunkt B durch ein fiktives Glied mit zwei Drehgelenken verbunden, ergibt sich das für die skizzierte Lage gültige **Ersatz-Koppelgetriebe** $A_0P_0BB_0$. Die Abmessungen des Ersatz-Koppelgetriebes ändern sich stellungsabhängig, da sich die Lage des Krümmungsmittelpunkts P_0 im Allgemeinen ändert (Ausnahmen: Rastbereich mit $P_0 = A_0$ oder Kreisexzenter). Die jeweiligen kinematischen Gleichungen sind bis zum Beschleunigungszustand äquivalent, d.h., für das (momentane) Ersatz-Koppelgetriebe ergeben sich die gleichen Geschwindigkeiten und Beschleunigungen am Abtriebsglied. Durch eine geeignete Profilgebung des Kurvenglieds kann im Gegensatz zu Koppelgetrieben fast jede Getriebefunktion $\psi = \psi(\varphi)$ (Rollenhebel) bzw. $s(\varphi)$ (Rollenstößel) verwirklicht werden. Kurvengetriebe können somit als Koppelgetriebe mit stellungsabhängigen Abmessungen für Kurbel und Koppel betrachtet werden. Bei Kenntnis des Ersatzgetriebes lässt sich analog zum 4-gliedrigen Koppelgetriebe auf einfache Weise der bei angetriebener Kurvenscheibe wirkende Übertragungswinkel μ bestimmen.

Wie bereits in Abschnitt 4.8.1 definiert, kennzeichnet der Übertragungswinkel den spitzen Winkel zwischen der Bahntangente der Absolutbahn des Abtriebsglieds und der Relativbahn des Gelenkpunkts zum benachbarten Antriebsglied. Bei 3-gliedrigen Kurvengetrieben mit angetriebener Kurvenscheibe ist das der spitze Winkel zwischen der Bahntangente t_{B31} und der Bahntangente t_{B32} des Abtriebsglieds (Bild 6.32). Nutzt man statt der Bahntangenten die jeweiligen Bahnnormalen n_{B31} und n_{B32}, so lässt sich bei Kurvengetrieben der Übertragungswinkel μ sehr anschaulich an bestehenden Elementen des kinematischen Schemas einzeichnen.

Ermittlung der Hauptabmessungen

Die Hauptabmessungen eines Kurvengetriebes bestimmen maßgeblich die Größe der Kurvenscheibe und damit den erforderlichen Bauraum des Kurvengetriebes. Grundsätzlich sind für eine Bewegungsaufgabe die Hauptabmessungen in weiten Grenzen frei wählbar, d.h., für das exakte Erfüllen der gewünschten Bewegungsaufgabe gibt es theoretisch unendlich viele Lösungen. Für einen ersten Entwurf werden die Hauptabmessungen i.d.R. mithilfe des Übertragungswinkels festgelegt (s. Abschnitt 6.2.2), weil zu Beginn weder die Kurvenkontur noch die Kräfte im Kurvengelenk sowie die konkreten Bauteilabmessungen und davon abhängig deren Massen und Steifigkeiten bekannt sind. In der Literatur [46] sind mehrere Verfahren angegeben, mit deren Hilfe sich die Hauptabmessungen für bestimmte Kurvengetriebe-Bauformen vornehmlich mit dem Ziel eines günstigen Übertragungswinkels ermitteln oder optimieren lassen. Dazu zählen das **Hodografen-Verfah-**

ren [3], das **Näherungsverfahren nach Flocke**[2] [55] und das **Polverfahren nach Hain** [56]. In [58] werden anhand eines Beispiels das Polverfahren nach Hain und das Näherungsverfahren nach Flocke gegenübergestellt. Hierbei zeigt sich, dass der erhebliche Mehraufwand des Polverfahrens bei nahezu identischen Ergebnissen beider Verfahren nicht gerechtfertigt ist.

Da der Übertragungswinkel ein wenig aussagekräftiges Optimierungskriterium für ein Kurvengetriebe ist und zudem heute das Ermitteln wesentlicher Auslegungskriterien (Rollen- und Gelenkkräfte, Hertzsche Pressung, Antriebsmoment) rechnerunterstützt effizient erfolgen kann, wird nicht auf das Hodografen- und das Polverfahren eingegangen, sondern nur das weniger aufwendige Näherungsverfahren nach Flocke vorgestellt. Damit lassen sich die Hauptabmessungen eines Kurvengetriebes schnell finden, die dann als Startlösung zur weiteren Optimierung dienen.

Näherungsverfahren von Flocke

Wie Bild 6.32 zeigt, verläuft bei der speziellen Festlegung des Geschwindigkeitsmaßstabs M_v nach Gl. (6.21) der in der Vektorspitze der gedrehten Geschwindigkeit $\tilde{v}_{B31}$ unter dem Winkel μ angetragene Strahl genau durch den Kurvenscheibendrehpunkt A_0. Dieser Zusammenhang wird im nachfolgend beschriebenen Verfahren zur Suche eines geeigneten Kurvenscheibendrehpunkts genutzt. Mithilfe der kleinstzulässigen Übertragungswinkel für Hubanstieg und -abstieg entwickelte Flocke ein einfaches grafisches Näherungsverfahren für die Bestimmung der Hauptabmessungen eines 3-gliedrigen Kurvengetriebes. Das Verfahren geht davon aus, dass bei einem symmetrischen Bewegungsgesetz zwischen den Umkehrlagen des Abtriebsglieds der kleinste Übertragungswinkel μ_{min} im **Wendepunkt** der Übertragungsfunktion 0. Ordnung auftritt, weil dort die Übertragungsfunktion 1. Ordnung y' (ψ' bzw. s') und damit die Geschwindigkeit einen Extremwert annimmt. In Bild 6.33 wird das Näherungsverfahren nach Flocke für solche symmetrische Übertragungsfunktionen gezeigt.

Die kinematischen Abmessungen des Getriebes werden mit folgenden Konstruktionsschritten ermittelt:

1. Im Zeichenmaßstab M wird die Bahn des (Rollenmittel-)Punkts B zwischen den Stellungen B_a und B_i gezeichnet (Bild 6.33). Bei Kurvengetrieben mit Schwinghebel sind die Lage des Schwingendrehpunkts B_0 und die Schwingenlänge $l_3 = \overline{B_0B}$ vorzugeben.

2. Aufgrund der Forderung, dass die dargestellte Länge der Führungsgeschwindigkeit $\tilde{v}_{B21}$ gleich lang sein muss wie die dargestellte Länge $\overline{A_0B}$, ergibt sich aus $v_{B21} \cdot M_v = \overline{A_0B} \cdot M$ mit $v_{B21} = \overline{A_0B} \cdot \omega_{21}$ für den Geschwindigkeitsmaßstab

   $$M_v = M / \omega_{21}$$

   sodass dieser bei vorliegendem Längenmaßstab und vorgegebener Antriebswinkelgeschwindigkeit nicht mehr frei gewählt werden kann.

[2] Karl Alexander Flocke, promovierter deutscher Ingenieur

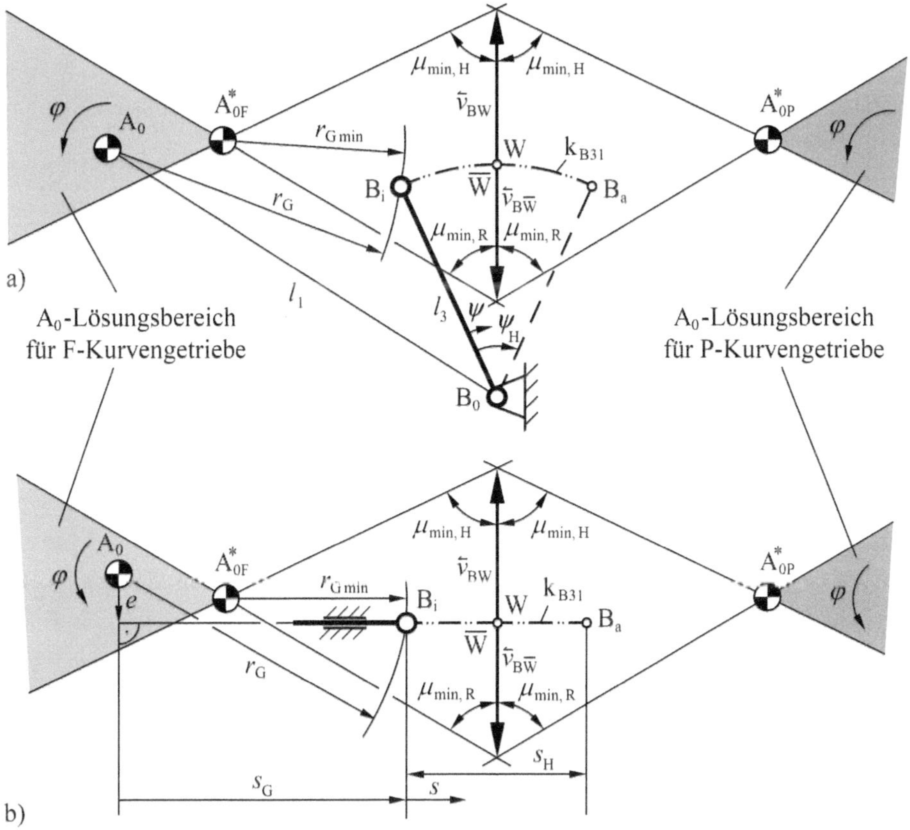

Bild 6.33 Verfahren nach Flocke. a) schwingendes Abtriebsglied, b) geradgeführtes Abtriebsglied

bit.ly/3mp9rec

3. Da bei symmetrischen Bewegungsgesetzen die Wendepunkte W im Hubanstieg bzw. $\overline{W}$ im Hubabstieg nach Gl. (2.27) bei $f(z=0{,}5)=0{,}5$ auftreten und somit beide genau in der Mitte zwischen B_a und B_i liegen, werden in den Wendepunkten die gedrehten Geschwindigkeiten $\tilde{v}_{BW}$ und $\tilde{v}_{B\overline{W}}$ im Geschwindigkeitsmaßstab M_v nach Gl. (6.21) angetragen. Die Richtungen der gedrehten Geschwindigkeiten ergeben sich durch Drehen der tatsächlichen Geschwindigkeitsvektoren $\vec{v}_{BW}$ und $\vec{v}_{B\overline{W}}$ um 90° im Drehsinn der Kurvenscheibe. Ihre Beträge bestimmen sich nach Gl. (2.36) aus

$$v_{BW}=l_3\cdot\frac{\psi_H}{\varphi_{ij}}\cdot C_v\cdot\Omega \quad \text{und} \quad v_{B\overline{W}}=l_3\cdot\frac{\psi_H}{\varphi_{kl}}\cdot C_v\cdot\Omega$$

bzw.

$$v_{BW}=\frac{s_H}{\varphi_{ij}}\cdot C_v\cdot\Omega \quad \text{und} \quad v_{B\overline{W}}=\frac{s_H}{\varphi_{kl}}\cdot C_v\cdot\Omega \tag{6.22}$$

worin φ_{ij} bzw. φ_{kl} die Antriebswinkelintervalle für Hubanstieg bzw. -abstieg beschreiben und C_v den Geschwindigkeitskennwert des jeweiligen, darin verwendeten Bewegungsgesetzes.

4. In den Spitzen der Geschwindigkeitsvektorpfeile werden die im Hubanstieg bzw. -abstieg geforderten minimalen Übertragungswinkel $\mu_{\text{min,H}}$ und $\mu_{\text{min,R}}$ beidseitig angetragen, deren freie Schenkel sich in A^*_{0P} bzw. A^*_{0F} schneiden. Bei Kurvengetrieben mit Abtriebsschwinge kann nach [57] der größtmögliche Wert des minimalen Übertragungswinkels

   $$\mu_{\text{min}} < 90° - \frac{\psi_{\text{H}}}{2} \tag{6.23}$$

   mithilfe des zu realisierenden Gesamtwinkelhubs ψ_{H} am Abtrieb ermittelt werden. Auf Erfahrungswerten basierend, können folgende minimalen Übertragungswinkel empfohlen werden [3]:

   - $\mu_{\text{min}} \geq 45°$ bei langsam laufenden Kurvengetrieben mit Rollenhebel (Antriebsdrehzahl $n \leq 30\ \text{min}^{-1}$)
   - $\mu_{\text{min}} \geq 60°$ bei Kurvengetrieben mit Rollenstößel und bei Kurvengetrieben mit einer Antriebsdrehzahl $n > 30\,\text{min}^{-1}$

5. Im schattierten Lösungsbereich kann der Kurvenscheibendrehpunkt A_0 beliebig gewählt werden.

6. Ist ein kompaktes Kurvengetriebe vorgesehen, d. h. ein Getriebe mit kleinstem Grundkreisradius $r_{\text{G min}}$, so wird A_0 in der Spitze A^*_{0F} oder A^*_{0P} des gewünschten Lösungsbereiches für F- bzw. P-Kurvengetriebe gewählt.

Ist statt der Schwingenlänge $\overline{B_0B}$ die Gestelllänge $\overline{A_0B_0}$ vorgegeben, so kann das Verfahren mit einer beliebig angenommenen Schwingenlänge angewendet und anschließend die sich ergebenden Hauptabmessungen entsprechend skaliert werden, so dass die geforderte Gestelllänge eingehalten wird.

Das oben beschriebene Verfahren gilt streng genommen nur für Kurvengetriebe mit geradgeführtem Abtriebsglied. Bei Getrieben mit Abtriebsschwinge ist es im Allgemeinen nur für kleine Abtriebsschwingwinkel ψ_{H} und für große minimale Übertragungswinkel μ_{min} anwendbar. Auch gilt dieses einfache Näherungsverfahren genaugenommen nur für symmetrische Bewegungsgesetze zwischen den Umkehrlagen eines Abtriebsglieds. Bei nicht symmetrischen Bewegungen zwischen den Umkehrlagen im Hubanstieg und -abstieg oder komplexeren Bewegungen (z. B. mit Zwischenrasten oder Bereichen konstanter Geschwindigkeit) müssten die vorkommenden maximalen Geschwindigkeitsvektoren an den jeweiligen Hubpositionen angetragen werden. Da aber bei einer nachfolgenden Optimierung des Kurvengetriebes hinsichtlich der Belastungsgrößen (z. B. Rollen- und Gelenkkräfte) und der Beanspruchungsgrößen (z. B. Hertzsche Pressung), bei denen auch Nutz- und Trägheitskräfte berücksichtigt werden müssen, meist die Hauptabmessungen ohnehin angepasst werden, sind in diesen Fällen keine weiteren Optimierungsschritte zu empfehlen, die ausschließlich den Übertragungswinkel als Gütekriterium nutzen. Günstigere Übertragungseigenschaften (größere minimale Übertragungswinkel) lassen sich immer durch Wahl größerer Grundkreisradien r_{G} erreichen. Allerdings ergeben sich dadurch zwangsläufig größere Abmessungen der Kurvenkontur.

6.2.2 Kurvenkontur

Bei gegebener Übertragungsfunktion und festgelegten Hauptabmessungen sowie bekanntem Rollenradius kann die erforderliche Kurvenkontur ermittelt werden. Hierbei ist es vorteilhaft, zunächst die vom Rollenradius r_R unabhängige Rollenmittelpunktbahn (RMB) zu bestimmen. Zur Herleitung der Berechnungsgleichungen wird zweckmäßigerweise ein kurvenscheibenfestes x_2-y_2-Koordinatensystem festgelegt, dessen Ursprung im Kurvenscheibendrehpunkt A_0 liegt. Es wird eine kinematische Umkehr vorgenommen, sodass die Kurvenkontur 2 stillsteht und sich das Eingriffsglied 3 (Rollenhebel bzw. Rollenstößel) und das Gestellglied 1 entsprechend der geforderten Relativbewegung $\psi(\varphi)$ bzw. $s(\varphi)$ entgegen dem Drehsinn der Kurvenscheibe um die Kurvenkontur bewegen (Bild 6.34). Deshalb entspricht der im Bild eingetragene Winkel $\varphi = \varphi_{12}$ dem negativen Antriebswinkel φ_{21} der Kurvenscheibe 2 gegenüber dem Gestell 1.

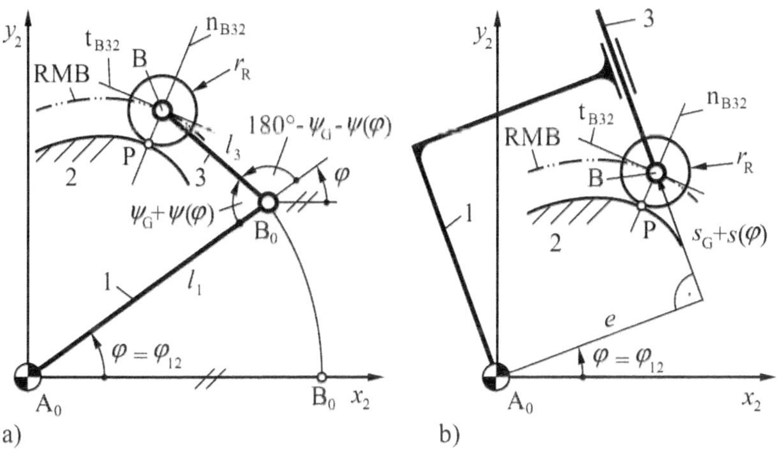

Bild 6.34 Berechnung der Rollenmittelpunktbahn (RMB) bei Kurvengetrieben. a) mit Rollenhebel, b) mit Rollenstößel

Rollenmittelpunktbahn bei Kurvengetrieben mit Rollenhebel

Für ein 3-gliedriges Kurvengetriebe mit Rollenhebel ergeben sich gemäß Bild 6.34 a die Koordinaten der Rollenmittelpunktbahn zu

$$\begin{pmatrix} x_B(\varphi) \\ y_B(\varphi) \end{pmatrix} = l_1 \begin{pmatrix} \cos\varphi \\ \sin\varphi \end{pmatrix} - l_3 \begin{pmatrix} \cos(\varphi - \psi(\varphi) - \psi_G) \\ \sin(\varphi - \psi(\varphi) - \psi_G) \end{pmatrix} \tag{6.24}$$

Bei Vorgabe des Grundkreisradius r_G kann mithilfe der Gl. (6.18) der Grundwinkel ψ_G bestimmt werden. Für die Berechnung der Kurvenkontur wird die 1. Ableitung nach dem Antriebswinkel φ benötigt:

$$\begin{pmatrix} x'_B(\varphi) \\ y'_B(\varphi) \end{pmatrix} = l_1 \begin{pmatrix} -\sin\varphi \\ \cos\varphi \end{pmatrix} - l_3 (1 - \psi'(\varphi)) \cdot \begin{pmatrix} -\sin(\varphi - \psi(\varphi) - \psi_G) \\ \cos(\varphi - \psi(\varphi) - \psi_G) \end{pmatrix} \tag{6.25}$$

Durch Umformen und mit den Substitutionen

$$\varepsilon = \varepsilon(\varphi) = \varphi - \psi(\varphi) - \psi_G \qquad (6.26)$$

$$\varepsilon'(\varphi) = 1 - \psi'(\varphi)$$

kann die 1. Ableitung nach dem Winkel φ mit

$$\begin{pmatrix} x'_B(\varphi) \\ y'_B(\varphi) \end{pmatrix} = l_1 \begin{pmatrix} -\sin\varphi \\ \cos\varphi \end{pmatrix} + l_3 \left(1 - \psi'(\varphi)\right) \cdot \begin{pmatrix} \sin\varepsilon \\ -\cos\varepsilon \end{pmatrix} \qquad (6.27)$$

angegeben werden. Die 2. Ableitung

$$\begin{pmatrix} x''_B(\varphi) \\ y''_B(\varphi) \end{pmatrix} = l_1 \begin{pmatrix} -\cos\varphi \\ -\sin\varphi \end{pmatrix} + l_3 \left[\psi''(\varphi) \cdot \begin{pmatrix} -\sin\varepsilon \\ \cos\varepsilon \end{pmatrix} + \left(1 - \psi'(\varphi)\right)^2 \cdot \begin{pmatrix} \cos\varepsilon \\ \sin\varepsilon \end{pmatrix} \right] \qquad (6.28)$$

ist für das Berechnen der Konturkrümmungen erforderlich.

Rollenmittelpunktbahn bei Kurvengetrieben mit Rollenstößel

Für ein 3-gliedriges Kurvengetriebe mit Rollenstößel (Bild 6.34 b) ergeben sich die Koordinaten der Rollenmittelpunktbahn zu

$$\begin{pmatrix} x_B(\varphi) \\ y_B(\varphi) \end{pmatrix} = e \begin{pmatrix} \cos\varphi \\ \sin\varphi \end{pmatrix} + \left(s(\varphi) + s_G\right) \cdot \begin{pmatrix} -\sin\varphi \\ \cos\varphi \end{pmatrix} \qquad (6.29)$$

Je nachdem, ob der Grundhub positiv oder negativ vorgegeben wird, entsteht ein F- bzw. ein P-Kurvengetriebe. Bei Vorgabe des Grundkreisradius r_G kann mithilfe der Gl. (6.19) der Grundhub s_G bestimmt werden. Für die Berechnung der Kurvenkontur und der Krümmungsradien werden die 1. Ableitung

$$\begin{pmatrix} x'_B(\varphi) \\ y'_B(\varphi) \end{pmatrix} = \left(e + s'(\varphi)\right) \cdot \begin{pmatrix} -\sin\varphi \\ \cos\varphi \end{pmatrix} - \left(s(\varphi) + s_G\right) \cdot \begin{pmatrix} \cos\varphi \\ \sin\varphi \end{pmatrix} \qquad (6.30)$$

und die 2. Ableitung

$$\begin{pmatrix} x''_B(\varphi) \\ y''_B(\varphi) \end{pmatrix} = \left(s''(\varphi) - s(\varphi) - s_G\right) \cdot \begin{pmatrix} -\sin\varphi \\ \cos\varphi \end{pmatrix} - \left(e + 2s'(\varphi)\right) \cdot \begin{pmatrix} \cos\varphi \\ \sin\varphi \end{pmatrix} \qquad (6.31)$$

nach dem Winkel φ benötigt.

Berechnen der Kurvenkontur

Die Kurvenkontur ist eine Äquidistante zur Rollenmittelpunktbahn. Die Koordinaten der Konturpunkte

$$\begin{pmatrix} x_K(\varphi) \\ y_K(\varphi) \end{pmatrix} = \begin{pmatrix} x_B(\varphi) \\ y_B(\varphi) \end{pmatrix} \pm r_R \cdot \vec{e}_n \qquad (6.32)$$

ergeben sich aus den Koordinaten der Rollenmittelpunktbahn durch Addieren bzw. Subtrahieren der Komponenten des Normalenvektors zur Rollenmittelpunktbahn, dessen Betrag dem Rollenradius r_R entspricht. Der auf der Rollenmittelpunktbahn senkrecht stehende **Normaleneinheitsvektor**

$$\vec{e}_n = \frac{\vec{v}_{B32}}{\left|\vec{v}_{B32}\right|} = \begin{pmatrix} -y'_B(\varphi) \\ x'_B(\varphi) \end{pmatrix} / \sqrt{x'^2_B(\varphi) + y'^2_B(\varphi)} \qquad (6.33)$$

kann aus der um 90° gedrehten Relativgeschwindigkeit der Rollenmitte gegenüber der Kurve bestimmt werden. Zusammengefasst ergibt sich für die Koordinaten der Konturpunkte:

$$\begin{pmatrix} x_K(\varphi) \\ y_K(\varphi) \end{pmatrix} = \begin{pmatrix} x_B(\varphi) \\ y_B(\varphi) \end{pmatrix} \pm \frac{r_R}{\left|\sqrt{x_B'^2(\varphi) + y_B'^2(\varphi)}\right|} \cdot \begin{pmatrix} -y_B'(\varphi) \\ x_B'(\varphi) \end{pmatrix} \tag{6.34}$$

Übertragungswinkel

Für die Berechnung der Rollenkraft und für eine erste Abschätzung der zu erwartenden Lauffähigkeit wird der Übertragungswinkel μ verwendet. Unterschreitet der Übertragungswinkel während des Bewegungszyklus einen bestimmten Kleinstwert μ_{min} nicht, so ist im Allgemeinen die Lauffähigkeit des Kurvengetriebes gewährleistet, d. h., es treten keine Blockierungen durch Verklemmen und keine Sperrstellungen auf (Richtwerte für μ_{min} s. Abschnitt 6.2.1).

Für Getriebe mit Rollenhebel ergibt sich nach Bild 6.38 a der Übertragungswinkel aus

$$\mu(\varphi) = \gamma(\varphi) + \psi(\varphi) + \psi_G - \varphi \tag{6.35}$$

Zu beachten ist die Vorzeichenkonvention für ψ_G nach Gl. (6.18). Bei Kurvengetrieben mit Rollenstößel ist nach Bild 6.38 b der Übertragungswinkel

$$\mu(\varphi) = \gamma(\varphi) - \varphi \tag{6.36}$$

wobei der **Normalenwinkel**

$$\gamma(\varphi) = \tau(\varphi) + 90° \tag{6.37}$$

die Richtung der Senkrechten auf die Rollenmittelpunktbahn angibt. Der **Tangentenwinkel** τ, der über die Beziehung

$$\tan\tau(\varphi) = \frac{\mathrm{d}y_B(\varphi)}{\mathrm{d}x_B(\varphi)} = \frac{\mathrm{d}y_B(\varphi)}{\mathrm{d}\varphi} \cdot \frac{\mathrm{d}\varphi}{\mathrm{d}x_B(\varphi)} = \frac{y_B'(\varphi)}{x_B'(\varphi)} \tag{6.38}$$

definiert ist, ist ein gerichteter Winkel, für den in Abhängigkeit des Vorzeichens von $x_B'(\varphi)$ gilt:

$$\tau(\varphi) = 180° + \arctan\left(\frac{y_B'(\varphi)}{x_B'(\varphi)}\right) \quad \text{für} \quad x_B'(\varphi) < 0 \tag{6.39}$$

$$\tau(\varphi) = 360° + \arctan\left(\frac{y_B'(\varphi)}{x_B'(\varphi)}\right) \quad \text{für} \quad x_B'(\varphi) > 0$$

$$\tau(\varphi) = 270° \quad \text{für} \quad x_B'(\varphi) = 0$$

Bei Kurvengetrieben wird mitunter statt des Übertragungswinkels der Kraftangriffswinkel (Ablenkwinkel, Pressungswinkel) α zwischen der Wirkungslinie der angreifenden Rollenkraft (Bahnnormale n_{B32}) und der Bahntangente t_{B31} der Absolutbewegung des Kraftangriffspunkts auf dem Abtriebsglied angegeben (s. Bild 6.38).

Spitzenbildung und Unterschnitt (Prüfen der Kurvenkontur)

Bevor weitere Auslegungsschritte vorgenommen werden, ist es ratsam, die berechnete Kurvenkontur auf Selbstschnittpunkte (Unterschnitt) und auf ausreichende Krümmungsradien zu überprüfen.

Der **Krümmungsradius der Rollenmittelpunktbahn**

$$\rho_B(\varphi) = \frac{+\sqrt{\left(x_B'^2(\varphi) + y_B'^2(\varphi)\right)^3}}{x_B'(\varphi) \cdot y_B''(\varphi) - y_B'(\varphi) \cdot x_B''(\varphi)} \tag{6.40}$$

wird aus differentialgeometrischen Beziehungen einer Kurve in Parameterdarstellung berechnet. Die hierzu notwendigen 1. und 2. Ableitungen der jeweiligen Rollenmittelpunktbahn-Gleichung nach dem Antriebswinkel φ sind für Getriebe mit Rollenhebel aus Gln. (6.27) und (6.11) und für Getriebe mit Rollenstößel aus Gln. (6.30) und (6.31) zu bestimmen.

Der **Krümmungsradius der Kurvenkontur**

$$\rho_K(\varphi) = \rho_B(\varphi) \pm r_R \tag{6.41}$$

lässt sich dann mithilfe des Krümmungsradius der Rollenmittelpunktbahn $\rho_B(\varphi)$ bei Außenkurven durch Abzug und bei Innenkurven durch Addition des Rollenradius r_R berechnen. Für das Vorzeichen des Krümmungsradius ρ_K der Kurvenkontur gilt, dass konvexe Konturstellen einen positiven Wert und konkave einen negativen Wert aufweisen. Wie Bild 6.35 anhand einer Außenkontur (Index A) und einer Innenkontur (Index I) zeigt, können konvexe und konkave Konturstellen anhand der Beträge der Krümmungsradien von Rollenmittelpunktbahn $|\rho_B|$ und Kurvenkontur $|\rho_K|$ unterschieden werden. Es gelten

- für konvexe Konturstellen $|\rho_K| < |\rho_B|$
- für konkave Konturstellen $|\rho_K| > |\rho_B|$

Konvexe Konturstellen sind auch daran zu erkennen, dass ihr Krümmungsmittelpunkt auf der Materialseite liegt.

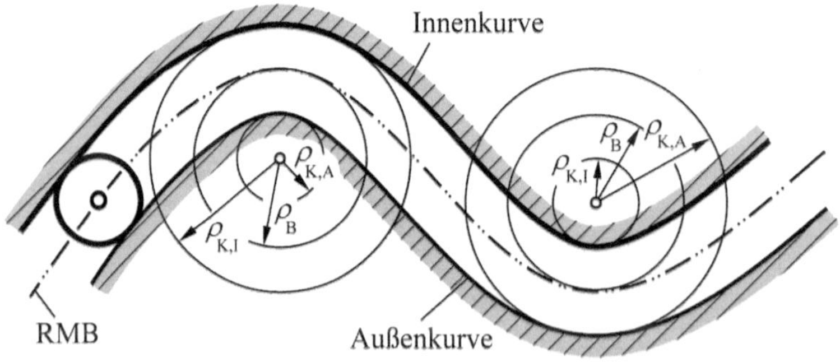

Bild 6.35 Krümmungsradien bei konvexen und konkaven Innen- bzw. Außenkurven

In Bild 6.36 a sind in Abhängigkeit von verschiedenen Rollenradien r_{Ri} für einen konvexen Abschnitt einer Rollenmittelpunktbahn die jeweils zugehörigen Kurvenkonturen k_{K1}, k_{K2}, k_{K3} und k_{K4} dargestellt. **Unterschnitt** in Form von Selbstschnittpunkten der Kurvenkontur entsteht, wenn der Rollenradius $r_R > \rho_{B\,min,konvex}$ ist. An der Kurvenkontur entstünde bei der Fertigung eine Spitze (im Bild die Spitzen S_2, S_3 und S_4), wobei ein **Hubverlust** ΔH_{konvex} auftritt und so die geforderte Bewegung des Abtriebsglieds nicht mehr korrekt ausgeführt werden kann.

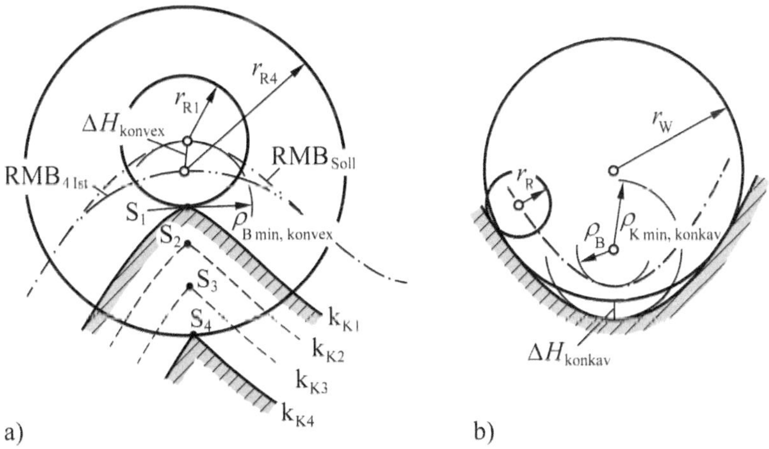

Bild 6.36 Spitzenbildung und Hubverlust bei a) konvexen, b) konkaven Kurvenkonturbereichen

Wenn der Rollenradius $r_R = \rho_{Bmin,konvex}$ ist, tritt zwar kein Hubverlust auf, es bleibt aber noch eine Spitze S_1 in der Kurvenkontur erhalten (**Spitzenbildung**). Dies muss vermieden werden, weil in der Konturspitze sehr große Pressungswerte auftreten, die zu hohem Verschleiß führen. Empfohlen wird deshalb, den Rollenradius unter Einhaltung der Relation

$$\rho_{B\,min} > \frac{r_R}{0{,}7} \tag{6.42}$$

zu wählen. Bei Kurvenkonturen, die durch Fräsen oder Schleifen hergestellt werden, gibt der betragsmäßig kleinste Krümmungsradius in konkaven Konturenabschnitten den theoretisch größtmöglichen Werkzeugradius

$$r_W < r_R + \left|\rho_{Bmin,konkav}\right| \tag{6.43}$$

vor (Bild 6.36 b). Für eine prozesssichere Fertigung sollte der Werkzeugradius deutlich kleiner sein als der kleinste konkave Krümmungsradius der Kurvenkontur. Hierbei ist zu beachten, dass für eine ökonomische Herstellung im Allgemeinen ein möglichst großer Werkzeugdurchmesser angestrebt wird.

In Bild 6.37 ist exemplarisch der Einfluss des Rollenradius auf die Kurvenkontur einer Kurvenscheibe dargestellt. Je kleiner der Rollenradius, umso größer ist der Krümmungsradius der konvex gekrümmten Konturbereiche. Allerdings führen sehr kleine Rollenradien genauso wie kleine konvexe Krümmungsradien der Kurvenkontur zu hohen Pressungswerten (vgl. Gl. 6.55), so dass sich hinsichtlich der Pressung ein optimaler Rollenradius

r_{Ropt} bestimmen lässt. Zu beachten ist auch, dass kleine Kurvenrollen bei gleicher Belastung aufgrund ihrer niedrigeren Tragzahlen und den höheren Drehzahlen geringere Lagerlebensdauern aufweisen als große. Bei zu großen Rollenradien ist der durch den Selbstschnittpunkt der Kurvenkontur gebildete „Dreieckszwickel“ (Bild 6.37 d) zu erkennen, der auf einen vorhandenen Unterschnitt hinweist.

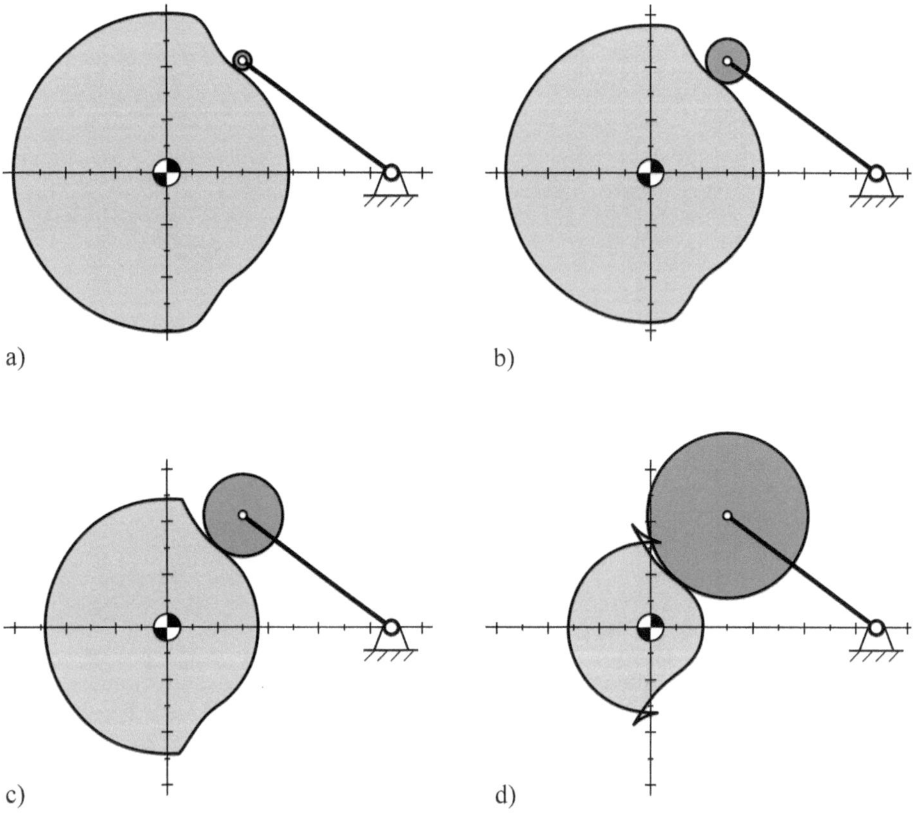

Bild 6.37 Einfluss des Rollenradius auf die Kurvenkontur einer Kurvenscheibe. a) und b) korrekte Kurvenkontur, c) Spitzenbildung, d) Unterschnitt

6.2.3 Kontaktkraft, Antriebsmoment und Pressung

Kontaktkraft

Bei vielen Kurvengetrieben sind die leistungsbegrenzenden Bauteile die Kurvenrolle und die Kurvenscheibe. Beide werden im Kontaktpunkt P durch die Kontaktkraft F_{P} belastet. Diese führt bei der vorliegenden Linien- oder Punktberührung zu einer vergleichsweise hohen Hertzschen Pressung. Zusätzlich wirkt auf das Lager der Kurvenrolle die Rollenkraft

$$F_{\text{R}} = F_{\text{P}} \tag{6.44}$$

die unter Vernachlässigung der Massenkräfte der Rolle mit sehr guter Näherung der Kontaktkraft F_P gleichgesetzt werden kann.

In Bild 6.38a sind die wesentlichen Kraftgrößen an einem Rollenhebel angetragen. Nicht berücksichtigt sind die Gestell-Lagerreaktionen des Abtriebsglieds und die Reibungskräfte.

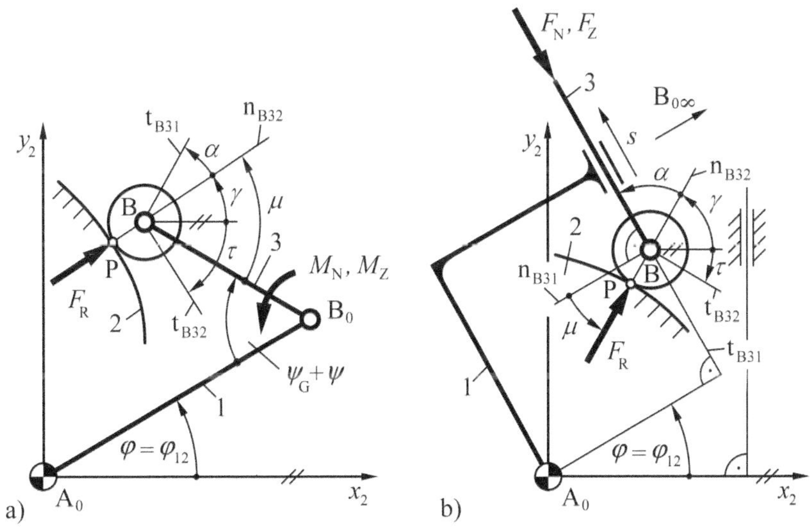

Bild 6.38 Kräfte und Momente. a) am Rollenhebel, b) am Rollenstößel

Bei einem Getriebe mit Rollenhebel kann mithilfe des Übertragungswinkels $\mu(\varphi)$ nach Gl. (6.35) die Rollenkraft

$$F_R(\varphi) = \frac{M_T(\varphi) + M_N(\varphi) + M_Z(\varphi)}{l_3 \cdot \sin \mu(\varphi)} \tag{6.45}$$

in Abhängigkeit vom Nutzmoment $M_N(\varphi)$, ggf. von einem Rückstellmoment $M_Z(\varphi)$ zur Sicherung des Zwanglaufs und vom Trägheitsmoment

$$M_T(\varphi) = -J_3 \cdot \psi''(\varphi) \cdot \omega_{21}^2 = -J_3 \cdot \psi''(\varphi) \cdot \Omega^2 \tag{6.46}$$

am Abtriebsglied ermittelt werden. Das Gesamt-Massenträgheitsmoment

$$J_3 = J_{3R} + J_{3A} \tag{6.47}$$

am Abtrieb beinhaltet neben dem Massenträgheitsmoment J_{3R} des Rollenhebels das auf den Rollenhebeldrehpunkt B reduzierte Massenträgheitsmoment J_{3A} eines daran angeschlossenen Arbeitsorgans.

Bei einem Rollenstößel (Bild 6.38b) lässt sich die Rollenkraft

$$F_R(\varphi) = \frac{F_T(\varphi) + F_N(\varphi) + F_Z(\varphi)}{\sin \mu(\varphi)} \tag{6.48}$$

aus einer äußeren Nutzkraft $F_N(\varphi)$, einer für den kraftschlüssigen Zwanglauf notwendige Rückstellkraft $F_Z(\varphi)$ und der Trägheitskraft

$$F_T(\varphi) = -m_3 \cdot s''(\varphi) \cdot \omega_{21}^2 = -m_3 \cdot s''(\varphi) \cdot \Omega^2 \tag{6.49}$$

mit dem Übertragungswinkel μ nach Gl. (6.36) ermitteln. Hierbei ist zu beachten, dass sich die Gesamtmasse

$$m_3 = m_{3R} + m_{3A} \tag{6.50}$$

am Abtrieb aus der Masse m_{3R} des Rollenstößels und der Masse m_{3A} eines nachgeschalteten Arbeitsorgans ergibt.

Bei Rückstellfedern, die in Richtung eines Abtriebsstößels angreifen und eine konstante Federsteifigkeit c sowie eine Vorspannkraft F_{F0} aufweisen, ist die Rückstellkraft

$$F_Z(\varphi) = F_{F0} + c \cdot s(\varphi) \tag{6.51}$$

bzw. bei Abtriebsschwingen das Rückstellmoment

$$M_Z(\varphi) = M_{F0} + c \cdot \psi(\varphi) \tag{6.52}$$

Zu beachten ist, dass viele Größen zeit- bzw. antriebswinkelabhängig sein können. Bei langsamen Bewegungen kann u. U. auf die Trägheitsterme verzichtet werden; bei dominierenden Trägheitskräften sind die Nutzkräfte vernachlässigbar.

Antriebsmoment

Ein weiteres, wesentliches Auslegungskriterium ist das Antriebsmoment. Die Extremwerte sollten betragsmäßig möglichst klein und der Verlauf ausgeglichen sein, d. h. keine großen Schwankungen und möglichst wenige Nulldurchgänge aufweisen. Bei Getrieben mit Rollenhebel kann mithilfe der Übertragungsfunktion 1. Ordnung der Verlauf des erforderlichen Antriebsmoments

$$M_{an}(\varphi) = -\psi'(\varphi) \cdot \left[M_T(\varphi) + M_N(\varphi) + M_Z(\varphi)\right] \tag{6.53}$$

an der Kurvenscheibe aus den am Abtriebsglied angreifenden Momenten berechnet werden. In Gl. (6.53) werden wiederum Verluste aufgrund von Reibung vernachlässigt. In analoger Weise wird das Antriebsmoment

$$M_{an}(\varphi) = -s'(\varphi) \cdot \left[F_T(\varphi) + F_N(\varphi) + F_Z(\varphi)\right] \tag{6.54}$$

bei Getrieben mit Rollenstößel berechnet.

Pressung

Bei der Auslegung eines Kurvengetriebes ist insbesondere dessen Schwachstelle, der Kontakt zwischen der Kurvenbahn und dem Eingriffselement (Abtastorgan) zu berücksichtigen. Da hier meist nur Linien- oder Punktberührung vorliegt, ist die Lebensdauer maßgeblich von der Hertzschen Pressung abhängig. Aus der Gleichung für die Hertzsche Pressung

$$p_H = \sqrt{\frac{2 \cdot F_p}{\pi \cdot b \cdot (1 - \nu^2)} \cdot \frac{E_1 \cdot E_2}{E_1 + E_2} \cdot \left(\frac{1}{d_1} + \frac{1}{d_2}\right)} \tag{6.55}$$

bei Linienkontakt zweier zylindrischer Kontaktflächen mit der Kontaktbreite b geht hervor, dass neben der Kontaktkraft F_P und den Elastizitätsmoduln E_1, E_2 sowie der Querkontraktionszahl ν mit den Durchmessern d_1 und d_2 auch die Krümmungen der beiden Kontaktpartner im Kontaktpunkt eingehen. Bei balligen (bombierten) Rollen, die Kantenlauf der Rolle bei Verkippen aufgrund von Fertigungstoleranzen und Verformungen verhindern sollen, sind entsprechende Gleichungen für allgemein gekrümmte Kontaktkörper zu verwenden. Typische Balligkeitsradien betragen 500 mm oder 1000 mm.

In Tabelle 6.3 sind zulässige Werte der Hertzschen Pressung für ausgewählte Werkstoffe angegeben. Analog zur Berechnung der Tragfähigkeit von Wälzlagern gelten die Grenzwerte $p_{\mathrm{H\,stat}}$ bei überwiegend statischer Belastung und $p_{\mathrm{H\,dyn}}$ bei überwiegend dynamischer Belastung. Eine umfassende Zusammenstellung ist in [59] enthalten.

Tabelle 6.3 Zulässige Werte der Hertzschen Pressung ausgewählter Werkstoffe nach [59]

Werkstoff		Hertzsche Pressung in N/mm²	
		$p_{\mathrm{H\,stat}}$	$p_{\mathrm{H\,dyn}}$
Grauguss	EN-GJL-200	1050	420
	EN-GJL-400	1500	600
Sphäroguss	EN-GJS-500-7	1150	560
	EN-GJS-700-2	1550	750
Stahlguss	GS-38	780	380
	GS-70	1450	700
Vergütungsstahl	C45 +QT	1400	670
	50CrV4 +QT	2000	980
gehärteter Stahl	100Cr6	4000	1500
	16MnCr5	4000	1500

6.2.4 Lebensdauer des Kurvenrollenlagers

Durch Einsatz einer auf dem Eingriffsglied wälzgelagerten Kurvenrolle als Abtastorgan kann die Reibleistung im Kontakt erheblich reduziert werden. Die Lagerlebensdauer wird im Wesentlichen durch die Belastung F_R und die relative Drehzahl $n_R = n_{43}$ der Rolle 4 gegenüber dem Eingriffsglied 3 bestimmt. Wird ein optimaler Rollenradius $r_{\mathrm{R\,opt}}$ berechnet (nach Abschnitt 6.2.5), so muss i. d. R. anschließend eine handelsübliche Kurvenrolle oder Stützrolle ausgewählt werden, deren Durchmesser dem gewünschten am nächsten kommt. Hierbei sind die Hinweise zum Rollenradius in Abschnitt 6.2.2 zu berücksichtigen. Mit der Rollenauswahl liegen die wirksame dynamische Tragzahl C_w und die wirksame statische Tragzahl C_{0w} des Rollenlagers fest. Zu beachten ist, dass eine Kurvenrolle gegenüber einem Wälzlager gleicher Baugröße und Lagerart reduzierte Tragzahlen aufweist, da der Außenring nicht wie bei einem gewöhnlichen Lager von einem Bauteil umschlossen wird und somit keine Stützwirkung erfährt. Handelsübliche Kurvenrollen haben deshalb einen verstärkten Außenring, um der elastischen Verformung entgegenzuwirken. Aus diesem Grund sind normale Wälzlager als Rolle für hochbeanspruche Kurvengetriebe nicht geeignet. Eine erste überschlägige Überprüfung ist nach [59] anhand der maximalen Rollenkraft

$$\max\left(F_R\right) < 0{,}5\, C_{0w} \tag{6.56}$$

möglich. Bei konstanter Lagerbelastung P und konstanter Drehzahl n in min^{-1} wird nach DIN ISO 281 die Lagerlebensdauer

$$L_{10h} = \frac{10^6}{60 \frac{\mathrm{min}}{\mathrm{h}} \cdot n} \left(\frac{C}{P}\right)^p \tag{6.57}$$

in Stunden bei einer Ausfallwahrscheinlichkeit von 10 % angegeben. Der Lebensdauerexponent p berücksichtigt die Wälzkörperart und beträgt $p = 3$ für Kugellager und $p = 10/3$ für Rollenlager.

Bei Kurvengetrieben sind i. d. R. sowohl die Lagerbelastung als auch die Drehzahl der Rolle nicht konstant. Unter Verwendung der jeweiligen Maximalwerte können sich unrealistisch kleine Werte für die Lebensdauer ergeben. Empfohlen ist daher eine detailliertere Lebensdauerberechnung, bei der die zeitanteiligen Belastungs- und Drehzahlwerte zur Ermittlung der dynamisch äquivalenten Lagerbelastung

$$P = \sqrt[p]{\frac{\int_0^{2\pi} n_{43}(\varphi) \cdot F_R^p(\varphi)\,\mathrm{d}\varphi}{\int_0^{2\pi} n_{43}(\varphi)\,\mathrm{d}\varphi}} \tag{6.58}$$

berücksichtigt werden [58], die annähernd die gleiche Ermüdung des Lagers verursacht wie die tatsächlich wirkende Belastung, sowie die mittlere relative Rollendrehzahl

$$\tilde{n}_{43} = \frac{1}{2\pi} \int_0^{2\pi} n_{43}(\varphi)\,\mathrm{d}\varphi \tag{6.59}$$

Wird in Gl. (6.58) statt der Drehzahl n_{43} alternativ die Winkelgeschwindigkeit ω_{43} verwendet, so kann für die dynamische äquivalente Lagerbelastung

$$P = \sqrt[p]{\frac{\int_0^{2\pi} \omega_{43}(\varphi) \cdot F_R^p(\varphi)\,\mathrm{d}\varphi}{\int_0^{2\pi} \omega_{43}(\varphi)\,\mathrm{d}\varphi}} \tag{6.60}$$

geschrieben werden.

In der Praxis ist es ausreichend, die Integrale näherungweise durch Summationen zu ersetzen.

Rollendrehzahl

Zur Herleitung der Rollendrehzahl ist in Bild 6.39 ein Kurvengetriebe mit Rollenhebel und gestellfester Kurvenscheibe dargestellt.

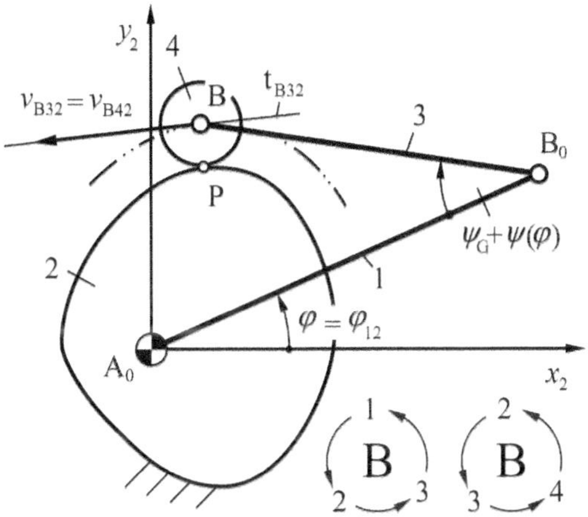

Bild 6.39 Ermittlung der Rollendrehzahl

Nach dem Gesetz der zyklischen Vertauschung der Indizes (s. Abschnitt 4.4) gelten gemäß Gl. (4.21) für die relativen Winkelgeschwindigkeiten zwischen Kurvenrolle 4, Rollenhebel 3, Kurvenscheibe 2 und Gestell 1

$$\vec{\omega}_{32} + \vec{\omega}_{21} + \vec{\omega}_{13} = \vec{0} \tag{6.61}$$

und

$$\vec{\omega}_{43} + \vec{\omega}_{32} + \vec{\omega}_{24} = \vec{0} \tag{6.62}$$

Durch Umstellen von Gl. (6.61) ergibt sich die Winkelgeschwindigkeit des Rollenhebels 3 gegenüber der Kurvenscheibe 2 in skalarer Darstellung aus

$$\omega_{32} = \omega_{12} - \omega_{13} = \omega_{12} - \dot{\psi}(\varphi) = \omega_{12} - \psi'(\varphi) \cdot \omega_{12} \tag{6.63}$$

Unter der Voraussetzung reinen Wälzens im Kontaktpunkt P kann aus der Geschwindigkeitsbeziehung

$$v_{B42} = v_{B32} = r_R \cdot \omega_{42} = s'_{B32}(\varphi) \cdot \omega_{12} \tag{6.64}$$

die Winkelgeschwindigkeit

$$\omega_{42} = \frac{v_{B32}}{r_R} \tag{6.65}$$

der Kurvenrolle 4 gegenüber der Kurvenscheibe 2 beschrieben werden. Durch Einsetzen der Gln. (6.63) und (6.65) in Gl. (6.62) ergibt sich

$$\omega_{43} = \frac{s'_{B32}(\varphi) \cdot \omega_{12}}{r_R} - \omega_{12} + \psi'(\varphi) \cdot \omega_{12} \tag{6.66}$$

Mit den 1. Ableitungen $x'_B(\varphi)$ und $y'_B(\varphi)$ der Koordinaten der Rollenmittelpunktbahn nach dem Antriebswinkel nach Gl. (6.27) für Kurvengetriebe mit Rollenhebel bzw. nach Gl. (6.30) für Kurvengetriebe mit Rollenstößel kann die Ableitung

$$s'_{B32}(\varphi) = \sqrt{x'^2_B(\varphi) + y'^2_B(\varphi)} \tag{6.67}$$

angegeben werden. Eingesetzt in Gl. (6.66) folgt schließlich für die relative Winkelgeschwindigkeit der Rolle

$$\omega_{43}(\varphi) = \left(\frac{\sqrt{x_B'^2(\varphi) + y_B'^2(\varphi)}}{r_R} - 1 + \psi'(\varphi) \right) \omega_{12} \tag{6.68}$$

Bei Kurvengetrieben mit Rollenstößel ist der Wert für $\psi'(\varphi)$ gleich Null. Mithilfe der mittleren relativen Rollendrehzahl

$$\tilde{n}_{43} = \frac{1}{4\pi^2} \int_0^{2\pi} \omega_{43}(\varphi) \mathrm{d}\varphi \tag{6.69}$$

kann die Lagerlebensdauer des Kurvenrollenlagers

$$L_{10\mathrm{h}} = \frac{10^6}{60 \frac{\mathrm{min}}{\mathrm{h}} \cdot \tilde{n}_{43}} \left(\frac{C_\mathrm{w}}{P} \right)^p \tag{6.70}$$

berechnet werden, wobei $\tilde{n}_{43}$ in min^{-1} einzusetzen ist und $L_{10\mathrm{h}}$ in h angegeben wird.

Bei der konstruktiven Ausführung des Kurvengetriebes ist darauf zu achten, dass die Lagerlebensdauer nicht durch gestörte Abrollverhältnisse wie Schräg- und/oder Kantenlauf aufgrund von zu großen Fertigungstoleranzen und Bauteilnachgiebigkeiten reduziert wird.

6.2.5 Optimieren von Kurvengetrieben

Grundlegendes Ziel bei der Optimierung besteht darin, dass bei kleinstem Bauraum und minimalem Materialaufwand die Bauteile den Belastungen standhalten und die Funktion des Getriebes trotz vorhandener Verformungen, möglichen Gelenkspiels und eventuell auftretender Schwingungen gegeben ist. Daraus wird ersichtlich, dass Verfahren zur Bestimmung von Hauptabmessungen, die nur kinematische Kenngrößen (z.B. Übertragungswinkel), nicht alle Belastungen (z.B. keine Nutzkräfte) und keine Hertzsche Pressung berücksichtigen, allenfalls dazu dienen können, für eine nachfolgende, ganzheitliche Optimierung eine geeignete Startlösung zu finden. Bei der Optimierung von schnelllaufenden (ebenen) Kurvengetrieben sind insbesondere die in Tabelle 6.4 genannten Kriterien und deren Kenngrößen zu beachten.

Tabelle 6.4 Kriterien und deren Kenngrößen zur Auslegung von Kurvengetrieben

Auslegungskriterien	Kenngrößen
Lauffähigkeit	▪ Übertragungswinkel ▪ minimale Krümmungsradien ▪ Selbstschnittpunkte der Kurvenkontur
Belastung	▪ Gelenkkräfte, Rollenkraft ▪ Antriebsmoment ▪ Kontaktkraft
Beanspruchung	▪ Pressung im Kurvengelenk (Hertzsche Pressung p_H)
Ausfallwahrscheinlichkeit des Kurvenrollenlagers	Lebensdauer des Kurvenrollenlagers
Baugröße	umbauter Raum bzw. Flächenbedarf
Laufruhe	Geräusch- und Schwingungsanregung

Eine hohe Laufgüte eines Kurvengetriebes zeichnet sich u. a. durch ein gleichmäßiges und geringes Antriebsmoment sowie durch geringe Werte der Hertzschen Pressung im Kurvenkontakt aus. Für letztere sind geringe Rollenkräfte bei möglichst großen Krümmungsradien an Kurvenkontur und Kurvenrolle anzustreben. Zur Berechnung der Rollenkräfte sind bei schnelllaufenden Getrieben neben den Nutzkräften immer die Massenkräfte zu berücksichtigen.

Durch Anpassen der Hauptabmessungen lassen sich die Extremwerte der Rollenkraft reduzieren:

$$\max\left|F_{\mathrm{R}}\left(l_1,l_3,\psi_{\mathrm{G}}\right)\right| \Rightarrow \mathrm{Min} \tag{6.71}$$

Dies gilt sowohl für positive Werte der Rollenkraft als auch für negative, die ein Abheben der Rolle von der Kurvenkontur kennzeichnen und durch entsprechende Zwanglaufsicherungen wie Federn kompensiert werden müssen.

Meist ist es effizienter, statt der Rollenkraft die Hertzsche Pressung als Optimalitätskriterium zu benutzen. So lassen sich bei gegebener Übertragungsfunktion die Hauptabmessungen des Kurvengetriebes und der Rollenradius so bestimmen, dass die Hertzsche Pressung minimal wird. Die Optimierung führt immer sehr schnell und sicher zu optimalen Abmessungen, da die Zielfunktion

$$\max\left(p_{\mathrm{H}}\left(l_1,l_3,r_{\mathrm{G}},r_{\mathrm{R}}\right)\right) \Rightarrow \mathrm{Min} \tag{6.72}$$

keine lokalen Minima aufweist [3]. Somit ergibt sich hinsichtlich der Hertzschen Pressung immer ein optimaler Rollenradius r_{Ropt}. Bei einer Optimierung der Hertzschen Pressung kann es erforderlich sein, als Nebenkriterium die Rollenlagerlebensdauer zu berücksichtigen.

Der Einsatz von MKS-Programmen erlaubt durch parametrische Simulationsmodelle in Verbindung mit entsprechenden Algorithmen eine effiziente Optimierung der Hauptabmessung unter Berücksichtigung aller am Getriebe angreifenden Belastungen und aller relevanten Systemeigenschaften, wie Steifigkeiten der Getriebeglieder oder Gelenkspiele. Anzumerken sei hier, dass bei einer umfassenden Optimierung eines Bewegungssystems ggf. ein Rücksprung im Entwicklungsprozess zum Bewegungsdesign notwendig werden kann, der eine andere Umsetzung der im Bewegungsplan festgelegten Bewegungsvorgaben (Änderung der Bewegungsgesetze) oder gar eine Modifikation der Bewegungsvorgaben (Änderung des Bewegungsplans) einschließt.

6.3 Zahnrädergetriebe

6.3.1 Standrädergetriebe

Als Stirnrädergetriebe ausgeführte einstufige Standrädergetriebe sind technisch und ökonomisch sinnvoll bis Übersetzungen $|i| = 6$ umsetzbar. Sind höhere Übersetzungen zu realisieren, werden mehrstufige Getriebe eingesetzt. Die Aufteilung der Gesamtübersetzung

$$i_{21-n1} = i_{2n} = \frac{\omega_{21}}{\omega_{n1}} = i_{21-31} \cdot i_{31-41} \cdot \ldots \cdot i_{i1-j1} \cdot \ldots \cdot i_{(n-1)1-n1} \tag{6.73}$$

in die einzelnen Getriebestufen mit ihren Teilübersetzungen i_{i1-j1} erfolgt nach Erfahrungen bzw. nach speziellen Gesichtspunkten, wie

- minimale Gesamtmasse,
- minimaler Bauraum,
- kleinstmögliches Massenträgheitsmoment oder
- minimale Herstellkosten.

So kann bei zweistufigen Getrieben in erster Näherung zur Erzielung einer minimalen Getriebelänge bzw. eines minimalen Getriebevolumens der Ansatz

$$i_{31-41} \approx 0{,}8\sqrt{i_{21-41}} \tag{6.74}$$

genutzt werden. Mit

$$i_{31-41} \approx \sqrt{i_{21-41}} \tag{6.75}$$

ist eine minimale Radsatzmasse realisierbar. Die Teilübersetzung der ersten Stufe ergibt sich in beiden Fällen aus

$$i_{21-31} = \frac{i_{21-41}}{i_{31-41}} \tag{6.76}$$

Weiterführende Literatur ist in [60] zu finden.

Die an den einzelnen Wellen vorliegenden Drehzahlen, Drehrichtungen und Übersetzungen lassen sich mit dem **Drehzahlplan nach Kutzbach**[3] veranschaulichen und gegebenenfalls anpassen.

Beispiel 6.3: Drehzahlplan für ein zweistufiges Standrädergetriebe

Das in Bild 6.40 a maßstäblich dargestellte zweistufige Stirnrädergetriebe ist mithilfe des Drehzahlplans nach Kutzbach zu analysieren und die Drehzahl an der Abtriebswelle 4 zu berechnen. Die Verzahnungen sollen in diesem Beispiel aus Vereinfachungsgründen den gleichen Modul besitzen.

Gegeben: Zähnezahlen z_2, z_3, $z_{3'}$, z_4

Gesucht: Übersetzung $i_{21-41} = i_{24}$

[3] Franz Karl Kutzbach (1875 - 1942), deutscher Maschinenbauingenieur und Wissenschaftler, Professor für Maschinenelemente an der TH Dresden

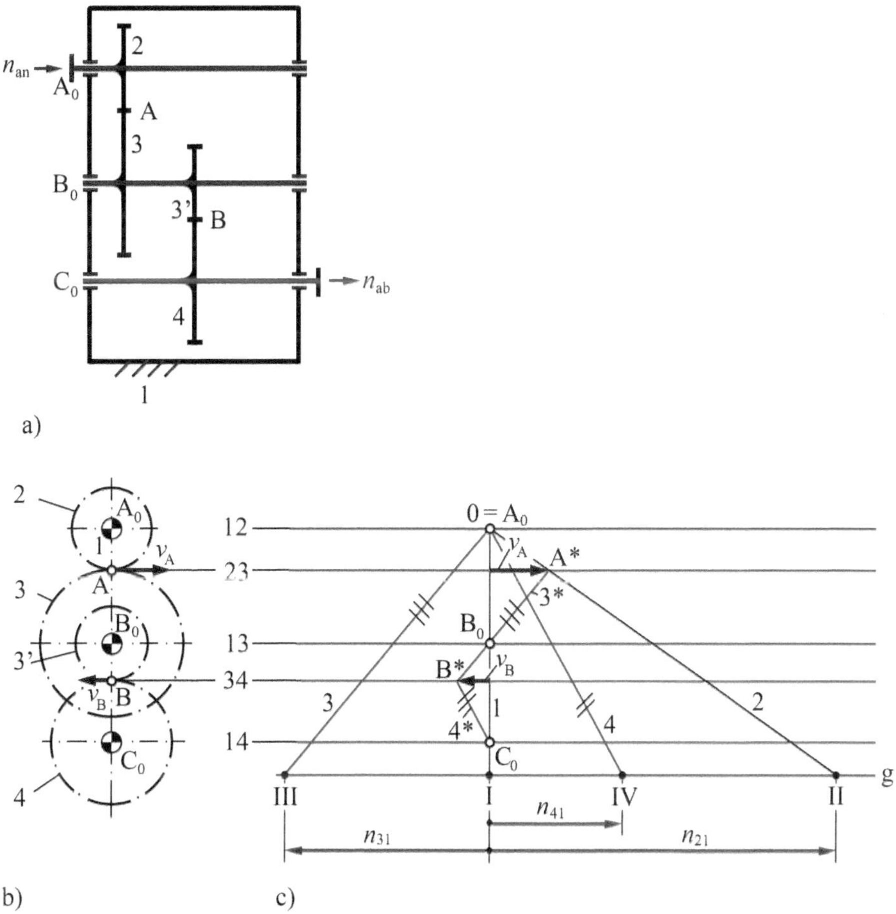

Bild 6.40 Zweistufiges Stirnrädergetriebe. a) Getriebeschema, b) Getriebeschema in Seitenansicht, c) Drehzahlplan nach Kutzbach

Lösung:

Der Drehzahlplan (Bild 6.40 c) kann in folgenden Schritten konstruiert werden:

1. Wegen des gleichen Moduls sind die Wälzkreisdurchmesser aller Zahnräder der Zähnezahl proportional. Vom entsprechenden Getriebeschema (Bild 6.40 b) ausgehend werden durch alle Drehpunkte und Wälzpunkte (Pole 12, 13, 23, ...) horizontale Geraden gelegt.

2. Durch einen beliebig wählbaren Pol 0 (hier identisch mit A_0) verläuft die vertikale Bezugslinie 1. Sie kennzeichnet die Drehzahl $n_{11} = 0$ des Gestells 1.

3. Der Polstrahl 2 entspricht dem Geschwindigkeitsgradienten des Rades 2, das im Punkt A_0 die Geschwindigkeit $v_{A0} = 0$ und im Punkt A die Umfangsgeschwindigkeit $\vec{v}_A$ besitzt. Der Polstrahl 2 verläuft somit durch den Pol 0 und den zweckmäßig zu wählenden Punkt A* als Endpunkt des Geschwindigkeitsvektors.

4. Die Umfangsgeschwindigkeiten der Räder 2 und 3 sind im Wälzpunkt A gleich groß. Die Geschwindigkeit des Punkts B_0 von Rad 3 ist wiederum Null. Somit läuft der Strahl 3* durch A* und B_0. Er liefert gleichzeitig den Geschwindigkeitsvektor des Rades 3 im Punkt B*.
5. Auf gleiche Weise wird der Strahl 4* konstruiert, der seinerseits den Geschwindigkeitsgradienten des Rades 4 verkörpert.
6. Die Polstrahlen 3 und 4 werden als Parallelen zu den Strahlen 3* und 4* durch den Pol 0 eingezeichnet.
7. Die Polstrahlen 2 bis 4 sowie die Bezugslinie 1 schneiden die beliebig wählbare horizontale Gerade g in den Punkten I bis IV. Zwischen diesen Punkten spannen sich die entsprechenden Drehzahlvektoren auf (z.B. von I nach IV gerichtet der Vektor $\vec{n}_{41}$).
8. Die gesuchten Übersetzungen lassen sich aus den Verhältnissen der entsprechenden, maßstäblich dargestellten Drehzahlvektoren ermitteln, die von der gemeinsamen Bezugslinie 1 ausgehen. Beispielhaft ergibt sich somit die Gesamtübersetzung unter Verwendung der Beträge der Drehzahlvektoren aus

$$i_{21-41} = i_{24} = \frac{n_{21}}{n_{41}} = \frac{\omega_{21}}{\omega_{41}}$$

Da die beiden Drehzahlvektoren hier gleichsinnig sind, ergibt sich eine positive Übersetzung (Gleichlauf). Sind sie entgegengerichtet, liegt eine negative Übersetzung (Gegenlauf) vor. ■

Schaltgetriebe

Viele Arbeitsmaschinen besitzen Betriebskennlinien, die Aktoren wie Elektromotoren und Verbrennungsmaschinen nicht erfüllen können. Durch Schaltgetriebe lassen sich beide Kennlinien in Stufen anpassen, wobei die zu lösende getriebetechnische Aufgabe im Hinblick auf zwei grundsätzliche Forderungen unterschieden wird:

- Drehzahl-Forderung: gestufte Drehzahlwandlung, wobei die Drehmomentwandlung von untergeordneter Bedeutung ist, und
- Momenten-Forderung: gestufte Drehmomentwandlung, wobei die Drehzahl von untergeordneter Bedeutung ist.

Der Wechsel der wirksamen Übersetzung kann auf verschiedene Weisen erfolgen, z.B. durch:

- Verschieberäder, die durch axiales Verschieben auf Keilwellen bestimmte Zahnradpaare in Eingriff bringen,
- Kupplungen (z.B. Klauenkupplungen, Ziehkeilkupplungen, Zahnkupplungen), die entsprechende Zahnräder verdrehsteif mit ihrer Welle verbinden.

Eine konstante Drehzahl an der Antriebswelle vorausgesetzt, liefert das Schaltgetriebe an der Abtriebswelle eine Drehzahlreihe $n_1, n_2, n_3, \dots, n_G$, wobei der Index den jeweiligen Gang *g* kennzeichnet. Die Drehzahlreihe kann regelmäßig gestuft sein, und zwar arithmetisch oder geometrisch. Eine arithmetisch gestufte Reihe ist durch das Bildungsgesetz

$$n_{i+1} = n_i + a \quad \text{bzw.} \quad n_g = n_1 + (g-1)a \tag{6.77}$$

gekennzeichnet, in dem a die feste Differenz zweier benachbarter Drehzahlen darstellt.

Geometrisch gestufte Reihen sind z.B. für Vorschubantriebe spanender Werkzeugmaschinen interessant. Charakteristisch ist der Stufensprung φ als Quotient benachbarter Drehzahlen. Die Drehzahlreihe folgt somit dem Gesetz

$$n_{i+1} = n_i \cdot \varphi \quad \text{bzw.} \quad n_g = n_1 \cdot \varphi^{g-1} \tag{6.78}$$

Neben der regelmäßigen Drehzahlstufung werden auch speziellen Betriebserfordernissen angepasste Stufungen genutzt, was z.B. in Schaltgetrieben von Kraftfahrzeugen umgesetzt wird.

Beispiel 6.4: Schaltgetriebe einer Drehmaschine

Auf einer Drehmaschine werden zylindrische Teile bis zu einem bestimmten maximalen Durchmesser $d_{W\,max}$ bearbeitet. Die Antriebsbewegung der Zustellung wird von einem gleichmäßig rotierenden Asynchronmotor abgeleitet. Beim Längsdrehen resultiert die Schnittgeschwindigkeit v_S an der Schnittstelle aus der Drehzahl n_W des Werkstücks und dem Werkstückdurchmesser d_W. Im Sinne einer hohen Arbeitsproduktivität und einer hohen Standzeit des Werkzeugs sollte die Schnittgeschwindigkeit nur zwischen den Grenzen $v_{S\,min}$ und $v_{S\,max}$ variieren. Zur Umsetzung dieser Forderung soll ein Schaltgetriebe dienen.

Gesucht:

- Stufensprung des Schaltgetriebes zur Erfüllung der Drehzahl-Forderung
- Drehzahlplan des Schaltgetriebes

Lösung:

Gelöst werden soll obige Aufgabenstellung durch ein Schaltgetriebe mit den Wellen 3 und 4, dem eine feste Getriebestufe vor- und eine weitere nachgelagert sind (Bild 6.41). Das Schaltgetriebe besitzt zwei Schieberadblöcke für $G = 4$ Gänge und somit vier Drehzahlen an der Abtriebswelle 5.

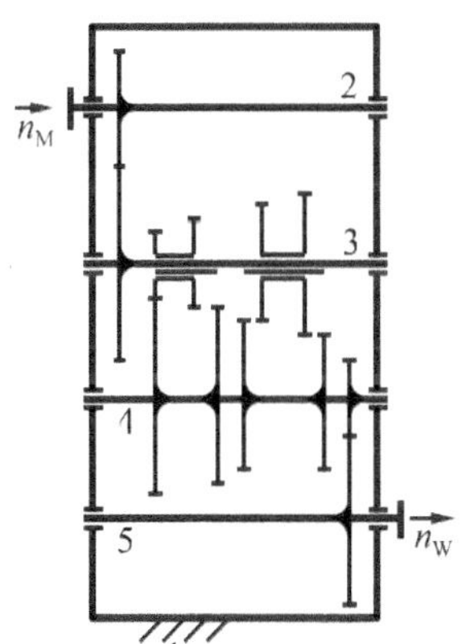

Bild 6.41 Getriebeschema des Schaltgetriebes

Mit der Gesamtübersetzung

$$i_{21-51} = i_{25} = \frac{n_{21}}{n_{51}} = \frac{n_M}{n_W} = i_{23} \cdot i_g \cdot i_{45} \quad \text{mit} \quad g = 1, 2, \ldots, G$$

zwischen Asynchronmotor und Werkstückspindel, die aus den Teilübersetzungen i_{23} des Vorgeleges, $i_g = i_{34}$ des Schaltgetriebes im jeweiligen Gang g und i_{45} der Endstufe resultiert, ergibt sich die Schnittgeschwindigkeit v_S aus:

$$v_S = \pi \cdot n_W \cdot d_W = \frac{\pi \cdot n_M \cdot d_W}{i_{25}}$$

Nach Bild 6.42 liegt sie immer innerhalb der vorgeschriebenen Grenzen, wenn bei einem Wechsel in den nächsthöheren Gang $g+1$ die Bedingung

$$\varphi = \frac{v_{S\,max}}{v_{S\,min}} = \frac{n_{W,g+1}}{n_{W,g}}$$

erfüllt ist.

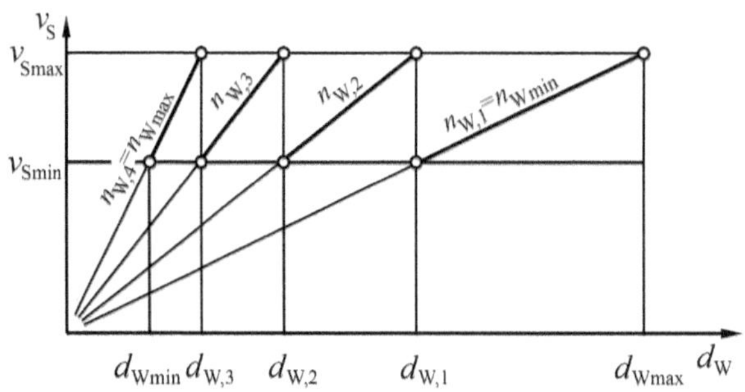

Bild 6.42 Schnittgeschwindigkeit in Abhängigkeit von Werkstückdurchmesser und -drehzahl

Bei Kenntnis der Werkstückdrehzahl im 1. Gang

$$n_{W,1} = \frac{v_{S\,max}}{\pi \cdot d_{W\,max}}$$

ist nachfolgend der Werkstückdurchmesser

$$d_{W,1} = \frac{v_{S\,min}}{\pi \cdot n_{W,1}}$$

ermittelbar, bei dem die zulässige minimale Schnittgeschwindigkeit erreicht wird und ein Wechsel in den nächsthöheren Gang erfolgen muss. Die danach am Werkstückfutter vorliegende Drehzahl $n_{W,2}$ ergibt sich unter Verwendung des konstanten Stufensprungs φ aus

$$n_{W,2} = n_{W,1} \cdot \varphi$$

Diese Schritte wiederholen sich bis zum 4. Gang, in dem ein minimaler Werkstückdurchmesser

$$d_{\mathrm{W\,min}} = \frac{d_{\mathrm{W\,max}}}{\varphi^G} = \frac{d_{\mathrm{W\,max}}}{\varphi^4}$$

im vorgeschriebenen Schnittgeschwindigkeitsbereich bearbeitet werden kann.

Eine entsprechende Aufteilung der Teilübersetzungen liefert den **Drehzahlplan nach Germar** (Bild 6.43). Jede Welle besitzt eine horizontal angeordnete Drehzahlleiter, auf der alle vorliegenden Drehzahlen aufgetragen werden. Auf diese Weise erhält man einen anschaulichen Überblick über die vorliegenden Übersetzungen.

Der Drehzahlplan stellt sich für geometrische Getriebestufungen sehr einfach dar, wenn die Leitern eine logarithmische Teilung aufweisen. Wegen des geltenden Zusammenhanges

$$\lg n_{\mathrm{W},g+1} = \lg n_{\mathrm{W},g} + \lg \varphi$$

liegen die geometrisch gestuften Drehzahlen am Abtrieb gleichabständig nebeneinander.

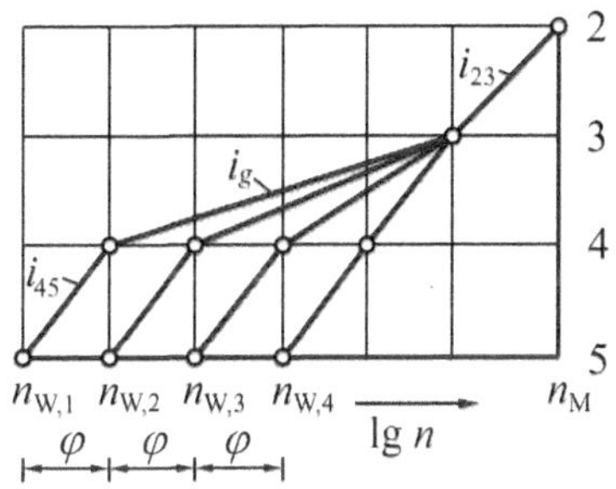

Bild 6.43 Drehzahlplan des Schaltgetriebes nach Germar

Beispiel 6.5: Schaltgetriebe eines Motorrades

Bei Kraftfahrzeugen wird mit dem Schaltgetriebe eine gestufte Wandlung des Motordrehmoments mit dem Ziel vorgenommen, die Antriebskennlinie des Verbrennungsmotors an die Betriebskennlinie des Fahrzeugs anzupassen. Die Betriebskennlinie des Fahrzeugs (idealisierte Zugkrafthyperbel) ergibt sich durch Gleichsetzen von Antriebsleistung (maximale Motorleistung $P_{\mathrm{M\,max}}$) und Abtriebsleistung $P_{\mathrm{ab}} = F_{\mathrm{Z}} \cdot v_{\mathrm{F}}$ zu

$$F_{\mathrm{Z}} = \frac{P_{\mathrm{M\,max}}}{v_{\mathrm{F}}}$$

wobei F_{Z} der bei der Fahrzeuggeschwindigkeit theoretisch zur Verfügung stehenden Zugkraft am Fahrzeug entspricht (Bild 6.44). Dem steht jedoch die Kennlinie des Motors gegenüber, deren Charakteristik nicht zum Verlauf der Zugkrafthyperbel passt.

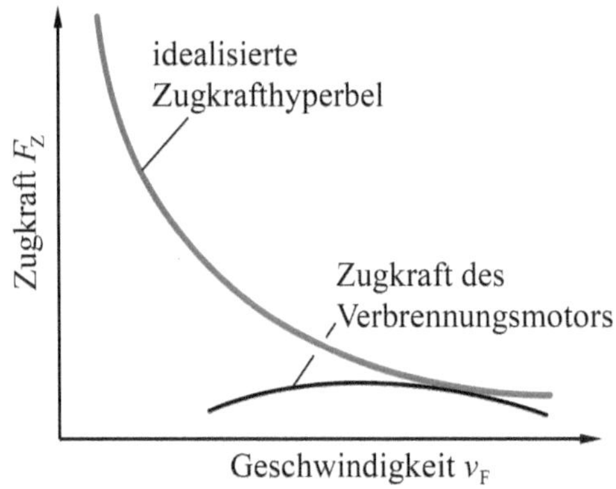

Bild 6.44 Zugkrafthyperbel und Zugkraftvermögen eines Kraftfahrzeugs

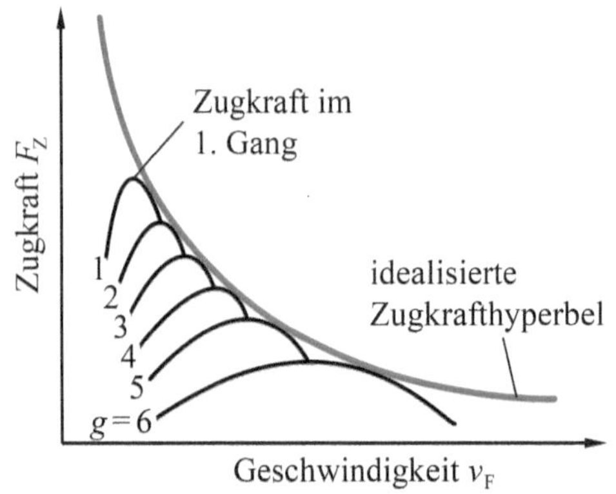

Bild 6.45 Anpassung des Zugkraftvermögens

Das Schaltgetriebe soll einerseits ermöglichen, dass im Bereich kleiner Fahrzeuggeschwindigkeiten eine hohe Zugkraft am Fahrzeug bzw. ein hohes Drehmoment an den Antriebsrädern zur Verfügung steht. Andererseits soll es mit zunehmender Fahrzeuggeschwindigkeit dafür sorgen, dass das Drehmoment zugunsten der Raddrehzahl abnimmt und dabei der Motor stets im oberen Leistungsbereich arbeitet (Bild 6.45). Die Realisierung der für die Momenten-Forderung typischen Aufgabenstellung soll im Folgenden am Schaltgetriebe eines Motorrades analysiert werden.

Das Sportmotorrad HONDA CBR 600RR (Bild 6.46) besitzt zur Wandlung des Motormoments M_M an der Kurbelwelle in das Drehmoment M_H am Hinterrad ein sechsstufiges Schaltgetriebe, dem eine Primärstufe mit der Übersetzung i_P vorgeschaltet sowie ein Kettengetriebe mit der Übersetzung i_S nachgeschaltet sind (Bild 6.47). Unter Berücksichtigung des wirksamen Hinterraddurchmessers d_H berechnet sich die Geschwindigkeit des Motorrades im g-ten Gang aus

$$v_F = \frac{\pi \cdot d_H \cdot n_M}{i_P \cdot i_g \cdot i_S}$$

Bild 6.46 HONDA CBR 600RR

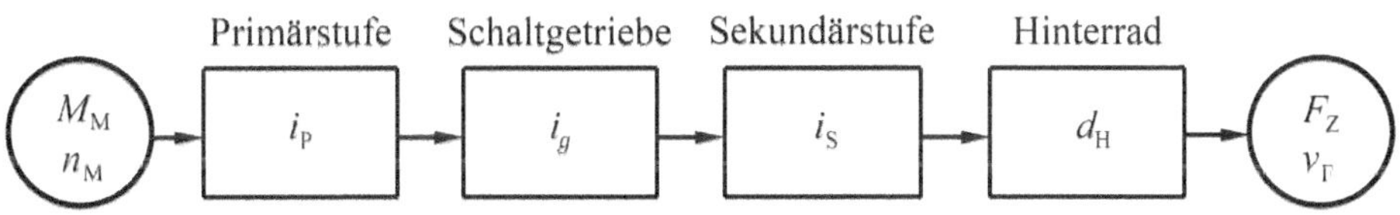

Bild 6.47 Blockschaltbild des Antriebsstrangs

Tabelle 6.5 Übersetzungen und Stufensprünge des Schaltgetriebes nach [61]

Gang g	Übersetzung i_g	Stufensprung $\varphi_{g,g+1}$
1	2,750	1,380
2	2,000	1,200
3	1,666	1,150
4	1,444	1,110
5	1,304	1,080
6	1,208	

Wie Tabelle 6.5 zu entnehmen ist, wurde die Stufung des Schaltgetriebes nicht geometrisch mit einem konstanten Stufensprung φ festgelegt. Den speziellen Betriebsverhältnissen Rechnung tragend wurde eine progressive Stufung vorgenommen, die durch einen stetig kleiner werdenden Stufensprung $\varphi_{g,g+1}$ gekennzeichnet ist. Diesem Sachverhalt liegt folgende Überlegung zu Grunde: Gewöhnlich wird zunächst die Übersetzung des höchsten, d. h. hier des 6. Gangs, nach der zu erreichenden Höchstgeschwindigkeit gewählt. Die Übersetzung des 1. Gangs muss im Bereich des maximalen Motormoments die gewünschte Beschleunigung des Motorrades gewährleisten. Die übrigen Stufen werden schließlich so festgelegt, dass beim Wechsel in den nächsthöheren Gang möglichst geringe Einbußen an Zugkraft und damit an Beschleunigung entstehen. Das erfordert einen zu höheren Gängen hin kleiner werdenden Stufensprung, denn gerade in höheren Geschwindigkeitsbereichen würden sich gleiche Drehzahlsprünge beim Gangwechsel infolge der größeren Fahrwiderstände nachteilig auswirken.

Das Schaltdiagramm im Bild 6.48 verdeutlicht das anhand des Zusammenhangs von Fahrzeuggeschwindigkeit und Motordrehzahl. Erkennbar ist neben dem linearen Zusammenhang beider Größen in einem bestimmten Gang, dass sich die vorliegende Geschwindigkeitsdifferenz des Motorrades im Drehzahlbereich von $n_{M\,min}$ bis $n_{M\,max}$ in höheren Gängen vergrößert, was dem Aufweiten der angepassten Motorkennlinie geschuldet ist. Beim Schalten in einen höheren Gang zeigt sich allerdings, dass die Drehzahldifferenz am Motor infolge der progressiven Stufung stetig kleiner wird und jener somit im Sinne einer durchgängig hohen Beschleunigung im oberen Leistungsbereich gehalten werden kann.

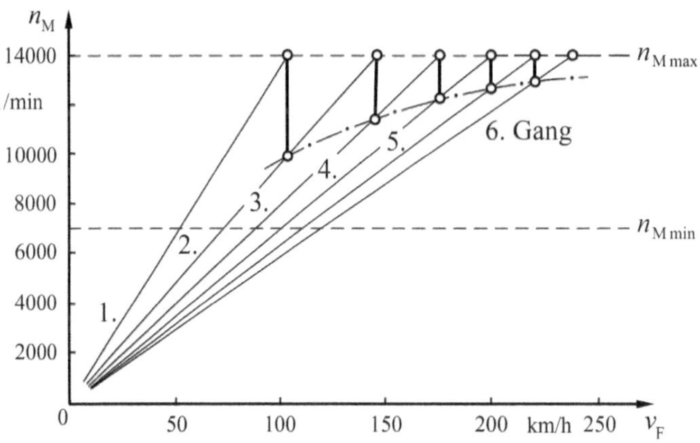

Bild 6.48 Schaltdiagramm des Motorrads

Leistungen, Wirkungsgrad, Momente, Kräfte

Nach dem Leistungssatz für ein abgeschlossenes mechanisches System gilt ausgehend von der Antriebsleistung P_{an}, der Abtriebsleistung P_{ab} und der Verlustleistung P_V für die Leistungsbilanz eines Standrädergetriebes

$$\sum P_i = P_{an} + P_{ab} + P_V \tag{6.79}$$

Die Leistung einer Antriebswelle wird dabei positiv gezählt, da sie in das Getriebe hineinfließt. Das ihr eingeprägte Moment besitzt demzufolge den gleichen Drehsinn wie die Winkelgeschwindigkeit. Besitzen Moment und Winkelgeschwindigkeit einen gegenläufigen Drehsinn, fließt Leistung aus dem Getriebe. Eine solche Welle gilt als Abtriebswelle und führt eine negative Leistung. Die auftretende Verlustleistung P_V infolge von Lagerreibung, Gleitreibung während des Abwälzens der Zahnflanken und Reibung in den Dichtungen sowie Plansch- und Ölverdrängungsverluste bestimmt den Gesamtwirkungsgrades η_0 des Getriebes (Standwirkungsgrad), und es ergibt sich folgender Zusammenhang zwischen An- und Abtriebsleistung:

$$P_{ab} = -\eta_0 \cdot P_{an} \tag{6.80}$$

bzw.

$$M_{ab} \cdot \omega_{ab} = -\eta_0 \cdot M_{an} \cdot \omega_{an} \tag{6.81}$$

Der Gesamtwirkungsgrad resultiert aus den Wirkungsgraden der einzelnen Getriebestufen. In Tabelle 6.6 sind entsprechende Anhaltswerte angegeben.

Tabelle 6.6 Wirkungsgrade für eine wälzgelagerte Stirnradstufe

Räderpaarung	Zustand	Wirkungsgrad η_0
Stahl/Stahl	gefräst, vergütet, geschmiert	0,980 ... 0,988
Stahl/Stahl	geschliffen, gehärtet, geschmiert	0,985 ... 0,995
Stahl/Kunststoff	trocken	0,83
	geschmiert	0,88
Kunststoff/Kunststoff	trocken	0,80
	geschmiert	0,85

Der Anteil der Verluste pro Wälzlagerung wird dabei überschlägig mit 0,1 % der Getriebeleistung angesetzt. Für Gleitlagerungen im Normalaufbau ist jener auf 0,5 ... 1,5 % pro Lager anzuheben [50, 51].

Aus der in die Welle 2 eingeleiteten Leistung $P_{an} = P_{21}$ ergibt sich das Antriebsmoment

$$M_{21} = \frac{P_{21}}{\omega_{21}} \tag{6.82}$$

das an den sich berührenden Zahnflanken der Räder 2 und 3 zu einer wechselseitig wirkenden Zahn-(Normal-)Kraft $\vec{F}_{n2} = -\vec{F}_{n3}$ führt (Bild 6.49). Ihre Wirkungsrichtung ist bei Evolventenverzahnungen mit der Eingriffslinie identisch. Die Zahnkraft bildet die Grundlage für die Festlegung des Moduls m sowie für die Tragfähigkeitsberechnung.

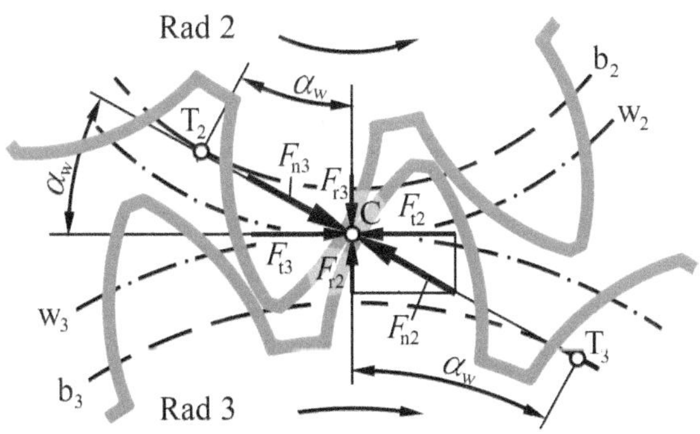

Bild 6.49 Kräfte am geradverzahnten Stirnradpaar

Für die Leistungsübertragung ist nur die Tangentialkomponente $\vec{F}_{t2} = -\vec{F}_{t3}$ der Zahnkraft maßgeblich, deren Betrag sich für einen vorliegenden Betriebseingriffswinkel α_w und dem Schrägungswinkel β aus

$$F_{t2} = \frac{M_{21}}{r_{w2}} = F_{n2} \cdot \cos\alpha_w \cdot \cos\beta \tag{6.83}$$

berechnet. Der Betrag der Radialkomponente $\vec{F}_{r2} = -\vec{F}_{r3}$ der Zahnkraft ergibt sich zu

$$F_{r2} = \frac{F_{t2} \cdot \tan \alpha_w}{\cos \beta} \tag{6.84}$$

und der Betrag der bei einem schrägverzahnten Stirnradpaar auftretenden Axialkraft $\vec{F}_{a2} = -\vec{F}_{a3}$ aus

$$F_{a2} = F_{t2} \cdot \tan \beta \tag{6.85}$$

Für Schrägverzahnungen ist außerdem der Betriebseingriffswinkel α_{wn} im Normalschnitt (Schnitt senkrecht zur Flankenlinie des Zahnes) zu verwenden.

Ferner gilt für das Standrädergetriebe das äußere Momentengleichgewicht

$$\sum M_i = 0 = M_{an} + M_{ab} + M_G \tag{6.86}$$

Bei bekanntem An- und Abtriebsmoment ist somit das Gehäusemoment M_G ermittelbar, das zur Festsetzung des Getriebes im Fundament aufgebracht werden muss.

6.3.2 Umlaufrädergetriebe

Ein einfaches Umlaufrädergetriebe (URG) besitzt stets zwei Zentralradwellen und eine Stegwelle (Bild 6.50). Das Planetenrad 3, das als Einzel- oder Doppelrad ausgebildet sein kann, ist mit den Zentralrädern 2 und 4 im Eingriff, wobei der Steg 5 umläuft. Je nachdem, ob dabei eine oder beide Wellen der Zentralräder umlaufen, befindet sich das Umlaufrädergetriebe im Zwei- bzw. Dreiwellenbetrieb.

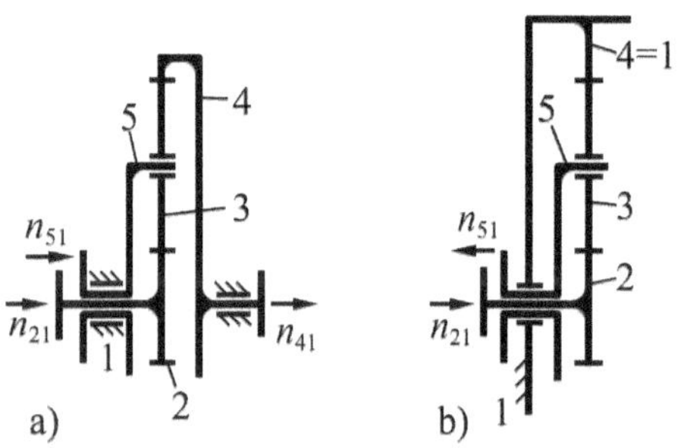

Bild 6.50 Einfach rückkehrende Umlaufrädergetriebe. a) im Dreiwellenbetrieb ($F = 2$), b) im Zweiwellenbetrieb ($F = 1$)

Wird die Drehbewegung des Planetenrades auf eine zur Welle des Zentralrades 2 koaxial liegende Abtriebswelle 4 übertragen, entsteht ein einfach rückkehrendes Umlaufrädergetriebe. Die Räder von Umlaufrädergetrieben können als außen- oder innenverzahnte Stirnräder aber auch als Kegelräder ausgeführt sein (s. Abschnitt 5.3). Eine typische Anwendung eines Kegelräder-Umlaufrädergetriebes stellt das Kfz-Differentialgetriebe dar, dessen Kinematik u. a. in [7] beschrieben wird.

Für die weiteren Betrachtungen werden aus Gründen der Zweckmäßigkeit die folgenden einheitlichen Gliednummerierungen vereinbart, die bereits im Abschnitt 5.3.1 eingeführt wurden:

1 Gestell

2 Zentralrad, Zentralradwelle

3 Planetenrad (Umlaufrad)

4 Zentralrad, Zentralradwelle

5 Steg, Stegwelle

Relative Übersetzungen

Das einfach rückkehrende Umlaufrädergetriebe besitzt drei relative (innere) Übersetzungen, die jeweils das Verhältnis der Relativdrehzahlen zweier Wellen gegenüber einer dritten Welle beschreiben. Somit kann definiert werden:

a) die Standübersetzung

$$i_{25-45} = i_{24} = i_0 = \frac{n_{25}}{n_{45}} \tag{6.87}$$

Dabei kennzeichnet eine positive Standübersetzung ein sogenanntes **Plusgetriebe** bzw. eine negative Standübersetzung ein **Minusgetriebe**. Wie später noch gezeigt wird, stellt die Standübersetzung eine charakteristische Größe des Umlaufrädergetriebes dar.

b) die Umlaufübersetzungen

- bei ruhendem Zentralrad 2 $i_{42-52} = i_{45} = \dfrac{n_{42}}{n_{52}}$ (6.88)
- bei ruhendem Zentralrad 4 $i_{24-54} = i_{25} = \dfrac{n_{24}}{n_{54}}$ (6.89)

Ist eine relative Übersetzung bekannt, lässt sich unter Anwendung der **Regel von Swamp** [62] jede relative Übersetzung durch eine andere relative Übersetzung bestimmen, denn es gilt:

$$i_{ij} = 1 - i_{ik} \tag{6.90}$$

wobei die Indizes i, j, k wahlweise die Ziffern 2, 4, 5 annehmen können. Weiterhin gilt für die Umkehr eines Drehzahlverhältnisses bzw. einer relativen Drehzahl stets

$$i_{ji} = \frac{1}{i_{ij}} \quad \text{bzw.} \quad n_{ji} = -n_{ij} \tag{6.91}$$

und das Produkt der drei relativen Übersetzungen ist nach dem Gesetz der zyklischen Vertauschung der Indizes immer gleich -1. So ergibt sich z. B.

$$i_{24} \cdot i_{45} \cdot i_{52} = \frac{n_{25}}{n_{45}} \cdot \frac{n_{42}}{n_{52}} \cdot \frac{n_{54}}{n_{24}} = \frac{n_{25}}{n_{45}} \cdot \frac{n_{42}}{(-n_{25})} \cdot \frac{(-n_{45})}{(-n_{42})} \equiv -1 \tag{6.92}$$

Bei Kenntnis der Standübersetzung i_0, die i. d. R. am einfachsten ermittelt werden kann, ist unter Verwendung der Gln. (6.90) bis (6.92) jede andere relative Übersetzung bestimmbar. Zu beachten ist allerdings, dass Gl. (6.90) nur Gültigkeit besitzt, wenn die betreffenden Zentralräder unmittelbar mit den Planetenrädern in Eingriff stehen.

Zweiwellenbetrieb

Ein Umlaufrädergetriebe befindet sich im Zweiwellenbetrieb, wenn eine der Zentralradwellen ruht. Der Laufgrad beträgt dann $F=1$. Damit sind die relativen Drehzahlen ebenso absolute Drehzahlen und die relativen Übersetzungen auch absolute Übersetzungen, denn es lässt sich z. B. für eine ruhende Zentralradwelle 4 schreiben:

$$n_{24}=n_{21} \qquad n_{54}=n_{51} \qquad i_{24-54}=i_{21-51}=i_{25}=\frac{n_{21}}{n_{51}} \tag{6.93}$$

Mit einer vorgegebenen Antriebsdrehzahl n_{21} an der Welle 2 kann die Abtriebsdrehzahl an der Stegwelle 5 aus

$$n_{51}=\frac{n_{21}}{i_{25}} \tag{6.94}$$

berechnet werden.

Beispiel 6.6 Relative Übersetzungen eines Umlaufrädergetriebes

Für das Umlaufrädergetriebe mit den Zähnezahlen z_2, z_3, $z_{3'}$, z_4 (Bild 6.51 a) sind die Standübersetzung $i_0=i_{25-45}=i_{24}$ sowie die Umlaufübersetzungen $i_{42-52}=i_{45}$ und $i_{24-54}=i_{25}$ mithilfe des Drehzahlplans nach Kutzbach sowie auf analytischem Weg zu ermitteln.

Der Drehzahlplan (Bild 6.51 b) wird wie folgt konstruiert:

1. Durch alle Drehpunkte und Wälzpunkte (Pole 12, 23, 35, ...) werden horizontale Geraden gezogen. Für die weiteren Konstruktionsschritte ist die Betrachtung des Standrädergetriebes (Steg 5 fest) zweckmäßig, jedoch nicht zwingend.
2. Der Steg 5 ist demnach gedanklich festzusetzen, was mit der vertikalen, durch den beliebig wählbaren Pol 0 (hier identisch mit A_0) verlaufenden Bezugslinie 5 dargestellt wird. Sie kennzeichnet die Drehzahl $n_{51}=0$ des Steges 5.
3. Der Polstrahl 2 entspricht dem Geschwindigkeitsgradienten des Rades 2, das im Punkt A_0 die Geschwindigkeit $v_{A0}=0$ und im Punkt A die Umfangsgeschwindigkeit $\vec{v}_A$ besitzt, und verläuft somit durch den Pol 0 und den zweckmäßig zu wählenden Punkt A* als Endpunkt des Geschwindigkeitsvektors.
4. Die Umfangsgeschwindigkeiten der Räder 2 und 3 sind im Wälzpunkt A gleich groß. Die Geschwindigkeit des Mittelpunkts B von Rad 3 bei ruhendem Steg ist Null, womit Strahl 3* durch A* und B* geht. Er liefert gleichzeitig den Geschwindigkeitsvektor des Rades 3′ im Punkt C, der in C* endet.
5. Rad 4 rotiert um Punkt C_0 und besitzt in C die gleiche Umfangsgeschwindigkeit wie Rad 3′. Somit liegt der Polstrahl 4 fest, der durch den Pol 0 läuft.
6. Nun wird der Polstrahl 3 als Parallele zum Strahl 3* durch den Pol 0 eingezeichnet.
7. Die Bezugslinie 5 sowie die Polstrahlen 2 bis 4 schneiden die beliebig wählbare horizontale Gerade g in den Punkten II bis V. Zwischen diesen Punkten spannen sich die interessierenden Drehzahlvektoren auf.
8. Da sich die Relativdrehzahlen bei einer kinematischen Umkehr nicht ändern, können die gesuchten Übersetzungen aus den Verhältnissen der entsprechenden maßstäblich dargestellten Drehzahlvektoren ermittelt werden, die von der Bezugslinie

des jeweiligen Bezugsglieds ausgehen. Die gesuchten Übersetzungen ergeben sich unter Berücksichtigung des Vorzeichens zu

$$i_{25-45} = \frac{n_{25}}{n_{45}} = \frac{n_{25}}{n_{45}} > 0 \qquad i_{42-52} = \frac{n_{42}}{n_{52}} = \frac{n_{42}}{n_{52}} > 0 \qquad i_{24-54} = \frac{n_{24}}{n_{54}} = \frac{n_{24}}{n_{54}} < 0$$

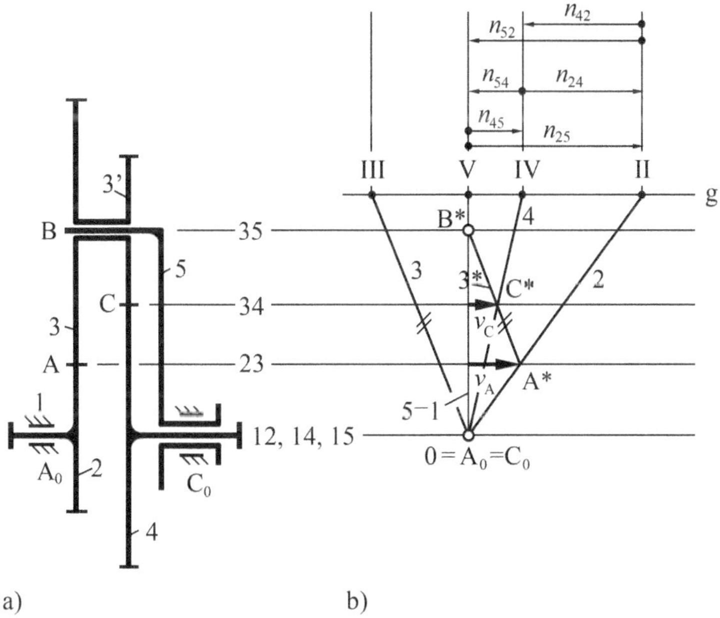

Bild 6.51 Umlaufrädergetriebe. a) Getriebeschema, b) Drehzahlplan nach Kutzbach

Auch für den analytischen Ansatz ist es zweckmäßig, zunächst die Standübersetzung zu ermitteln. Sie lässt sich als Produkt der beiden „Standrädergetriebestufen“

$$i_0 = i_{21-41} = i_{24} = i_{23} \cdot i_{34} = \left(-\frac{z_3}{z_2}\right) \cdot \left(-\frac{z_4}{z_{3'}}\right)$$

darstellen. Mithilfe der Gln. (6.90) und (6.91) und der Standübersetzung können anschließend die gesuchten Umlaufübersetzungen ermittelt werden:

$$i_{42-52} = i_{45} = 1 - i_{42} = 1 - \frac{1}{i_{24}} = 1 - \frac{1}{i_0}$$

$$i_{24-54} = i_{25} = 1 - i_{24} = 1 - i_0$$

Die Korrektheit der Ergebnisse ist mit Gl. (6.92) nachzuweisen:

$$i_{24} \cdot i_{45} \cdot i_{52} = i_0 \cdot \left(1 - \frac{1}{i_0}\right) \cdot \left(1 - i_0\right) \equiv -1$$ ■

Dreiwellenbetrieb

Beim Dreiwellenbetrieb bewegen sich alle drei äußeren Wellen, so dass der Laufgrad $F = 2$ beträgt.

Es werden zwei Arbeitsweisen unterschieden:

a) Als **Summiergetriebe** besitzt es zwei Antriebswellen und eine Abtriebswelle, deren Abtriebsdrehzahl durch die beiden Antriebsdrehzahlen bestimmt ist.

b) Als **Teilergetriebe** besitzt es eine Antriebswelle und zwei Abtriebswellen. Das zwangläufige Funktionieren setzt die Festlegung des Drehzahlverhältnisses beider Abtriebswellen voraus.

Es werden deshalb zunächst die Drehzahlverhältnisse

$$k_{24}=\frac{n_{21}}{n_{41}} \qquad k_{25}=\frac{n_{21}}{n_{51}} \qquad k_{45}=\frac{n_{41}}{n_{51}} \tag{6.95}$$

der absoluten (äußeren) Drehzahlen definiert, die prinzipiell beliebige Werte annehmen können. Im Gegensatz zum Produkt der drei relativen Übersetzungen nach Gl. (6.92) ist das Produkt der absoluten Drehzahlverhältnisse unter Einhaltung der Regel zur zyklischen Vertauschung der Indizes nicht bewegungsumkehrend, womit

$$k_{24}\cdot k_{45}\cdot k_{52}=+1 \tag{6.96}$$

gilt. Eine vorliegende relative Übersetzung wird demnach durch zwei Drehzahlverhältnisse absoluter Drehzahlen bestimmt:

$$i_{24}=\frac{n_{25}}{n_{45}}=\frac{n_{21}-n_{51}}{n_{41}-n_{51}}=\frac{k_{25}-1}{k_{45}-1} \tag{6.97}$$

$$i_{25}=\frac{n_{24}}{n_{54}}=\frac{n_{21}-n_{41}}{n_{51}-n_{41}}=\frac{k_{24}-1}{k_{54}-1}$$

$$i_{45}=\frac{n_{42}}{n_{52}}=\frac{n_{41}-n_{21}}{n_{51}-n_{21}}=\frac{k_{42}-1}{k_{52}-1}$$

Folgende Überlegung soll den grundlegenden Zusammenhang zwischen den Drehzahlen und Übersetzungen liefern:

Ausgehend von der Standübersetzung

$$i_0=i_{24}=\frac{n_{25}}{n_{45}}=\frac{n_{21}-n_{51}}{n_{41}-n_{51}} \tag{6.98}$$

ergibt sich die Drehzahlgrundgleichung

$$0=n_{21}-i_0\cdot n_{41}-\left(1-i_0\right)n_{51} \tag{6.99}$$

Sind zwei absolute Drehzahlen bekannt, lässt sich daraus die gesuchte Dritte ermitteln:

$$n_{21}=i_0\cdot n_{41}+\left(1-i_0\right)n_{51} \tag{6.100}$$

$$n_{41}=\frac{1}{i_0}\cdot n_{21}+\left(1-\frac{1}{i_0}\right)n_{51}$$

$$n_{51}=\frac{1}{1-i_0}\,n_{21}+\frac{i_0}{i_0-1}\,n_{41}$$

Die gesuchte Drehzahl ergibt sich somit aus der anteiligen Überlagerung der Drehbewegungen der beiden anderen Wellen. Die Wirkung des jeweiligen Anteils einer Welle an der gesuchten Drehzahl wird deutlich, wenn man die jeweils andere Welle als ruhend betrachtet.

Beispiel 6.7: Aktivlenkung für variable Lenkübersetzung

Die nachfolgend beschriebene Aktivlenkung [63] ermöglicht es, die vom Fahrer ausgeführte Lenkbewegung abhängig von der Fahrzeuggeschwindigkeit in einen entsprechenden Lenkeinschlag der Räder umzusetzen. Folgende fahrdynamische Vorteile werden damit verfolgt:

a) Langsamfahrt: Zum Einparken oder Abbiegen ist eine verstärkte Lenkbewegung hilfreich, denn das Fahrzeug kann durch eine relativ kleine Lenkraddrehung agiler in die gewünschte Position manövriert werden.

b) Schnelle Autobahnfahrt: Die gleiche Drehung am Lenkrad bewirkt einen schwächeren Radeinschlag und verbessert somit – insbesondere bei kleinen ungewollten Lenkradbewegungen – die Spurstabilität.

c) Sicherheit: In Verbindung mit einem Fahrstabilitätsprogramm kann das Fahrzeugverhalten in kritischen Situationen – z. B. bei Ausweichmanövern – verbessert werden, indem die Aktivlenkung unabhängig vom Fahrer durch gezieltes Gegenlenken korrigierend eingreift und das Fahrzeug stabilisiert.

Lösung:

Zur Umsetzung kann man prinzipiell nach Bild 6.52 b ein einfach rückkehrendes Umlaufrädergetriebe B im Dreiwellenbetrieb einsetzen. Dabei wird das Zentralrad 2 direkt mit der Lenksäule A verbunden. Ein Stellmotor C bringt die tempoabhängige Zusatzbewegung über ein selbsthemmendes Schneckenradgetriebe D auf die Stegwelle 5 ein. Die Zentralradwelle 4 fungiert als Abtriebswelle und leitet die modifizierte Lenkbewegung an das Lenkgetriebe E weiter.

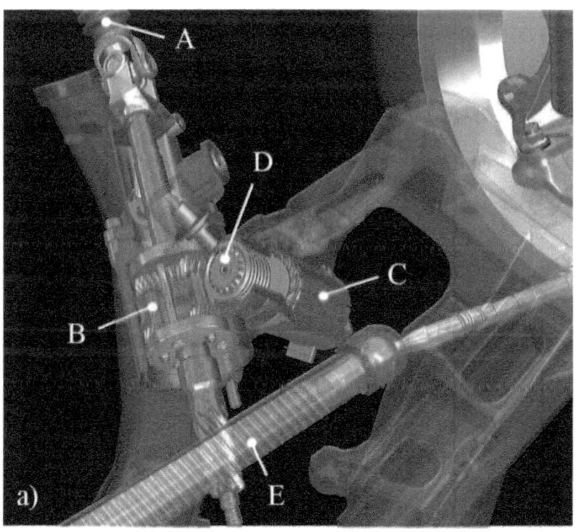

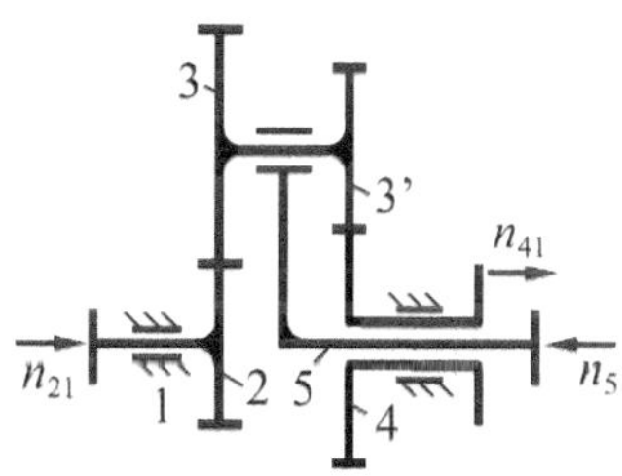

Bild 6.52 Umlaufrädergetriebe der Aktivlenkung. a) konstruktive Ausführung [63], b) Getriebeschema

Mit der Standübersetzung

$$i_0 = i_{24} = \frac{z_3 \cdot z_4}{z_2 \cdot z_{3'}}$$

ergibt sich in Abhängigkeit von Lenkraddrehung und Zusatzbewegung des Stellmotors die Abtriebsdrehzahl an der Zentralradwelle 4 nach Gl. (6.100) zu

$$n_{41} = \frac{1}{i_0} \cdot n_{21} + \left(1 - \frac{1}{i_0}\right) n_{51}$$

Eine Integration nach der Zeit liefert die Gleichung zur Bestimmung des resultierenden Drehwinkels

$$\varphi_{41} = \frac{1}{i_0} \cdot \varphi_{21} + \left(1 - \frac{1}{i_0}\right) \varphi_{51}$$

am Antriebszahnrad des Lenkgetriebes E infolge des Drehwinkels φ_{21} am Lenkrad und des Drehwinkels φ_{51} am Stellmotor.

Mit der Wahl der Zähnezahlen $z_2 = 13$, $z_3 = 16$, $z_{3'} = 15$, $z_4 = 14$ ergibt sich die Standübersetzung $i_0 = 1{,}149$, woraus folgende Drehzahlüberlagerung an der Zentralradwelle 4 resultiert:

$$n_{41} = 0{,}8705\, n_{21} + 0{,}1295\, n_{51}$$

Aus obigen Gleichungen kann jedoch auch geschlussfolgert werden, dass das Umlaufrädergetriebe nur bei einer Standübersetzung $i_0 \neq 1$ als Summiergetriebe funktioniert. Im anderen Fall würde es wie eine Kupplung zwischen den Zentralradwellen 2 und 4 arbeiten. Die an der Stegwelle 5 eingeleitete Drehbewegung hätte keinen Einfluss auf die Drehbewegung der Zentralwelle 4. ■

Momente, Leistungen, Wirkungsgrade

Die am einfach rückkehrenden Umlaufrädergetriebe angreifenden äußeren Drehmomente müssen unabhängig vom Betriebszustand stets der Gleichgewichtsbedingung

$$M_{21} + M_{41} + M_{51} = 0 \qquad (6.101)$$

genügen. Demnach existieren immer zwei Wellen (Differenzwellen), deren Momente das gleiche Vorzeichen besitzen, und deren Summe betragsmäßig dem Moment der dritten Welle (Summenwelle) entspricht. Da im Zweiwellenbetrieb eine der beiden Zentralradwellen ruht und somit keine Leistung führen kann, wird die (positive) Antriebsleistung an der anderen Zentralradwelle (Antriebswelle) eingeleitet und die (negative) Abtriebsleistung an der Stegwelle (Abtriebswelle) abgegriffen bzw. umgekehrt. Für ein verlustfreies Getriebe sind die Verhältnisse der äußeren Drehmomente nur von den relativen Übersetzungen abhängig und mit der Festlegung der Standübersetzung i_0 festgeschrieben, denn es ergeben sich

$$\frac{M_{41}}{M_{21}} = -\frac{n_{25}}{n_{45}} = -i_{24} = -i_0 \tag{6.102}$$

$$\frac{M_{51}}{M_{21}} = -\frac{n_{24}}{n_{54}} = -i_{25} = i_0 - 1$$

$$\frac{M_{41}}{M_{51}} = -\frac{n_{52}}{n_{42}} = -i_{54} = \frac{i_0}{1 - i_0}$$

Daraus lässt sich herleiten:

$$M_{21} : M_{41} : M_{51} = f\left(i_0\right) = \text{const.} \tag{6.103}$$

Von den an den drei Wellen als An- bzw. Abtriebsleistungen anliegenden äußeren Leistungen sind die sogenannten inneren Leistungen zu unterscheiden, die als Wälzleistung bzw. Kupplungsleistung auftreten. Wälzleistung fließt von einer Zentralradwelle zur anderen, wenn sich die Zentralräder relativ zur Stegwelle drehen. Dabei gilt:

$$0 = P_{w2} + P_{w4} = M_{21} \cdot n_{25} + M_{41} \cdot n_{45} \tag{6.104}$$

Bei einer zusätzlichen Drehung der Stegwelle wird wie bei einer Zahnkupplung die Leistung der Stegwelle als Kupplungsleistungen P_{k2} und P_{k4} auf die Zentralradwellen übertragen. Mit den Drehzahlen der Zentralradwellen

$$n_{21} = n_{25} + n_{51} \quad \text{bzw.} \quad n_{41} = n_{45} + n_{51} \tag{6.105}$$

lässt sich für die äußeren Leistungen schreiben:

$$P_{21} = M_{21} \cdot n_{21} = M_{21} \cdot n_{25} + M_{21} \cdot n_{51} = P_{w2} + P_{k2} \tag{6.106}$$

$$P_{41} = M_{41} \cdot n_{41} = M_{41} \cdot n_{45} + M_{41} \cdot n_{51} = P_{w4} + P_{k4}$$

Mit der Leistungsbilanz

$$P_{21} + P_{41} + P_{51} = 0 \tag{6.107}$$

des verlustfreien Getriebes erhält man somit die äußere Leistung an der Stegwelle zu

$$P_{51} = -\left(P_{21} + P_{41}\right) = -\left(P_{k2} + P_{k4}\right) \tag{6.108}$$

Sie entspricht somit der negativen Summe der auftretenden Kupplungsleistungen.

Während die beiden Zentralradwellen als Teilleistungen sowohl Wälz- als auch Kupplungsleistung führen, überträgt die Stegwelle nur Kupplungsleistung.

Grundsätzlich gilt:

Bei **Minusgetrieben** ist die Stegwelle stets die Summenwelle, womit keine der von den einzelnen Wellen geführte Teilleistung größer sein kann als die äußere Gesamtleistung. Die (verlustbehaftete) Wälzleistung einer Zentralradwelle muss demnach immer kleiner als die zugeführte Gesamtleistung sein.

Dagegen ist bei **Plusgetrieben** eine der beiden Zentralradwellen die Summenwelle und die Wälzleistung in Abhängigkeit vom Leistungsfluss größer, gleich oder kleiner als die äußere Gesamtleistung. [51]

Leistungsverluste treten im Umlaufrädergetriebe insbesondere durch die Wälzreibung im Zahneingriff auf. Dementsprechend hängt der Wirkungsgrad eines Umlaufrädergetriebes wesentlich vom Anteil der Wälzleistung ab. Standrädergetriebe übertragen die zugeführte Leistung in Form von Wälzleistung nahezu verlustsynchron, d. h., die Leistungsflussrichtung kann umgekehrt werden, ohne dass sich die Wälzleistungsverluste wesentlich ändern. Der Standwirkungsgrad kann somit als flussrichtungsunabhängig betrachtet werden:

$$\eta_0 = \eta_{24} = \eta_{42} \tag{6.109}$$

Beim Dreiwellenbetrieb eines Umlaufrädergetriebes ist der Wirkungsgrad im Allgemeinen eine Funktion von der Standübersetzung, dem Standwirkungsgrad sowie einem der Drehzahlverhältnisse und hängt von der Richtung des Wälzleistungsflusses ab. Daraus herleiten lässt sich der Zweiwellenbetrieb, der als Sonderfall des Dreiwellenbetriebs mit einer ruhenden Welle betrachtet werden kann. Tabelle 6.7 stellt die Gleichungen zur Berechnung des Umlaufwirkungsgrades für den jeweiligen Betriebsfall in Abhängigkeit von der Standübersetzung und dem Standwirkungsgrad dar.

Tabelle 6.7 Umlaufwirkungsgrade für Zweiwellenbetrieb nach [51]

	Minusgetriebe	**Plusgetriebe**	
Wirkungsgrad	$i_0 < 0$	$0 < i_0 < 1$	$i_0 > 1$
η_{25}	$\frac{i_0\eta_0 - 1}{i_0 - 1}$	$\frac{i_0 / \eta_0 - 1}{i_0 - 1}$	$\frac{i_0\eta_0 - 1}{i_0 - 1}$
η_{52}	$\frac{i_0 - 1}{i_0 / \eta_0 - 1}$	$\frac{i_0 - 1}{i_0\eta_0 - 1}$	$\frac{i_0 - 1}{i_0 / \eta_0 - 1}$
η_{45}	$\frac{i_0 - \eta_0}{i_0 - 1}$	$\frac{i_0 - \eta_0}{i_0 - 1}$	$\frac{i_0 - 1/\eta_0}{i_0 - 1}$
η_{54}	$\frac{i_0 - 1}{i_0 - 1/\eta_0}$	$\frac{i_0 - 1}{i_0 - 1/\eta_0}$	$\frac{i_0 - 1}{i_0 - \eta_0}$

Beispielhaft ergibt sich der Umlaufwirkungsgrad eines Umlaufrädergetriebes mit der Standübersetzung $i_0 < 0$ bei angetriebener Zentralradwelle 4 und abtreibender Stegwelle 5 aus

$$\eta_{45} = \frac{i_0 - \eta_0}{i_0 - 1}$$

Der Wirkungsgrad einiger Bauformen der Umlaufrädergetriebe kann unter bestimmten Voraussetzungen so gering werden, dass sich beim Einleiten beliebig großer Momente an der bzw. den Antriebswellen das Getriebe nicht durchdrehen lässt. Es tritt Selbsthemmung auf. Da in diesen Fällen die vorliegende Wälzleistung ein Vielfaches der Wellenleistung beträgt, wird die zugeführte Leistung durch die zwangsweise auftretenden Wälzleistungsverluste aufgebraucht. An einem Umlaufrädergetriebe im Zweiwellenbetrieb tritt Selbsthemmung auf, wenn die Standübersetzung positiv ist (Plusgetriebe) und nahe 1 liegt, und die Stegwelle als Abtriebswelle dient. Hinsichtlich des Wirkungsgrades günstige Getriebebauformen ergeben sich dagegen dann, wenn die Zentralradwellen eine kleine Wälzleistung führen und die Stegwelle zugleich die Momentensummenwelle ist. Die Standübersetzung derartiger Getriebe ist negativ. [51, 64, 66]

Hochübersetzende Umlaufrädergetriebe

Verschiedene Anwendungsfälle, z. B. in der Roboter- und Handhabungstechnik, verlangen gleichmäßig übersetzende Getriebe mit hoher Übersetzung. Damit verbunden sind Forderungen nach kleinem Bauraum, geringer Masse und günstigen Kopplungsbedingungen, wie koaxiale An- und Abtriebswellen. Hohe Übersetzungen sind mit einfachen Umlaufrädergetriebe nach Bild 6.53 umsetzbar, wenn als Antrieb die Stegwelle 5 und als Abtrieb die Räder 2 bzw. 3 genutzt werden. Voraussetzung ist eine möglichst kleine Differenz $|z_2|-|z_3|$ bei betragsmäßig großen Zähnezahlen $|z_2|$ und $|z_3|$.

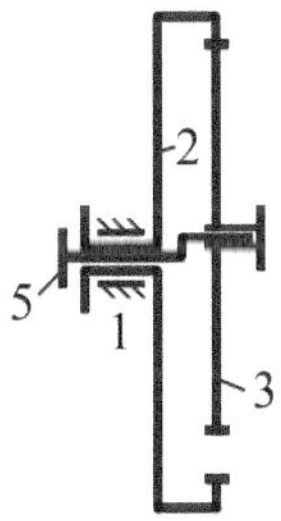

Bild 6.53 Einfaches Umlaufrädergetriebe mit hoher Übersetzung

Beispiel 6.8: Einfaches Umlaufrädergetriebe mit hoher Übersetzung [65]

Zu entwerfen ist ein einfaches Umlaufrädergetriebe nach Bild 6.53 für eine Übersetzung

$$|i| = \frac{n_{an}}{n_{ab}} = 50$$

Unter der Berücksichtigung, dass:

- die Zähnezahlen z_2 und z_3 betragsmäßig groß sind,
- die Differenz $|z_2|-|z_3|$ der Zähnezahlen möglichst klein ist
- und sich die der Eingriffsstelle gegenüberliegenden Zahnköpfe nicht berühren dürfen,

werden die Zähnezahlen $z_2 = -204$ und $z_3 = 200$ gewählt, womit sich die Standübersetzung

$$i_0 = i_{25-35} = i_{23} = -\frac{z_3}{z_2} = -\frac{200}{(-204)} = 1{,}02$$

ergibt. Unter Verwendung der Regel von Swamp (Gl. 6.90) erhält man die Umlaufübersetzungen

$$i_{25} = 1 - i_{23} = 1 - 1{,}02 = -0{,}02$$

$$i_{35} = 1 - i_{32} = 1 - \frac{1}{i_{23}} = 1 - \frac{1}{1{,}02} = 0{,}0196$$

Bei einem angetriebenen Steg 5 sind die Übersetzungen

$$i_{52} = \frac{1}{i_{25}} = -50$$

$$i_{53} = \frac{1}{i_{35}} = +51$$

maßgebend, die den Anforderungen der Aufgabenstellung entsprechen. Zu beachten ist hierbei, dass sich das vorliegende Getriebe im Bereich einer möglichen Selbsthemmung befindet, wenn nicht die Stegwelle 5 sondern das Rad 2 bzw. das Rad 3 antreibend agiert. Dieser Fall wird in Handhabungsgeräten und Robotern bewusst genutzt, um Rückwirkungen auf den Antrieb zu minimieren bzw. zu vermeiden.

Neben der Erfüllung obiger Anforderungen ist außerdem die Rückführung der Drehbewegung des Rades 3 auf die Achse des Zentralrades 2 bzw. das Verhindern der Drehung des Rades 3 konstruktiv zu lösen. Eine nahezu ideale Umsetzung stellt das Wellgetriebe (Harmonic Drive) dar (Bild 6.54). Das Planetenrad 3 ist als dünnwandiger flexibler Topf ausgebildet, der eine Außenverzahnung besitzt und durch den als Oval gestalteten Steg 5 an zwei gegenüberliegenden Stellen in die Innenverzahnung des Zentralrades 2 gedrückt wird. Zur Minimierung der Reibung zwischen Oval und Topf ist ein Wälzlager mit elastischem Außen- und Innenring verbaut.

Wellgetriebe werden in verschiedenen Ausführungen in Baureihen hergestellt. Handelsübliche Getriebe besitzen bei Übersetzungen $i = 80\ldots300$ einen Wirkungsgrad $\eta = 0{,}9\ldots0{,}7$.

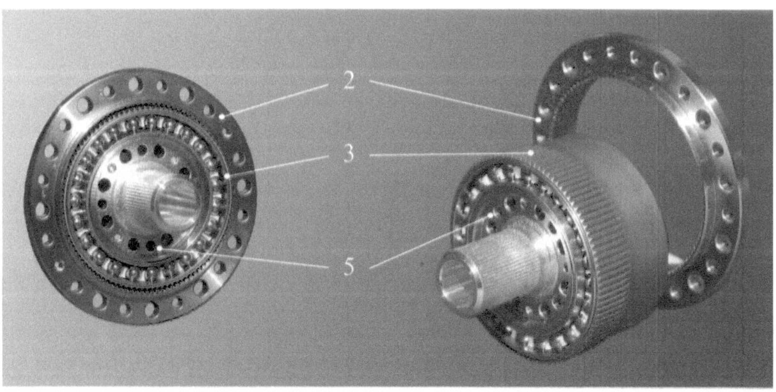

Bild 6.54 Wellgetriebe (Harmonic Drive)

Beispiel 6.9: Wolfrom-Getriebe

Werden Umlaufrädergetriebe und Standrädergetriebe parallel- bzw. hintereinandergeschaltet, entstehen zusammengesetzte Umlaufrädergetriebe. Das Ziel dabei ist im Wesentlichen die Realsierung extrem hoher Übersetzung bei einem vergleichsweise guten Wirkungsgrad. Im Bild 6.55 a ist das sogenannte Wolfrom-Getriebe dargestellt [64]. Es setzt sich aus zwei Umlaufrädergetrieben nach Bild 6.50 zusammen, die einen gemeinsamen Steg 5 besitzen.

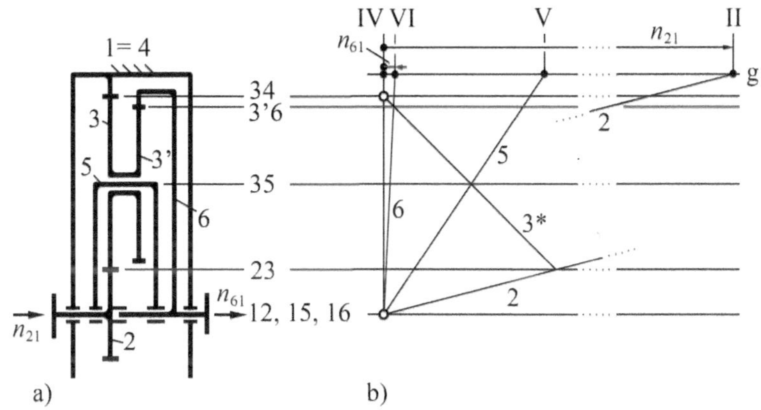

Bild 6.55 Wolfrom-Getriebe. a) Getriebeschema, b) Drehzahlplan nach Kutzbach

Dem Drehzahlplan nach Kutzbach (Bild 6.55 b) kann entnommen werden, dass mit den hier gewählten Zähnezahlen $z_2 = 24$, $z_3 = 48$, $z_{3'} = 44$, $z_4 = -120$ und $z_6 = -117$ eine große Übersetzung

$$i_{21-61} = \frac{n_{21}}{n_{61}}$$

möglich ist.

Auf analytischem Weg ist die gesuchte Übersetzung wie folgt zu ermitteln: Das Getriebe besitzt aufgrund seines Aufbaus zwei Standübersetzungen, je nachdem, ob neben der Stegwelle 5 entweder die Welle 6 oder die Welle 4 zusätzlich festgesetzt werden. Die Standübersetzungen sind somit durch

$$i_{0,1} = i_{24} = \frac{n_{25}}{n_{45}} = \left(-\frac{z_3}{z_2}\right) \cdot \left(-\frac{z_4}{z_3}\right) = -5$$

und

$$i_{0,2} = i_{26} = \frac{n_{25}}{n_{65}} = \left(-\frac{z_3}{z_2}\right) \cdot \left(-\frac{z_6}{z_{3'}}\right) = -5{,}318$$

festgelegt. Die Stegwellendrehzahl im Umlaufbetrieb der Teilgetriebe bei feststehend gedachter Welle 6 bzw. Welle 4 ergibt sich nach Gl. (6.100) aus

$$n_{51} = \frac{1}{1 - i_{01}} n_{21} + \frac{i_{0,1}}{i_{0,1} - 1} n_{41}$$

bzw.

$$n_{51} = \frac{1}{1 - i_{02}} n_{21} + \frac{i_{0,2}}{i_{0,2} - 1} n_{61}$$

die im Gesamtgetriebe gleich groß sein muss. Damit berechnet sich die Übersetzung

$$i_{21-61} = \frac{n_{21}}{n_{61}} = i_{0,2} \cdot \frac{1 - i_{0,1}}{i_{0,2} - i_{0,1}} = 100{,}3$$

Prinzipiell können Wolfrom-Getriebe Übersetzungen $i > 1000$ erreichen. Da die auftretende Wälzleistung im Vergleich zu den äußeren Leistungen hoch ist, wird diese Getriebebauart nur für geringe zu übertragende Leistungen eingesetzt. ■

6.4 Übungsaufgaben

Aufgabe 6.1: Maßsynthese eines Punktführungsgetriebes

Es ist eine Schubschwinge $A_0ABB_{0\infty}$ zu entwerfen, die den Koppelpunkt K durch die Lagen 1, 2 und 3 führt (Bild 6.56). Gegeben ist das teilweise ausgeführte Getriebe in der Stellung 1 sowie die drei Punktlagen K_1, K_2 und K_3, die exakt durchfahren werden sollen.

Zu bestimmen ist der Gelenkpunkt A der Koppel 3, wobei die Lage 1 als Konstruktionslage genutzt werden soll.

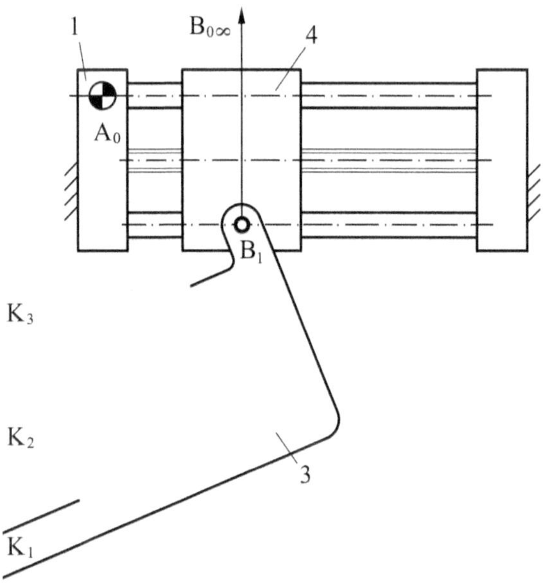

Bild 6.56 Teilweise gegebene Schubschwinge $A_0ABB_{0\infty}$

Aufgabe 6.2: Betätigung einer Klappe

Für die Betätigung einer Klappe wird ein Viergelenk A_0ABB_0 gesucht, das sich in der Stellung $\psi_1 = 80°$ des Abtriebsglieds B_0B in seiner äußeren Totlage befindet und somit die Klappe verriegelt. Durch Bewegen des Antriebsglieds A_0A um $\varphi_{12} = \varphi_2 - \varphi_1 = 70°$ soll das Abtriebsglied die Klappe um $\psi_{12} = 40°$ öffnen (Bild 6.57). Die Winkel φ und ψ zählen dabei jeweils von der Gestellgeraden aus in mathematisch positiver Richtung. Aus konstruktiven Gründen ist die Gestelllänge l_1 mit 100 mm und die Abtriebsgliedlänge l_4 mit 81 mm vorgegeben.

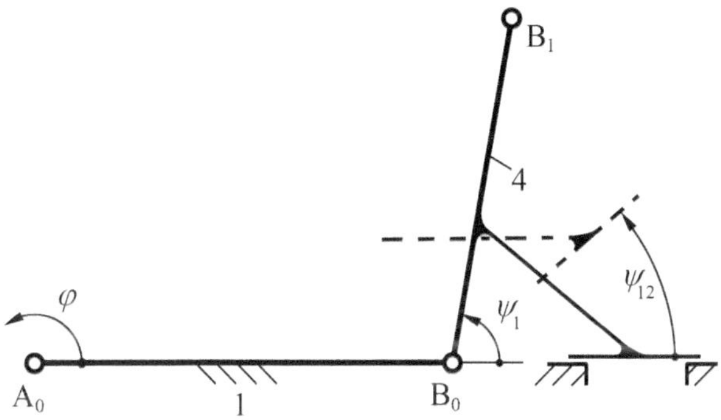

Bild 6.57 Skizze des Teilgetriebes A_0B_0B

Für diese Zwei-Relativlagen-Zuordnung sind die Lage des Gelenkpunkts A_1 und damit die fehlenden Gliedlängen l_2 und l_3 zu bestimmen.

Hinweis: Aus der Vorgabe der Lage 1 als äußere Totlage lässt sich die Richtung des Glieds 2 in dieser Getriebestellung bestimmen.

Aufgabe 6.3: Maßsynthese einer zentrischen Kurbelschwinge

Eine zentrische Kurbelschwinge $(\varphi_0 = 180°)$ soll für einen Schwingwinkel $\psi_0 = 60°$ dimensioniert werden. Die Gestelllänge $l_1 = \overline{A_0B_0}$ beträgt 235 mm.

Gesucht sind die fehlenden kinematischen Abmessungen l_2, l_3 und l_4 für ein Getriebe mit einem möglichst großen minimalen Übertragungswinkel.

Aufgabe 6.4: Kurbelschwinge mit kleinster Maximalbeschleunigung

In einer schnelllaufenden Produktionsmaschine soll eine Kurbelschwinge eingesetzt werden, die einen Schwingwinkel $\psi_0 = 85°$ erzeugt und deren Totlagenkurbelwinkel φ_0 genau 225° beträgt. Die Gestelllänge l_1 ist mit 120 mm konstruktiv vorgegeben.

Es sind die fehlenden Abmessungen l_2, l_3 und l_4 so zu bestimmen, dass die Maximalbeschleunigung der Abtriebsschwinge für einen vollständigen Umlauf möglichst gering wird.

Aufgabe 6.5: Auslegen eines Kurvengetriebes mit Rollenhebel

Gegeben: Der Rollenhebel eines 3-gliedrigen, ebenen Kurvengetriebes soll eine Rast-in-Rast-Bewegung ausführen (s. Bewegungsplan Bild 6.58). Am Abtrieb beträgt der Gesamtwinkelhub $\psi_{II} = 30°$. Am Antrieb betragen die Bewegungsabschnitte für Hubanstieg und -abstieg $\varphi_{01} = \varphi_{23} = 90°$, und die Rastabschnitte dauern $\varphi_{12} = 80°$ bzw. $\varphi_{34} = 100°$. Für den Hubanstieg wurde das 3-4-5-Polynom und für den Hubabstieg die Sinuslinie (einfache Sinoide) als Bewegungsgesetze gewählt. Weiterhin vorgegeben sind die konstante Antriebswinkelgeschwindigkeit $\Omega = 10$ rad / s im mathematisch positiven Drehsinn und die Rollenhebellänge $l_3 = \overline{B_0B} = 80$ mm.

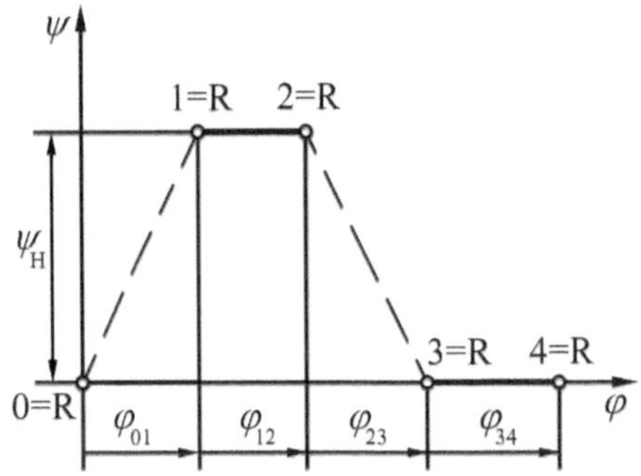

Bild 6.58 Bewegungsplan

Gesucht:

a) Wie groß sind die maximalen Geschwindigkeiten v_{BW} und $v_{B\overline{W}}$ des Rollenmittelpunkts B in den Wendepunkten W im Hubanstieg bzw. $\overline{W}$ im Hubabstieg?

b) Mithilfe des Näherungsverfahrens nach Flocke ist der Bereich möglicher Lagen des Kurvenscheibendrehpunkts A_{0F} für ein F-Kurvengetriebe zu bestimmen, wenn beim Hubanstieg ein minimaler Übertragungswinkel $\mu_{min,H} = 60°$ und beim Hubabstieg ein minimaler Übertragungswinkel $\mu_{min,R} = 50°$ nicht unterschritten werden sollen (Zeichenmaßstab $M = 1:1$).

c) Wie groß sind bei einem vorgegebenen Grundwinkel $\psi_G = 30°$ der kleinste Grundkreisradius r_G und die zugehörige Gestelllänge $l_1 = \overline{A_0B_0}$?

d) Mit den ermittelten Hauptabmessungen und einem Rollenradius $r_R = 11$ mm soll die Kurvenkontur berechnet werden.

e) Der Antriebsmomentenverlauf ist für ein Getriebe mit Nutkurve zu berechnen, bei dem das Eingriffsglied ein Massenträgheitsmoment $J_3 = 1500$ kgmm² besitzt und statische Nutzkräfte vernachlässigt werden können.

Aufgabe 6.6: Bestimmen der Hauptabmessungen eines Kurvengetriebes

Gegeben: Bei der Auslegung eines 3-gliedrigen ebenen Kurvengetriebes mit Abtriebsstößel soll ein Rast-in-Rast-Übergang mit dem Hub $s_{12} = 50$ mm während eines möglichst kleinen Übergangsbereichs φ_{12} des Drehwinkels der Kurvenscheibe realisiert werden (Bild 6.59).

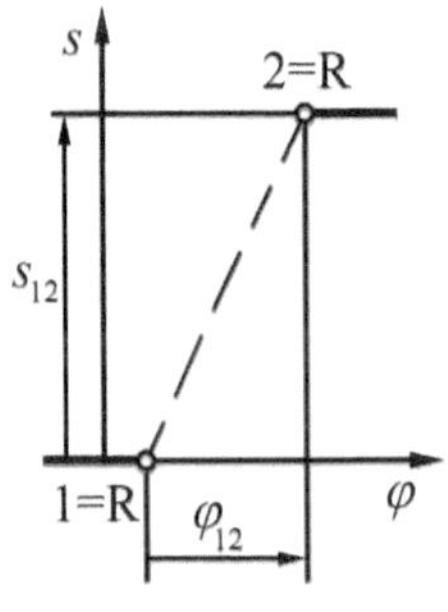

Bild 6.59 Rast-in-Rast-Übergang

Als Übergangsfunktion soll die Sinoide von Bestehorn (geneigte Sinuslinie) eingesetzt werden. Die konstante Drehzahl der Kurvenscheibe ist auf $n_{21} = 100 \text{ min}^{-1}$ festgelegt. Aufgrund prozesstechnischer Randbedingungen dürfen die Geschwindigkeit und die Beschleunigung des Stößels höchstens die Grenzwerte $v_{\text{Bmax}} = \dot{s}_{\text{Bmax}} = 1{,}5 \text{ m/s}$ bzw. $a_{\text{Bmax}} = \ddot{s}_{\text{Bmax}} = 50 \text{ m/s}^2$ erreichen.

Gesucht:

a) Wie groß muss der Drehwinkelbereich φ_{12} für die Übergangsphase mindestens sein, damit keine der genannten Bedingungen verletzt wird?

b) Mithilfe des Näherungsverfahrens nach Flocke sind die Hauptabmessungen des kompaktesten F-Getriebes zu bestimmen, wenn der unter a) ermittelte Übergangsbereich φ_{12} sowohl für den Hubanstieg als auch für den Hubabstieg verwendet wird, und der minimale Übertragungswinkel $\mu_{\text{min}} = 60°$ nicht unterschritten werden soll.

Aufgabe 6.7: Zweistufiges Schaltgetriebe

Es ist ein zweistufiges Schaltgetriebe mit 6 Gängen zu entwerfen, mit dem der im Bild 6.60 dargestellte Drehzahlplan umgesetzt werden kann. Die Räder sind mit den kleinstmöglichen Zähnezahlen ohne Profilverschiebung auszuführen, wobei die Abtriebsdrehzahlen maximal um 5 % vom Vorgabewert abweichen dürfen.

Gegeben: Drehzahlplan

Gesucht sind:

a) das Getriebeschema

b) die Zähnezahlen der Räder

c) die Nullachsabstände

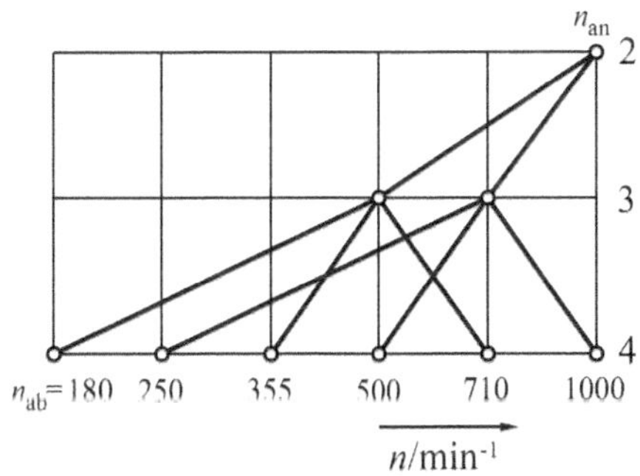

Bild 6.60 Drehzahlplan des Schaltgetriebes

Aufgabe 6.8: Analyse eines Umlaufrädergetriebes

Für das Umlaufrädergetriebe mit dem Getriebeschema nach Bild 6.61 sind alle Umlaufübersetzungen auf grafischem und analytischem Weg zu ermitteln.

Gegeben: Zähnezahlen $z_2 = -98,\ z_3 = 15,\ z_{3'} = 44,\ z_4 = -36,\ z_6 = 42,\ z_{6'} = 33$

Gesucht: Umlaufübersetzungen $i_{41\text{-}51},\ i_{51\text{-}41},\ i_{21\text{-}51},\ i_{51\text{-}21}$

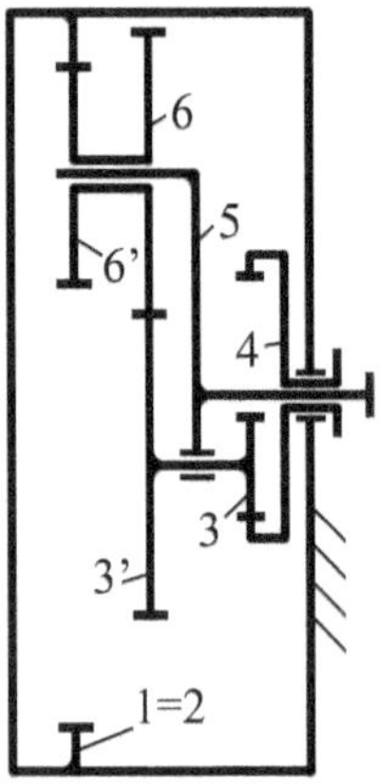

Bild 6.61 Getriebeschema des Umlaufrädergetriebes

Aufgabe 6.9: Formatverstellung einer Transporteinrichtung [67]

Zwei Kettenzüge einer Transporteinrichtung (Bild 6.62), die synchron durch einen Getriebemotor M angetrieben werden, sollen im Betrieb zueinander phasenverstellbar sein. Dazu wird ein Umlaufrädergetriebe im Dreiwellenbetrieb genutzt, in das über die Welle 2 eine Verstellbewegung φ_{21} einzuleiten ist.

Gegeben: Zähnezahlen $z_2 = 15,\ z_3 = 60,\ z_4 = -135,\ z_{4'} = 144,\ z_6 = 15,\ z_{6'} = 16,\ z_7 = 150$

Gesucht sind:

a) die Übersetzung i_{71-51} bei ruhender Verstellwelle 2,

b) die notwendigen Umdrehungen an der Verstellwelle 2, um zwischen den Kettenrädern 5′ und 7′ einen Differenzwinkel von 30° zu erreichen,

c) das zum Verstellen bzw. Halten erforderliche Drehmoment M_{21}, wenn das an der Kettenradwelle 5 angreifende Drehmoment M_{51} bekannt ist,

wobei analytische Ansätze zu benutzen sind.

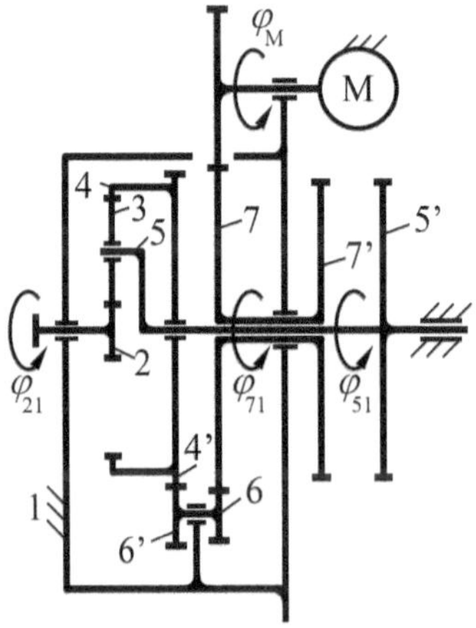

Bild 6.62 Getriebeschema der Formatverstellung

7 Energieeffiziente Bewegungssysteme

7.1 Grundlegende Betrachtungen

Periodische Bewegungen von Arbeitsorganen, Werkstücken oder Verarbeitungsgut schließen Beschleunigungs- und Bremsabschnitte ein. Dabei muss dem mechanischen System Energie zugeführt oder entzogen werden, was positive bzw. negative Antriebskräfte erfordert. Sie belasten durch die wechselnden Kräfte den Antriebsstrang, provozieren u. U. Schwingungen und führen zu einem höheren Ungleichförmigkeitsgrad

$$\delta = \frac{\dot{\varphi}_{\max} - \dot{\varphi}_{\min}}{\dot{\varphi}_{\mathrm{m}}} = \frac{2\left(\dot{\varphi}_{\max} - \dot{\varphi}_{\min}\right)}{\dot{\varphi}_{\max} + \dot{\varphi}_{\min}} = 0 \ldots 2 \tag{7.1}$$

Jener drückt die Schwankung der Antriebswinkelgeschwindigkeit $\dot{\varphi}$ im Verlauf eines Bewegungszyklus bezogen auf den Mittelwert $\dot{\varphi}_{\mathrm{m}}$ aus und kann somit als Qualitätsmerkmal einer Maschine herangezogen werden. [23]

Ausgangspunkt für die nachfolgenden Betrachtungen ist die momentane Antriebsleistung eines mechanischen Systems. Für ein Getriebe mit rotatorischem Antrieb ist die mechanische Antriebsleistung P_{an} mit

$$P_{\mathrm{an}} = M_{\mathrm{an}} \cdot \dot{\varphi} \tag{7.2}$$

definiert, wobei φ der Antriebswinkel und $\dot{\varphi}$ die Winkelgeschwindigkeit der (meist gleichmäßig drehenden) Antriebswelle sind. Im allgemeinen Fall setzt sich das Antriebsmoment aus den Momentenanteilen M_{kin} infolge der Massenkräfte und -momente, M_{pot} infolge der Feder- und Gewichtskräfte, M_{n} infolge der technologisch bedingten Kräfte und M_{r} infolge der Reibkräfte in den Gelenken zusammen:

$$M_{\mathrm{an}}(\varphi) = M_{\mathrm{kin}}(\varphi) + M_{\mathrm{pot}}(\varphi) + M_{\mathrm{n}}(\varphi) + M_{\mathrm{r}}(\varphi) \tag{7.3}$$

Dabei ergibt sich der Momentenanteil M_{kin} aus

$$M_{\mathrm{kin}}(\varphi) = \frac{\mathrm{d}W_{\mathrm{kin}}}{\mathrm{d}\varphi} = J_{red}(\varphi)\ddot{\varphi} + \frac{1}{2}J'_{\mathrm{red}}(\varphi)\dot{\varphi}^2 \tag{7.4}$$

und der Momentenanteil M_{pot} aus

$$M_{\mathrm{pot}}(\varphi) = \frac{\mathrm{d}W_{\mathrm{pot}}}{\mathrm{d}\varphi} = \sum_{i=2}^{n} m_i g\, y'_{\mathrm{S}i}(\varphi) + \sum_{j=1}^{h} c_j\, \Delta l_j(\varphi) \Delta l'_j(\varphi) \tag{7.5}$$

Während n die Anzahl der Getriebeglieder angibt, sind unter c_j die Federsteifigkeiten der im Getriebe vorhandenen h Federn und Δl_j deren momentane Federwege mit den Ableitungen $\Delta l'_j$ nach dem Antriebswinkel φ zu verstehen.

Befindet sich das Bewegungssystem im stationären Betrieb (periodische Antriebsbewegung), besitzt die im mechanischen System gespeicherte kinematische und potentielle Energie nach einem Bewegungszyklus den gleichen Wert. Das bedeutet, dass die Momentenanteile M_{kin} und M_{pot} über die Periode T hinweg, in der die Antriebswelle eine Umdrehung ausführt, keine Arbeit verrichten, und es gelten

$$\int_0^{2\pi} M_{kin}(\varphi)\mathrm{d}\varphi = 0$$

und

$$\int_0^{2\pi} M_{pot}(\varphi)\mathrm{d}\varphi = 0 \tag{7.6}$$

Andererseits kann daraus gefolgert werden, dass die für einen Bewegungszyklus zuzuführende Antriebsenergie W^* nur von den Momentenanteilen infolge der Nutzkräfte und der Reibkräfte bestimmt wird:

$$W^* = \int_0^{2\pi} (M_n + M_r)\mathrm{d}\varphi \tag{7.7}$$

Die erforderliche mittlere Antriebsleistung P_m beträgt dann

$$P_m = \frac{W^*}{T} = \frac{1}{T}\int_0^{2\pi} (M_n + M_r)\mathrm{d}\varphi = \frac{1}{T}\int_0^{T} (M_n + M_r)\dot{\varphi}\mathrm{d}t \tag{7.8}$$

Die momentanen Leistungsanteile infolge der Trägheit der bewegten Elemente sowie der Feder- und Gewichtswirkungen dagegen pendeln als Blindleistung im Getriebe bzw. zwischen Arbeitsorgan und Antrieb. Jener muss somit in bestimmten Intervallen Energie zuführen und in anderen abbauen, was mit Verlusten verbunden ist und die Energiebilanz ungünstig gestaltet.

Eine Methode, die Extremwerte des periodischen Antriebsmoments innerhalb eines Bewegungszyklus zu reduzieren und damit Antriebsenergie zu sparen, ist der **Leistungsausgleich**. Er gestattet es, Antriebe schwächer dimensionieren und effizienter mit der Antriebsleistung umgehen zu können. Hierfür bieten sich u.a. folgende Maßnahmen an [69]:

- Anbringen eines Schwungrades an der Antriebswelle
- Anpassen der Masseparameter mit dem Ziel der Vergleichmäßigung des reduzierten Massenträgheitsmoments J_{red}
- Einsatz eines Trägheitskompensators
- Einsatz eines Federkompensators
- Annähern der Antriebsbewegung an die Eigenbewegung

Die Vor- und Nachteile der aufgeführten Maßnahmen können der einschlägigen Literatur entnommen werden, vgl. [23], [48], [69–71]. Im Folgenden sollen die beiden letztgenannten Maßnahmen näher besprochen werden.

7.2 Leistungsausgleich mittels Federkompensator

Diese Methode des Leistungsausgleichs beruht darauf, durch eine zusätzliche, periodisch bewegte Feder (Federsteifigkeit c_{kom}, ungespannte Länge l_{0kom}) in bestimmten Intervallen potentielle Energie aufzunehmen bzw. abzugeben, wodurch die Schwankungen der im Bewegungssystem gespeicherten Energie nahezu beseitigt oder zumindest reduziert werden. Der Kompensator beeinflusst dabei die Kinematik des ursprünglichen Getriebes nicht. Seine Aufgabe ist es, durch das Aufbringen des Momentenanteils M_{kom} an der Antriebswelle, den Anteilen M_{kin} und M_{pot} entgegenzuwirken. Unter der Maßgabe, dass $M_n = 0$ und $M_r = 0$, gilt für

$$M_{an}(\varphi) = M_{kin}(\varphi) + M_{pot}(\varphi) = -M_{kom}(\varphi) \tag{7.9}$$

Mit

$$M_{kom}(\varphi) = c_{kom}\Delta l_{kom}(\varphi)\Delta l'_{kom}(\varphi) = c_{kom}(l_{kom}(\varphi) - l_{0kom})l'_{kom}(\varphi) \tag{7.10}$$

Beim Einsetzen von Gl. 7.10 in Gl. 7.9 entsteht die Differenzialgleichung erster Ordnung

$$M_{an}(\varphi) = -c_{kom}(l_{kom} - l_{0kom})\frac{dl_{kom}}{d\varphi} \tag{7.11}$$

Durch Trennen der Variablen ergibt sich unter Berücksichtigung der Anfangsbedingung

$$\int_{\varphi=0}^{\varphi=0} M_{an}(\varphi)d\varphi = 0 \tag{7.12}$$

eine quadratische Gleichung, deren Lösung den Verlauf des stellungsabhängigen Federwegs

$$\Delta l_{kom}(\varphi) = (l_{kom}(\varphi) - l_{0kom}) = \pm\sqrt{\Delta l^2_{kom}(\varphi = 0) - \frac{2}{c_{kom}}\int_0^{\varphi} M_{an}(\varphi)d\varphi} \tag{7.13}$$

beschreibt. Dabei gilt die positive Wurzel für Zugfedern und die negative für Druckfedern.

Wird unter der Berücksichtigung von $M_{an}(\varphi) = M_{an}(\varphi+2\pi)$ der Verlauf des Antriebsmoments in Form einer Fourierreihe

$$M_{an}(\varphi) = \sum_{k=1}^{K}(A_k \cos k\varphi + B_k \sin k\varphi) \tag{7.14}$$

vorgegeben, dann lässt sich der erforderliche stellungsabhängige Abstand $l_{kom}(\varphi)$ zwischen beiden Federanlenkpunkten aus

$$l_{kom}(\varphi) = l_{0kom} \pm \sqrt{\left[l_{kom}(\varphi = 0) - l_{0kom}\right]^2 - \frac{2}{c_{kom}}\sum_{k=1}^{K}\frac{1}{k}\left[A_k \sin k\varphi + B_k(1 - \cos k\varphi)\right]} \tag{7.15}$$

berechnen. Hierbei sind die Federparameter sowie der Anfangsabstand $l_{kom}(\varphi=0)$ prinzipiell frei wählbar, solange die Wurzel in keiner Antriebsstellung negativ wird.

Die beiden Ableitungen des Abstandes nach der Antriebskoordinate φ ergeben sich als Übertragungsfunktionen 1. und 2. Ordnung des Kompensators aus

$$l'_{kom}(\varphi) = \mp\frac{1}{c_{kom}\Delta l_{kom}(\varphi)}\sum_{k=1}^{K}\left[A_k \cos k\varphi + B_k \sin k\varphi\right] \tag{7.16}$$

und

$$l''_{\text{kom}}(\varphi) = \mp \frac{1}{c_{\text{kom}} \Delta l^2_{\text{kom}}(\varphi)} \cdot$$

$$\left[\Delta l_{\text{kom}}(\varphi) \sum_{k=1}^{K} k \left[B_k \cos k\varphi - A_k \sin k\varphi \right] - l'_{\text{kom}}(\varphi) \sum_{k=1}^{K} \left[A_k \cos k\varphi + B_k \sin k\varphi \right] \right] \tag{7.17}$$

Obige Gleichungen gelten analog für Torsionsfedern.

Eine konstruktive Umsetzung kann auf einfache Weise dadurch erfolgen, dass die Kompensatorfeder zwischen zwei vorhandenen Getriebegliedern angebracht wird. Die Problematik besteht allerdings darin, Anlenkpunkte zu finden, deren Relativbewegung den notwendigen stellungsabhängigen Federweg $\Delta l_{\text{kom}}(\varphi)$ umsetzt. Deshalb bringt häufig ein separates Kompensatorgetriebe, z. B. ein Kurvengetriebe mit Rollenstößel und dem Kurvenglied auf der Antriebswelle, eher Erfolg.

Da die kinetische Energie des Bewegungssystems zum Quadrat der Antriebsgeschwindigkeit proportional ist, die potentielle Energie jedoch von ihr unabhängig ist, kann ein vollständiger Ausgleich für beliebige Antriebsbewegungen nur für den Momentenanteil M_{pot} realisiert werden. Ein vollständiger Ausgleich vom Momentenanteil M_{kin} ist nur für eine bestimmte Antriebsgeschwindigkeit möglich. In der Regel ist jedoch bei Maschinen ein Ausgleich über ein bestimmtes Antriebsgeschwindigkeitsband bzw. vom Hochlauf bis zur maximalen Antriebsgeschwindigkeit ($0 \leq \Omega \leq \Omega_{\max}$) von Interesse. Im ersten Fall muss eventuell in Kauf genommen werden, dass beim Hochlauf größere Antriebsmomente notwendig sind. Mit guter Näherung kann das Kompensatorgetriebe für die Abstimmgeschwindigkeit

$$\tilde{\Omega} = \sqrt{\frac{\Omega^2_{\min} + \Omega^2_{\max}}{2}} \tag{7.18}$$

ausgelegt werden. So wird ein partieller Ausgleich erreicht, mit dem die Extremwerte des verbleibenden Antriebsmoments für $\Omega_{\min}$ und $\Omega_{\max}$ betragsmäßig nahezu gleich groß sind. Das verbleibende Antriebsmoment des Getriebes mit Kompensator ergibt sich dann aus

$$\tilde{M}_{\text{an}}(\varphi) = M_{\text{an}}(\varphi) + M_{\text{kom}}(\varphi) = M_{\text{kin}}(\varphi) + M_{\text{pot}}(\varphi) + M_{\text{kom}}(\varphi) \tag{7.19}$$

Beispiel 7.1: Federkompensator für den Saugkopf einer Bogendruckmaschine

Der Saugkopf einer Bogendruckmaschine (Bild 3.19) dient dazu, die auf einer Palette bereitgestellten Druckbogen zu vereinzeln und an den Anlegetisch zu transportieren. Dafür werden die Arbeitsorgane Hubsauger (zum Abheben des oberen Bogens vom Stapel), Taster (zum Fixieren der darunterliegenden Bogen) und Schleppsauger (zum Transport des abgehobenen Bogens auf das Transportband) benötigt, die durch separate kraftschlüssige Kurven-Koppelgetriebe bewegt werden. Die Kurvenscheiben der drei Getriebe sind auf einer gemeinsamen, gleichmäßig bewegten Antriebswelle angebracht. Das Gesamtantriebsmoment ist im Bild 7.1 für einen Bewegungszyklus und verschiedene Maschinengeschwindigkeiten dargestellt, das bekanntermaßen Abschnitte mit positiven bzw. negativen Werten besitzt, aber auch markante Spitzen aufweist. Einflüsse der vorliegenden Arbeitskräfte sowie der Reibung sind nicht berücksichtigt.

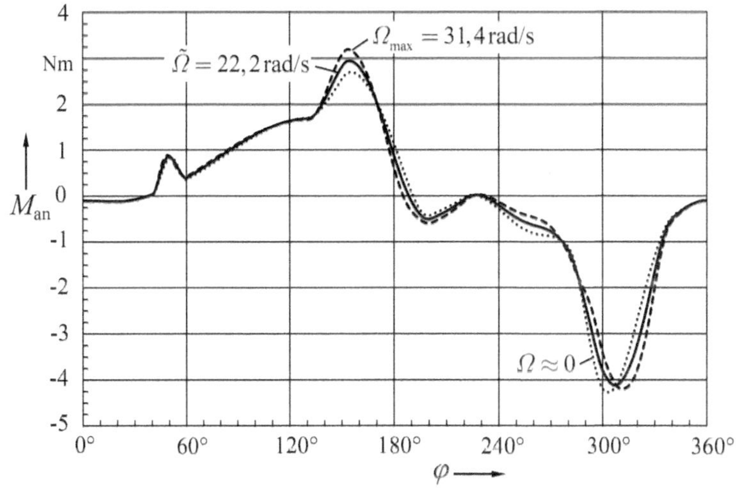

Bild 7.1 Antriebsmoment des Saugkopfes bei verschiedenen Maschinengeschwindigkeiten

Da der Saugkopf zur Maschine variabel positioniert werden muss, ist die gleichmäßige Antriebsbewegung der Maschine über eine Kreuzgelenkwelle auf die Antriebswelle des Saugkopfes zu übertragen oder durch einen am Saugkopf angebrachten Servomotor zu erzeugen, der mit der Masterwelle der Maschine synchronisiert ist. Beide Lösungen sind im Hinblick auf die vorliegenden Momentenschwankungen problematisch, denn Vorzeichenwechsel im Moment wirken sich einerseits negativ auf die Lebensdauer der Kreuzgelenkwelle aus. Andererseits kann ein Servomotor eine nahezu gleichmäßige Drehbewegung bei derartigen Momentenschwankungen nicht zufriedenstellend liefern. Abhilfe soll ein Federkompensator schaffen.

Aus der Differenz zwischen den Graphen für die maximale Maschinengeschwindigkeit (Ω_{max} = 31,4 rad/s) und den Schleichgang ($\Omega \approx 0$) nach Bild 7.1 ist ersichtlich, dass der Momentenanteil M_{pot} gegenüber dem Anteil M_{kin} dominiert. Somit kann der Federkompensator nahezu optimal für den gesamten Geschwindigkeitsbereich ($0 \leq \Omega \leq \Omega_{max}$) ausgelegt werden. Nach Gl. 7.18 ergibt sich die Abstimmgeschwindigkeit $\tilde{\Omega} = 22{,}2$ rad/s. Für die gewählte Schraubendruckfeder mit den Parametern c_{kom} = 5,3 N/mm und l_{0kom} = 120 mm ist mit einem Anfangsabstand l_{kom} (φ = 0°) =75 mm der stellungsabhängige Federweg $\Delta l_{kom}(\varphi)$ nach Bild 7.2 für einen vollständigen Ausgleich notwendig. Des Weiteren ist der Verlauf des damit bewirkten Kompensatormoments $M_{kom}(\varphi)$ an der Antriebswelle dargestellt, der nach Gl. 7.8 dem Antriebsmoment für $\tilde{\Omega}$ betragsmäßig gleich ist aber entgegengesetzt wirkt.

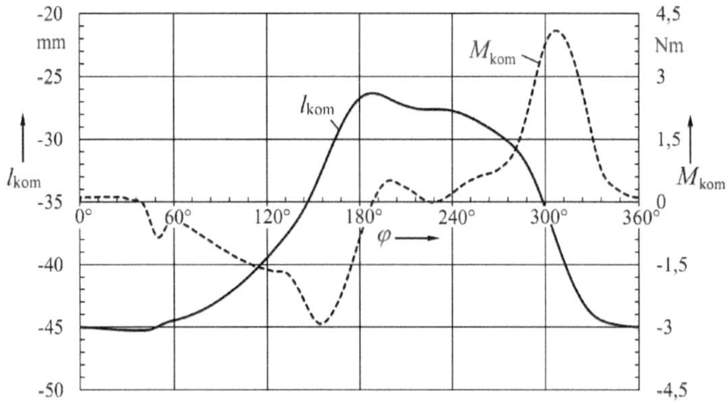

Bild 7.2 Federlänge der Kompensatorfeder und Kompensatormoment

Umgesetzt wird die Federauslenkung durch ein Kurvengetriebe mit Rollenhebel nach Bild 7.3. Dafür muss der stellungsabhängige Abstand $l_{kom}(\varphi)$ der Federanlenkpunkte C und C_0 in den stellungsabhängigen Schwingwinkel $\psi(\varphi)$ des Rollenhebels transformiert werden:

$$\psi(\varphi) = \arccos\left(\frac{l_1^{*2} + l_3^{*2} - l_{kom}^2}{2 l_1^* l_3^*}\right)$$

$$\psi'(\varphi) = \frac{l_{kom} l'_{kom}}{l_1^* l_3^* \sin\psi}$$

$$\psi''(\varphi) = \frac{1}{l_1^* l_1^* \sin^2\psi}\left[\left(l'^2_{kom} + l_{kom} l''_{kom}\right)\sin\psi - l_{kom} l'_{kom} \psi' \cos\psi\right]$$

mit

$$l_1^* = \overline{B_0 C_0},\ l_3^* = \overline{B_0 C} \text{ und } l_{kom} = \overline{C_0 C}$$

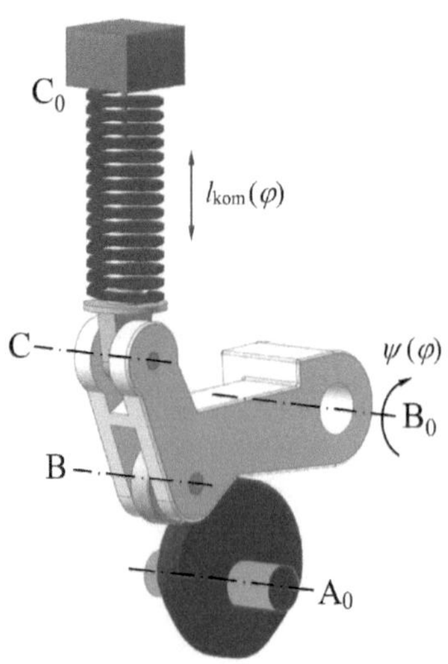

Bild 7.3 Kompensatorgetriebe

Die Auswirkungen des partiellen Momentenausgleichs können für die Abstimmgeschwindigkeit und die extremen Maschinengeschwindigkeiten aus Bild 7.4 entnommen werden. Für die Abstimmgeschwindigkeit ist das verbleibende Antriebsmoment nahezu Null. Die geringfügigen Abweichungen resultieren aus der Transformation des in Form von diskreten Werten vorliegenden Antriebsmoments M_{an} in eine Fourierreihe nach Gl. 7.14 und aus den zusätzlichen Trägheitswirkungen des Kompensatorgetriebes. Im Schleichgang und bei maximaler Maschinengeschwindigkeit ergeben sich nahezu gleich große extreme Beträge von ca. 0,6 Nm, was einer Reduzierung des Antriebsmoments auf 14 % gegenüber dem Maximalwert ohne Kompensator entspricht.

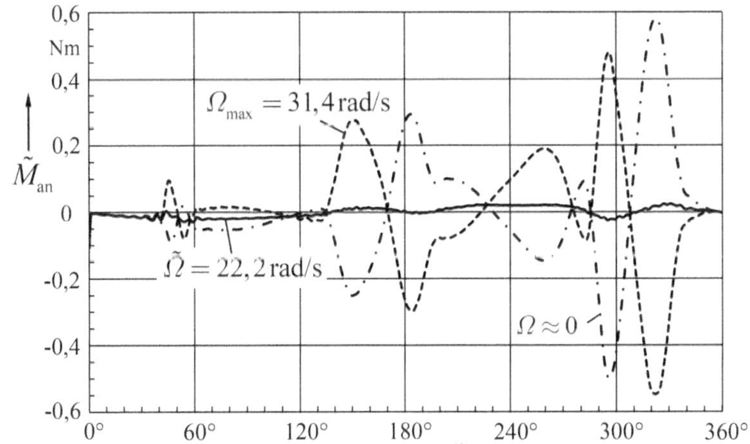

Bild 7.4 Antriebsmoment des Saugkopfes mit Kompensator bei verschiedenen Maschinengeschwindigkeiten

7.3 Leistungsausgleich durch Eigenbewegung

Wird einem Bewegungssystem einmalig Energie zugeführt, und es sich anschließend selbst überlassen, geht es in den Zustand der sogenannten Eigenbewegung über. Sind die vorliegenden Nutz- und Reibkräfte vernachlässigbar, gilt für jede Antriebsstellung φ, dass die Summe der kinetischen und potentiellen Energien gleich ist der Gesamtenergie in der Anfangsstellung $\varphi[t = 0]$:

$$W_{kin}(\varphi) + W_{pot}(\varphi) = W_{kin}(\varphi[t=0]) + W_{pot}(\varphi[t=0]) \tag{7.20}$$

Mit Hilfe des stellungsabhängigen reduzierten Massenträgheitsmoments kann die stellungsabhängige kinetische Energie

$$W_{kin}(\varphi) = \frac{1}{2} J_{red}(\varphi)\, \dot{\varphi}_e^2(\varphi) \tag{7.21}$$

und damit die stellungsabhängige Winkelgeschwindigkeit

$$\dot{\varphi}_{\mathrm{e}}(\varphi)=\sqrt{\frac{2W_{\mathrm{kin}}(\varphi[t=0])+2W_{\mathrm{pot}}(\varphi[t=0])-2W_{\mathrm{pot}}(\varphi)}{J_{\mathrm{red}}(\varphi)}} \tag{7.22}$$

am rotierenden Antrieb angegeben werden. Durch Differentiation nach der Zeit ergibt sich die stellungsabhängige Winkelbeschleunigung

$$\ddot{\varphi}_{\mathrm{e}}(\varphi)=-\frac{W'_{\mathrm{pot}}(\varphi)J_{\mathrm{red}}(\varphi)+J'_{\mathrm{red}}(\varphi)\left[W_{\mathrm{kin}}(\varphi[t=0])+W_{\mathrm{pot}}(\varphi[t=0])-W_{\mathrm{pot}}(\varphi)\right]}{J^2_{\mathrm{red}}(\varphi)} \tag{7.23}$$

Wegen der Momentenbilanz

$$M_{\mathrm{an}}(\varphi)=M_{\mathrm{kin}}(\varphi)+M_{\mathrm{pot}}(\varphi)=0 \tag{7.24}$$

ist unter den vorliegenden Bedingungen am Antrieb keine Antriebsleistung erforderlich. Bei schnelllaufenden Maschinen kann häufig der Einfluss der potentiellen Energie gegenüber der kinetischen vernachlässigt werden, wodurch sich die Gln. (7.20) bis (7.23) vereinfachen. [23, 24]

Die dem Bewegungssystem anfänglich zugeführte Energie bestimmt die mittlere Winkelgeschwindigkeit

$$\dot{\varphi}_{\mathrm{m}}=\frac{1}{2\pi}\int_{\varphi_0}^{\varphi_0+2\pi}\dot{\varphi}_{\mathrm{e}}(\varphi)\,\mathrm{d}\varphi=\frac{2\pi}{T} \tag{7.25}$$

des Antriebs, die mit der sich einstellenden Periodendauer T korreliert.

Würde der Antrieb des Bewegungssystems mit der stellungsabhängigen Winkelgeschwindigkeit $\dot{\varphi}_{\mathrm{e}}(\varphi)$ bewegt, was durch einen Servomotor exakt oder ein gleichmäßig angetriebenes Vorschaltgetriebe (z. B. Doppelkurbel, Unrundrädergetriebe) i. Allg. angenähert realisiert werden kann, muss dem Bewegungssystem lediglich die Energie periodisch zugeführt werden, die durch die Reibung und die Nutzkräfte aufgebraucht wird.

Beispiel 7.2: Optimierung der erforderlichen Antriebsleistung durch Nutzung der Eigenbewegung

Zur Realisierung einer periodischen Schwingbewegung mit dem Schwingwinkel $\psi_0 = 77°$ ist eine Kurbelschwinge unter minimalem Energiebedarf einzusetzen. Die Periodendauer T eines Bewegungszyklus soll 0,3 s betragen, wobei aus technologischen Gründen das Zeitverhältnis 1 : 0,8 von Hin- und Rückbewegung der Schwinge gefordert ist.

Gemäß Altscher Totlagenkonstruktion (siehe Abschnitt 6.1.4) wurde unter Berücksichtigung des Totlagenkurbelwinkels $\varphi_0 = 200°$, den das Zeitverhältnis von Hin- und Rückbewegung bei gleichmäßiger Antriebsdrehbewegung verlangt, die Kurbelschwinge nach Bild 7.5 mit $l_1 = 700$ mm, $l_2 = 300$ mm, $l_3 = 707$ mm und $l_4 = 510$ mm gewählt.

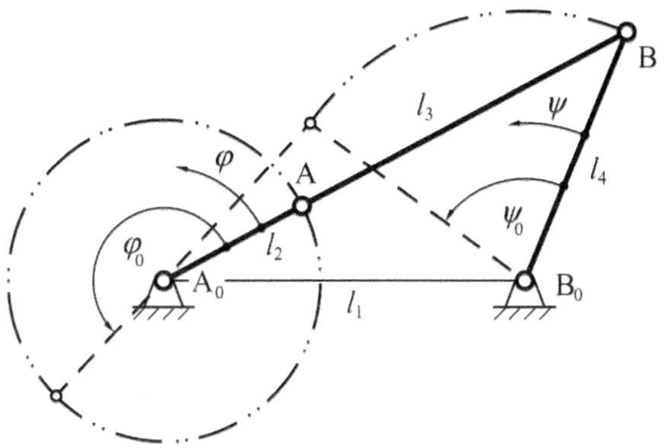

Bild 7.5 Kurbelschwinge

Bei Einleitung einer gleichmäßigen Antriebsbewegung mit der Winkelgeschwindigkeit $\Omega = 1/T = 20{,}94$ rad/s ergibt sich die Bewegung der Schwinge nach Bild 7.6. Der Verlauf der Abtriebswinkelgeschwindigkeit (Bild 7.7) wird durch die Gleichung

$$\dot{\psi}(t) = \psi'(\varphi[t]) \cdot \Omega$$

bestimmt. Die im Folgenden durchgängig verwendete Darstellung der Bewegungsgrößen in Abhängigkeit von der Zeit wurde deshalb gewählt, da so der Bezug zu einem ablaufenden Arbeitsprozess deutlich wird.

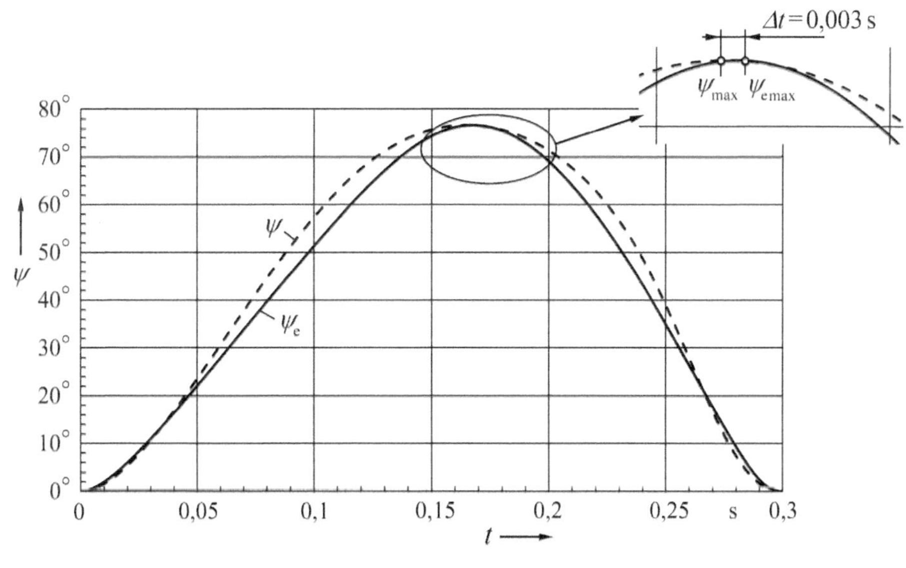

Bild 7.6 Abtriebsbewegung bei gleichmäßiger Kurbeldrehung (ψ) und bei Eigenbewegung (ψ_e)

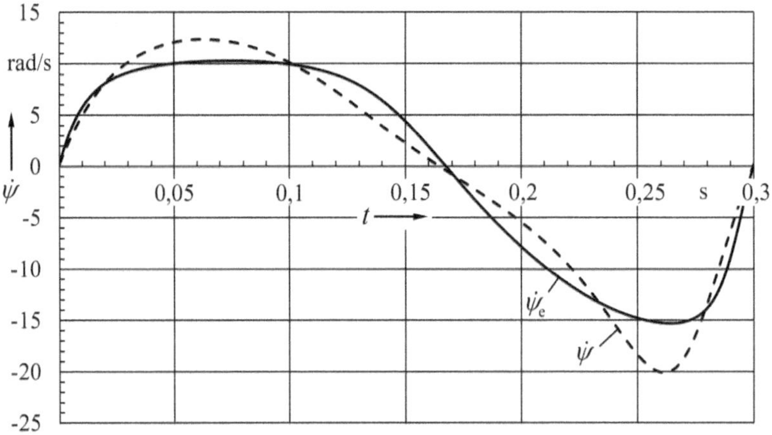

Bild 7.7 Abtriebswinkelgeschwindigkeit bei gleichmäßiger Kurbeldrehung $(\dot{\psi})$ und bei Eigenbewegung $(\dot{\psi}_e)$

Die konstruktive Gestaltung der Getriebeelemente führt zu einer Massebelegung, die den Antriebsmomentenverlauf M_{an} nach Bild 7.8 notwendig macht. Für die Auslegung des Servomotors ist außerdem das erforderliche Effektivmoment

$$M_{eff} = \sqrt{\frac{1}{2\pi}\int_0^{2\pi}(M_r + M_n)\,d\varphi} = \sqrt{\frac{1}{T}\int_0^{T}(M_r + M_n)\,dt}$$

von Interesse, das im vorliegenden Beispiel ca. 200 Nm beträgt.

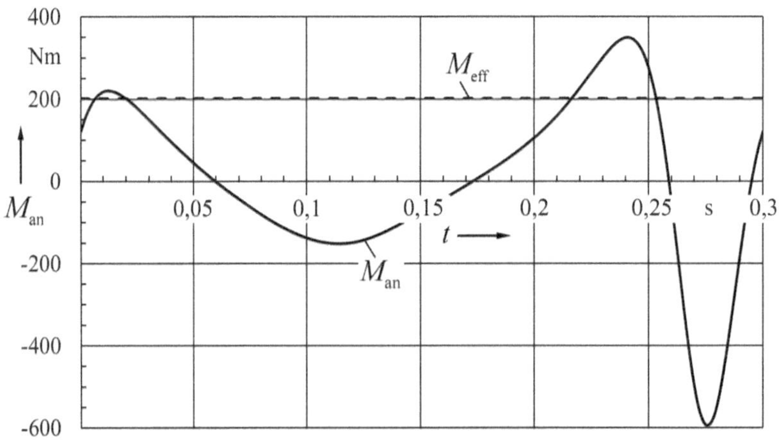

Bild 7.8 Antriebsmoment bei gleichmäßiger Kurbeldrehung

Um bei der Ausführung der Eigenbewegung die geforderte Periodendauer von 0,3 s für einen Bewegungszyklus realisieren zu können, ist nach der Bedingung

$$\int_0^T \dot{\varphi}_e(t)\,dt = 2\pi$$

bei Bewegungsbeginn in der äußeren Totlage $(\varphi[t=0]=0°)$ eine Anfangswinkelgeschwindigkeit $\dot{\varphi}[t=0] \approx 25$ **rad/s** der Kurbel notwendig. Unter Vernachlässigung der Reibung sowie von Nutzkräften stellt sich die Eigenbewegung mit den Antriebsgrößen $\varphi_e(t)$ und $\dot{\varphi}_e(t)$ nach Bild 7.9 ein. Die Verläufe der dazugehörigen Abtriebsgrößen $\psi_e(t)$ und $\dot{\psi}_e(t)$ sind Bild 7.6 und Bild 7.7 zu entnehmen.

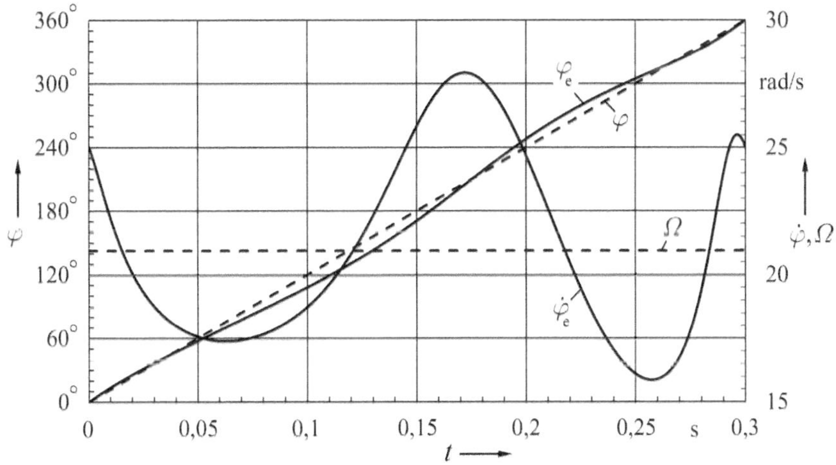

Bild 7.9 Zeitabhängige Antriebsgrößen bei Eigenbewegung

Ein Vergleich der ausgeführten Schwingwinkel (Bild 7.6) macht deutlich, dass in beiden Fällen erwartungsgemäß der geforderte Schwingwinkel ψ_0 realisiert wird, die Dauer des Zeitintervalls zwischen äußerer und innerer Totlage jedoch um ca. 0,003 s differiert. Im konkreten Anwendungsfall ist zu beurteilen, ob diese Abweichung im Hinblick auf die technologischen Vorgaben vertretbar ist. Andererseits ist aus Bild 7.7 ersichtlich, dass die Winkelgeschwindigkeit $\dot{\psi}_e(t)$ der Schwinge unter der Eigenbewegung geglättet und deren Extremwerte gegenüber der ursprünglichen Bewegung reduziert sind. Gleiches gilt tendenziell für die nicht dargestellte Winkelbeschleunigung $\ddot{\psi}_e(t)$.

Während das zeitabhängige Antriebsmoment M_{an} bei gleichmäßiger Kurbeldrehung den Verlauf nach Bild 7.8 aufweist, wird es unter der Eigenbewegung auf Null reduziert. Dem realen Bewegungssystem ist demzufolge lediglich eine mittlere Leistung P_m aufgrund der zu kompensierenden Reibleistung sowie der aufzubringenden Nutzleistung zuzuführen, die unter Verwendung der anteiligen Antriebsmomente M_r und M_n nach Gl. 7.8 bestimmt werden kann. ■

8 Konzipierungsbeispiel für ein Bewegungssystem

Nachfolgend soll anhand eines Beispiels das Vorgehen beim Entwickeln und Bewerten von Konzepten eines Bewegungssystems für eine vorgegebene Bewegungsaufgabe aufgezeigt werden. Die Aufgabenstellung sowie die bei der Lösung zu berücksichtigenden Randbedingungen und Einflüsse wurden dabei bewusst vereinfacht. So lassen sich die in den vorangegangenen Abschnitten beschriebenen Methoden und Verfahren zum Konzipieren und Auslegen von Bewegungssystemen sowie deren typische Eigenschaften im Zusammenhang überschaubar und eingängig darstellen. Das Beispiel soll aber ebenso andeuten, welche Komplexität eine derartige Entwicklungsaufgabe besitzen kann.

8.1 Bewegungsaufgabe

Das Arbeitsorgan einer Verarbeitungsmaschine sei translatorisch periodisch zu bewegen, wobei der Hub $s_H = 150$ mm zu realisieren ist. Ein Arbeitsspiel soll innerhalb einer Periodendauer $T = 0{,}15$ s bei gleichen Zeitabschnitten für Hin- und Rückbewegung ablaufen (Bild 8.1). Im Bereich der Endlage 2 am Ende des Arbeitsspiels muss infolge des umzusetzenden technologischen Prozesses eine wegabhängige Nutzkraft F_N überwunden werden, die sich 15 mm vor der Endlage aufzubauen beginnt und linear bis zum Maximalwert von 50 N in der Endlage anwächst. Das zu bewegende Arbeitsorgan besitzt die Masse $m_A = 0{,}5$ kg.

Gesucht sind für diese Aufgabenstellung geeignete Bewegungssysteme und die Untersuchung der mit ihnen verbundenen kinematischen und kinetostatischen Eigenschaften. [25, 26]

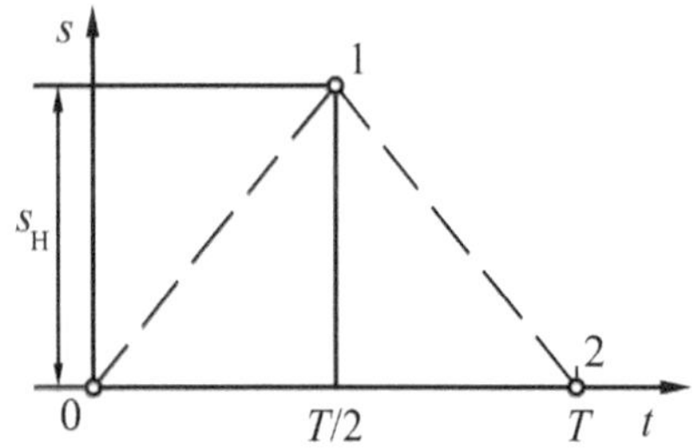

Bild 8.1 Bewegungsplan

8.2 Bewegungsdesign

Da außer dem Hub s_H und der Periodendauer T bei gleichen Zeitabschnitten für Hin- und Rückbewegung keine weiteren Anforderungen vorliegen, kann der vorläufige Bewegungsablauf unter Zuhilfenahme verschiedener kinematischer Kennwerte (s. Abschnitt 2.2.3) frei gestaltet werden. Prinzipiell ist ein möglichst harmonischer Vorgang anzustreben, der sich i. d. R. an geringen Geschwindigkeits- und Beschleunigungsextrema orientieren sollte. Für die weiteren Betrachtungen wird eine Sinuscharakteristik gewählt, die i. d. R. eine geringe Schwingungsanregung aufweist. Die Bewegung kann somit unter der Vorgabe der Randbedingungen

$$s(t=0)=0 \quad \text{und} \quad \dot{s}(t)=0$$

sowie

$$s(t=T/2)=s_H \quad \text{und} \quad \dot{s}(t=T/2)=0$$

durch die Bewegungsgleichungen

$$s=\frac{s_H}{2}\left[\sin\left(\frac{2\pi}{T}t-\frac{\pi}{2}\right)+1\right]=\frac{s_H}{2}\left[\sin\left(\Omega t-\frac{\pi}{2}\right)+1\right]=\frac{s_H}{2}\left[\sin\left(\varphi-\frac{\pi}{2}\right)+1\right]$$

$$\dot{s}=\frac{s_H}{2}\Omega\cos\left(\Omega t-\frac{\pi}{2}\right)$$

$$\ddot{s}=-\frac{s_H}{2}\Omega^2\sin\left(\Omega t-\frac{\pi}{2}\right)$$

beschrieben werden. Die Größen φ und Ω stellen den Antriebswinkel bzw. die konstante Winkelgeschwindigkeit der Maschinenhauptwelle oder einer virtuellen Masterwelle dar, die sich innerhalb einer Periode (Arbeitsspiel) um 360° dreht. Durch die Einführung der normierten Antriebsgröße

$$z=\frac{\varphi-\varphi_0}{\varphi_{01}}=\frac{\varphi}{\pi}=0\ldots1$$

nach Abschnitt 2.2.3 lässt sich zeigen, dass damit für die Hinbewegung von 0 nach 1 und auch für die Rückbewegung des Arbeitsorgans die normierte Übertragungsfunktion der einfachen Sinoide Anwendung findet, denn es gilt z. B. für die Hinbewegung

$$s=\frac{s_H}{2}\left[\sin\left(\pi z-\frac{\pi}{2}\right)+1\right]=s_H\cdot f(z)=s_H\cdot\frac{1}{2}\left[1-\cos(\pi z)\right]$$

die durch den Geschwindigkeitskennwert $C_v=1{,}57$ und den Beschleunigungskennwert $C_a=4{,}93$ gekennzeichnet ist. Diese Kennwerte erlauben einen Vergleich mit anderen Bewegungsgesetzen. Die einfache Sinoide ist eine typische Funktion für Rast-in-Rast-Bewegungen. Da sie jedoch in ihren Randpunkten Beschleunigungsmaxima aufweist, ist sie für Umkehr-in-Umkehr-Bewegungen prädestiniert und effizient.

Die Bewegungsgleichungen für die Geschwindigkeit und die Beschleunigung des Arbeitsorgans lauten dann unter Verwendung der Übertragungsfunktionen 1. und 2. Ordnung für die Hinbewegung

$$\dot{s} = s' \cdot \Omega = \frac{s_H}{\varphi_{01}} \cdot f'(z) \cdot \Omega = \frac{s_H}{\pi} \cdot \frac{\pi}{2} \cdot \sin(\pi z) \cdot \Omega = \frac{s_H}{2} \cdot \sin(\pi z) \cdot \Omega$$

$$\ddot{s} = s'' \cdot \Omega^2 = -\frac{s_H}{2} \cdot \cos(\pi z) \cdot \Omega^2$$

die mit den o. a. Bewegungsgleichungen mathematisch identisch sind.

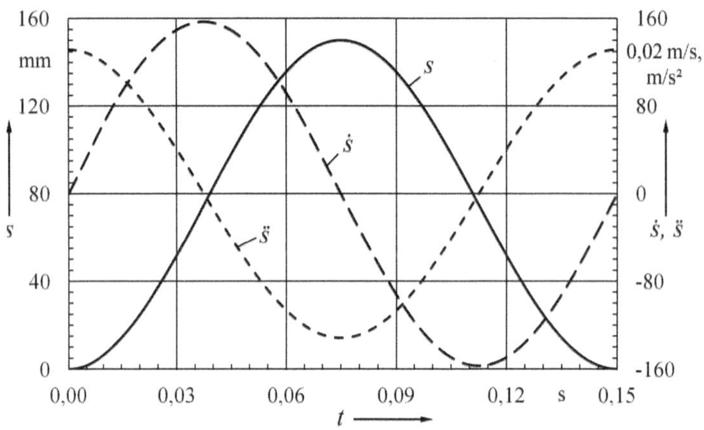

Bild 8.2 Bewegungsdiagramm für Sinusbewegung

Die in Bild 8.2 dargestellte Bewegungscharakteristik bildet die Grundlage für den weiteren Konzeptentwurf. Es kann jedoch im weiteren Bearbeitungsfortschritt sinnvoll sein, jene an die Eigenschaften der Komponenten des Bewegungssystems anzupassen.

8.3 Lösungskonzepte

In Anlehnung an die in Abschnitt 1.3.4 erarbeitete Systematik von Bewegungssystemen werden für die vorliegende Bewegungsaufgabe folgende vier Konzepte näher betrachtet:

Konzept A – Servoantrieb mit nachgeschaltetem Zahnrad-Zahnstangen-Getriebe

Der Servoantrieb in A_0 erzeugt eine periodische Drehbewegung $\varphi_{21} = \varphi_{21}(t)$, die durch das gleichmäßig übersetzende Getriebe in eine translatorische Bewegung umgewandelt und proportional übersetzt wird (Bild 8.3). Die einzige kinematische Abmessung des Getriebes stellt der Teilkreisradius r_2 dar, über den der Antrieb an die vorliegende Last (Trägheit des Arbeitsorgans, Nutzlast F_N) angepasst wird.

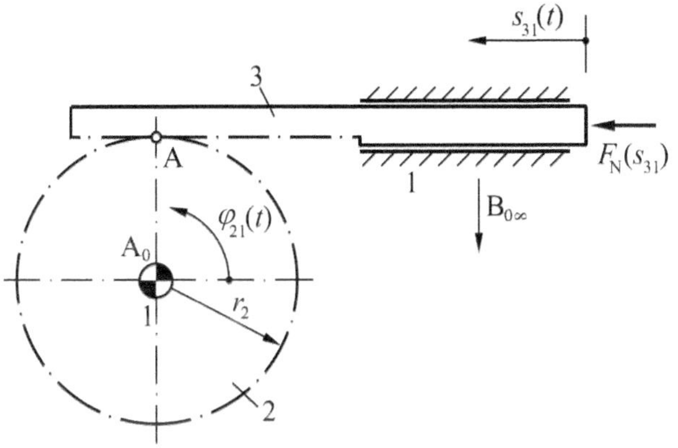

Bild 8.3 Kinematisches Schema des Konzepts A

Die Übertragungsfunktion 0. Ordnung

$$s_{31} = r_2 \cdot \varphi_{21}$$

führt zu den für gleichmäßig übersetzende Getriebe typischen Ableitungen

$$s'_{31} = r_2 = \text{const.} \quad \text{und} \quad s''_{31} = 0$$

Der Servoantrieb kann ebenso als virtuelles ungleichmäßig übersetzendes Getriebe betrachtet werden, das als Antriebsgröße den Drehwinkel φ_M einer virtuellen Masterwelle (Taktgeber) und als Abtriebsgröße den Motorwinkel φ_{21} besitzt (Bild 8.4). Somit würde die konstante Antriebswinkelgeschwindigkeit $\boldsymbol{\Omega}$ der Masterwelle durch zwei in Reihe geschaltete Getriebe in die periodische translatorische Bewegung des Arbeitsorgans umgewandelt werden. Für dieses Gesamtsystem lautet dann die Übertragungsfunktion

$$s_{31}(\varphi_M) = r_2 \cdot \varphi_{21}(\varphi_M) = r_2 \cdot \frac{s_H}{2r_2}\left[1 - \cos\varphi_M\right] = \frac{s_H}{2}\left[1 - \cos\varphi_M\right]$$

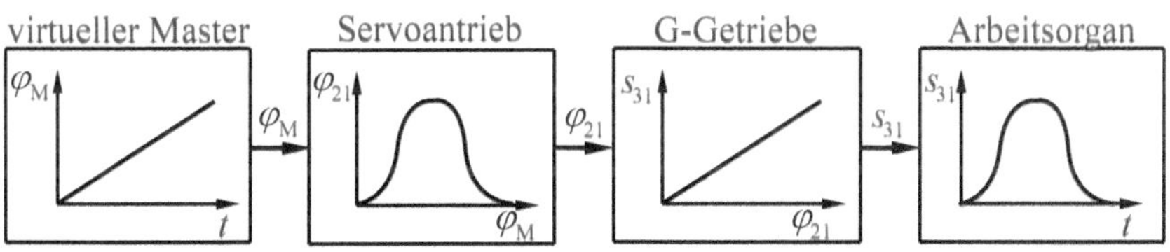

Bild 8.4 Blockschaltbild für Konzept A

Der wesentliche Vorteil dieses Konzepts besteht in der Flexibilität der Bewegungserzeugung. Hub, Zeitverhältnis für Hin- und Rückbewegung und auch die Bewegungscharakteristik lassen sich bei Bedarf durch entsprechendes Ändern der Sollvorgaben mit geringem Aufwand in weiten Grenzen modifizieren.

Die zur Ermittlung der kinematischen Abmessung führende Maßsynthese kann sich hier zunächst auf folgende Betrachtung beschränken:

Wird ein Servoantrieb angestrebt, der eine maximale Drehzahl $n_{21\max} \approx 1000\ \text{min}^{-1}$ bei einer akzeptablen Positioniergenauigkeit ausführen soll, kann unter Verwendung des geforderten Bewegungsgesetzes und der Übertragungsfunktion der notwendige Teilkreisradius r_2 mithilfe des folgenden Ansatzes ermittelt werden:

$$\dot{s}_{31max} = r_2 \cdot \dot{\varphi}_{21max}$$

$$\frac{s_H}{2} \cdot \Omega = r_2 \cdot 2\pi \cdot n_{21max}$$

$$r_2 = \frac{s_H \cdot \Omega}{4\pi \cdot n_{21max}} = \frac{s_H}{2 n_{21max} \cdot T} = 30 \text{ mm}$$

Konzept B – Gleichmäßiger Antrieb mit nachgeschaltetem Kurvengetriebe

Genutzt wird ein gleichmäßig drehender Antrieb bzw. die Hauptwelle der Maschine, deren Bewegung $\varphi_{21} = \Omega \cdot t$ die Kurvenscheibe 2 des Kurvengetriebes mit Rollenstößel antreibt (Bild 8.5). Wird aus Vereinfachungsgründen der Stößel 3 auf einer durch den Kurvenscheibendrehpunkt A_0 verlaufenden Schubgeraden geführt (Versetzung $e = 0$), hängt das Kurvenprofil zur Realisierung der Abtriebsbewegung lediglich von einer Hauptabmessung, dem Grundkreisradius r_G, ab. Gewählt wurden zur Minimierung des Bauraums $r_G = 40$ mm und der Kurvenrollendurchmesser $d_R = 22$ mm.

Die Übertragungsfunktion 0. Ordnung des ungleichmäßig übersetzenden Getriebes entspricht dem Bewegungsgesetz

$$s_{31} = \frac{s_H}{2}\left(1 - \cos\varphi_{21}\right)$$

Die Ableitungen nach dem Antriebswinkel ergeben sich zu

$$s'_{31} = \frac{s_H}{2} \cdot \sin\varphi_{21} \quad \text{und} \quad s''_{31} = -\frac{s_H}{2} \cdot \cos\varphi_{21}$$

Mit diesem Konzept können periodische Bewegungen bei weitgehender Freiheit der Bewegungsgestaltung exakt umgesetzt werden. Modifikationen an Bewegungsparametern, wie Hub oder Zeitverhältnis von Hin- und Rückbewegung, erfordern jedoch ohne weitere Vorrichtungen den Austausch der Kurvenscheibe.

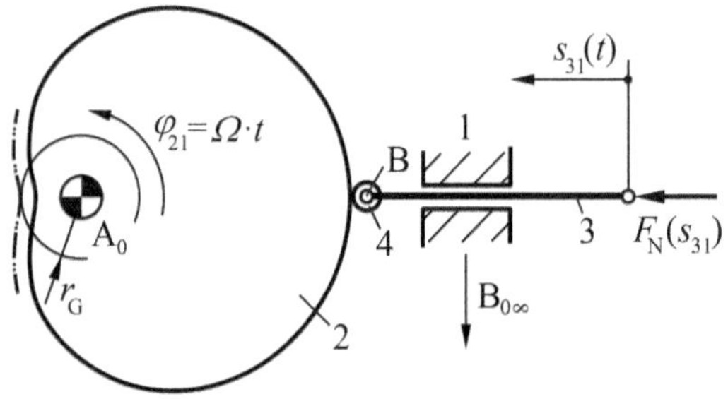

Bild 8.5 Kinematisches Schema des Konzepts B

Konzept C – Gleichmäßiger Antrieb mit nachgeschalteter rechtwinkliger Kreuzschubkurbel

Anstelle des Kurvengetriebes eignet sich für den Anwendungsfall auch die ungleichmäßig übersetzende Kreuzschubkurbel (Bild 8.6). Ihre Übertragungsfunktion 0. Ordnung

$$s_{31} = \left[l_2\left(1-\cos\varphi_{21}\right)\right]/\sin\delta$$

entspricht exakt der geforderten Bewegungscharakteristik. Damit kann das Getriebe gleichmäßig angetrieben werden.

Der durch Umwandeln der drehenden Antriebsbewegung entstehende Hub am Abtriebsglied hängt von der Kurbellänge l_2 und dem Kreuzungswinkel δ ab. Wird $\delta = 90°$ gewählt, muss für das Realisieren des geforderten Hubs von 150 mm die Kurbellänge $l_2 = s_H/2 = 75$ mm betragen.

Die Übertragungsfunktionen 1. und 2. Ordnung lauten

$$s_{31}' = l_2 \sin\varphi_{21} \quad \text{und} \quad s_{31}'' = l_2 \cos\varphi_{21}$$

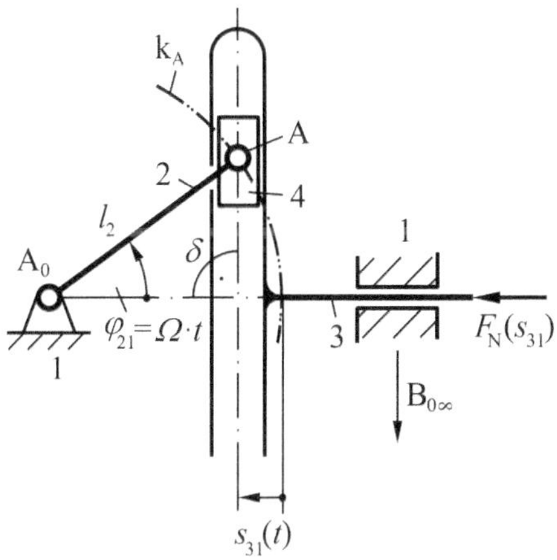

Bild 8.6 Kinematisches Schema des Konzepts C

Konzept D – Ungleichmäßiger Antrieb mit nachgeschalteter zentrischer Schubkurbel

Eine zentrische Schubkurbel wandelt die umlaufende Bewegung der Kurbel 2 in eine sinusähnliche Bewegung des Abtriebsschiebers 4 um (Bild 8.7). Die nichtlineare Übertragungsfunktion 0. Ordnung des Getriebes ist bei einer Exzentrizität $e = 0$ von der Kurbellänge l_2 und der Koppellänge l_3 abhängig. Sie lautet:

$$s_{41} = l_2 + l_3 - l_2\cos\varphi_{21} - \sqrt{l_3^2 - (l_2\sin\varphi_{21})^2}$$

Die Ableitung nach dem Antriebswinkel φ_{21} liefert die Übertragungsfunktion 1. Ordnung

$$s_{41}' = -l_2\sin\varphi_{21}\left(1 + \frac{l_2\cos\varphi_{21}}{\sqrt{l_3^2 - (l_2\sin\varphi_{21})^2}}\right)$$

Je größer das Verhältnis l_3/l_2 wird, umso besser nähert sich die Übertragungsfunktion dem gewünschten Sinus-Charakter der Abtriebsbewegung an, womit zwangsläufig der benötigte Bauraum wächst. Zentrische Schubkurbeln mit brauchbaren minimalen Übertragungswinkeln ergeben sich bereits für Verhältnisse $l_3/l_2 = 1{,}5\ldots3$. Aus dieser Überlegung heraus werden für den vorliegenden Anwendungsfall die Kurbellänge $l_2 = 75$ mm zur Realisierung des geforderten Hubes und die Koppellänge $l_3 = 3l_2 = 225$ mm gewählt. Um den gewünschten Sinusverlauf zu erhalten, muss eine entsprechende Antriebsfunktion generiert werden. Die Anpassbarkeit des Bewegungssystems an sich ändernde Bewegungsvorgaben ist über die Modifikation der Solldaten für die Antriebssteuerung in Grenzen möglich. Hubänderungen machen die Variation der Kurbellänge l_2 notwendig.

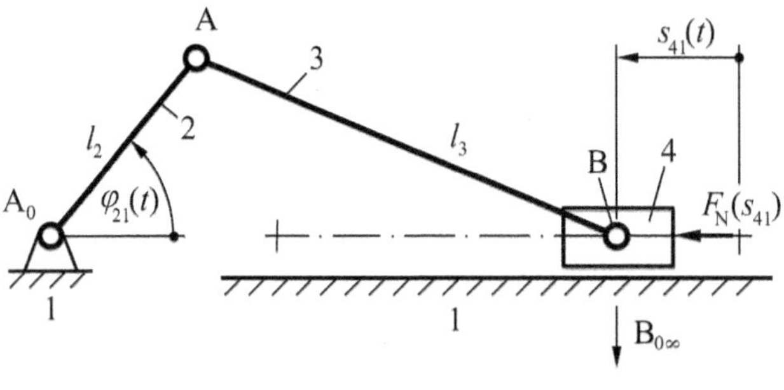

Bild 8.7 Kinematisches Schema des Konzepts D

Des Weiteren wäre das Konzept eines Direktantriebs, z. B. ein Hydraulik- oder Pneumatikzylinder, denkbar. Da diese Lösungen jedoch keine getriebetechnischen Probleme aufwerfen, soll an dieser Stelle auf deren Betrachtung verzichtet werden.

8.4 Erforderliche Antriebsbewegungen

Zu lösen ist die Aufgabenstellung der inversen Kinematik, für eine vorgegebene Abtriebsbewegung (hier: $s(t)$, $\dot{s}(t)$, $\ddot{s}(t)$) die notwendige zeitabhängige Antriebsbewegung zu ermitteln. Die Grundlage dafür bilden die Bewegungsgleichungen und Übertragungsfunktionen. Die sich hierbei ergebenden Bewegungsgrößen entscheiden maßgeblich über die Eignung eines Konzepts und die Wahl des einzusetzenden Antriebs.

Konzept A

Zwischen den zeitabhängigen Bewegungen des Arbeitsorgans und des Servoantriebs liegt ein linearer Zusammenhang vor. Somit kann die Antriebsbewegung durch die Gleichungen

$$\varphi_{21} = \frac{1}{r_2} \cdot s_{31}(t) \qquad \dot{\varphi}_{21} = \frac{1}{r_2} \cdot \dot{s}_{31}(t) \qquad \ddot{\varphi}_{21} = \frac{1}{r_2} \cdot \ddot{s}_{31}(t)$$

beschrieben werden. Die Bewegungsgrößen des Antriebs sind den Bewegungsgrößen des Arbeitsorgans (hier Glied 3) proportional.

Konzepte B und C

Da die gewünschte Bewegungscharakteristik für das Arbeitsorgan (hier Glied 3) durch das jeweilige ungleichmäßig übersetzende Getriebe exakt generiert wird, kann sich der Antrieb mit konstanter Winkelgeschwindigkeit bewegen, und es gelten somit

$$\varphi_{21}(t) = \frac{2\pi}{T} \cdot t = \Omega \cdot t \qquad \dot{\varphi}_{21}(t) = \Omega \qquad \ddot{\varphi}_{21}(t) = 0$$

Konzept D

Zur Ermittlung der notwendigen Antriebsdrehbewegung $\varphi_{21}(t)$ wird die inverse Übertragungsfunktion $\varphi_{21} = f(s_{41})$ der Schubkurbel benötigt. Da jene aufgrund der Nichtlinearität analytisch nicht explizit darstellbar ist, muss diese Funktion numerisch gelöst werden. Für diskrete zeitabhängige Stellungen des Schiebers 4 (Arbeitsorgan) ergibt sich damit die gesuchte Antriebsfunktion

$$\varphi_{21}(t) = f(s_{41}(t))$$

Die Winkelgeschwindigkeit $\dot{\varphi}_{21}$ und die Winkelbeschleunigung $\ddot{\varphi}_{21}$ der Antriebskurbel lassen sich hingegen explizit durch Umstellung der Bewegungsgleichungen nach den Antriebsgrößen und unter Nutzung der entsprechenden Übertragungsfunktionen aus

$$\dot{\varphi}_{21}(t) = \frac{\dot{s}_{41}(t)}{s'_{41}(\varphi_{21})} \quad \text{und} \quad \ddot{\varphi}_{21}(t) = \frac{1}{s'_{41}(\varphi_{21})}\left[\ddot{s}_{41}(t) - s''_{41} \cdot \dot{\varphi}^2_{21}(t)\right]$$

berechnen.

Im Bild 8.8 sind anhand der Winkelgeschwindigkeit $\dot{\varphi}_{21}$ die konzeptabhängigen Antriebsbewegungen gegenübergestellt. Während die Konzepte B und C eine konstante Antriebswinkelgeschwindigkeit $\Omega = 41{,}88\ \text{rad/s}$ aufweisen, ist für Konzept D eine zeitabhängige Winkelgeschwindigkeit $\dot{\varphi}_{21}$ notwendig, die mit einer Amplitude von $0{,}178\dot{\varphi}_{21\text{m}}$ um den Mittelwert $\dot{\varphi}_{21\text{m}}$ schwankt. Konzept A erfordert prinzipbedingt eine periodische Antriebsbewegung mit Sinus-Charakteristik. Ihre Amplitude beträgt bei Notwendigkeit der Bewegungsumkehr etwa das 3,7fache von Ω, was auf die Problematik und Grenzen dieses Konzepts für periodische Bewegungen mit kurzen Zykluszeiten hinweist [68].

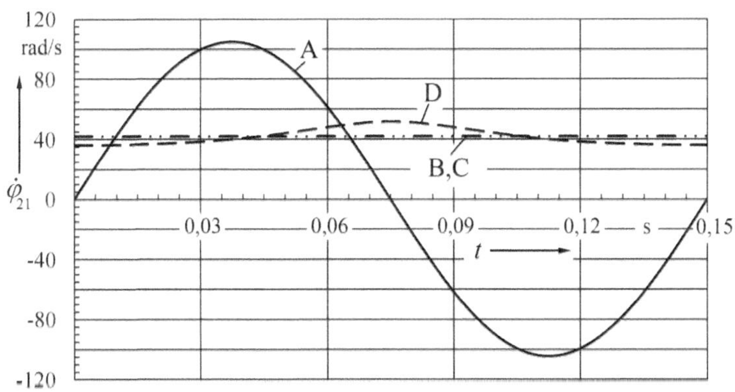

Bild 8.8 Antriebswinkelgeschwindigkeiten der Konzepte

8.5 Erforderliche Antriebsmomente

Eine wesentliche Größe zur Auslegung und Dimensionierung von Bewegungssystemen ist das aufzubringende maximale Antriebsmoment. Es kann bereits in der frühen Konzeptphase dazu herangezogen werden, um die Eignung bestimmter Lösungskonzepte zu prüfen, prinzipiell einsetzbare Antriebe auszuwählen und eine Vorstellung über die zu erwartenden Belastungen in den Gelenken und an den Gliedern zu erhalten.

Im vorliegenden Fall bestimmen zunächst die zu bewegenden Massen sowie die am Arbeitsorgan wirkende Nutzkraft das aufzubringende Antriebsmoment. Zur besseren Überschaubarkeit und Vergleichbarkeit der Konzepte sowie der Darstellbarkeit bestimmter Phänomene sollen im Folgenden nur die Trägheiten des Arbeitsorgans und des Antriebs berücksichtigt werden, wobei bei allen Konzepten ein Massenträgheitsmoment $J_2 = 400\ \mathbf{kgmm^2}$ des Antriebsmotors vorliegen soll.

Nach der Bewegungsgleichung der starren Maschine (Gl. 4.52) lassen sich alle Konzepte mithilfe des Ansatzes

$$J \cdot \ddot{\varphi}_{21} + \frac{1}{2} J' \cdot \dot{\varphi}_{21}^2 = M_{21} - F_{\mathrm{N}} \cdot s'$$

analysieren. Die Größe J stellt das reduzierte Massenträgheitsmoment dar, das auf die Antriebswelle 2 bezogen ist. Es beinhaltet die auf die Antriebswelle transformierten Trägheitswirkungen aller relevanten Massen und Massenträgheitsmomente. In den nachfolgenden Diagrammen sind mit den Graphen

a – das erforderliche Gesamtmoment $M_{21\,\mathrm{ges}}$,

b – der Anteil $M_{21}(F_{\mathrm{N}})$ infolge der Nutzkraft F_{N},

c – der Anteil $M_{21}(m_{\mathrm{A}})$ infolge der Masse m_{A} des Arbeitsorgans und

d – der Anteil $M_{21}(J_2)$ infolge des Massenträgheitsmoments J_2 des Antriebs

dargestellt.

Konzept A

Aus Bild 8.9 in Verbindung mit Bild 8.8 wird deutlich, dass der Servoantrieb im sogenannten 4-Quadranten-Betrieb arbeitet, denn es wechseln sowohl das Moment als auch die Winkelgeschwindigkeit die Richtung. Das Konzept A weist zudem das höchste Antriebsmoment auf. Das ist zum einen darauf zurückzuführen, dass die Massenträgheit des Antriebs beim Beschleunigen des Systems ständig mit überwunden werden muss. Zum anderen fallen die Extremwerte der Momentenanteile der Masse $m_3 = m_{\mathrm{A}}$ und des Massenträgheitsmoments J_2 zusammen. Da beide Anteile die Extrema des Gesamtmoments bestimmen, kann das Übertragungsverhalten des gleichmäßig übersetzenden Getriebes mit dem Ziel eines minimalen Antriebsmoments optimiert werden. Aus der Antriebsmomentenbilanz

$$M_{21} = J_2 \cdot \ddot{\varphi}_{21} + m_{\mathrm{A}} \cdot \ddot{s}_{31} \cdot s_{31}' = J_2 \cdot \frac{\ddot{s}_{31}}{r_2} + m_{\mathrm{A}} \cdot \ddot{s}_{31} \cdot r_2$$

ergibt sich durch Nullsetzen der Ableitung nach dem Teilkreisradius r_2 der optimale Teilkreisradius

$$r_{2\mathrm{opt}} = \sqrt{\frac{J_2}{m_{\mathrm{A}}}} = 28{,}3\ \mathrm{mm}$$

Unter Verwendung dieses Teilkreisradius würden sich die Anteile c und d des Antriebsmoments angleichen und die Extremwerte des Gesamtmoments noch geringfügig reduzieren. Eine Anpassung der Übersetzung ist jedoch immer ein Kompromiss zwischen Antriebsdrehzahl, Antriebsmoment und Positioniergenauigkeit.

Die abtriebswegabhängige Nutzkraft F_N unterstützt den Motor, was eine abschnittsbedingte Senkung des Antriebsmoments zur Folge hat.

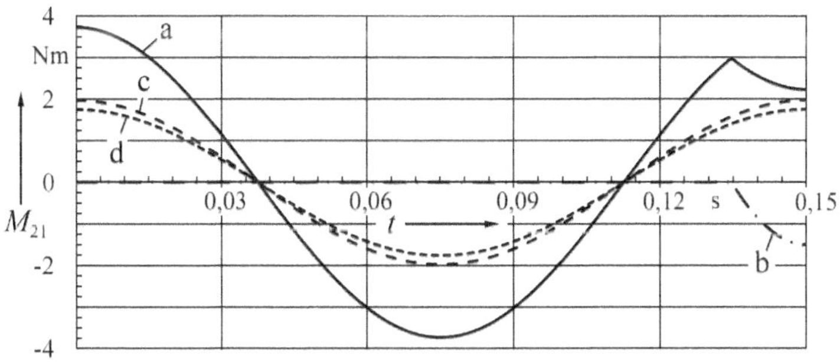

Bild 8.9 Antriebsmomentanteile für Konzept A

Konzepte B und C

Der gleichmäßige Antrieb dieser Konzepte arbeitet im 2-Quadranten-Betrieb und muss die geringsten Momentenspitzen aller Konzepte aufbringen (Bild 8.10). Das resultiert daraus, dass die Massenträgheit des Antriebs keinen Einfluss hat und durch das Übertragungsverhalten des ungleichmäßig übersetzenden Getriebes sowohl die extremen Trägheitskräfte des Arbeitsorgans als auch die Nutzkraft nicht proportional auf den Antrieb weitergeleitet werden. Die Charakteristik des Antriebsmoments

$$M_{21} = \frac{1}{2} J'(\varphi_{21}) \cdot \Omega^2 - F_N \cdot s'_{31}$$

entspricht weitgehend jener der ersten Ableitung des reduzierten Massenträgheitsmoments

$$J' = \frac{dJ}{d\varphi_{21}} = \frac{d}{d\varphi_{21}}\left(J_2 + m_A \cdot l_2^2 \cdot \sin^2 \varphi_{21}\right) = m_A \cdot l_2^2 \cdot \sin 2\varphi_{21} = m_A \left(\frac{s_H}{2}\right)^2 \sin 2\varphi_{21}$$

der Kreuzschubkurbel, das zwangsläufig mit J' des Kurvengetriebes (Konzept B) identisch ist.

Das Konzept C bedingt eine sorgfältige konstruktive Gestaltung der Schubgelenke, um störendes Spiel bzw. mögliche Verklemmungen zu vermeiden. Der Grad der Überbestimmung von Gelenken (s. Abschnitt 3.3.1) liefert entsprechende Hinweise.

Für Konzept B ist ein Kurvengetriebe mit einer formschlüssigen Zwanglaufsicherung zu empfehlen. Den ständigen Kontakt im Kurvengelenk über eine Feder zu gewährleisten, erscheint infolge des relativ großen Weges am Abtriebsschieber nicht zielführend, da eine dauerfeste Feder eine vergleichsweise große Länge besitzen müsste.

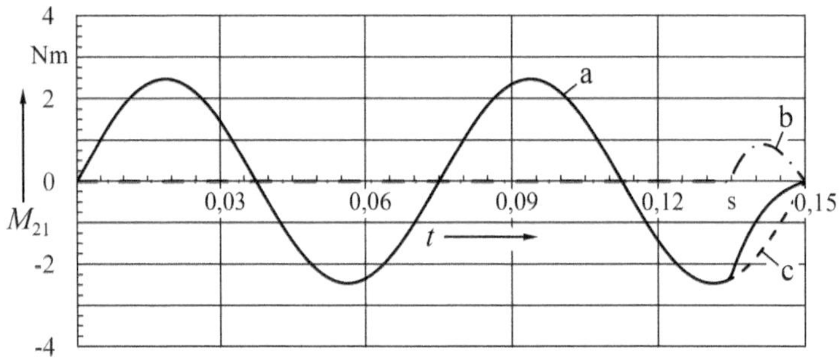

Bild 8.10 Antriebsmomentanteile für Konzepte B und C

Konzept D

Der periodische Antrieb der Schubkurbel arbeitet ebenfalls im 2-Quadranten-Betrieb (Bild 8.11). Im Vergleich zu den Konzepten B und C muss er infolge seiner ungleichmäßigen Bewegung einen Teil seiner eigenen Trägheit überwinden. Diesen – wenn auch geringen – Anteil stellt Kurve d dar. Damit ergibt sich das Antriebsmoment

$$M_{21} = J(\varphi_{21}) \cdot \ddot{\varphi}_{21} + \frac{1}{2} J'(\varphi_{21}) \cdot \dot{\varphi}_{21}^2 - F_N \cdot s'_{41}(\varphi_{21})$$

wobei für das reduzierte Massenträgheitsmoment und dessen Ableitung nach dem Antriebswinkel

$$J(\varphi_{21}) = J_2 + m_A \cdot s_{41}'^2 \quad \text{und} \quad J'(\varphi_{21}) = 2m_A \cdot s'_{41} \cdot s''_{41}$$

zu verwenden sind. Beachtet werden sollten die sich betragsmäßig unterscheidenden Extremwerte des Antriebsmoments. Ursache dafür sind die abweichenden Übertragungseigenschaften der Schubkurbel im Bereich der inneren und der äußeren Totlage.

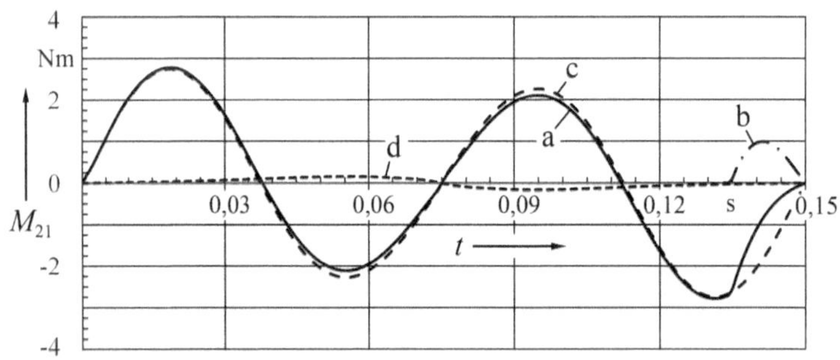

Bild 8.11 Antriebsmomentanteile für Konzept D

Wird als Auswahlkriterium das maximale Antriebsmoment herangezogen, so ergibt sich folgende Konzeptrangfolge:

1. Konzepte B und C: $\max|M_{21}| = 2{,}47\ \text{Nm} \mathrel{\hat{=}} 100\,\%$
2. Konzept D: $\max|M_{21}| = 2{,}78\ \text{Nm} \mathrel{\hat{=}} 112\,\%$
3. Konzept A: $\max|M_{21}| = 3{,}73\ \text{Nm} \mathrel{\hat{=}} 151\,\%$

Literatur und Quellen

[1] Volmer, J. (Hrsg.): Getriebetechnik – Grundlagen. Berlin: Verlag Technik, 2. Aufl. 1995

[2] Volmer, J. (Hrsg.): Getriebetechnik – Koppelgetriebe. Berlin: Verlag Technik, 1. Aufl. 1979

[3] Volmer, J. (Hrsg.): Getriebetechnik – Kurvengetriebe. Berlin: Verlag Technik, 2. Aufl. 1989

[4] Kerle, H.; Corves, B.; Hüsing, M.: Getriebetechnik. Wiesbaden: Vieweg + Teubner, 4. Aufl. 2011

[5] Gössner, S.: Getriebelehre. Berlin: Logos Verlag, 1. Auflage 2012

[6] VDI 2143 Blatt 1:1980-10 Bewegungsgesetze für Kurvengetriebe; Theoretische Grundlagen. Berlin: Beuth Verlag

[7] Luck, K.; Modler, K.-H.: Getriebetechnik: Analyse, Synthese, Optimierung. Berlin: Springer-Verlag, 2. Aufl. 1995

[8] Dittrich, G.; Braune, R.: Getriebetechnik in Beispielen. München, Wien: Oldenbourg Verlag, 1978

[9] Hagedorn, L.; Thonfeld, W.; Rankers, A.: Konstruktive Getriebelehre. Berlin: Springer-Verlag, 6. Auflage 2009

[10] Steinhilper, W.; Hennerici, H.; Britz, S.: Kinematische Grundlagen ebener Mechanismen und Getriebe. Würzburg: Vogel-Verlag, 1. Auflage 1993

[11] N. N.: Designstudie zur Knieprothese „3A2000 KINEGEN.stream“. Emmering: Streifeneder Ortho.production GmbH 2014

[12] Bild: VDI Wissensforum: 5. VDI-Tagung „Ventiltrieb und Zylinderkopf“ am 27. und 28. November 2012 in Würzburg

[13] Günzel, D.: Ein Beitrag zur rechnerunterstützten Typ- und Maßsynthese ungleichmäßig übersetzender Mechanismen und Getriebe. Fortschritt-Berichte VDI, Reihe 1, Nr. 232. Düsseldorf: VDI Verlag GmbH, 1994

[14] VDI 2727 Blatt 1:1991-05 Konstruktionskataloge; Lösung von Bewegungsaufgaben mit Getrieben; Grundlagen. Berlin: Beuth Verlag

[15] VDI 2727 Blatt 2:1991-05 Konstruktionskataloge; Lösung von Bewegungsaufgaben mit Getrieben; Erzeugung hin- und hergehender Schubbewegungen; Antrieb gleichsinnig drehend. Berlin: Beuth Verlag

[16] VDI 2727 Blatt 3:1996-04 Konstruktionskataloge; Lösung von Bewegungsaufgaben mit Getrieben; Erzeugung gleichsinniger Drehbewegungen mit Rast(en); Antrieb gleichsinnig drehend. Berlin: Beuth Verlag

[17] VDI 2727 Blatt 4:2000-06 Konstruktionskataloge; Lösung von Bewegungsaufgaben mit Getrieben; Erzeugung von Schwingungsbewegungen mit Rast(en); Antrieb gleichsinnig drehend. Berlin: Beuth Verlag

[18] VDI 2727 Blatt 5:2006-05 Konstruktionskataloge; Lösung von Bewegungsaufgaben mit Getrieben; Erzeugung von ungleichmäßigen Umlaufbewegungen ohne Stillstand (Vorschaltgetriebe); Antrieb gleichsinnig drehend. Berlin: Beuth Verlag

[19] VDI 2727 Blatt 6:2010-10 Konstruktionskataloge; Lösung von Bewegungsaufgaben mit Getrieben; Extreme Schwinggetriebe. Berlin: Beuth Verlag

[20] VDI 2728 Blatt 1:1996-02 Lösung von Bewegungsaufgaben mit symmetrischen Koppelkurven; Übertragungsaufgaben. Berlin: Beuth Verlag

[21] VDI 2130:1984-04 Getriebe für Hub- und Schwingbewegungen; Konstruktion und Berechnung viergliedriger ebener Gelenkgetriebe für gegebene Totlagen. Berlin: Beuth Verlag

[22] Digitale Mechanismen- und Getriebebibliothek; http://www.dmg-lib.org/dmglib (05.05.2014)
[23] Dresig, H.; Holzweißig, F.: Maschinendynamik. Berlin: Springer-Verlag, 10. Aufl. 2011
[24] Thümmel, T.: Experimentelle Mechanismendynamik: Messung, Modellierung, Simulation, Verifikation, Interpretation und Beeinflussung typischer Schwingungsphänomene an einem Mechanismenprüfstand. Fortschritt-Berichte VDI, Reihe 11, Nr. 345. Düsseldorf: VDI Verlag GmbH, 2012
[25] Braune, R.; Köster, M.: Der Antrieb von ungleichmäßig übersetzenden Getrieben mit Motion-Control-Systemen Systematik möglicher Nutzeffekte. VDI-Berichte Nr. 2116, S. 3–19. Düsseldorf: VDI Verlag GmbH, 2010
[26] Köster, M.; Braune, R.: Der Antrieb ungleichmäßig übersetzender Getriebe, durch Motion-Control-Systeme Bewegungsdesign und Systemauslegung. VDI-Berichte Nr. 2116, S. 21 - 34. Düsseldorf: VDI Verlag GmbH, 2010
[27] Baureis, M.; Fricke, A.; Leddin, R.: Bewegungsgesetze für Kurvengetriebe unter der Berücksichtigung technologischer Forderungen des Arbeitsprozesses. VDI-Berichte Nr. 1281, S. 65–83. Düsseldorf: VDI Verlag GmbH, 1996
[28] Dresig, H.; Klamt, H.; Stelzmann, U.: Drehzahlsteigerung von Kurvengetrieben mit elastischem An- und Abtrieb durch optimale Profile. VDI-Berichte Nr. 847, S. 201 - 216. Düsseldorf: VDI Verlag GmbH, 1990
[29] Lüder, R.: Zur Synthese periodischer Bewegungsgesetze von Mechanismen unter Berücksichtigung von Elastizität und Spiel. VDI-Fortschritt-Berichte, Reihe 11, Nr. 225. Düsseldorf: VDI Verlag GmbH, 1995
[30] Kipphan, H.: Handbuch der Printmedien. Berlin: Springer-Verlag, 2000
[31] Schutzrecht DE 19601470-B4 (24.07.1997)
[32] VDI 2741:2004-02 Kurvengetriebe für Punkt- und Ebenenführung. Berlin: Beuth Verlag
[33] Matthes, J.: Systematische Auslegung von Kurvenkoppelgetrieben für Führungsbewegungen. Diss. TU Chemnitz 2002
[34] Bechtloff, J.: Verfahren zur Umparametrisierung von Bahnsegmenten für Punkt- und Ebenenführungsaufgaben. VDI-Berichte Nr. 1707, S. 281 - 297. Düsseldorf: VDI Verlag GmbH, 2002
[35] Schönherr, J.: Synthese von Punktführungsgetrieben und Qualitätskontrolle von Kurvenkörpern auf der Basis der Fourieranalyse. Konstruktion 47 (1995), S. 69 - 73. Düsseldorf: Springer-VDI
[36] Franke, R.: Vom Aufbau der Getriebe - 1. Band: Die Entwicklungslehre der Getriebe Düsseldorf: VDI Verlag, 3. Auflage 1958
[37] Volmer, J. (Hrsg.): Getriebetechnik - Lehrbuch. Berlin: Verlag Technik, 5. Aufl. 1987
[38] VDI 2127:1993-02 Getriebetechnische Grundlagen; Begriffsbestimmungen der Getriebe. Berlin: Beuth Verlag
[39] Meyer zur Capellen, W.: Kinematische Größen an ebenen Kurbelgetrieben in analytischer Darstellung. Forschung auf dem Gebiete d. Ing.-Wesens 27 (1961) 5, S. 143 - 153
[40] VDI 2729 Blatt 1:2016-06 Modulare Analyse ebener Gelenkgetriebe mit Dreh- und Schubgelenken. Berlin: Beuth Verlag
[41] Schuler GmbH: Handbuch der Umformtechnik. Berlin: Springer-Verlag 1996
[42] VDI 2145:1980-12 Ebene viergliedrige Getriebe mit Dreh- und Schubgelenken; Begriffserklärungen und Systematik. Berlin: Beuth Verlag
[43] Volmer, J.: Führungsgetriebe zur Herstellung elliptischer Werkstücke. Berlin: Maschinenbautechnik 34 (1985) 8, S. 340 - 344
[44] Hrones, J.; Nelson, G.: Analysis of the four-bar linkage. New York: Verlag John Wiley & Sons, 1951
[45] Günzel, D.: Koppelkurvenatlas ebener viergliedriger Gelenkgetriebe. Aachen: Shaker Verlag, 1995

[46] VDI 2142 Blatt 1:1994-10 Auslegung ebener Kurvengetriebe; Grundlagen, Profilberechnung und Konstruktion. Berlin: Beuth Verlag

[47] N. N.: Kurven nach Kundenwunsch. Bensheim: HEINZ AUTOMATIONS-SYSTEME GmbH 2014, (http://www.heinz-automation.de/index.php?id=43, 14.08.2014)

[48] Dresig, H.; Vul'fson, J. I.: Dynamik der Mechanismen. Wien: Springer-Verlag, 1989

[49] Hasse, T.: Verzahnungen für Unrundräder hoher Qualität. VDI-Zeitschrift 132 (1990) 6, S. 55 - 59

[50] Decker, K.-H.: Maschinenelemente - Funktion, Gestaltung und Berechnung. München: Carl Hanser Verlag, 19. Aufl. 2014

[51] Schlecht, B.: Maschinenelemente 2 - Getriebe - Verzahnungen - Lagerungen. München: Pearson Studium, 2010

[52] DIN 867:1986-02, Bezugsprofile für Evolventenverzahnungen an Stirnrädern (Zylinderrädern) für den allgemeinen Maschinenbau und den Schwermaschinenbau. Berlin: Beuth Verlag

[53] DIN 780-1:1977-05, Modulreihe für Zahnräder - Teil 1: Moduln für Stirnräder. Berlin: Beuth Verlag

[54] Schmid, W.: Über die mehrfache Erzeugung von Koppelpunktbahnen. Zeitschrift für angewandte Mathematik und Mechanik 30 (1950), Nr. 10, S. 330 - 333

[55] Flocke, K. A.: Zur Konstruktion von Kurvengetrieben bei Verarbeitungsmaschinen. VDI-Forschungsheft 345, Berlin: 1931

[56] Hain, K.: Bestimmung der Hauptabmessungen in dreigliedrigen Kurvengetrieben. Lehrgangsbeitrag Nr. BW 2616 des VDI-Bildungswerks, Düsseldorf o. J. 1974, www.dgm-lib.org

[57] Schönherr, J.: CAD-orientierte Verfahren für den Entwurf und die Rekonstruktion von Kurvengetrieben. Diss. TU Karl-Marx-Stadt 1990

[58] Heine, A.; Fricke, A.; Matthes, J.; Alpers, B.: Auslegung ebener Kurvengetriebe - Kenndaten und Verfahren neu bewertet. VDI-Berichte Nr. 2175, S. 197 - 212. Düsseldorf: VDI Verlag GmbH, 2012

[59] INA-FAG-Wälzlagerkatalog. HR1. Herzogenaurach: Schäffler KG. 2008

[60] Römhild, I.: Auslegung mehrstufiger Stirnradgetriebe - Übersetzungsaufteilung für minimale Masse und Wahl der Profilverschiebung auf der Basis neuer Berechnungsgrundlagen. Diss. TU Dresden 1993

[61] Fahrerhandbuch - CBR 600 RR. Honda Motor Co., Ltd. 2008

[62] Schwamb, P.; Merrill, A.; James, W.: Elements of mechanism. John Wiley, New York, 5th Ed. 1938

[63] Baumgarten, G.; Hofmann, M.; Lohninger, R.; Odenthal, D.: Die Entwicklung der Stabilisierungsfunktion für die Aktivlenkung. ATZ 106 (2004) 9, S. 792 - 799

[64] Volmer, J. (Hrsg.): Getriebetechnik - Umlaufrädergetriebe. Berlin: Verlag Technik, 4. Aufl. 1990

[65] Volmer, J. (Hrsg.): Industrieroboter. Berlin: Verlag Technik, 2. Aufl. 1981

[66] VDI 2157:2012-10 Planetengetriebe; Begriffe, Symbole, Berechnungsgrundlagen. Berlin: Beuth Verlag

[67] Schutzrecht DE 102007050378-A1 (21.05.2008)

[68] Fricke, A.; Hähle, F.; Hammerschmidt, Chr.: Antriebssystem für flexible ungleichmäßige Bewegungen mit kurzen Zykluszeiten. Maschinenbautechnik 39 (1990) 3, S. 103 - 109

[69] VDI 2149 Blatt 1:2008-10 Getriebedynamik, Starrkörper-Mechanismen. Berlin: Beuth Verlag

[70] Dresig, H.; Jacobi, P.: Vollständiger Trägheitskraftausgleich von ebenen Koppelgetrieben durch Anbringen eines Zweischlages. Maschinenbautechnik 23 (1974) 1, S. 5 - 8

[71] Dresig, H.: Statischer Ausgleich ebener Koppelgetriebe durch Federn. Wissenschaftliche Zeitschrift der TU Dresden 36 (1987) 4, S. 185 - 188

Index